Adobe Photoshop 2024

经典教程 彩色版

［美］康拉德·查韦斯（Conrad Chavez）◎ 著

张海燕 ◎ 译

人民邮电出版社

北 京

图书在版编目（CIP）数据

Adobe Photoshop 2024经典教程：彩色版／（美）康拉德·查韦斯（Conrad Chavez）著；张海燕译.

北京：人民邮电出版社，2025. -- ISBN 978-7-115-65908-8

Ⅰ. TP391.413

中国国家版本馆CIP数据核字第20256VX121号

版 权 声 明

♦ 著　　　[美]康拉德·查韦斯（Conrad Chavez）

　　译　　　张海燕

　　责任编辑　王　冉

　　责任印制　陈　犇

♦ 人民邮电出版社出版发行　　　北京市丰台区成寿寺路11号

　　邮编　100164　　电子邮件　315@ptpress.com.cn

　　网址　https://www.ptpress.com.cn

　　雅迪云印（天津）科技有限公司印刷

♦ 开本：787×1092　1/16

　　印张：21.5　　　　　　　　　2025年7月第1版

　　字数：574千字　　　　　　　2025年7月天津第1次印刷

　　著作权合同登记号　图字：01-2024-3191号

定价：119.90元

读者服务热线：(010)81055410　印装质量热线：(010)81055316

反盗版热线：(010)81055315

内容提要

　　本书由 Adobe 产品专家编写，是 Adobe Photoshop 2024 的经典学习用书。

　　本书共 15 课，涵盖工作区介绍、照片校正、选区、图层、图像修复、蒙版和图案、文字设计、矢量图绘制、图像合成、混合器画笔工具的用法、视频编辑、Camera Raw、Web 图像处理、生成和打印一致的颜色，以及神经网络滤镜应用等内容。

　　本书语言通俗易懂，配有大量的图片，特别适合新手学习，有一定 Photoshop 使用经验的读者也可从中学到大量高级功能和 Photoshop 2024 新增的功能。本书适合作为各类院校相关专业的教材，还适合作为相关培训班学员及广大自学人员的参考书。

前　言

Adobe Photoshop 是一款优秀的图像处理软件，其提供的专业级图像编辑功能使用机器学习和云计算技术进行了改进，支持包括印刷、Web 和视频在内的各种工作流程。使用 Photoshop 提供的数字编辑工具，可以让图像处理任务的完成变得很轻松。

Photoshop 常与其他工具（如 Adobe Camera Raw 和 Adobe Bridge）协同应用，其中 Camera Raw 是 Photoshop 自带的，可用于提高相机原始图像的质量。Bridge 是一款数字资源管理器，可用于浏览和组织要在 Photoshop 与其他 Adobe Creative Cloud 应用程序中使用的文件。

关于经典教程

本书由 Adobe 产品专家编写，是 Adobe 官方经典教程之一，读者可按自己的节奏学习其中的课程。如果读者是新手，将从书中学到该软件的基本概念和功能；如果读者有一定的 Photoshop 使用经验，将发现书中介绍了很多高级功能、Photoshop 2024 的新增功能，以及图像处理技巧。本书共 15 课，每课都提供了完成项目的具体步骤，以及探索和试验的空间。读者可按顺序从头到尾阅读本书，也可根据兴趣选读其中的内容。

本书内容特色

除了基本功能与操作方法，本书还将介绍 Photoshop 2024 新增的功能——移除工具、生成式 AI 和上下文任务栏，以及经过改进的渐变功能、帧动画，并且包含大量新增和修订的小贴士。另外，本书还将介绍有关组织、管理、展示照片和优化图像的实践示例。

必须具备的知识

学习本书之前，读者需要熟练使用计算机和操作系统，包括使用鼠标、菜单和命令，以及打开、保存和关闭文件。如果需要学习这方面的内容，请参阅 Microsoft Windows 或 Apple macOS 帮助文档。

要学习本书的课程，读者需要安装 Adobe Photoshop 2024 和 Adobe Bridge 2024。

安装 Photoshop、Bridge 和 Camera Raw

学习本书前，应确保系统设置正确并安装了必要的软件和硬件。读者必须专门购买 Photoshop。有关安装该软件的系统需求和详细说明，请参阅 Adobe 官网帮助文档。

请注意，Photoshop 的有些功能要求计算机至少有 512MB 的显存，且使用的 Windows 操作系统必须是 64 位的。

本书的很多课程都使用了 Bridge。要在计算机上安装 Photoshop 和 Bridge，必须使用桌面应用程序 Creative Cloud，这个应用程序可从 Adobe 官网下载。安装这些软件和应用程序的方法，请参阅相关说明文档。

启动 Photoshop

读者可以像启动大多数软件那样启动 Photoshop。

在 Windows 操作系统中启动 Photoshop

选择"开始">"所有程序">"Adobe Photoshop 2024"。

在 macOS 中启动 Photoshop

在 Launchpad 或 Dock 中单击 Adobe Photoshop 2024 图标。

如果找不到该图标，可以在任务栏（Windows）或 Spotlight（macOS）的搜索框中输入 Photoshop，然后选择 Adobe Photoshop 2024。

恢复默认首选项设置

与很多软件一样，Photoshop 也将各种常规设置存储在首选项文件中。每当退出 Photoshop 时，一些工作区设置（如最后一次使用某些工具和命令时指定的选项）将被记录到首选项文件中。在"首选项"对话框中所做的设置也将存储在首选项文件中。

在学习每课前，读者都应恢复默认首选项设置，以确保在屏幕上看到的界面和命令都与书中描述的相同。读者也可不恢复默认首选项设置，但在这种情况下，Photoshop 中的工具、面板和其他设置可能与书中描述的不同。

如果定制了颜色设置，可按下面的步骤将其存储为预设。这样，当需要恢复颜色设置时，只需选择存储的预设即可。

保存当前颜色设置

1 启动 Photoshop。

2 选择菜单命令"编辑">"颜色设置"。

3 查看"颜色设置"对话框的"设置"下拉列表中的选项。

- 如果不是"自定"，记录设置文件的名称并单击"确定"按钮关闭对话框，无须执行第 4 ~ 6 步。

- 否则，单击"存储"（而不是"确定"）按钮，打开"另存为"对话框。文件的默认存储位置为 Settings 文件夹，默认扩展名为 .csf（颜色设置文件）。

4 在"文件名"（Windows）或"保存为"（macOS）文本框中，为颜色设置指定一个描述性名称，保留扩展名 .csf，然后单击"保存"按钮。

5 在"颜色设置注释"对话框中输入描述性文本（如日期等），以便以后识别颜色设置。

6 单击"确定"按钮关闭"颜色设置注释"对话框，然后单击"确定"按钮关闭"颜色设置"对话框。

恢复颜色设置

❶ 启动 Photoshop。

❷ 选择菜单命令"编辑">"颜色设置"。

❸ 在"颜色设置"对话框的"设置"下拉列表中选择已记录或存储的颜色设置文件，然后单击"确定"按钮。

（图标）其他资源

本书并不能代替软件自带的帮助文档，也不是全面介绍 Photoshop 2024 中每个功能的参考手册。本书只介绍与课程内容相关的功能，有关 Photoshop 2024 功能的详细信息请参阅以下资源。

- 主页：在 Photoshop 中，"主页"屏幕的"学习"部分提供了一些教程。
- 发现面板：在 Photoshop 中选择菜单命令"编辑">"搜索"打开发现面板。在没有输入关键词时，发现面板中列出了大量教程、建议和链接；输入关键词（如"裁剪"）并按 Enter 键后，该面板中将显示与之相关的 Photoshop 工具和命令。

提示 如果觉得发现面板很有用，可记住打开它的快捷键。按 Ctrl + F 组合键（Windows）或 Command + F 组合键（macOS）可打开发现面板，再次按相应快捷键可关闭它。

- Photoshop 帮助：在 Photoshop 中，选择菜单命令"帮助">"Photoshop 帮助"，会打开发现面板，其中列出了用户指南等一系列在线帮助资源。
- Photoshop 教程：包含多种在线教程，可选择菜单命令"帮助">"实操教程"访问。
- Photoshop 博客：提供有关 Photoshop 的教程、新闻，以及给人以启发的文章。
- Julieanne Kost 的博客：提供出自 Adobe 产品专家 Julieanne Kost 之手的提示和视频，介绍最新的 Photoshop 功能并提供有关这些功能的宝贵见解。
- Adobe 支持社区：包含用户论坛，在其中可提出与 Photoshop 和其他 Adobe 软件相关的问题。
- 增效工具：在 Photoshop 中选择菜单命令"增效工具">"增效工具面板"，可查找增效工具插件，以扩展 Creative Cloud 工具或增加功能。
- 桌面应用程序 Creative Cloud：单击"发现"标签，可看到与 Photoshop 及已安装的其他 Adobe 软件相关的教程、在线视频、创意作品及其他链接和资源。
- 教师资源：向讲授 Adobe 软件课程的教师提供珍贵的信息。在这里可找到各种级别的教学解决方案（包括使用整合方法介绍 Adobe 软件的免费课程），可用于备考 Adobe 认证工程师。

（图标）Adobe 培训合作伙伴

Adobe 培训合作伙伴提供由讲师讲授的有关 Adobe 产品的课程和培训内容。

目　录

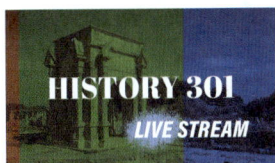

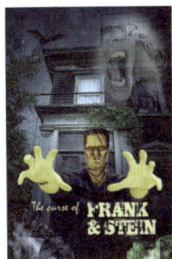

熟悉工作区

本课概览

- 在 Photoshop 中打开图像文件。
- 在选项栏中设置所选工具的属性。
- 选择、重排和使用面板。
- 打开和使用面板。

- 选择和使用工具面板中的工具。
- 使用各种方法缩放图像。
- 使用面板菜单和上下文菜单中的命令。
- 还原操作以修正错误或进行不同的操作。

学习本课大约需要 **1** 小时

在 Photoshop 中，完成同一项任务的方法常常有多种。要充分利用 Photoshop 丰富的编辑功能，就必须熟悉 Photoshop 的工作区。

HISTORY 301

LIVE STREAM

1.1 开始在 Adobe Photoshop 中工作

Photoshop 的工作区包括菜单栏、工具栏和面板等，使用它们可快速找到用来编辑图像及向图像中添加元素的各种工具和选项。

Photoshop 可以处理数字位图（能转换为一系列被称为像素的小方块或图片元素的连续色调图像），还可以处理矢量图（由缩放时不会失真的光滑线条构成）。在 Photoshop 中，可添加文字——一种矢量图，还可创建图像，以及从下面的资源中导入并合并图像。

- 用数码相机或手机拍摄的照片。
- Adobe Stock 等照片库中的照片。
- 扫描的照片、正片、负片、图形或其他文档。
- 数字视频剪辑。
- 在绘画程序中创建的图像。

文字将在第 7 课进行详细介绍，而矢量图将在第 8 课介绍。

1.1.1 启动 Photoshop

开始工作前，启动 Photoshop 并恢复默认首选项设置。

> ♀ 注意 通常，在设计自己的作品时无须恢复默认首选项设置。但在学习本书时需要恢复默认首选项设置，以确保在屏幕上看到的内容与书中描述的一致。详细信息请参阅前言中的"恢复默认首选项设置"。

① 选择"开始"菜单（Windows）中的 Adobe Photoshop 2024 或单击 Launchpad /Dock（macOS）中的 Adobe Photoshop 2024 图标，然后立刻按 Ctrl + Alt + Shift 组合键（Windows）或 Command + Option + Shift 组合键（macOS），系统将打开提示对话框。

如果找不到 Adobe Photoshop 2024，可以在任务栏的搜索框（Windows）或 Spotlight（macOS）中输入 Photoshop，然后选择 Adobe Photoshop 2024。

② 在提示对话框中单击"是"按钮，确认删除 Adobe Photoshop 设置文件，如图 1.1 所示。

Adobe Photoshop

ⓘ 是否要删除 Adobe Photoshop 设置文件？

是(Y)　　否(N)

图 1.1

1.1.2 使用"主页"屏幕

刚启动 Photoshop 时，显示的是"主页"屏幕，如图 1.2 所示。

A. 切换到 Photoshop 工作区

B. 新建文档

C. 打开文档

D. "主页"屏幕内容及最近打开的本地文档

E. 学习教程

F. 在 Windows、macOS 或 iPad中创建的云文档

G. 已与您共享的云文档

H. 已同步的图像

I. 已删除的云文档

J. 云存储同步状态

K. 搜索、帮助和学习

L. Photoshop新增功能

M. 在 Web浏览器中访问 Creative Cloud账户

图 1.2

> 💡 **提示** 要跳过"主页"屏幕直接进入 Photoshop 工作区，可单击左上角的 Photoshop 图标。

"主页"屏幕中的主要选项及其作用如下。

- 主页：帮助用户了解和使用当前版本的软件，包括软件新功能概览；在至少打开过一个文档后，这里将会列出最近打开过的文档。

- 学习：列出指向教程的链接，这些教程可在 Photoshop 学习面板中打开，引导用户学习使用 Photoshop 完成练习的步骤。

- 您的文件：列出 Photoshop 云文档，包括在 iPad 等设备中创建的云文档，但不包括存储在本地的文档。第 3 课将更详细地介绍云文档。

- 已与您共享：列出他人使用菜单命令"文件">"邀请"邀请您查看的云文档。

- Lightroom 照片：列出已同步到 Creative Clound 账户的 Lightroom 在线照片存储区（而不是 Lightroom Classic 本地存储区）的图像。

- 已删除：列出被删除的云文档，可在此恢复它们（类似计算机中的"回收站"）；这个列表只包含已删除的云文档，而不包含 Lightroom 在线照片存储区和计算机本地已删除的文档。

> 💡 **提示** 要管理"已删除"列表中的文档，可单击文档旁边的按钮（...），在下拉列表中选择"恢复"或"永久删除"。

单击右上角的"搜索"按钮并输入文本时，系统将在 Photoshop 学习教程和 Adobe Stock 图像中查找匹配的内容。如果当前打开了文档，将在 Photoshop 命令和工具中查找匹配的内容。在"主页"屏幕中单击"搜索"按钮时，将在已同步到云端的 Lightroom 照片中查找匹配的内容，例如，输入"鸟"可查找包含小鸟的 Lightroom 照片。

打开文档后，"主页"屏幕将自动隐藏。要返回"主页"屏幕，可单击 Photoshop 工作区左上角的"主页"图标。

1.1.3　打开文档

这里使用传统的"打开"命令来打开一个 Photoshop 文档。

❶ 选择菜单命令"文件">"打开"，如果弹出"从 Creative Cloud 中打开"对话框，请单击该对话框底部的"在您的计算机上"按钮。

❷ 切换到本书学习资源中的 Lessons\Lesson01 文件夹。

❸ 选择 01End.psd 文件并单击"打开"按钮，如果弹出"嵌入的配置文件不匹配"对话框，单击"确定"按钮；如果出现有关更新文字图层的提示对话框，单击"否"按钮。

完成上述操作后，01End.psd 文件将在独立的文档窗口中打开，并切换到默认工作区。该文件展示了本课要制作的直播视频预览图像的最终效果。如果愿意，可不关闭这个文件，以供接下来创建它时参考。

❹ 如果要关闭这个文件，可选择菜单命令"文件">"关闭"，但不要关闭 Photoshop，也不要保存对这个文件所做的修改。

1.2　新建文档

首先，需要新建一个文档。新建文档时使用什么样的设置呢？这取决于项目的交付要求。例如，要发布到网站或包含在视频中的文档与用于印刷的文档在颜色和分辨率方面的要求完全不同。

这里的文档将用于网页、直播视频应用程序和电视节目中，旨在为一场视频直播做广告，其尺寸和形状必须与 HDTV 视频帧大致相同，因此需要将其尺寸设置为 HDTV 像素尺寸（宽 1920 像素、高 1080 像素）。制作好这个文档后可缩小其尺寸，以便在网页和直播视频应用程序中将其用作视频缩览图。

Photoshop 提供了新建文档预设，让用户能够快速创建常见尺寸的文档。

❶ 选择菜单命令"文件">"新建"（也可在"主页"屏幕中单击"新文件"按钮）。

❷ 在"新建文档"对话框中单击"胶片和视频"。

虽然这里并非要创建视频，但通过使用"胶片和视频"预设，可创建像素尺寸和宽高比都合适的文档。

在"新建文档"对话框中选择某种预设后，右侧"预设详细信息"部分的设置将会相应地发生变化。这让用户能够查看任何预设使用的设置，还可在"新建文档"对话框中自定义设置。

③ 单击"HDTV 1080p"预设，然后单击"创建"按钮，如图 1.3 所示。

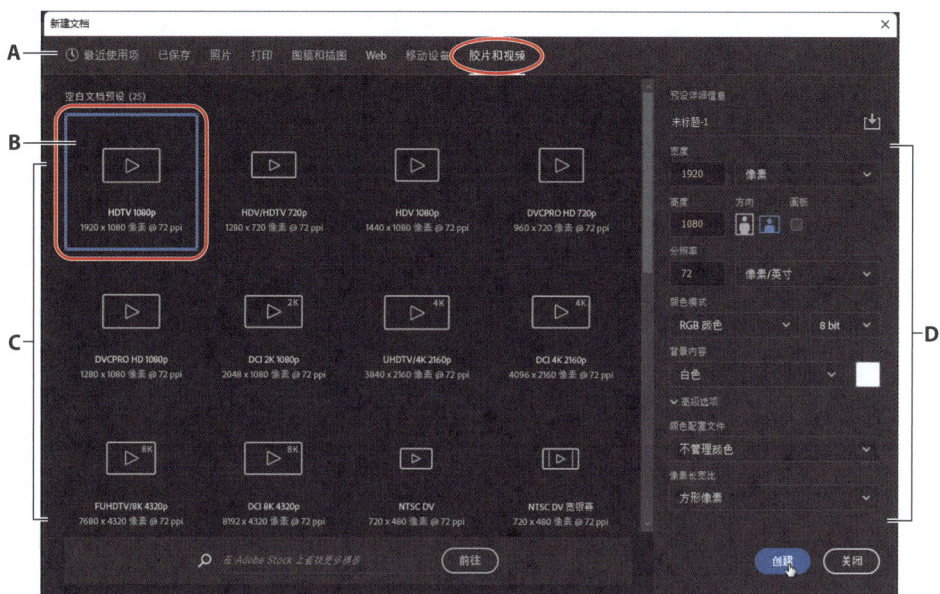

A. 预设类别　B."HDTV 1080p"预设　C. 当前类别中的预设　D. 预设详细信息

图 1.3

💡 提示　如果经常使用相同的自定义设置，可将其保存为新建文档预设。为此，可在字样"预设详细信息"下方输入预设的名称，然后单击右侧的"保存"按钮（📩）。

Photoshop 将创建一个未命名的空文档，其中包含青色参考线。在这个文档中，参考线用于提醒用户不要将重要的视频内容放在帧边缘外面，因为有些电视机（通常是较旧的）会稍微裁剪图像。在自己的项目中，用户也可添加参考线，以便对齐元素，本书后面就将这样做。

④ 选择菜单命令"文件">"存储为"，将文件命名为 01Working.psd，然后单击"保存"按钮。

1.3　添加图像

新建文档后，可在其中添加内容。下面导入一幅图像，将其作为该项目设计方案的背景。

① 选择菜单命令"文件">"置入嵌入对象"，切换到 Lesson01 文件夹并选择 Arch.jpg 文件，然后单击"置入"按钮。

💡 提示　也可通过拖曳来导入图像：将图像从桌面或其他应用程序拖放到 Photoshop 文档窗口中。这样做的效果与使用"置入嵌入对象"命令一样。

这幅图像将出现在画布上，周围是一个带手柄的定界框，如图 1.4 所示；同时图层面板中将添加一个包含该图像的新图层（图层将在第 4 章进行详细介绍）。

提示 “置入嵌入对象”命令会将导入的文件复制到 Photoshop 文档中；“置入链接的智能对象”命令会添加一个链接到被导入文件的占位符，而不将整个文件复制到 Photoshop 文档中，因此不会导致文档急剧增大。“置入链接的智能对象”命令的作用类似于在网页编辑程序、排版程序和视频编辑程序中链接外部文件。

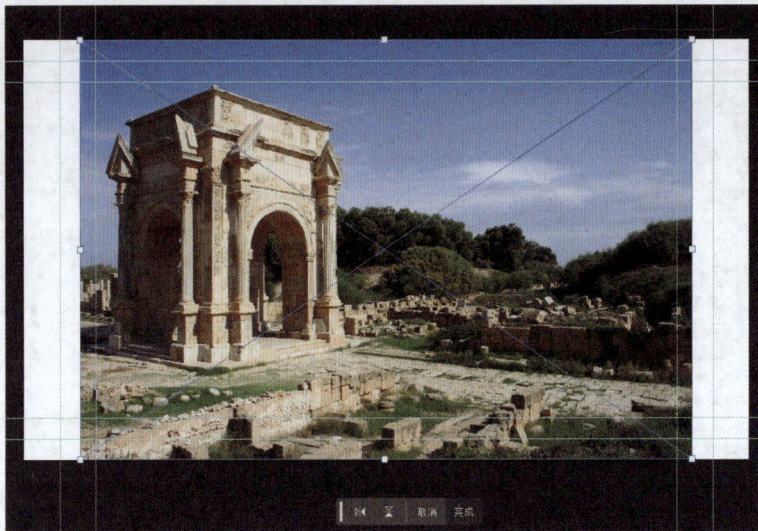

图 1.4

只要定界框处于活动状态，导入图像的操作就还未结束。导入图像时，定界框上的手柄让用户有机会对图像进行变换（移动、调整大小或旋转）。

❷ 拖曳定界框上的手柄，让图像与画布等宽，同时让图像与画布垂直居中对齐，如图 1.5 所示。要调整图像的位置，还可在图像的任何位置按住鼠标左键并拖曳。

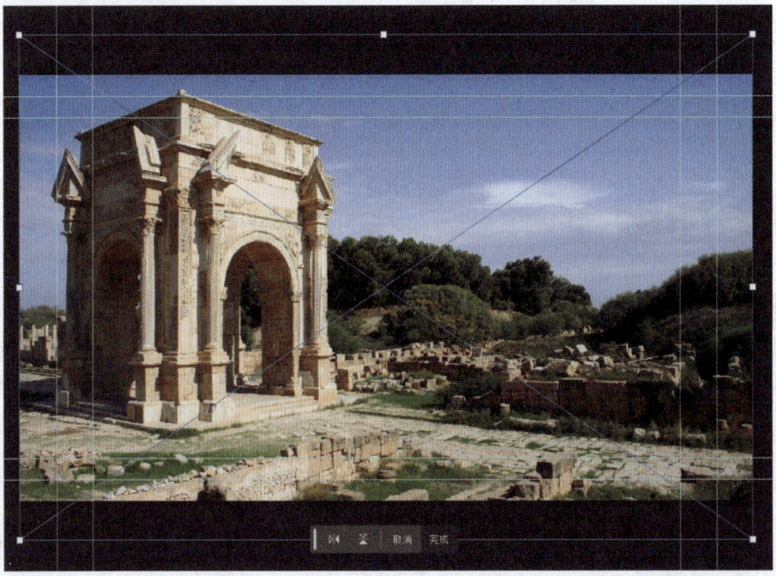

图 1.5

图像位于画布外的部分不可见，但定界框上的手柄表明这些部分并未被删除。如果调整图像的位置或对它进行缩放，位于画布外的部分将重新变得可见。

❸ 在选项栏中单击提交按钮（✔），如图 1.6 所示，结束（提交）图像导入操作，定界框消失。

图 1.6

在 Photoshop 中，有些特性（如刚才使用的变换定界框）只会在特定的模式下出现。提交所做的修改将退出这种模式，返回到 Photoshop 常规模式。如果不想将鼠标指针移到选项栏上并单击提交按钮，也可按 Enter 键来提交所做的修改。

💡 注意　如果当前正在编辑文字图层中的文本，按 Enter 键将换行，而不会提交所做的修改。在这种情况下，要提交对文字所做的修改，必须单击选项栏中的提交按钮或在画布上未被当前文字图层覆盖的地方单击。

1.4　Photoshop 工作区导览

使用 Photoshop 时，用户经常会面临以下两种问题。

- 文档或选定对象当前处于什么样的状态？文档当前的缩放比例是多少？选定文本的字号是多大？
- 有哪些选项可用来编辑文档或选定的对象？

Photoshop 工作区的如下部分可回答这些问题：

- 工具面板：提供用于创建和编辑文档元素的工具。
- 选项栏：提供用于定制选定工具的选项，因此选项栏随当前选择的工具而异。
- 文档窗口：用户打开文档后，将出现一个或多个文档窗口，同时文档窗口顶端的标签标识了文档，这类似于 Web 浏览器。标签显示的信息包括文件名、缩放比例、当前选定的图层及每个通道的位深。

💡 提示　如果文档标签末尾有星号（*），就说明未保存当前的文档状态。用户保存文档后，这个星号就会消失。

- 面板：包含用于完成各种任务的选项及对象和属性。例如，图层面板列出了文档中的图层及当前选择了哪个图层，而色板面板列出了用户可创建、组织和应用的色板。
- 属性面板：提供适用于当前选定元素的选项，可能包含来自多个面板的选项。例如，如果当前选择的是文字图层，属性面板将同时显示变换选项、字符选项和段落选项，用户在属性面板中就可设置所有相关的选项，而无须在选项栏及段落面板和字符面板中查找相关的选项。在没有选择任何元素的情况下，属性面板将显示与整个文档相关的选项。
- 上下文任务栏：显示常用于处理当前选定元素的功能。上下文任务栏随当前选定的元素而异，可帮助用户获悉原本隐藏在菜单中的命令或面板中的选项。

💡 提示　选项栏、属性面板和上下文任务栏看起来很像，但它们之间存在重要的不同。选项栏是针对当前选定工具的，属性面板是针对当前选定图层的，而上下文任务栏用于帮助用户对选定的元素执行相关的操作。

- 状态栏：显示有关文档的信息。用户可选择要在状态栏中显示哪些信息，为此可单击它旁边的箭头。默认情况下，状态栏显示文档的尺寸和分辨率。
- 搜索、帮助和学习：让用户能够通过输入关键词来查找工具、命令和教程，非常适合用来更深入地学习 Photoshop 及查找其工具或特性。
- 工作区下拉列表：让用户能够选择各种面板布局预设。

选项栏、属性面板和上下文任务栏在任何情况下都很有用，因此建议让它们始终可见。

Photoshop 工作区（见图 1.7）类似于 Adobe Illustrator 和 Adobe InDesign 工作区，因此学会使用一个应用程序中的工具和面板后将更容易学会使用其他的应用程序。与其他两个应用程序一样，Photoshop 的特性也分布在工具、菜单命令和面板中。

本书每课都将介绍一些之前未介绍的 Photoshop 特性，为读者自行探索 Photoshop 的其他部分打下坚实的基础。

A. 选项栏　B. "主页"图标　C. 文档标签　D. 工具面板　E. "共享"按钮　F. 搜索、帮助和学习　G. 教程
H. 工作区下拉列表　I. 属性面板　J. 状态栏　K. 上下文任务栏　L. 折叠的面板栈　M. 展开的面板栈

图 1.7

> 💡 注意　图 1.7 所示为 Windows 版本的 Photoshop 工作区，macOS 版本的 Photoshop 工作区布局与此相同，只是界面的风格有所不同。

获取信息及查找工具和选项

Photoshop 提供了大量的工具、面板和命令，因此在有些情况下，可能难以找到有关选定对象的信息或所需的选项。为了让 Photoshop 使用起来更容易，务必显示合适的信息，并知道必要时去哪里查找信息。

- 基本面板：如果计算机屏幕较小，需要关闭一些面板以腾出工作空间，可尝试只显示图层面板、选项栏、属性面板和上下文任务栏。这些面板包含用户在大多数情况下需要的大部分信息和选项，让用户几乎不需要打开其他的面板。要显示或隐藏特定的面板，可在"窗口"菜单中选择相应的命令。

- 一站式面板——属性面板：建议让属性面板始终可见，因为它可提供有关当前选定图层的信息（如图层尺寸或字体设置）以及各种编辑选项，让用户无须打开众多其他的面板就能完成各种工作。例如，如果选择了文字图层，该面板将显示图层尺寸、段落选项和文字选项。

- 使用信息面板获取额外的信息：执行某些工作流程时，显示信息面板（为此可选择菜单命令"窗口">"信息"）大有裨益。该面板包含诸如鼠标指针指向的像素的颜色、选框尺寸等信息；用户还可对其进行定制，使其显示出现在状态栏中的信息（状态栏不能同时显示多种类型的信息）。

- 使用上下文菜单：当计算机屏幕很大时，长距离移动鼠标才能选择菜单命令，不太方便。在这种情况下，可使用上下文菜单，其中列出了与当前鼠标指针指向的元素相关的命令。要打开上下文菜单，可单击鼠标右键（Windows）或按住 Control 键并单击（macOS）。

在确定 Photoshop 提供了某种功能，却无法在面板或菜单中找到它时，可选择菜单命令"编辑">"搜索"进行查找。

> ♀ 提示　在 macOS 中，要支持鼠标右键单击，可选择"系统偏好设置">"鼠标"，然后选择相应的选项。如果使用的是触控板，可通过设置"辅助点按"选项来支持其他打开上下文菜单的方式，如双指点按或右下角点按。

1.5　使用工具

Photoshop 的工具位于工具面板（应用程序窗口左侧狭长的条带）中。用户通常先选择工具，再通过与图像直接交互（拖曳鼠标）来完成创作或编辑任务。本节介绍缩放工具，使用该工具能够以交互的方式修改缩放比例。但在此之前，先说说在哪里可获悉当前的缩放比例。

请看文档窗口左下角的状态栏，其左侧显示了一个百分比值，它表示的就是当前的缩放比例，如图 1.8 所示。

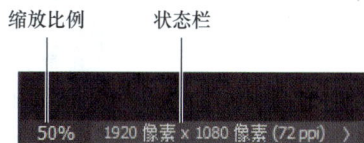

缩放比例　　状态栏

50%　1920 像素 x 1080 像素 (72 ppi)

图 1.8

> ♀ 提示　文档标签也显示了缩放比例。

接下来选择一个工具。

1 将鼠标指针指向工具面板中的放大镜图标（只是指向，而不要单击），将出现工具提示。工具提示显示了工具的名称（这里是缩放工具）、快捷键（Z）、"了解详情"链接以及播放简短教程视频的按钮，如图 1.9 所示。

> ♀ **提示** 如果工具面板底部被屏幕下边缘截断了，请单击工具面板顶端的双箭头，让工具面板以双栏模式显示。

图 1.9

2 单击工具面板中的缩放工具图标（🔍），选择这个工具。

> ♀ **提示** 如果要使用快捷键来选择缩放工具，可按 Z 键。工具的快捷键只有一个键，使用这些快捷键时请不要同时按下 Ctrl（Windows）或 Command（macOS）等辅助键。若工具有快捷键，工具提示中将会显示。

3 将鼠标指针移到文档窗口中，鼠标指针将变成中间带加号的放大镜形状（🔍）。

4 在文档窗口的任意位置单击。

每单击一次，图像都将放大至下一个预设缩放比例，如图 1.10 所示。如果要获悉当前的缩放比例，可查看状态栏或文档标签。

图 1.10

5 按住 Alt 键（Windows）或 Option 键（macOS），鼠标指针将变成中间带减号的放大镜形状（🔍）。在文档窗口的任意位置单击，然后松开 Alt 键或 Option 键。

此时图像被缩小至下一个预设缩放比例，用户能够看到更多图像内容，但图像的细节更少。

缩放比例简介

如何确定用于网页、视频和打印的图像的尺寸是否正确呢？答案取决于最终的呈现介质。

缩放比例 100% 意味着什么？在 Photoshop 中将缩放比例设置为 100% 时，每个图像像素都显示为一个屏幕像素，从而在像素级提供了精确的图像视图。然而，将缩放比例设置为 100% 时显示的图像尺寸并非打印出来的图像尺寸，因为这种缩放比例与打印分辨率无关。将缩放比例设置为 100% 时，显示的图像尺寸随显示器的 DPI 分辨率而异。

预览网页或视频帧的尺寸。要预览在屏幕上显示的图像尺寸，可尝试将缩放比例设置为100%。在 Photoshop 中以 100% 的缩放比例显示图像时，如果宽度和高度为其在 Web 浏览器中显示时的一半，可能是由于显示器为 HiDPI（Windows）或 Retina（macOS）显示器。在这些显示器上，要在 Photoshop 中预览 Web 图像的尺寸，请将缩放比例设置为 200%，这样看到的尺寸才是图像在 Web 浏览器中显示时的尺寸。

为何会这样呢？因为 HiDPI/Retina 显示器的像素密度（单位为每英寸的点数，即 DPI）通常是老式的 1× 显示器的两倍。如果网站没有专门针对 HiDPI/Retina 显示器对图像进行处理，Web 浏览器通常会将图像放大两倍，以防其尺寸看起来只有实际尺寸的一半。

预览打印尺寸。要在屏幕上预览图像的打印尺寸，可选择菜单命令"视图">"实际大小"。这个命令用于检测显示器的 DPI 分辨率，并根据显示器的 DPI 分辨率和文档的分辨率（单位为每英寸像素数，即 PPI）计算打印尺寸（单位为英寸或厘米）。

💡 **注意** 对于将用于网页或移动应用的图像，不要使用"实际大小"命令来预览其尺寸。"实际大小"命令是为计算打印尺寸而专门设计的。

💡 **注意** 每英寸的点数和每英寸的像素数之间的差别将在第 2 课进行详细介绍。

"打印尺寸"命令。菜单命令"视图">"打印尺寸"可以用于预览打印尺寸，但这个较老的命令不检测显示器分辨率。使用它预览打印尺寸时，需要手动进行设置，而如何设置不在本书的讨论范围之内。

⑥ 在选择了缩放工具的情况下，将鼠标指针指向画布的任何位置并向右拖曳，这个操作将以拖曳的位置为中心放大图像。向左拖曳则是缩小图像。

这种连续缩放的方式被称为"细微缩放"，仅当用户在选项栏中勾选了"细微缩放"复选框（见图 1.11）时才会被启用。如果禁用了这个设置，拖曳鼠标时将创建一个矩形选框，用户松开鼠标左键后，该矩形选框指定的区域将被放大到填满整个文档窗口。

图 1.11

💡 **注意** 在本书中，拖曳指的是按住鼠标左键并移动鼠标。移动鼠标时，如果没有按住鼠标左键，只会调整鼠标指针在屏幕上的位置。

❼ 单击选项栏中的"适合屏幕"按钮（见图 1.12），以便能够看到整幅图像。

图 1.12

💡 提示 "视图"菜单包含常用的缩放比例，以及"放大""缩小""按屏幕大小缩放"等命令。

　　阅读本书时，可随便选择使用缩放工具修改缩放比例的方式，如单击、按住辅助键并单击、向左或向右拖曳，以及单击选项栏中的按钮；还可使用手势（如在触控板上双指捏合）进行缩放，以及通过在状态栏中输入百分比值来进行缩放。后面还将介绍如何使用选项栏设置和辅助键来定制工具的工作方式。

使用导航器面板进行缩放

　　导航器面板提供了另一种修改缩放比例的快捷方法，特别适用于不需要指定准确缩放比例的情况。导航器面板非常适用于查看放大的图像，因为其中的缩览图准确地指出了图像的哪部分会出现在文档窗口中。要打开导航器面板，可选择菜单命令"窗口">"导航器"。

　　在导航器面板中，将图像缩览图下方的滑块向右拖曳将放大图像，如图 1.13 所示，向左拖曳将缩小图像。

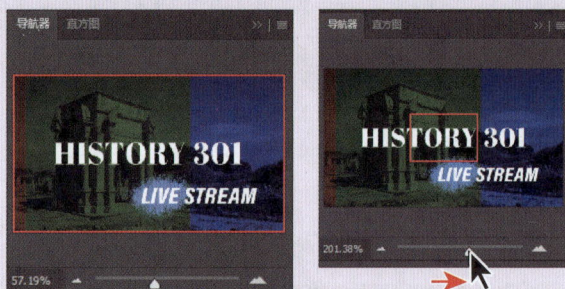

图 1.13

　　红色矩形框内的内容将显示在文档窗口中。图像放大到一定程度后，文档窗口中将只能显示图像的一部分。在这种情况下，可拖曳红色矩形框来查看图像的其他区域，如图 1.14 所示。当图像的缩放比例非常大时，使用这种方法便于确定正在处理的部分。

图 1.14

使用工具面板

工具是 Photoshop 的支柱，因此我们要学会如何高效地使用工具面板。

双栏模式。如果工具面板无法在显示器上完整地显示，可单击工具面板顶端的双箭头，以切换到双栏模式。

单键快捷键。大多数工具都有单键快捷键，例如，要切换到移动工具，可按 V 键。请注意，输入文本时，单键快捷键不管用。

识别工具。要获悉工具面板中工具的名称和单键快捷键，可将鼠标指针指向它。

隐藏的工具。为节省屏幕空间，有些工具后面隐藏着其他工具。如果工具图标的右下角有三角形，就说明它后面隐藏着其他工具。要选择隐藏的工具，可在可见的工具上按住鼠标左键，并在弹出的工具列表中选择要选择的工具，如图 1.15 所示。选择隐藏的工具后，它将变成可见的。另外，还有以下两种遍历隐藏工具的快捷方式。

- 按住 Alt 键（Windows）或 Option 键（macOS），并不断单击可见的工具，直到要选择的工具可见。
- 按 Shift 键和单键快捷键。例如，要遍历套索选择工具，可不断地按 Shift+L 组合键。

可定制。要重新排列工具，可先在工具面板中的省略号按钮（•••）上按住鼠标左键，再选择"编辑工具栏"。

图 1.15

保存的工作区中包含自定义的工具栏。创建自定义工作区（参见本课后面的补充内容"关于工作区"）时，可在其中包含工具栏设置。例如，第 10 课中将工作区切换为"绘画"工作区，该工作区调整了工具面板布局，让所有画笔工具都是可见的，并将其他工具隐藏在这些工具后面。但切换为"基本功能"（默认）工作区后，将恢复默认的工具面板布局。

1.6 使用图层合并元素

这个项目中还需添加一些元素。接下来创建彩色矩形，为此将先新建一个表示该矩形的像素图层。

1.6.1 创建新图层

虽然可在 Arch 图层中创建彩色矩形，但这样做将永久性地替换该图层中原来的一些元素。这里将这些矩形放在独立的图层中，这样编辑它们时将不会修改 Arch 图层。对于橙色矩形，希望包含它的图层位于 Arch 图层前面。因为新建的图层将出现在选定图层的前面，所以首先需要选择图层 Arch。

> ♀ 注意 如果在图层面板中没有选择任何图层，新建的图层将位于图层列表顶端。

❶ 在图层面板中单击 Arch 图层以选择它。

❷ 在图层面板中单击"创建新图层"按钮（⊞）。

❸ 在图层面板中双击新建图层的名称，将其修改为 Rectangles 并按 Enter 键，结果如图 1.16 所示。

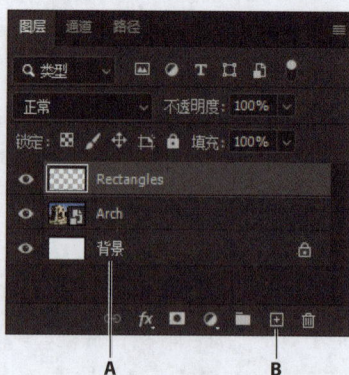

A. 图层名 B.“创建新图层”按钮

图 1.16

新建图层后，可以用颜色来填充它，但在此之前，请确保使用的度量单位是正确的。

1.6.2　设置度量单位

在 Photoshop 中，可修改使用的度量单位。这个矩形将在屏幕上显示，因此将把度量单位设置为像素。

> 💡提示　在显示了标尺的情况下（要显示标尺，可选择菜单命令“视图”>“标尺”），可通过在标尺上单击鼠标右键（Windows）或按住 Control 键并单击标尺（macOS）来修改度量单位。

❶ 选择菜单命令“编辑”>“首选项”>“单位与标尺”（Windows）或“Photoshop”>“设置”>“单位与标尺”（macOS），打开“首选项”对话框。

> 💡注意　在 macOS 12 和更早的版本中，“设置”命令名为“首选项”。

❷ 在“单位”部分，确保从“标尺”下拉列表中选择了“像素”，然后单击“确定”按钮，如图 1.17 所示。

> 💡提示　对于特定的首选项设置，如果不知道它在“首选项”对话框中的位置，可使用右上角的“搜索首选项”文本框来查找它。

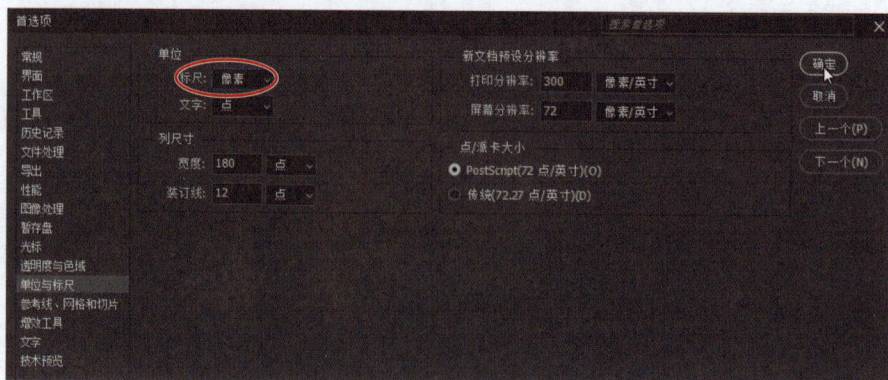

图 1.17

1.6.3 选择像素

从 01End.psd 文件可知，橙色矩形只覆盖了画布左侧的一个狭长的垂直条带。如何将橙色限制在这个区域内呢？可以创建一个选区，以指定要进行编辑的像素。这里的选区是一个简单的矩形。第 2 课、第 3 课和第 6 课将介绍如何快速地创建更复杂的选区，如人物的轮廓。

❶ 在工具面板中单击矩形选框工具以选择它。

💡 提示 如果将鼠标指针指向矩形选框工具，将出现工具提示，其中包含"了解详情"链接和一个用于播放简短教程视频的按钮。

❷ 将鼠标指针指向画布左上角，然后向右下方拖曳。拖曳时将出现一个用虚线表示的矩形选框，当这个矩形选框与画布的下边缘和第一条青色的垂直参考线对齐后松开鼠标左键。此时，鼠标指针旁边的数字指出矩形选框的宽度（W）为 96 像素、高度（H）为 1080 像素，如图 1.18 所示。

选区只能位于画布内，因此即便从画布边缘外开始拖曳，最终的选区也将位于画布边缘内。

图 1.18

💡 提示 松开鼠标左键后，要获悉选区的尺寸，可打开信息面板（选择菜单命令"窗口" > "信息"），其中显示了当前选区的宽度（W）和高度（H）。

1.6.4 用颜色填充选区

接下来完成橙色矩形的制作——用颜色填充选区。

❶ 在图层面板中，确保选择了 Rectangles 图层，这样填充的颜色将包含在这个图层中。

❷ 在上下文任务栏中单击"填充选区"按钮并选择"填充颜色"，如图 1.19 所示，打开"填充"对话框。

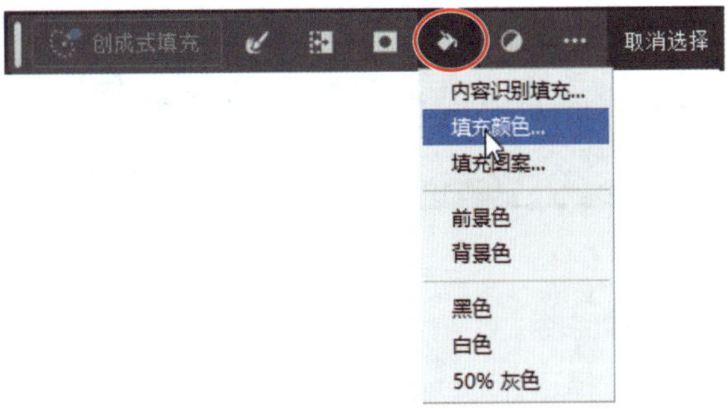

图 1.19

"填充选区"按钮是菜单命令"编辑" > "填充"的快捷方式。

❸ 指定一种橙色，这里使用的是十六进制 RGB 颜色值 ff7f00，可以在"拾色器"对话框底部的"#"文本框中输入，如图 1.20 所示。十六进制 RGB 颜色值常用于网页和移动应用中。

❹ 单击"确定"按钮关闭"拾色器"对话框，然后单击"确定"按钮关闭"填充"对话框，指

定的橙色将填充这个矩形选区。

⑤ 选择菜单命令"选择">"取消选择"，因为不再需要这个选区了。这样做后，选框将消失，如图 1.21 所示。

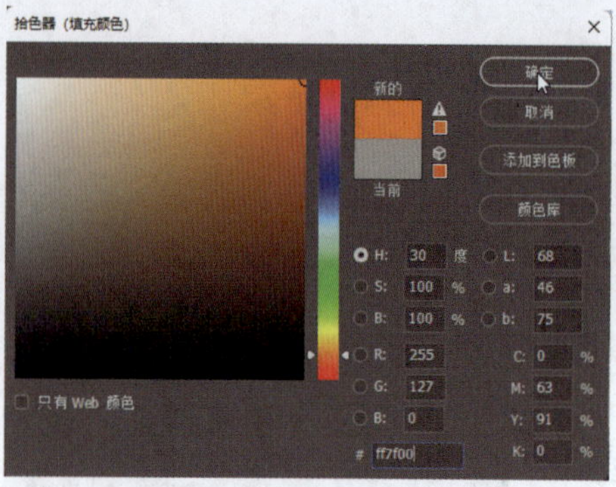

图 1.20

图 1.21

1.6.5　创建蓝色矩形

接下来创建蓝色矩形，创建方式与橙色矩形相同，但这个矩形的像素尺寸与橙色矩形不同。

① 在选择了矩形选框工具的情况下，将鼠标指针指向画布右上角之外，然后向左下方拖曳，等鼠标指针旁边的数字指出宽度（W）为 660 像素、高度为 1080 像素时松开鼠标左键，如图 1.22 所示。

图 1.22

这次使用菜单来执行"填充"命令。

② 在选区处于活动状态且选择了 Rectangles 图层的情况下，选择菜单命令"编辑">"填充"，弹出"填充"对话框。

③ 展开"内容"下拉列表并选择"颜色"，弹出"拾色器"对话框，指定一种鲜艳的蓝色（这里使用的是十六进制 RGB 值 0053b2）。

④ 单击"确定"按钮关闭"拾色器"对话框，再单击"确定"按钮关闭"填充"对话框，指定的蓝色将填充这个矩形选区，如图 1.23 所示。

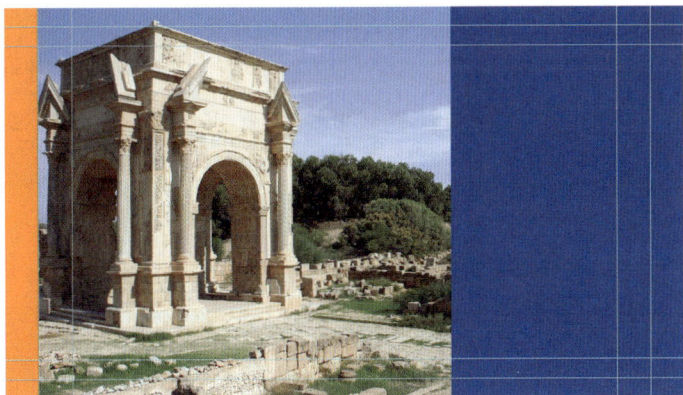

图 1.23

💡 **提示** 如果选定的像素有颜色，按 Delete 键可删除颜色。

⑤ 选择菜单命令"选择">"取消选择"，再选择菜单命令"文件">"存储"，在出现的"Photoshop 格式选项"对话框中单击"确定"按钮。

在 01End.psd 文件中，颜色不是完全不透明的，相反，图像透过它们显示出来了，如图 1.24（a）所示。在这个文件中，使用了混合模式来指定如何将 Rectangles 图层和它后面的图层的颜色混合起来。

⑥ 在图层面板中，确保选择了 Rectangles 图层，再从混合模式下拉列表中选择"颜色"，如图 1.24（b）所示。

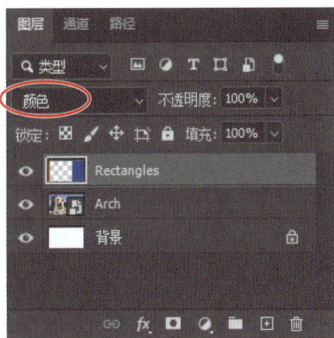

（a）　　　　　　　　　　　　　（b）

图 1.24

💡 **注意** 图层的混合模式和不透明度是两种不同的设置；在图层面板中，不透明度设置位于混合模式下拉列表旁边。可设置其中的一个，也可同时设置它们。

"颜色"混合模式将 Rectangles 图层的色相和饱和度与该图层后面的图层的亮度合并。混合模式将在第 4 课进行详细介绍。这里可随意尝试其他混合模式。

1.7　添加文字

接下来添加两行文字。文字位于独立的图层中，下面添加文字图层。

注意 如果本书的项目使用了你的系统中没有安装的字体，可使用 Adobe Fonts 服务安装这些字体，前提是订阅了 Creative Cloud。为此，可在 Photoshop 中选择菜单命令“文字” > “来自 Adobe Fonts 的更多字体”（有些教育和组织的 Creative Cloud 套餐可能不包含 Adobe Fonts 服务）。

1 在工具面板中选择横排文字工具（**T**）。

此时选项栏包含的是与文字工具相关的下拉列表和按钮。

2 在选项栏中，从第一个下拉列表中选择一种字体。这里选择的是 Abril Fatface（可使用 Adobe Fonts 服务安装它），但也可选择其他字体。

3 将字体大小设置为 210 点，如图 1.25 所示。

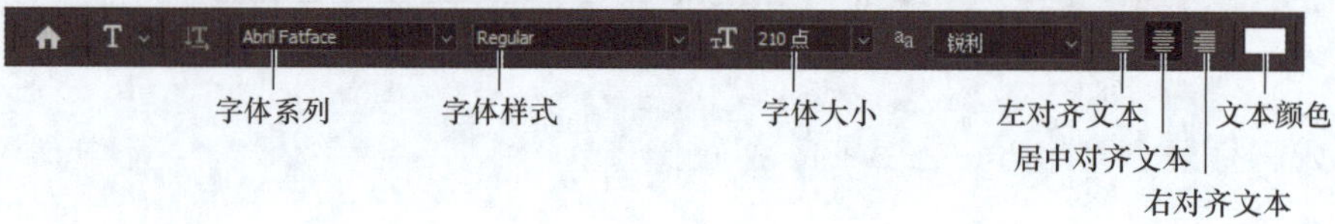

图 1.25

要将字体大小设置为 210 点，可在“字体大小”文本框中输入 210 并按 Enter 键，也可通过刮擦“字体大小”下拉列表标签来设置（详情请参阅下面的提示）。

提示 要通过刮擦来设置值，可将鼠标指针指向相应的标签，再沿水平方向拖曳。Photoshop 面板中的大多数值都可通过刮擦相应的标签来设置；要以更快的速度调整值，可在拖曳时按住 Shift 键。

提示 在选择了文字图层的情况下，也可在字符面板或上下文任务栏中修改字体大小。

4 在选项栏中单击“居中对齐文本”按钮。

5 在选项栏中单击色板，将颜色指定为纯白色，再单击“确定”按钮。

6 在画布中央偏下的位置单击，如图 1.26 所示。

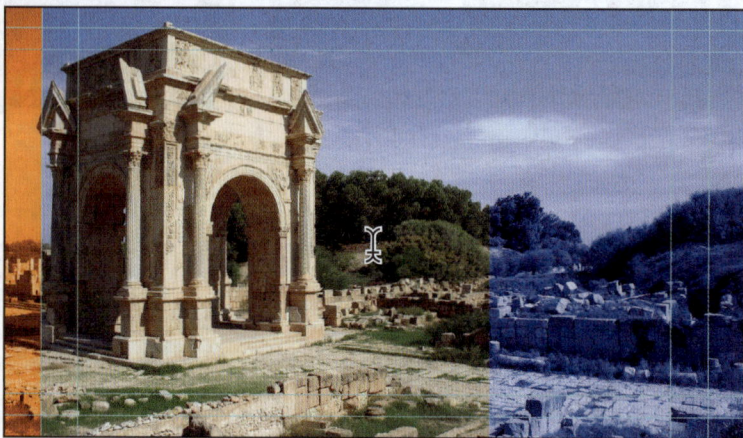

图 1.26

画布和图层面板中都出现了一个新的文字图层，其中包含处于选中状态的占位文本，以便用户预览当前设置的效果。在 01End.psd 文件中，第 1 行文本的字母都是大写的，但可不以大写的方式输入，而是使用相关的文字选项来实现全部大写的效果。

⑦ 如果属性面板不可见，单击其标签或选择菜单命令"窗口">"属性"打开，再向下滚动到"文字选项"部分，并单击第一个按钮——"全部大写"。

⑧ 输入 history 301，如图 1.27 所示。由于启用了"全部大写"，因此输入文字时无须按 Shift 键或 Caps Lock 键。

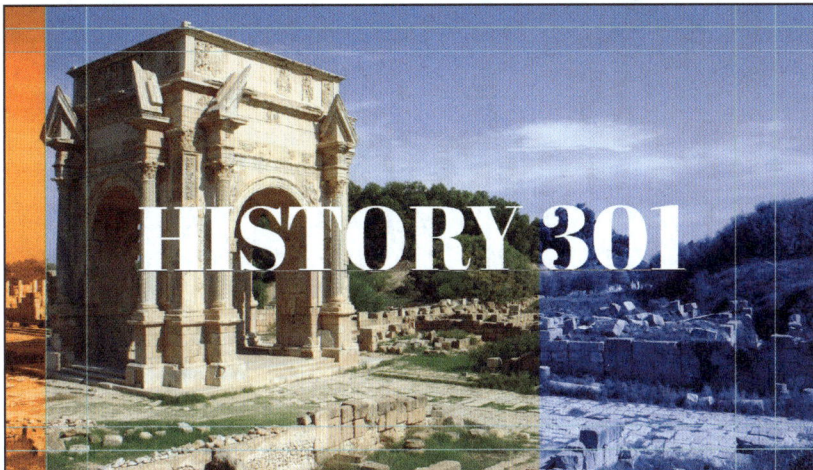

图 1.27

⑨ 在选项栏中单击提交按钮（✓），如图 1.28 所示，提交对文字所做的编辑。

图 1.28

⑩ 如果这个文字图层没有居中，请选择移动工具，并通过拖曳让其居中。

下面添加另一行文本。

⑪ 选择菜单命令"选择">"取消选择图层"，以防接下来要设置的选项影响既有的文字图层。

⑫ 确保选择了横排文字工具，再在选项栏中选择一种字体。这里选择的是 Acumin Pro Condensed

Black Italic（也可从 Adobe Fonts 安装），但也可选择其他字体。

⑬ 在选项栏中，将字体大小设置为 165 点，并单击"右对齐文本"按钮。

⑭ 将鼠标指针指向画布右边缘内侧的参考线，并在既有文字行和画布底端之间的大约 2/3 处单击，再输入 live stream。这些文字将是全部大写的，因为前面第 7 步指定的"全部大写"设置依然有效（如果此时没有指定该设置，就指定它）。结果如图 1.29 所示。

图 1.29

⑮ 在选项栏中单击提交按钮（✓），提交对文字所做的编辑。

至此，一切都很顺利，但还有一点工作要做。由于背景图像的色调较淡，白色文字不太显眼，因此需要在 01End.psd 文件中让整个背景图像呈现为深绿色。接下来添加这种效果。

1.8 添加纯色图层

可像前面创建矩形时那样用深绿色填充一个图层，但这里不这样做，而是使用另一种能够更方便地修改颜色的方法快速添加一个纯色图层。

💡提示 要编辑既有的纯色图层，只需在图层面板中双击该图层的缩览图。

❶ 在图层面板中选择 Arch 图层，以确保接下来创建的图层位于它上面。

❷ 单击图层面板底部的"创建新的填充或调整图层"按钮，并选择"纯色"，如图 1.30 所示。

❸ 在"拾色器"对话框中指定一种深绿色（这里将 RGB 值设置为 0c3303），再单击"确定"按钮。

❹ 在图层面板中，确保选择了"颜色填充 1"图层，再从混合模式下拉列表中选择"强光"。为稍微减弱混合效果，将混合模式下拉列表旁边的"不透明度"设置为 90%，如图 1.31（a）所示。

❺ 如果画布上显示了青色参考线，选择菜单命令"视图">"显示">"参考线"将其隐藏起来，效果如图 1.31（b）所示，因为不再需要它们了。

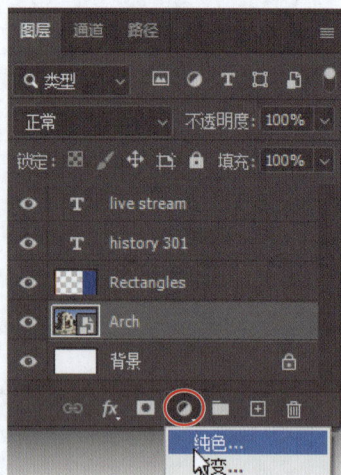

图 1.30

图层的混合模式　　图层的不透明度设置

（a）

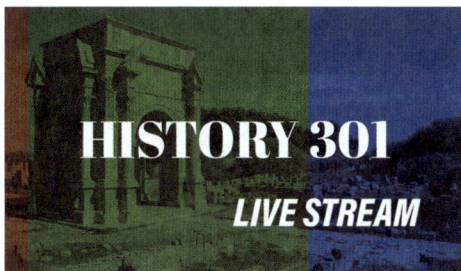

（b）

图 1.31

使用面板

Photoshop 的很多重要特性都呈现在面板中。如果没有看到想要使用的面板，可从"窗口"菜单中选择相应的面板名称来打开它。为节省屏幕空间，Photoshop默认隐藏了不太常用的面板，同时将其他面板编组并固定在面板停放区。

编组的面板。多个面板被编成组时，用户只能看到最前面的面板，但在面板组顶端使用标签列出了其他面板的名称，这类似于选项卡式文档或网页。要让面板组中的某个面板位于最前面，可单击其标签。

固定的面板。面板被固定时，将沿垂直方向排成一列。

要将面板与其他面板或面板组合并，可将其标签拖曳到另一个面板或面板组上，等目标面板或面板组周围出现蓝色框时松开鼠标左键，如图 1.32 所示。要移动面板或面板组，可拖曳其顶端没有标签的区域。要将面板从面板组中分离出来，可拖曳其标签，使面板离开当前面板组，如图 1.33 所示。要让面板离开面板停放区，也可拖曳其标签，使其离开面板停放区，进而变成浮动的。要调整面板的大小，可拖曳其边缘。

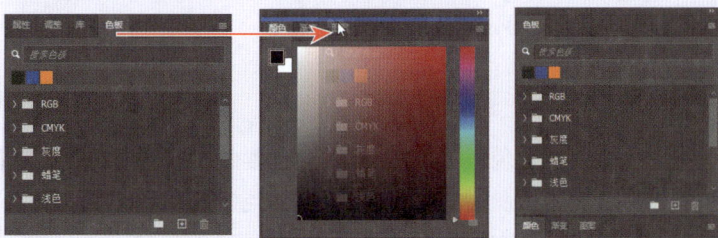

图 1.32

图 1.33

停放到应用程序窗口的边缘。要将面板或面板组停放到 Photoshop 应用程序窗口的边缘，可拖曳标签或标签栏，将其移到应用程序窗口的左边缘、右边缘或下边缘，等边缘出现蓝线时松开鼠标左键。工具面板可固定在左边缘或右边缘，面板组可固定在左边缘、右边缘或下边缘，而选项栏只能固定在上边缘。

折叠和展开面板。要让面板随时可用，同时又不占用屏幕空间，可将其折叠起来，方法是双击其标签；要展开折叠的面板，可双击其标签。可沿水平方向展开或折叠面板，方法是单击面板顶端的双箭头。对于已折叠的面板，可向内拖曳其边缘，将其折叠到只显示图标。在默认的"基本功能"工作区中，靠内的面板组被折叠成只显示图标，而靠外的面板组是完全展开的。

要隐藏 / 显示所有的面板，可按 Tab 键。以这种方式隐藏后，要暂时显示固定在应用程序窗口边缘的面板，可将鼠标指针指向相应的边缘。

关于工作区

Photoshop 提供了很多内置的工作区，这些工作区都可在"窗口">"工作区"子菜单中找到。到目前为止，使用的都是"基本功能"（默认）工作区，但本书后面的部分课程将使用其他工作区。

以所需的方式排列面板后，要保存该面板布局，可选择菜单命令"窗口">"工作区">"新建工作区"。这样，这个工作区将被加入"窗口">"工作区"子菜单中。

用户还可从工作区下拉列表中选择工作区，该下拉列表位于 Photoshop 应用程序窗口顶部的选项栏右端，如图 1.34 所示。

图 1.34

1.9　绘制图形元素

在 01End.psd 文件所示的设计中，使用一抹颜色突出了单词。下面使用画笔工具进行绘画，以实现这种效果，但在此之前，需要设置前景色。

1.9.1　拾取颜色

Photoshop 中存在前景色和背景色。在大多数情况下需要关注前景色，它通常是默认的，用于加载画笔。需要第二种颜色时，将使用背景色。例如，创建多色效果（如渐变）时，默认将背景色作为第二种颜色。擦除"背景"图层的内容时，默认显示的为背景色。

前景色默认为黑色，背景色默认为白色。可修改前景色和背景色，方法是单击工具面板中相应的图标，如图 1.35 所示。要使用文档中现有的颜色，只需使用吸管工具进行拾取，这将把前景色设置为拾取的颜色。下面使用这种方法拾取文档中既有的蓝色。

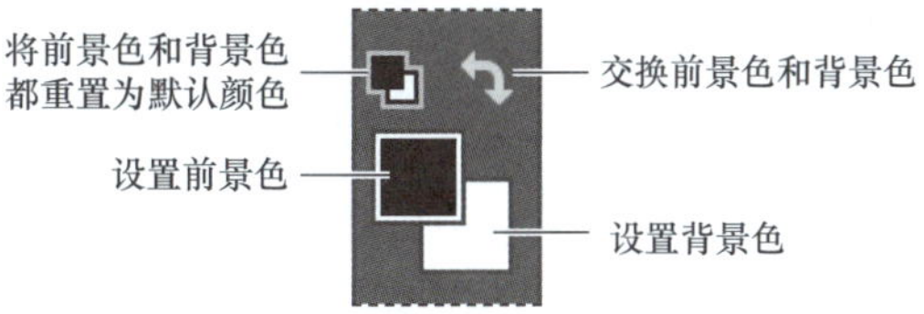

图 1.35

提示 要将前景色和背景色重置为默认颜色，可按 D 键；要交换前景色和背景色，可按 X 键。

1 在工具面板中选择吸管工具（🖋️）。

注意 如果找不到吸管工具，可单击工作区右上角的"搜索"按钮，输入"吸管"，再选择搜索结果中的"吸管工具"，这样就选择了工具面板中的吸管工具。

2 在较淡的蓝色区域单击，以拾取单击位置的颜色，再在"拾色器"对话框中提高其亮度，如图 1.36 所示，以便与单词 LIVE 后面的绿色区域和右侧的蓝色区域形成鲜明的对比。这里使用的是十六进制 RGB 值 4099ff。

图 1.36

在工具面板和颜色面板中，前景将相应地变化。从现在开始，绘画时都将使用这种颜色，直到修改前景色。

1.9.2 使用画笔绘画

设置好前景色后，就可以开始绘画了，但在此之前，需在图层列表的适当位置创建一个用于绘画的图层并给它命名。

1 在图层面板中选择 Rectangles 图层，然后按住 Alt 键（Windows）或 Option 键（macOS），并单击"创建图层"按钮（⊞），弹出"新建图层"对话框。

按住辅助键能够在创建图层的同时给它命名，从而减少一个步骤。

2 在"新建图层"对话框中将"名称"设置为 Paint，并单击"确定"按钮，结果如图 1.37 所示。

❸ 在工具面板中选择画笔工具。

❹ 选择菜单命令"窗口">"画笔"，打开画笔面板，这个操作可能展开一个原本折叠起来的面板组。

💡 提示　画笔面板存储了画笔预设。要对当前画笔做细微的修改，可使用画笔设置面板（要打开这个面板，可选择菜单命令"窗口">"画笔设置"）。画笔将在第 10 课进行详细介绍。

画笔面板包含画笔预设，其中一些被编组（组织成文件夹）。Photoshop 提供了类型众多的画笔，从基本的柔边和硬边画笔到高度纹理化的效果画笔。下面使用一种画笔来创建喷溅效果。

❺ 在画笔面板中展开"特殊效果画笔"编组，并选择其中的第一个画笔"Kyle 的喷溅画笔 - 喷溅 Bot 倾斜"，如图 1.38 所示。

图 1.37 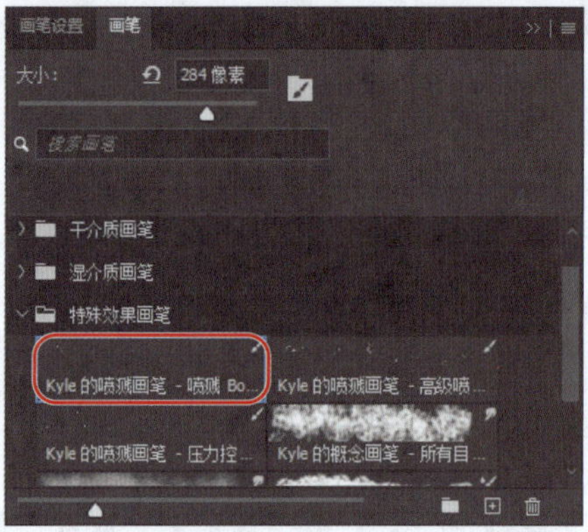　　　　　　　　　　　　　　　　　　图 1.38

❻ 在单词 LIVE 上拖曳，绘制多个描边，从而形成喷溅效果，如图 1.39 所示。画笔描边的尺寸和形状可能与 01End.psd 文件中不同，但不用担心，因为马上就会撤销这些操作。

图 1.39

画笔描边出现在单词 LIVE 后面，这是因为我们是在 Paint 图层上绘画的，而这个图层位于包含 LIVE 的文字图层的后面。

💡 提示　要调整图层的排列顺序，只需在图层面板中向上或向下拖曳图层。

1.10 还原和重做

使用计算机工作时，最大的好处之一是可使用还原命令，这让用户能够轻松地撤销所做的操作。Photoshop 提供了 3 个还原/重做命令，让用户能够更轻松地进行试验和前后对比。这里将撤销前面绘制的画笔描边，以便重新绘制。

❶ 选择菜单命令"编辑">"还原画笔工具"，撤销最后一步，也可按 Ctrl + Z 组合键（Windows）或 Command + Z 组合键（macOS）来完成这项任务。结果如图 1.40 所示。

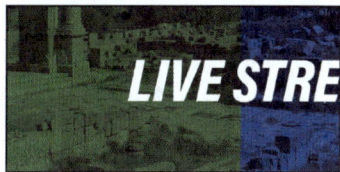

> 💡提示 菜单命令"编辑">"还原"的快捷键为 Ctrl + Z（Windows）或 Command + Z（macOS），菜单命令"编辑">"重做"的快捷键为 Ctrl + Shift + Z（Windows）或 Command + Shift + Z（macOS）。

图 1.40

如果绘制了多条画笔描边，可能需要重复第 1 步多次，将所有画笔描边都撤销。如果需要重复第 1 步多次，请在"还原画笔工具"命令变成"还原新建图层"命令后停止，因为无须撤销新建图层操作。

> 💡提示 要获悉可还原和重做的操作，可查看历史记录面板（要打开这个面板，可选择菜单命令"窗口">"历史记录"）。

要恢复被还原的操作，可选择菜单命令"编辑">"重做"，但在本课中不需要这样做。还原一个或一些操作后，菜单命令"编辑">"重做"便是可用的，直到用户执行新的操作，因为这将删除所有被还原的操作，并开始记录新的操作。

下面调整画笔大小，再绘制一条画笔描边。要调整画笔大小，可使用画笔设置面板（它包含所有的画笔设置），但为提高速度，接下来将使用选项栏来完成这项任务。

❷ 确保选择了画笔工具，再单击选项栏中画笔预设选取器旁边的箭头，并将"大小"设置为 80 像素，如图 1.41 所示。然后，在画笔预设选取器外单击，以关闭画笔预设选取器。

图 1.41

> 💡提示 另一种打开画笔预设选取器的快捷方式是，在选择了画笔工具的情况下，在画布上单击鼠标右键（Windows）或按住 Control 键并单击（macOS）。

❸ 确保选择了 Paint 图层，将鼠标指针指向单词 LIVE，并沿圆圈拖曳，让绘制的描边在这个单词后面形成一个很大的点，如图 1.42 所示。

下面快速比较执行第 3 步前后的图层状态。

❹ 选择菜单命令"编辑">"切换最终状态"，并查看画布，然后再次选择菜单命令"编辑">"切换最终状态"。第一次选择这个菜单命令时，还原了绘画操作，而再次选择这个菜单命令时，重做了这个操作。

图 1.42

如果经常需要这样做，请记住并使用"切换最终状态"命令的快捷键——Ctrl + Alt + Z（ Windows ）或 Command + Option + Z（ macOS ），因为按快捷键比使用鼠标选择菜单命令更容易。

⑤ 保存文档。

关于预设面板

使用 Photoshop 完成更多项目后，你可能发现自己会反复使用一些图形元素，如色板。预设面板让用户能够保存并组织喜欢的图形元素，以便能够快速访问它们，如图 1.43 所示；预设面板包括色板面板、渐变面板、图案面板和形状面板。

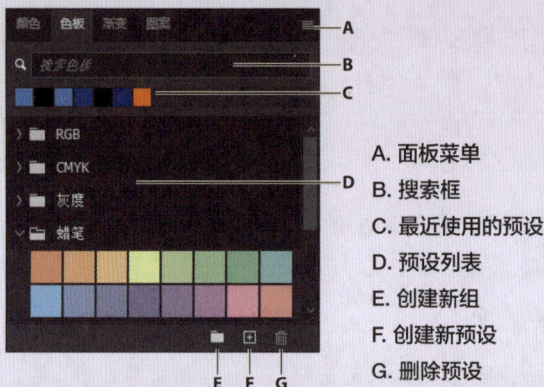

A. 面板菜单
B. 搜索框
C. 最近使用的预设
D. 预设列表
E. 创建新组
F. 创建新预设
G. 删除预设

图 1.43

要应用预设，可将其从面板拖放到画布中的图层上，也可先选择图层，再在预设面板中单击预设。形状面板是个例外，因为它包含的不是属性，而是图形，因此用户需要将图形拖放到画布上，而被拖放到画布上的图形将成为一个新图层。

预设面板具有如下特征。

可定制。预设面板菜单中包含查看和管理预设的命令。

可搜索。预设面板顶端是一个搜索框，用户能够根据名称搜索预设。

提供最近使用的预设。搜索框下方列出了最近使用过的预设，在用户需要使用最近使用过的预设时，这提供了极大的便利。

显示列表或缩览图。通过使用面板菜单中的相关命令，可以名称列表或缩览图的方式显示预设。以缩览图的方式显示预设时，如果要获悉预设的名称，可将鼠标指针指向它。

可编组。可在面板中将预设编组（文件夹），为此可将预设拖曳进或拖曳出编组。要创建新组，可单击预设面板底部的"创建新组"按钮。

可导入 / 导出。预设面板菜单中包含用于导入和导出预设的命令，这让用户能够备份和分享预设，以及将预设复制到其他计算机中。

1.11 扩大图像

至此，这个文档与 01End.psd 文件有点像了，但还有一个很大的不同：拱门照片离左边缘太近了。如果将 Arch 图层向中间移，整个合成图像从视觉上来看将更平衡。

❶ 选择移动工具，并在选项栏中取消勾选"自动选择"复选框，如图 1.44 所示。

图 1.44

"自动选择"通常很有用，它让用户只需在画布上单击就可选择图层；但在这里，它并不能提供帮助，因为这里要移动的 Arch 图层位于其他图层后面。如果不取消勾选"自动选择"复选框，当使用移动工具拖曳时，将移动 Arch 图层前面的某个图层。鉴于此，这里取消勾选了"自动选择"复选框。但这样做后，必须手动选择要移动的图层。

❷ 在图层面板中选择 Arch 图层。

❸ 将鼠标指针指向画布，再拖曳 Arch 图层，使拱门位于绿色区域中央，如图 1.45 所示。

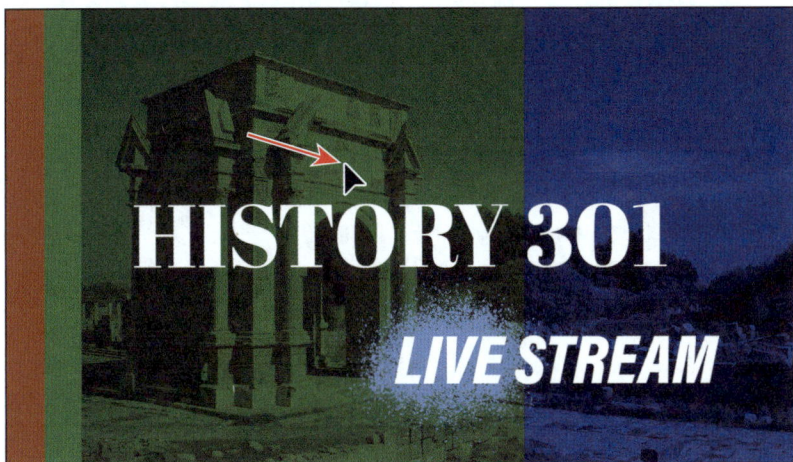

图 1.45

这样看起来更美观，但拱门位于绿色区域中央后，拱门照片并未向左延伸，没有覆盖整个画布。可使用生成式填充让 Photoshop 创建用于填充未覆盖区域的内容。生成式填充是一种 AI 支持的功能，详情请参阅后面的补充内容"关于生成式填充和 Adobe Firefly"。为方便使用生成式填充，先隐藏其他所有图层。

❹ 在图层面板中按住 Alt 键（Windows）或 Option 键（macOS），并单击 Arch 图层的眼睛图标，隐藏除 Arch 图层外的其他所有图层，如图 1.46 所示。现在需要指定使用生成的内容填充哪个区域。

图 1.46

⑤ 选择矩形选框工具，并通过拖曳创建一个选区，它覆盖了画布左边缘和 Arch 图层左边缘之间的所有空白区域。为避免出现缝隙，请让选区与 Arch 图层稍微重叠，如图 1.47 所示。

图 1.47

⑥ 在上下文任务栏中单击 Generative Fill（生成式填充）按钮，上下文任务栏中包含的选项将发生变化，如图 1.48 所示。如果出现一个提示对话框，要求阅读并同意生成式填充用户指南，请在阅读完毕后单击"同意"按钮。

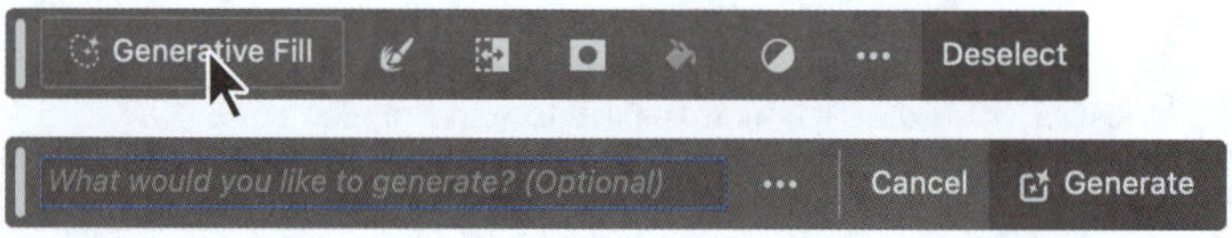

图 1.48

上下文任务栏中出现了一个文本框，让用户描述要生成的内容，但这里需要用一致的内容填充选区，因此可以让这个文本框为空。

> ♀ **注意** 生成式填充几乎能够创建任何类型的图像。Adobe 要求用户同意生成式填充用户指南，即只使用这项功能来创建该指南限定的图像，而不创建有害、具有欺骗性或非法的图像。

⑦ 确保在图层面板中选择了 Arch 图层，再在上下文任务栏中单击 Generate（生成）按钮。
生成式填充执行完毕后，Photoshop 界面将出现 3 个方面的变化，如图 1.49 所示。

• 在画布上，新内容替换了原本为空白的区域。

• 在图层面板中，Arch 图层上面出现了一个名为 Generative Fill 的新图层。这个图层包含新生成的内容，换句话说，生成式填充并未修改 Arch 图层。

• 在属性面板中，Variations 部分包含可供选择的方案，可通过单击来查看它们。画布上显示的是当前选定的方案。

图 1.49

💡 **注意** 使用生成式填充时，务必考虑生成的图像的用途。如果图像只是用作插图，生成的内容是否完全符合实际情况可能并不重要。但如果生成的图像要在新闻报道或参考资料（如历史研究参考资料）中使用，其中就不能包含不真实的内容。

⑧ 在图层面板中 Generative Fill 图层的眼睛图标上单击鼠标右键（Windows）或按住 Option 键并单击（macOS），再选择"隐藏 / 显示所有其他图层"。

此操作能够查看生成的内容在这个合成图像中的效果。

⑨ 在属性面板中单击每种可选方案，并选择最喜欢的那个。最终的效果类似于图 1.50。

至此，我们成功地制作了一个视频直播广告：通过合并图像、文本、画笔描边和其他图层，制作了一个合成的 Photoshop 文档。

图 1.50

⑩ 关闭这个文档，如果出现警告，指出有未保存的修改，单击"存储"按钮。如果还没有关闭 01End.psd 文件，现在关闭它，但不保存所做的修改。

关于生成式填充和 Adobe Firefly

人工智能（AI）图像生成技术近年来发展迅速，能够根据文本描述生成逼真的图像。Adobe Firefly 是一项生成式 AI 技术，Adobe 将其引入多个应用程序中，如 Photoshop 中的生成式填充和移除工具。生成式填充不仅可用于创建新图像，还可用于修复、扩大和改进既有图像。

安全地生成内容

生成式图像是由使用大量图像训练过的软件模型生成的。有些 AI 服务使用找到的图像进行训练，但没有获得使用这些图像的权限。版权问题可能引发法律纠纷，因此有些公司和组织可能不愿使用利用这样的 AI 服务（即不能提供有关训练图像版权信息的服务）创建的作品。Adobe Firefly 生成式 AI 在商业上是安全的，因为它使用的训练图像都是有明确使用权的，如 Adobe Stock 库中的图像和公共领域图像（公共领域图像有明确的法律定义，不同于可在线查看但受版权保护的图像）。

另一个问题是如何判断图像是原创的还是包含生成式 AI 内容。Adobe 是行业组织内容真实性倡议（Content Authenticity Initiative）的成员，该组织的任务之一是制定统一而开放的元数据（图像信息）共享标准，这些元数据包括创作者、生成式 AI 透明度（让人知道图像至少有一部分是使用生成式 AI 创建的）和篡改证据（让人知道元数据是否被篡改）。为提供这方面的支持，Adobe 正在开发一种名为"内容凭据"（Content Credentials）的功能。

Adobe 会不会使用用户的图像来训练生成式 AI 呢？在 Photoshop 中，用户可对此进行控制：在"首选项"对话框的"产品改进"部分，启用或禁用"我授予 Adobe 使用我的图像和关联数据来训练 Adobe 创成式图层模型的权限。"选项。但仅当启用了"是，我愿意参与"选项时才能设置这个选项。

生成式积分

运行生成式 AI 解决方案需要消耗大量的云计算力，因此 Adobe 设计了名为生成式积分（Generative Credits）的服务器使用管理系统。Creative Cloud 成员每月都可获得一定数量的生成式积分，具体数量取决于成员、成员的学校或组织订阅的 Creative Cloud 套餐。即便生成式积分还未到月底就用完了，也可继续使用生成式填充，但运行速度可能更慢，因为此时作业优先级会较低。要恢复到原来的优先级，可购买积分。

Photoshop 2024（版本 25）刚发布时，Adobe 还在研究如何以最佳的方式提供生成式 AI 服务，因此随着时间的推移，生成的图像的品质和分辨率及生成式积分政策等都可能发生变化或得到改进。

1.12　复习题

1. 列举至少两种可在 Photoshop 中打开的图像。

2. 在 Photoshop 中如何选择工具?

3. 描述缩放图像的方法。

4. 如何撤销所做的最后一项修改?

5. 有哪些方法可减少面板占用的屏幕空间?

1.13　复习题答案

1. Photoshop 可打开使用数码相机或手机拍摄的照片,可打开扫描的照片、正片、负片或图形,可打开从互联网下载的图像(如来自 Adobe Stock 的照片及上传到"云文档"或"Lightroom 照片"的图像)。

2. 要在 Photoshop 中选择工具,可单击工具面板中相应的图标或按相应的快捷键,选择的工具将一直处于活动状态,直到选择了其他工具。要选择隐藏的工具,可使用快捷键,也可在工具面板中的工具上按住鼠标左键,打开工具列表。

3. 可从"视图"菜单中选择相应的命令来缩放图像或使图像适合屏幕,也可以使用缩放工具在图像上单击或拖曳来缩放图像,还可以使用快捷键和导航器面板来控制图像的缩放比例。

4. 可选择菜单命令"编辑">"还原"或"编辑">"切换最终状态"(或按相应的快捷键)。另一种撤销方法(本课没有介绍)是在历史记录面板中选择以前的某个状态。

5. 可结合使用编组、固定、折叠和隐藏等方法。

照片校正基础

本课概览

- 了解图像的分辨率和尺寸。
- 拉直和裁剪图像。
- 使用移除工具删除不想要或分散注意力的内容。
- 应用"智能锐化"滤镜修饰照片。

- 在 Bridge 中查看和打开文件。
- 调整图像的颜色和色调。
- 使用生成式填充修复被删除的区域。

学习本课大约需要 1 小时

Photoshop 提供了各种提高照片质量的工具和命令。本课将对一张旧照片进行裁剪、大小调整和修饰。

2.1 使用 Adobe Bridge 打开文件

在本书中，每课都将使用不同文件夹中的文件来执行相关的任务。可复制这些文件（以不同的名称存储或存储到不同的位置），也可直接处理原始文件，并在需要重新开始时下载原始文件。

本课将修复一张褪色且受损的老照片，以便能够在线分享，或者以分辨率为 300 像素 / 英寸、尺寸为 7 英寸 ×7 英寸（1 英寸 ≈2.54 厘米）的形式打印出来。

> ♀ 注意　本课使用 Photoshop 来修复图像。对于有些图像（如以相机原始格式存储的图像），使用随 Photoshop 安装的 Adobe Camera Raw 应用程序来修复的效率可能更高。Adobe Camera Raw 提供的相关工具将在第 12 课介绍。

第 1 课使用了"打开"命令来打开文件。在本课中，将先在 Bridge 中对扫描的原件和最终图像进行比较。Bridge 是一个可视化的文件浏览器，可与 Photoshop 和其他 Creative Cloud 应用程序结合使用。

❶ 启动 Photoshop 并立刻按 Ctrl + Alt + Shift 组合键（Windows）或 Command + Option + Shift 组合键（macOS），以恢复默认首选项设置。

❷ 出现提示对话框时单击"是"按钮，确认要删除 Adobe Photoshop 设置文件。

❸ 选择菜单命令"文件"＞"在 Bridge 中浏览"。如果被询问是否要在 Bridge 中启用 Photoshop 扩展，单击"是"（Windows）或"确定"（macOS）按钮。

> ♀ 注意　如果没有安装 Bridge，用户选择菜单命令"文件"＞"在 Bridge 中浏览"时，将启动桌面应用程序 Creative Cloud，下载并安装 Bridge。安装完成后，便可启动 Bridge。

打开 Bridge，其中包含一系列面板，还有菜单和按钮。

> ♀ 注意　如果 Brige 询问是否要从上一版 Bridge 中导入首选项，请勾选"不再显示"复选框，再单击"否"按钮。

❹ 单击左上角的"文件夹"标签，切换至本书学习资源中的 Lessons 文件夹，内容面板中会显示其内容，如图 2.1 所示。

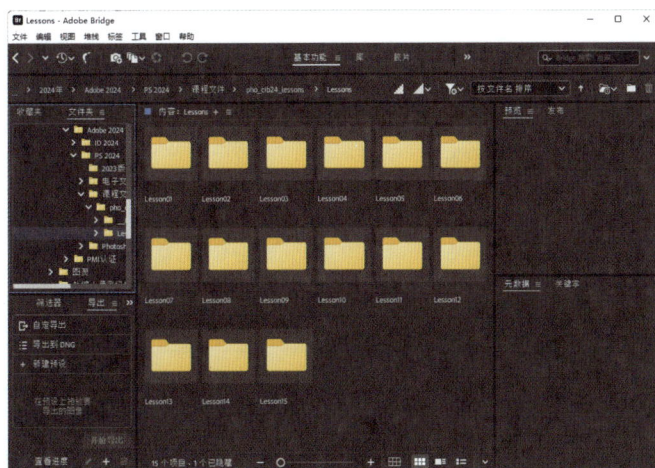

图 2.1

⑤ 在文件夹面板中选择了 Lessons 文件夹的情况下，选择菜单命令"文件">"添加到收藏夹"。对于常用的文件、文件夹和其他素材，将其添加到收藏夹中，以便能够快速访问它们。

> 💡 **提示** 在 Bridge 中，如果收藏夹面板和要添加到收藏夹中的文件夹都可见，可将文件夹拖曳到收藏夹面板中；还可通过拖曳将桌面上的文件夹添加到收藏夹面板中。

⑥ 单击"收藏夹"标签打开这个面板，再单击 Lessons 文件夹打开它，在内容面板中双击 Lesson02 文件夹。

这个文件夹的内容缩览图将出现在内容面板中，如图 2.2 所示。

图 2.2

⑦ 比较 02Start.tif 和 02End.psd 文件。要放大内容面板中的缩览图，可向右拖曳 Bridge 窗口底部的缩览图滑块。

> 💡 **提示** 在 Bridge 中，要查看选定图像较大的预览图，可选择菜单命令"窗口">"预览"打开预览面板。如果预览图不够大，可调整预览面板的尺寸；还可按空格键，在全屏模式下查看选定图像的预览图。

可以发现，02Start.tif 文件中的图像是斜的，颜色不太鲜艳，同时存在绿色色偏和划痕。本课后面将修复这些问题及其他一些问题。

⑧ 双击 02Start.tif 文件，在 Photoshop 中打开它。如果出现"嵌入的配置文件不匹配"对话框，单击"确定"按钮；如果出现有关新增功能的提示对话框，将其关闭。

⑨ 在 Photoshop 中选择菜单命令"文件">"存储为"，在打开的对话框中将"保存类型"设置为"Photoshop（*.PSD；*.PDD；*.PSDT）"，将"文件名"指定为 02Working，单击"保存"按钮，如图 2.3 所示。

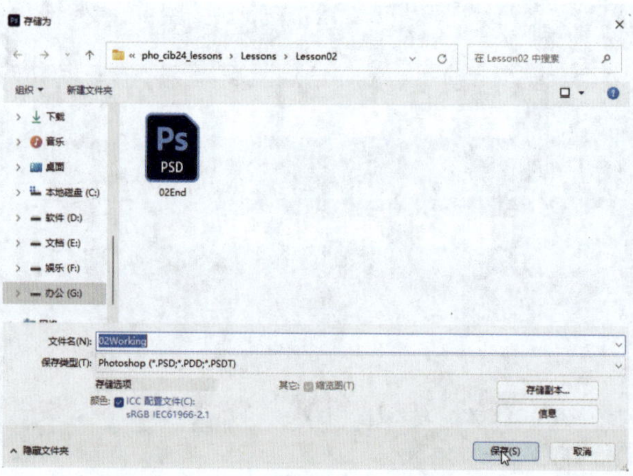

图 2.3

2.2 评估图像以确定需要做的编辑工作

可直接动手进行编辑，但一般而言，花点时间研究图像，以确定需要做哪些编辑将大有裨益。熟悉更多 Photoshop 特性后，请在动手编辑图像前进行评估，这有助于确定需要做哪些编辑工作，以及按什么样的顺序完成这些工作。

在胶片摄影时代，通常的做法是先冲洗出一张测试照片，在上面标出要在暗房中做哪些修改，并据此制作出最终版本。

在 Photoshop 文档中，可使用注释工具来添加注释，可通过选择菜单命令"文件">"共享以供审阅"添加在线注释，还可添加图层（可将其隐藏）并在其中添加注释。这些功能都将在本书后面介绍。

需要完成哪些编辑工作以及按什么样的顺序完成这些工作呢？这因具体的项目而异。在典型的工作流程中，通常首先校正颜色和色调，然后根据图像的最终使用方式进行像素尺寸调整和图像锐化。如果图像将以多种不同的方式使用（如打印、在线分享以及用于视频中），那么首先要创建全分辨率的高品质图像，再根据不同的用途对其进行调整，并保存或导出图像的副本。

就这里的图像而言，需要进行拉直、色调和颜色校正以及其他一些修复。这幅图像是通过扫描一张褪色的照片得到的，照片的主人希望能够使用它以 300ppi 的分辨率打印出宽度为 7 英寸的照片。首先设置状态栏，使其显示文档尺寸，这有助于判断这个文档是否满足前述打印尺寸要求。

❶ 在应用程序窗口底部的状态栏中，如果显示的不是图像尺寸，请单击相应的箭头，并在弹出的下拉列表中选择"文档尺寸"，如图 2.4 所示。

从状态栏可知，这幅图像的尺寸为 2160 像素 ×2160 像素，分辨率为 240 ppi。这幅图像最终将打印出来，因此应将度量单位设置为英寸。

❷ 选择菜单命令"视图">"标尺"，在文档窗口中显示标尺。

❸ 双击标尺，打开"首选项"对话框。在"单位"部分，从"标尺"下拉列表中选择"英寸"（见图 2.5），再单击"确定"按钮。

图 2.4

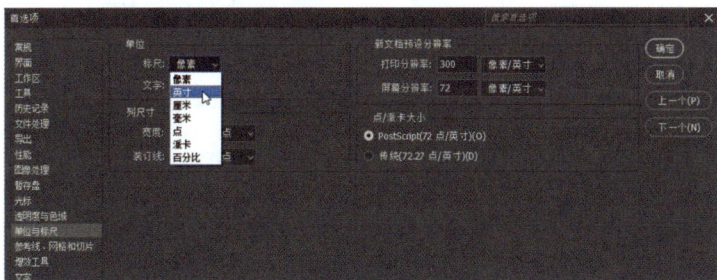

图 2.5

另一种修改度量单位的方式是，在标尺上单击鼠标右键（Windows）或按住 Control 键并单击（macOS），再从出现的上下文菜单中选择所需的度量单位。

33.33% | 9 英寸 × 9 英寸（240 ppi）

图 2.6

修改文档的度量单位将影响标尺及众多面板和状态栏中的单位。现在，状态栏中显示文档尺寸为 9 英寸 ×9 英寸（2160 像素除以 240 像素每英寸，结果为 9 英寸），分辨率为 240 ppi，如图 2.6 所示。

修改度量单位后，状态栏、标尺和面板中显示的单位都将相应地发生变化；在"首选项"对话框的"单位"部分，"标尺"设置也将相应地发生变化。

2.3 拉直和裁剪图像

下面使用裁剪工具来裁剪和拉直图像。

① 在工具面板中选择裁剪工具（ 🔲 ），出现裁剪手柄。

选择裁剪工具后，如果没有看到裁剪手柄，可按 Enter 键。如果按 Enter 键后依然没有看到裁剪手柄，请打开"视图"菜单，并确保其中的"显示额外内容"命令左边有对勾。

② 在选项栏中，从"选择预设长宽比或裁剪尺寸"下拉列表中选择"宽 × 高 × 分辨率"（默认为"比例"）。

③ 在选项栏中，将高度和宽度都设置为 7 英寸，将分辨率设置为 300 像素 / 英寸，出现裁剪网格，如图 2.7 所示。

通过裁剪生成用于 Web / 屏幕显示的图像时，请在选项栏中以像素为单位指定宽度和高度（如 800 像素），且不要指定分辨率。仅当创建用于打印的图像时，才将单位指定为英寸，并指定分辨率。

🏠 🔲 | 宽 × 高 × 分… ∨ | 7英寸 | ⇄ | 7英寸 | 300 | 像素/英寸 ∨ | 清除 | 🔲 拉直

图 2.7

设置了分辨率后，裁剪工具将重采样，即创建新像素或删除原来的像素，确保裁剪得到的图像包含的像素数能够满足如下要求：让图像能够以分辨率为 300ppi 和尺寸为 7 英寸 ×7 英寸打印出来。

下面拉直这个图像。

④ 单击选项栏中的"拉直"按钮，鼠标指针将变成拉直工具的图标。

⑤ 将鼠标指针移到图像左上角，按住鼠标左键并沿上边缘拖曳到右上角，松开鼠标左键。

Photoshop 将根据使用拉直工具拖曳的角度旋转图像，如图 2.8 所示。一般而言，如果图像中有应该为水平或垂直的物体，就可使用拉直工具沿它拖曳。

💡 **提示** 要让文档保留位于裁剪框外面的像素，可取消勾选"删除裁剪的像素"复选框。这很有用，因为如果框选的范围有误，可放大裁剪框，将被裁剪掉的区域显示出来。

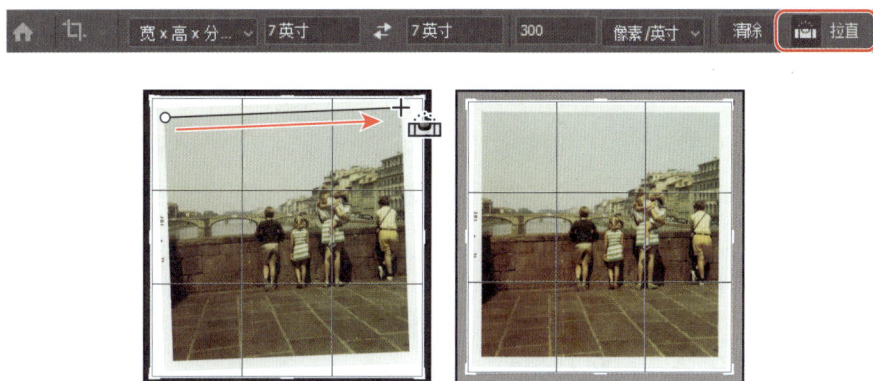

图 2.8

现在，裁剪框外面出现了裁剪遮盖条，可帮助用户将注意力放在将保留的区域，并获悉执行裁剪后哪些区域将被裁剪掉。下面将白色边框裁剪掉并缩放图像。

💡 **提示** 要让裁剪边缘看起来更清晰，可在裁剪框处于活动状态的情况下增大缩放比例。

⑥ 将裁剪框的各个角向内拖曳到图像的相应角，将所有的白色区域都删除，如图 2.9（a）所示。如果需要调整图像的位置，可在裁剪框中按住鼠标左键并拖曳。

💡 **提示** 只要选项栏中的当前设置还有效，使用裁剪工具便可继续创建尺寸为 7 英寸 × 7 英寸、分辨率为 300 像素 / 英寸的图像。要自由地裁剪，可单击选项栏中的"清除"按钮。

⑦ 按 Enter 键执行裁剪操作。

经过裁剪、拉直及尺寸和位置调整后的效果如图 2.9（b）所示。状态栏将显示图像尺寸为 7 英寸 × 7 英寸，分辨率为 300ppi。

（a）　　　　　　　　　　　　　（b）

图 2.9

❽ 选择菜单命令"文件">"存储"保存文件，如果出现"Photoshop 格式选项"对话框，单击"确定"按钮。

理解图像尺寸和分辨率

分辨率的含义随介质而异。对视频和电子显示而言，分辨率指的是像素尺寸，即以像素为单位的宽度和高度。例如，4K 视频帧的分辨率为 3840 像素 ×2160 像素。对打印而言，分辨率指的是像素密度，如 300 像素 / 英寸（ppi）。

照片中的像素

在 Photoshop 中，要修改图像的像素尺寸，最常用的方式是使用裁剪工具或菜单命令"图像">"图像大小"。要在使用裁剪工具时修改像素密度（ppi），可在"分辨率"文本框中输入数值；要在使用菜单命令"图像">"图像大小"时修改像素密度，可勾选"重新采样"复选框。

如何确定图像包含多少像素？

将以像素为单位的宽度和高度相乘。例如，本课前面将图像裁剪成了 2100 像素 ×2100 像素，因此这幅图像包含 4410000 像素（441 万像素）。像素尺寸会影响文件大小和上传 / 下载时间。

如何确定图像的像素密度（ppi）？

将以像素为单位的图像宽度或高度除以以英寸为单位的图像宽度或高度。例如，本课前面裁剪得到的图像的像素尺寸为 2100 像素 ×2100 像素，而物理尺寸为 7 英寸 ×7 英寸，将像素宽度或高度 2100 像素除以物理宽度或高度 7 英寸，结果为 300 像素 / 英寸。

多高的分辨率才足够？

用于呈现图像的介质决定了图像需要多高的分辨率。例如，用于视频显示时，如果要求图像覆盖 4K 视频帧的每个像素，其分辨率必须为 3840 像素 ×2160 像素。用于打印时，图像必须有足够的像素，能够满足打印要求的尺寸和像素密度。例如，如果要以 300ppi 的分辨率打印宽度为 7 英寸的打印件，图像的宽度至少为 2100 像素（7 英寸乘以 300ppi）。

物理呈现尺寸对分辨率的影响

修改图像的物理呈现尺寸将改变其有效分辨率，因为同样数量的像素覆盖的区域更大或更小了。例如，如果以 14 英寸的宽度打印本课的图像（宽度为原来的两倍），有效分辨率将为 2100 像素除以 14 英寸，即 150 ppi。

有效分辨率减半了，这是因为同样数量的像素覆盖的区域的宽度翻倍了。因此，准备用于打印的图像时，确保图像的分辨率为 300ppi 还不够，而需确保以要求的尺寸（单位为英寸）打印时，有效分辨率为 300ppi。

观看距离会影响人眼实际感知的像素密度，因此观看距离也会影响图像的分辨率要求。传统上，对于用于打印的图像，要求分辨率为 300 ppi，这基于观察距离大约为一臂长，就像看书时那样。对于将从数英尺远的地方观看的大型图像，可以用低于 300ppi 的分辨率打印，因为超过一定的距离后，人眼感知的像素密度更大，就像是图像的有效分辨率更高一样。因此，对于用于高速公路广告牌的图像，50 ppi 的分辨率可能看起来就非常清晰了，因为观看距离较远。

图像的分辨率总是要与打印机或显示器的分辨率一致吗？

考虑到显示方式和输出技术，图像文件的分辨率可能无须与重现它的硬件的分辨率一致。例如，有些商用照排机和照片级喷墨打印机的设备分辨率为 2400 点 / 英寸（dpi）甚至更高，但使用这些设备打印的图像的分辨率只需为 200~360ppi 就够了。这是因为设备点被编组为加大的半调单元或喷墨图案，它们会累积色调和颜色。同样，在 500 ppi 的智能手机上显示图像时，可能不要求图像的分辨率也为 500 ppi。因此，不管使用什么介质，都要向制作团队或输出服务提供商询问该以什么样的像素尺寸或分辨率提供最终的图像。

多高的分辨率算高分辨率？

对于要在屏幕上重现的图像，当前一种界定高分辨率的标准是，图像包含足够多的像素，能够填充 HiDPI（Windows/Android）或 Retina（macOS）显示器的每个像素。这些显示器的像素密度通常是老式显示器的两倍。

对于用于打印的图像，如果以最终要求的尺寸打印，有效分辨率可达 240~360 ppi，就可将其视为高分辨率，因为这样的像素密度足以充分利用印刷机和专业照片打印机的设备分辨率，从而重现足够多的细节。

修改分辨率将如何影响文件大小？

仅当像素尺寸发生变化时文件大小才会变。例如，本课前面裁剪出的图像的像素尺寸为 2100 像素 ×2100 像素、打印尺寸为 7 英寸 ×7 英寸、分辨率为 300 ppi，如果修改以英寸为单位的尺寸或分辨率，但保持像素尺寸不变（仍然为 2100 像素 ×2100 像素），文件大小将不变。但如果修改以英寸为单位的尺寸，不修改分辨率，或者反过来，像素尺寸必将发生变化（这被称为重新采样），进而导致文件大小发生变化。例如，对于本课的图像，如果将分辨率改为 72 ppi，同时保持以英寸为单位的尺寸不变（仍然为 7 英寸 ×7 英寸），像素尺寸将变为 504 像素 ×504 像素，同时文件将相应地变小。

文件大小主要取决于像素尺寸，请牢记这一点。另外，图像文件的大小还取决于文件类型、位深、通道和图层数量、采用的压缩方法（如果压缩了）等。

▍2.4　调整色调和颜色

下面使用曲线调整图层和色阶调整图层来消除图像的绿色色偏，并调整其颜色和色调。

> ♀ **注意**　本节的颜色和色调编辑比较简单，这些编辑原本都可只使用色阶调整图层或曲线调整图层来完成。在这两种调整图层中，都可使用黑场工具和白场工具来设置黑场和白场，也都可设置色调范围。通常曲线调整图层用于执行更精确或更复杂的编辑。

❶ 在调整面板中，向下滚动到"单一调整"类别。如果这个类别折叠起来了，单击旁边的箭头将它展开，再单击"曲线"，如图 2.10（a）所示。该操作将添加一个曲线调整图层，同时属性面板中出现了相关的设置。

> ♀ **提示**　请自行尝试使用调整面板顶部的调整预设。需要快速修复图像时，这些预设很有用；要获悉它们是如何完成修复的，可查看各种预设在文档中添加的图层组。

❷ 在属性面板中选择左边的白场工具，如图 2.10（b）所示。

白场工具用于指定将哪种颜色调整为中性白。指定白场后，其他所有颜色和色调都将相应地调整。正确地指定白场，可快速地消除绿色色偏及校正图像的亮度。为准确地设置白场，可选择图像中最亮且包含细节的白色区域（不是太阳或电灯等照射的曝光过度的区域，也不是反射太阳光的镜面高光区域）。

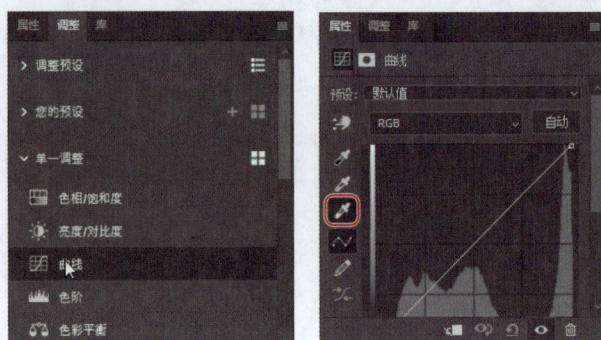

（a） （b）

图 2.10

❸ 单击女孩衣服上的白色条带，将其指定为白场，如图 2.11 所示。

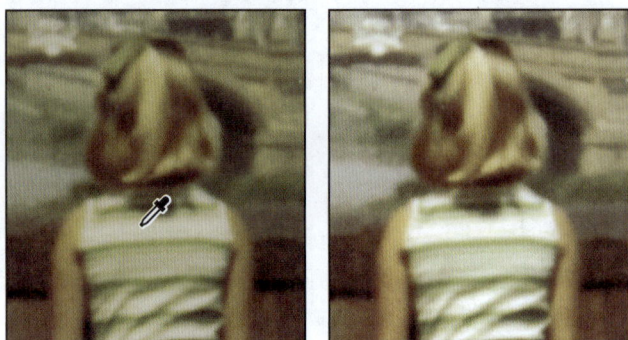

图 2.11

> 💡提示　要获得鼠标指针指向的像素的颜色值，可选择菜单命令"窗口"＞"信息"，打开信息面板，其中显示了鼠标指针当前指向的像素的颜色值。

当使用白场工具单击白色条带时，Photoshop 将根据采集的颜色与中性白的差值调整色彩平衡和亮度，从而改善图像。如果尝试单击其他白色区域，将发现所做的调整可能不同。现在，照片变得阳光充足，同时消除了因褪色而导致的色偏。

下面使用色阶调整图层来调整图像的色调。

❹ 在调整面板中单击"单一调整"类别中的"色阶"（📊），如图 2.12（a）所示，添加一个色阶调整图层。

> 💡提示　属性面板显示了调整图层的设置，越多地使用调整图层（本课使用了 3 次），就越会感觉到应该在 Photoshop 工作区中始终打开属性面板。

在选择了色阶调整图层或曲线调整图层的情况下，属性面板中将显示一个直方图。直方图显示了图像中色调值的分布情况，其中左边为黑色，右边为白色。对于色阶调整图层，直方图左下角的三角形表示黑场（图像中最暗的点），右下角的三角形表示白场（图像中最亮的点），中间的三角形表示灰场。

⑤ 将直方图左下角的三角形拖曳到开始有大量投影色调的地方，这里将其值设置为 15，将所有色调值小于 15 的颜色都修改为黑色。

⑥ 将中间的三角形稍微向右拖，以调整灰场，这里将其设置为 0.9，如图 2.12（b）所示。

💡 提示　不知道该如何调整图像时，可尝试使用属性面板顶部的预设。选择预设后，将看到图像的变化情况，还将在属性面板中看到导致变化的设置。这可能能够帮助你判断该如何修改设置。

下面拼合图像，将所有图层都合并到"背景"图层中。通常仅当不再需要调整图层效果时，才对图像进行拼合；很多 Photoshop 高级用户都等到要将图像交给客户时才进行拼合。由于你刚开始学习使用 Photoshop，因此这里对图像进行拼合，以便完成下一个阶段的工作——修复。

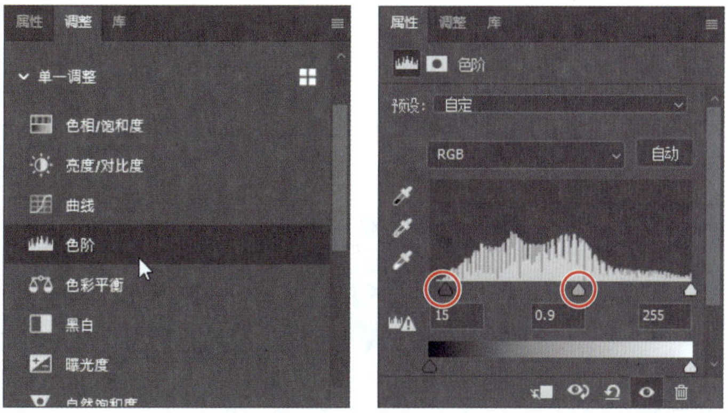

（a）　　　　　　　　　　（b）

图 2.12

💡 注意　拼合图像时，将删除位于画布的可见边缘外面的内容。例如，使用裁剪工具时，如果取消勾选"删除裁剪的像素"复选框，执行拼合操作时将删除被裁剪工具保留但被隐藏的像素。

⑦ 选择菜单命令"图层" > "拼合图像"。

图像的外观没有变化，如图 2.13 所示，但在图层面板中，现在只有"背景"图层。

图 2.13

真实的照片修复案例

高文·韦弗（Gawain Weaver）是 Gawain Weaver Art Conservation 的主人，他修复并挽救了众多艺术家的原作，包括埃德沃德·迈布里奇（Eadweard Muybridge）、曼·雷（Man Ray）、安塞尔·亚当斯（Ansel Adams）和辛迪·舍曼（Cindy Sherman）的作品。他在全球多地在线开设过有关照片保护和鉴赏的讲座。

Photoshop 提供的工具能很好地修复老旧或受损的照片，让人们能够扫描、修复、打印并装裱自己的影集。

然而，处理艺术家、博物馆、画廊和收藏者的作品时，必须最大限度地保护原件，避免变质或损坏。因此，必须由专业的艺术品保护者进行处理。

下面介绍如何修复图 2.14 所示的作品上的污点。

图 2.14

韦弗指出，照片保护既是科学又是艺术，为安全地清洁、保护和改善照片，必须利用有关摄影的化学知识、装裱框、清漆或其他涂层。在保护过程中，无法快速"撤销"所做的处理，因此必须万分小心，充分考虑作品的脆弱性。

艺术品保护者使用的很多手工工具在 Photoshop 中都有相应的数字版本。

艺术品保护者会清洁照片以消除褪色，他们甚至会使用温和的漂白剂来氧化并消除彩色污渍或解决褪色问题。在 Photoshop 中，可使用曲线调整图层来消除图像存在的色偏。

处理艺术照片时，艺术品保护者可能使用特殊的颜料和美工笔手动修复受损的区域。同样，在 Photoshop 中，可使用污点修复画笔工具（✐）来消除扫描件中的尘土污渍。

艺术品保护者可能用糨糊来修复破损的纸张，然后再补全破损的区域。在 Photoshop 中，要消除扫描件中的折痕或修复破损的地方，只需使用仿制图章工具（♟）。

为清洁装裱框，可使用小型画笔在艺术家的签名上加上固定剂，如图 2.15 所示。

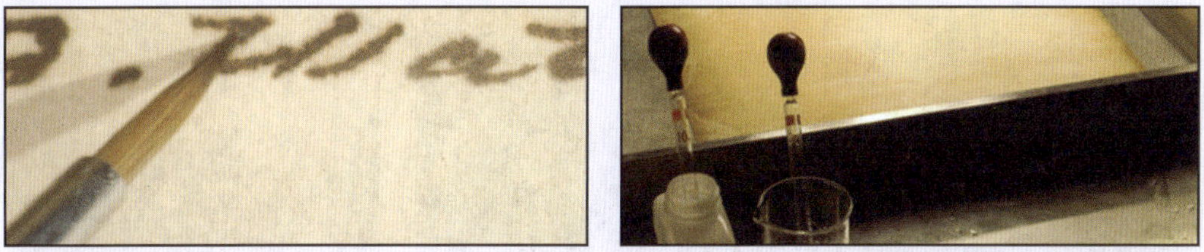

图 2.15

韦弗指出，在艺术品保护者的工作中，首要目标是保护和修复摄影作品原件，但在有些情况下，使用 Photoshop 来完成工作更合适，尤其是修复著名照片时，可获得事半功倍的效果。将艺术品数字化后，就可将原件放在安全的地方，同时复制或打印很多件数字版本。对于家庭照片，通常竭尽所能地清洁原件，再对其进行数字化，然后在计算机上修复褪色、有污渍和破损的区域。

图 2.16 显示了图 2.14 所示的作品修复后的样子。

图 2.16

2.5　使用移除工具清理图像

接下来的任务是修复照片上的折痕，这里将使用移除工具来完成这个任务；这个工具还可用于解决其他类似的图像问题。移除工具可快速删除污点和其他不理想的部分，并可让修复后的区域在内容、色调和颜色方面与图像的其他部分保持一致。

> 💡提示　如果通过一次性扫描多张照片数字化了大量照片，可尝试打开扫描件，并选择菜单命令"文件"＞"自动"＞"裁剪并拉直照片"调整照片。扫描件包含多张照片时，使用这个命令可自动将每张照片放到不同的文档中，条件是照片之间有空隙。

❶ 放大图像的上半部分，以便能够看清天空中垂直的折痕。

❷ 在工具面板中，在污点修复画笔工具（🖌️）上按住鼠标左键，以显示该工具组中其他的修饰工具，选择移除工具（🩹）。

❸ 在选项栏中将"大小"设置为 25，并确保勾选了"每次笔触后移除"复选框，如图 2.17 所示。

图 2.17

❹ 将鼠标指针指向图像中折痕的顶端，再沿天空中的折痕拖曳到远处的大桥处，松开鼠标左键。如果绘制长描边难以控制，可通过拖曳绘制多条描边。通过拖曳绘制的每条描边最初都是洋红色的，松开鼠标左键后，移除工具将修复描边覆盖的图像区域。

❺ 继续沿折痕拖曳，将从远处大桥到近处大桥的折痕删除，如图 2.18 所示。

图 2.18

⑥ 如果选择绘制多条描边，可能发现移除工具在删除近处大桥上的折痕时效果不佳。只在近处大桥上的部分折痕上绘制时，可能让移除工具以为未被绘制的折痕是大桥的组成部分，需要将其保留。如果出现这种情况，请在选项栏中取消勾选"每次笔触后移除"复选框。这样，当通过拖曳绘制多条描边时，移除工具不会立即进行修复，而会等到按 Enter 键后再进行修复，因此应该在整条折痕上都绘制了描边后再按 Enter 键，如图 2.19 所示。取消勾选"每次笔触后移除"复选框时，移除工具将每条描边覆盖的区域都视为要删除的单个元素的一部分。

图 2.19

> **注意** 对于有效图像，移除工具的修复效果可能不佳，或者运行速度缓慢。在这种情况下，如果要修复的是小片区域，可尝试使用污点修复画笔工具或修复画笔工具。使用修复画笔工具时，用户可指定要用来替换当前区域的源区域。

⑦ 如果取消勾选"每次笔触后移除"复选框，请在擦除这条折痕后重新勾选。

⑧ 放大图像以便能够看清图像右上角的白色头发，再使用移除工具删除这根头发，如图 2.20 所示。

图 2.20

⑨ 在天空区域查找灰尘或脏污，并使用移除工具删除它们。

站在大桥右端的男孩并非这个家庭的一员，因此下面将其从照片中删除。

⑩ 在选项栏中将"大小"设置为 100。

⑪ 必要时缩小图像，以便能够看到整个男孩，再使用移除工具在男孩上绘画，并确保同时覆盖了男孩的投影，如图 2.21 所示。

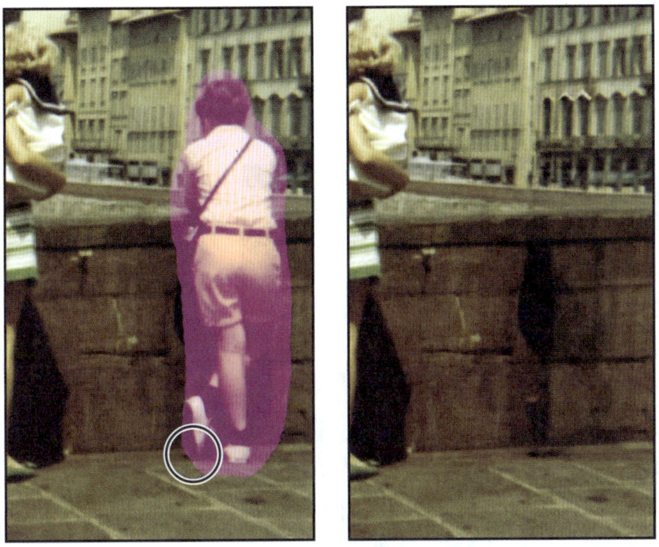

图 2.21

删除效果如何取决于被处理的图像以及使用移除工具通过绘画覆盖的区域。要改善删除效果，可尝试采用如下做法。

- 使用移除工具在它生成的不完美的区域上拖曳，在很多情况下，这样做都可改善效果。
- 还原使用移除工具执行的操作，并再次尝试使用移除工具以稍微不同的方式绘画。
- 还原使用移除工具执行的操作，并尝试使用其他方法，如生成式填充。下面就尝试这种做法，因此现在需要恢复被删除的男孩，以便能够重新开始。

⑫ 选择菜单命令"编辑">"还原移除工具"恢复被删除的男孩。

⑬ 保存所做的工作。

2.6 使用生成式填充修复被删除的区域

移除工具和生成式填充属于较新的功能，是基于机器学习领域取得的最新进展，因此相比较老的工具，它们更有可能实现出色的修复效果，且速度更快。相比移除工具，生成式填充可解决的图像问题更多，例如，可使用它来创建新的物体和场景。就本课照片中的男孩而言，相比使用移除工具，使用生成式填充能够更有效地将其删除。

要使用生成式填充来删除这个男孩，必须先创建一个覆盖他的选区，让 Photoshop 知道要替换哪个区域。对象选择工具能够自动检测对象，因此使用它来选择男孩时，无须手动绘制轮廓。

① 在工具面板中选择对象选择工具（ ），将鼠标指针指向照片中的每个人物，但不要单击，指向的人物将高亮显示。

与其他选择工具一样，使用对象选择工具时，也可按住 Shift 键并绕遗漏的区域拖曳，将其添加到既有选区中。要排除不想选择的区域，可按住 Alt 键（Windows）或 Option 键（macOS）并拖曳。另外，还可从选项栏的"模式"下拉列表中选择"套索"，让对象选择工具最初创建的选区更为精确。

对象选择工具能够自动检测对象，因此只需单击高亮显示的区域就可选择它。高亮显示的区域可能没有包含整个主体；就这里而言，高亮显示的区域可能不包含完整的男孩投影。为确保选区更完整，这里将通过拖曳鼠标来建立选区。

❷ 在选择了对象选择工具的情况下，通过拖曳鼠标创建一个环绕男孩的矩形，再松开鼠标左键。生成的选区将包含整个男孩及其投影，同时在选区下方出现了上下文任务栏，如图 2.22 所示。

图 2.22

❸ 在上下文任务栏中单击 Generative Fill 按钮，如图 2.23 所示。如果出现一个提示对话框，提示阅读并同意生成式填充用户指南，请在阅读完毕后单击"同意"按钮。

图 2.23

上下文任务栏将发生变化，其中包含一个可输入文本的文本框，而文本框的右边是 Generate 按钮，如图 2.24 所示。如果要用特定的内容填充选区，可在文本框中输入文本，对要使用的内容进行描述。这里只想使用与背景一致的内容进行填充，因此无须在该文本框中输入任何文本。

图 2.24

❹ 单击 Generate 按钮。

通过使用神经网络滤镜"照片恢复"，可减少需要做的手动修复工作。要使用这个滤镜，可选择菜单命令"滤镜">"Neural Filters"，再启用"照片恢复"滤镜，并调整其选项。要给黑白照片着色，可使用神经网络滤镜"着色"。神经网络滤镜利用了机器学习技术，将在第 15 课进行详细介绍。

之后将出现一个进度条，如果使用的计算机较旧，整个过程可能持续很长的时间。过程结束后，男孩将被替换为与背景一致的内容。如果结果不太理想，也可以进行进一步优化。

- 在图层面板中，结果放在一个名为 Generative Fill 的新图层中。单击这个图层的眼睛图标，将重新显示原来的内容。这个独立的图层让用户能够只使用部分调整结果，还让用户能够随时恢复原来的内容。
- 在图层面板中选择 Generative Fill 图层后，属性面板将显示能够修改结果的选项。Variations（可选方案）部分包含 3 个版本的结果，其中高亮显示的是当前看到的结果，如图 2.25 所示。

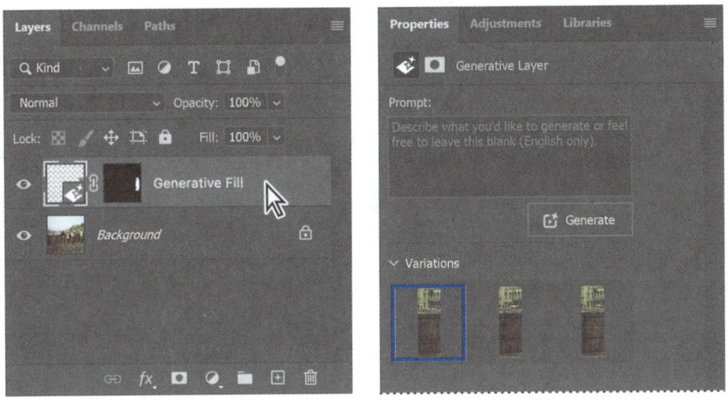

图 2.25

💡 **提示** 如果将鼠标指针指向属性面板中可选方案部分的选项，将出现一个省略号（…），单击它可对可选方案进行评分或将其删除。评分可帮助开发人员改进相关的软件模型。

⑤ 在属性面板中，单击每个可选方案（显示的结果如图 2.26 所示），并根据填充的背景建筑物和桥墙选择你认为最好的那个。如果所有的可选方案都不喜欢，可不断单击 Generate 按钮生成其他可选方案，直到找到满意的方案后再选择它。

图 2.26

以前，要对如此大的区域进行令人信服的修复，需要做大量的手动修复，这将耗费大量的时间。现在，生成式填充在几秒钟内就可提供多个可选方案。

💡 **提示** 当在图像上移动鼠标指针时，如果对象选择工具不断高亮显示对象的行为让你不舒服，可切换到其他工具，如移动工具或抓手工具。

使用修复工具和仿制工具进行手动修复

有些修复任务很具体或很简单，你可能想使用更传统的 Photoshop 修复工具和仿制工具来完成，而不选择使用生成式填充或移除工具。

使用起来最容易的工具是那些只需单击或拖曳就能修复一个区域的工具，包括污点修复画笔工具（✏）和移除工具（✎）。

这两个工具都使用用户单击或拖曳的区域周围的内容来进行修复。移除工具采用较新的技术，修改较大或较复杂的区域时效果更佳。

在有些情况下，让 Photoshop 使用特定区域的内容来填充要修复的区域可获得更佳的效果。为此，可使用仿制图章工具（🖈）和修复画笔工具（✎）。仿制图章工具通过复制另一个区域的像素来进行修复，而修复画笔工具尝试将采集的内容同要修复的区域混合。要使用这两个工具，先按住 Alt 键（Windows）或 Option 键（macOS）并单击，以指定要从中采集内容的区域，再拖曳指定要使用采集的内容对其进行修复的区域。使用这两个工具时，都可选择菜单命令"窗口">"仿制源"打开仿制源面板，其中包含选项栏无法容纳的选项。

修补工具（✿）类似于污点修复画笔工具，但使用它时，不是通过按住 Alt/Option 键并单击来指定较小的采样区域，而是通过拖曳鼠标来选择任意尺寸或形状的采样区域。

内容感知移动工具（✂）用于移动或复制一个图像区域，并将其与另一个区域混合。可使用这个工具来扩大特定的区域，如草地或建筑物，为此可在选项栏的"模式"下拉列表中选择"扩展"。

另外，别忘了要查找 Photoshop 工具及其分步使用指南，可使用菜单命令"编辑">"搜索"。选择任何工具后，都可使用选项栏来修改设置，以定制其工作方式。

2.7 锐化图像

通常，锐化是最后的编辑步骤之一。Photoshop 提供了很多从基础到高级的锐化方式。这里将使用"智能锐化"滤镜，因为它使用起来相对容易，且可生成不错的结果。

1 选择菜单命令"图层">"拼合图像"。这一步是必要的，这样接下来的锐化步骤将影响整幅图像，而不仅是选定图层。

2 选择菜单命令"滤镜">"锐化">"智能锐化"。

3 在"智能锐化"对话框中确保勾选了"预览"复选框，以便调整设置时能够在文档窗口中看到它们带来的影响。

💡**提示** 如果要进行修改前后效果的比较，可在勾选和取消勾选"预览"复选框之间切换。修改结果不仅显示在对话框中，还显示在文档窗口中。在 Photoshop 中，很多对话框都包含"预览"复选框。

可在这个对话框的预览区域拖曳，以查看图像的不同部分，还可单击缩览图下方的按钮来缩放缩览图。

4 确保从"移去"下拉列表中选择了"镜头模糊"。

在"智能锐化"对话框中，可从"移去"下拉列表中选择"镜头模糊"、"高斯模糊"或"动感模糊"。"镜头模糊"适合用于一般性锐化，"高斯模糊"类似于较老的"USM 锐化"滤镜，而"动感模糊"有助于减少拍摄照片时因相机或主体沿特定方向移动而形成的条纹。

⑤ 将"数量"滑块拖曳到大约 100% 处。

⑥ 将"半径"滑块拖曳到大约 3.0 处。

"半径"值决定了锐化将影响边缘像素周围的多少个像素。如果图像原本就较为清晰，通常将"半径"设置为 1 像素。在这幅图像中，最细小的细节并不清晰，因此将"半径"设置得较大会有所帮助。

💡 **提示** 细节较为粗略或存在轻微模糊的图像可能受益于较大的"半径"值；显示了精细的细节且不模糊的图像可能受益于较小的"半径"值。

⑦ 对结果满意后，单击"确定"按钮应用"智能锐化"滤镜，如图 2.27 所示。

图 2.27

⑧ 选择菜单命令"文件">"存储"保存文件，再将文件关闭。

现在可以分享或打印这个图像了。

创造性地将彩色图像转换为黑白图像

将彩色图像转换为黑白图像时，可通过调整设置来获得想要的效果。不同颜色的亮度是不同的，例如，在饱和度最高的情况下，黄色要比蓝色亮得多。使用黑白调整图层将彩色图像转换为黑白图像时，可控制不同颜色的亮度。例如，如果原始图像的天空区域是淡蓝色的，可在黑白调整图层中减小"蓝色"值，让黑白图像的天空区域更暗。这种技巧始于胶片摄影时代：摄影师在镜头前加上滤色镜，以调整天空、植物或人物皮肤相对于其他区域的亮度。

① 选择菜单命令"文件">"打开"，切换到 Lesson02 文件夹，选择 Autumn.jpg 文件，再单击"打开"按钮。这幅图像如图 2.28 所示。

② 在调整面板中向下滚动到"单一调整"类别，再单击"黑白"。图层面板中将出现一个新的黑白调整图层，而属性面板中将出现相关的选项。

③ 在属性面板中调整颜色滑块，以修改不同颜色的亮度，直到创造出想要的色调关系。

图 2.28

可尝试使用"预设"下拉列表中的选项，如"默认值""较暗""红外线"，如图 2.29 所示。还可选择属性面板左上角的"拖曳式调整"工具（🖐）（见图 2.30），将鼠标指针指向图像中要调整的颜色，再沿水平方向拖曳。这将移动开始拖曳时鼠标指针指向的颜色对应的滑块。例如，将鼠标指针指向黄色叶子并拖曳，将调整所有黄色区域的亮度。

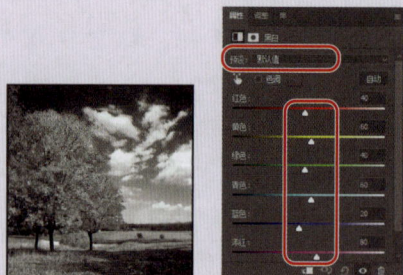

图 2.29

图 2.30

④ 如果要使用某种色调给整个图像着色，可在属性面板中勾选"色调"复选框，再单击它旁边的色板并选择一种颜色，如图 2.31 所示。这样做后，还可根据需要调整颜色滑块。

图 2.31

2.8　复习题

1. 分辨率指的是什么?
2. 裁剪工具提供了哪些提高图像质量的方式?
3. 如何在 Photoshop 中调整图像的色调和颜色?
4. 如何快速选取形状不规则的对象?
5. 可使用哪些工具来消除图像中的瑕疵?
6. 在修复图像方面,生成式填充可提供哪些帮助?

2.9　复习题答案

1. 在印刷品等介质中,分辨率指的是图像中单位宽度或高度的像素数,如每英寸的像素数（ppi）。打印机分辨率可表示为每英寸的墨点数（dpi）,设备的墨点并非总是对应于图像像素。在 Web 和视频等以像素为单位的介质中,分辨率通常指的是像素尺寸（以像素数表示的高度和宽度）,而不是每英寸的像素数。
2. 可以使用裁剪工具来裁剪、拉直和缩放图像及调整图像的分辨率。
3. 在 Photoshop 中,可使用曲线调整图层和色阶调整图层来调整图像的色调和颜色。
4. 使用对象选择工具。选择对象选择工具后,将鼠标指针指向图像中的对象时,该对象会高亮显示,此时可单击来选择该对象,也可通过拖曳鼠标来创建一个环绕对象的选区。无论采用哪种方法,都将创建边缘与对象轮廓重叠的选区。
5. 可使用移除工具和生成式填充来消除图像中的瑕疵,但 Photoshop 还提供了很多其他的修复工具、仿制工具和修补工具。
6. 生成式填充可以用令人信服的方式有效地填充大块被删除的区域,这是通过使该区域与背景匹配或生成新对象实现的。它还提供多种可选方案,供用户选择。

使用选区

本课概览

- 使用选择工具让图像的特定区域处于活动状态。
- 移动、旋转和复制选区内容。
- 取消选择选区。
- 将区域加入选区及将区域从选区中删除。
- 将 Photoshop 文件存储为云文档，以便在 iPad 等设备上通过 Photoshop 在线访问及进行在线协作。
- 调整选区的位置。
- 使用快捷操作来节省时间。
- 使用方向键调整选区的位置。
- 使用多种选择工具创建复杂选区。

学习本课大约需要 **1** 小时

　　学习如何选择需要的图像区域至关重要，因为进行修改之前必须先选择要修改的区域。当选区处于活动状态时，用户只能编辑选区中的内容。

3.1　选择工具

在 Photoshop 中，对图像的特定区域进行修改可分两步来完成：先使用某种选择工具来选择要修改的图像区域；再使用其他工具、滤镜或功能进行修改，如将选定的像素移到其他地方或对选区应用滤镜。使用选择工具可以将修改限制在选区内，而其他区域不受影响。

> 💡 提示　在很多图像编辑软件中，在进行修改前都需要先选择要修改的内容。明白选区的工作原理后，便可在类似的软件中进行操作了。

工具面板中有多种类型的选择工具。

- 基于边缘和内容的选择工具：对象选择工具（▣）利用机器学习对图像进行分析，只需通过单击或拖曳就能找出并选择主体。使用这个工具能够快速而轻松地选择人物、动物和其他非几何形状（在第 2 课使用过）。快速选择工具（◔）用于自动查找边缘，并以边缘为边界建立选区。
- 基于颜色的选择工具：魔棒工具（✨）基于像素颜色的相似性来选择图像中的区域。在选择形状不规则但颜色或色调在特定范围内的区域时，这个工具很有用。

以上工具如图 3.1 所示。

- 几何选取工具：使用矩形选框工具（▢）可在图像中选择矩形区域，椭圆选框工具（◯）用于选择椭圆形区域，单行选框工具（▭）和单列选框工具（▯）分别用于选择一行和一列像素。

这几个工具如图 3.2 所示。

- 手绘选择工具：可以使用套索工具（◯）来手绘选区；使用多边形套索工具（◁）可创建由线段环绕而成的选区；磁性套索工具（◁）会自动识别边缘，最适合要选择的区域同周边区域有很强的对比时使用。

这几个工具如图 3.3 所示。

▣ 对象选择工具　W ◔ 快速选择工具　W ✨ 魔棒工具　W	▢ 矩形选框工具　M ◯ 椭圆选框工具　M ▭ 单行选框工具 ▯ 单列选框工具	◯ 套索工具　L ◁ 多边形套索工具　L ◁ 磁性套索工具　L
图 3.1	图 3.2	图 3.3

3.2　课前准备

下面来看看本课将创建的图像。

❶ 启动 Photoshop 并立刻按 Ctrl + Alt + Shift 组合键（Windows）或 Command + Option + Shift 组合键（macOS）。

❷ 在出现的提示对话框中单击"是"按钮，确认删除 Adobe Photoshop 设置文件。

❸ 选择菜单命令"文件">"在 Bridge 中浏览"，启动 Bridge。

❹ 在收藏夹面板中单击 Lessons 文件夹，然后双击内容面板中的 Lesson03 文件夹，以查看其内容。

❺ 观察 03End.psd 文件（见图 3.4），如果希望看到图像的更多细节，可将缩览图滑块向右移。

图 3.4

图 3.4 所示为一个陈列柜，其中包括一块珊瑚、一个海胆、一个贻贝、一个鹦鹉螺和一碟贝壳等元素，它们被扫描到 03Start.psd 中。本课面临的挑战是如何排列这些元素。

6 双击 03Start.psd 的缩览图，在 Photoshop 中打开该图像文件。

7 选择菜单命令"文件">"存储为"，将该文件另存为 03Working.psd。

3.3 使用云文档

Photoshop 文件可能很大，尤其是使用大量图层的高分辨率图像文件。处理在线存储的文档时，文件越大，上传和下载的时间越长。使用 Adobe 云文档有助于编辑在线文档，这是使用针对网络优化的文件格式实现的。例如，编辑作为云文档的 Photoshop 文件意味着只传输受编辑影响的部分，而不是整个文件。如果同时在计算机和 iPad 中使用 Photoshop，并将图像存储为云文档，它将出现在这两台设备的 Photoshop 的"主页"屏幕中，且总是最新的版本。

云文档使用起来很容易。要将 Photoshop 文件作为云文档使用，只需将其存储为云文档即可。这样，Photoshop 文件的扩展名将变为 .psdc，表示它是云文档，同时它将出现在 Photoshop 的"主页"屏幕的"云文档"部分。PSDC 格式的转换是自动完成的，用户不需要操心。

1 在 Bridge 中，双击 03Start.psd 文件的缩览图，在 Photoshop 中打开这个文件，并关闭所有有关新功能的提示对话框。这里打开的是本地存储的文件。

2 选择菜单命令"文件">"存储为"，在打开的对话框中单击"保存到 Creative Cloud"按钮。如果弹出"存储为"对话框，请单击"存储到云文档"按钮。

3 将文件重命名为 03WorkingCloud，并单击"保存"按钮，这个文件将上传到云文档中。在文档窗口中，将看到文件名前面有一个云图标（☁），文件扩展名为 .psdc，如图 3.5 所示。

图 3.5

提示 在 Creative Cloud（桌面版或移动版）应用程序中，云文档面板的“您的作品”选项卡中会列出云文档，其中可能包含通过其他 Adobe 软件上传的云文档。

4 关闭这个文档。

下面打开云文档 03WorkingCloud.psdc，其打开方式与本地存储的文档稍有不同。

注意 Adobe 云文档不同于 Creative Cloud 库。

1 在 Photoshop 的“主页”屏幕中单击左侧的“您的文件”。“您的文件”列表中包含使用 Adobe ID 上传的所有云文档，如图 3.6 所示。也可单击“主页”，其中的“最近使用项”列表中包含最近打开的本地文档和云文档。

提示 可使用文件夹来组织云文档。在 Photoshop 的“主页”屏幕的“您的文件”列表中查看云文档时，可单击右上角的文件夹按钮来创建文件夹。

提示 要管理或删除云文档，可在 Photoshop 的“主页”屏幕的“您的文件”列表中，单击文档旁边的省略号按钮（…），再选择“重命名”、“删除”、“使其始终离线可用”或“移动”。

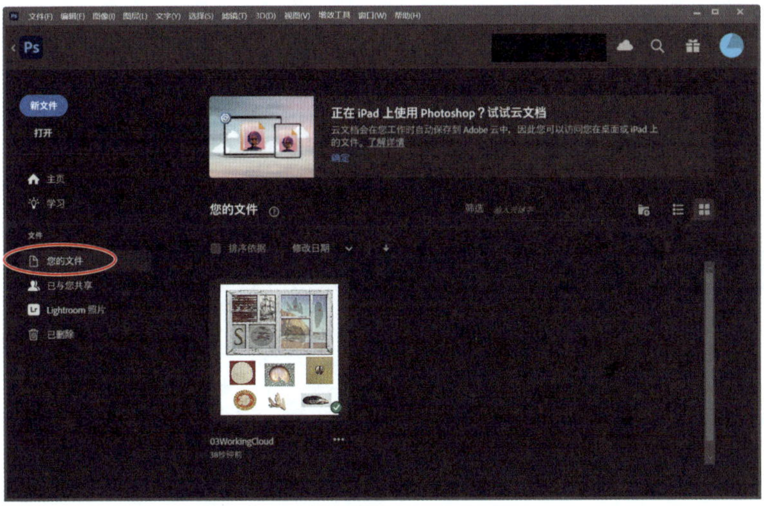

图 3.6

2 单击刚保存的云文档 03WorkingCloud.psdc，将其下载到计算机中，并在 Photoshop 中打开它。

编辑 Photoshop 云文档后，如何将其提供给需要的客户呢？将云文档存储到本地即可。同样，转换是自动完成的，因此这个过程是简单而无缝的。

1 选择菜单命令“文件”>“存储为”。如果出现的是“保存到 Creative Cloud”对话框，单击底部的“在您的计算机上”按钮，打开“存储为”对话框。注意文件扩展名变成了 .psd，因为要将这个文档存储到本地而不是云文档中。

2 将文档重命名为 03Working.psd，并将其保存到 Lesson03 文件夹中。这样就有了本地的 PSD 格式备份文件，可将其分发给他人。此外，还可以用传统方式（在不使用云服务的情况下）进行备份。

在本地计算机中，无法通过搜索来找到云文档。虽然 Photoshop 的"主页"屏幕中列出了云文档，但它们存储在 Adobe 服务器中，且只是被缓存到本地计算机中。如果需要云文档的本地副本，可选择菜单命令"文件">"存储为"，并将其存储到本地计算机中。

在本课中，可继续编辑本地文档 03Working.psd，也可关闭它，再打开并编辑云文档 03Working-Cloud.psdc。

▋ 3.4 使用魔棒工具

使用魔棒工具可选择特定颜色范围内的像素，它适用于选择颜色或色调与背景不同的区域。

"容差"选项用于设置魔棒工具选择的像素所在的色调范围（该范围的起点为单击的像素的色调）。默认"容差"值为 32，表示选择与指定值相差不超过 32 级色阶的颜色。如果魔棒工具未能选择期望的整个区域，可尝试增大"容差"值；如果魔棒工具选择的区域太大，可尝试减小"容差"值。

❶ 在工具面板中选择缩放工具，放大图像以便能够看清整个海胆。

❷ 选择隐藏在快速选择工具后面的魔棒工具。

❸ 在选项栏中设置"容差"为 32，如图 3.7（a）所示。这个值决定了魔棒工具将选择的颜色范围。

❹ 将鼠标指针指向海胆外面的红色背景并单击，如图 3.7（b）所示。

此时只选择了红色背景，如图 3.7（c）所示，因为背景中的所有颜色都与单击的像素的颜色足够接近（在"容差"选项指定的 32 级色阶内）。但此处要选择的是海胆，因此需重新选择。

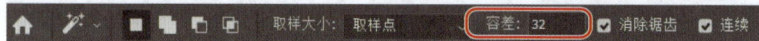

（a）

（b）　　　　　（c）

图 3.7

❺ 选择菜单命令"选择">"取消选择"。

❻ 将鼠标指针指向海胆并单击。

💡 提示 如果魔棒工具选择了目标区域外的像素，请尝试勾选选项栏中的"连续"复选框。

请仔细观察海胆上的选框。如果选区是准确的，选框将紧贴海胆的边缘，但海胆的内部也有选框（见图 3.8），这是因为它们的颜色与单击位置的颜色的差超过了 32 级色阶。这意味着这个选区并不理想，因为它没有包含所有的内部区域。

图 3.8

要选择以纯色为背景且与背景颜色相差较大的主体，通常可增大"容差"值。但主体或背景越复杂，使用较大的"容差"值时选中不想要的背景部分的可能性也越大。在这种情况下，最好使用其他选择工具，如快速选择工具。

下面就使用快速选择工具完成上述操作，但在此之前，需先取消选择当前选区。

⑦ 选择菜单命令"选择">"取消选择"。

3.5 使用快速选择工具

要使用快速选择工具来创建选区，只需在主体内单击或拖曳，它就会自动查找主体的边缘。使用快速选择工具可将区域添加到选区中或从选区中减去，直到得到满意的选区。快速选择工具比魔棒工具好用，因为它识别图像内容的能力更强，而且不完全依赖于颜色相似程度。下面使用快速选择工具来选择海胆，看看其效果是否更好。

> **提示**　请注意，快速选择工具从单击或拖曳的地方开始向外查找主体的边缘，而对象选择工具在拖曳鼠标指定的区域内部查找主体。

① 在工具面板中选择快速选择工具，它与对象选择工具和魔棒工具位于同一组。

② 在选项栏中勾选"增强边缘"复选框，如图 3.9（a）所示。

勾选"增强边缘"复选框后，使用快速选择工具创建的选区质量更高——选区边缘与对象边缘更贴近。如果使用的计算机较旧或较慢，勾选"增强边缘"复选框后，可能需要过一段时间才能看到选区质量得以提高。

③ 在海胆内部单击或拖曳，不要进入背景，如图 3.9（b）所示。

快速选择工具会自动查找可能与单击或拖曳的地方相关的内容，找出全部边缘并选择整个海胆，如图 3.9（c）所示。这里的海胆很简单，使用快速选择工具可轻松将其选中；如果使用快速选择工具没有选中所需的全部区域，可通过单击或拖曳将遗漏的区域添加到选区中。

> **提示**　如果使用快速选择工具选择了主体外面的区域，可按住 Alt 键（Windows）或 Option 键（macOS）在不想要的区域内单击或拖曳（这是使用选项栏中的"从选区减去"功能的快捷操作），将它们从选区中删除。

（a）

（b）　　　　　　　　（c）

图 3.9

让选区处于活动状态，以便接下来使用它。

3.6 移动选区图像

建立选区后，修改将只应用于选区内的像素，图像的其他部分不受影响。

要将选区移到另一个地方，可使用移动工具。该图像只有一个图层，因此移动的选区的像素将替换它下面的像素。只有当取消选择选区后，这种修改才会真正应用于图像，因此可尝试将选区移到不同位置，满意后再确认操作。

① 如果海胆没有被选中，请重复上一节的操作选中它。

💡提示　如果不小心取消了选择，可选择菜单命令"编辑">"还原"恢复选区，或选择菜单命令"选择">"重新选择"重建选区。

② 缩小图像，以便可以同时看到陈列柜和海胆。

③ 选择移动工具，注意到海胆仍被选中。

④ 将选区（海胆）拖曳至陈列柜左上角标有 A 的地方，让海胆与剪影大致重叠，但要露出剪影的左下角，以呈现投影效果，如图 3.10 所示。

⑤ 选择菜单命令"选择">"取消选择"，再选择菜单命令"文件">"存储"，保存文件。

取消选择选区有多种方式：选择菜单命令"选择">"取消选择"；按 Ctrl + D 组合键（Windows）或 Command + D 组合键（macOS）；在选择了某个选择工具的情况下，在当前选区外单击。

图 3.10

添加到选区及从选区减去

像素选区不太准确时，可对其进行编辑，编辑时甚至可使用不同于创建选区时使用的选择工具。在选择了选择工具的情况下，选项栏包含一些图标，它们用于改变接下来的操作对既有选区的影响，这些图标分别是"新选区"（■）、"添加到选区"（▣）、从选区减去（▣）和"与选区交叉"（▣）。"新选区"替换当前选区，"添加到选区"扩大当前选区，"从选区减去"缩小当前选区，而"与选区交叉"只保留当前选区和接下来的操作选择的区域重叠的部分。

快速选择工具的工作方式类似于画笔，因此选择了它时，选项栏中只包含图标"新选区"（🖌）、"添加到选区"（🖌）和"从选区减去"（🖌）。

要添加到选区或从选区减去，可不单击相关的图标，而在执行接下来的选择操作时按住相应的辅助键：要添加到选区，可按住 Shift 键；要从选区减去，可按住 Alt 键（Windows）或 Option 键（macOS）。例如，如果要使用套索工具剔除像素选区中的一些像素，可在拖曳时按住 Alt 键或 Option 键。

3.7 使用对象选择工具

要创建一个环绕目标对象的粗略选区，可以使用对象选择工具识别并选择这个对象。在需要选择轮廓很复杂的对象（如珊瑚）时，应使用对象选择工具，这通常比手动沿不规则的轮廓拖曳要快得多。

1 选择对象选择工具，它与快速选择工具和魔棒工具位于同一组。

2 通过拖曳创建一个环绕珊瑚的选区，该选区不必太准确，也无须与珊瑚居中对齐，重要的是要尽量紧贴目标对象，如图 3.11（a）所示。

> **注意** 在选择了对象选择工具的情况下，当将鼠标指针指向对象时，它可能高亮显示，这表明自动找出了一个潜在的选区。如果要选择的区域高亮显示，只需单击即可创建选区。

使用对象选择工具对矩形选框内的区域进行分析，找出其中的对象，并沿其复杂边缘创建选区，如图 3.11（b）所示。

> **提示** 如果使用对象选择工具创建的选区太贴近目标对象，可选择菜单命令"选择">"修改">"扩展"，在打开的对话框中输入一个像素值（通常 1 ~ 3 就足够了）。与其他选择工具一样，可通过按住 Shift 键并单击将遗漏的部分加入选区，还可通过按住 Alt 键（Windows）或 Option 键（macOS）并拖曳鼠标，将特定区域从选区中剔除。

3 选择移动工具，将珊瑚拖曳到陈列柜中标有 B 的区域并调整其位置，让阴影位于它的左下方，如图 3.11（c）所示。

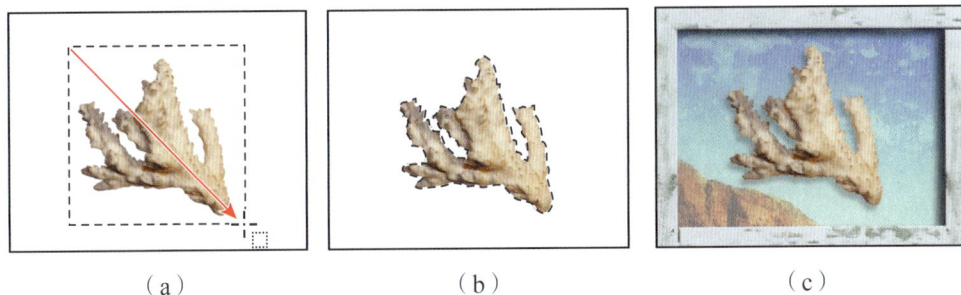

（a）　　　　　　　　（b）　　　　　　　　（c）

图 3.11

4 选择菜单命令"选择">"取消选择"取消选区，然后将所做的工作保存。

3.8　处理选区

在创建选区时可调整选区的位置、移动选区和复制选区。本节将介绍几种处理选区的方法，这些方法大都适用于所有选区。这里将使用这些方法和椭圆选框工具，以便能够选择椭圆形和圆形。

本节将介绍一些快捷操作，以节省时间，这对用户来说是很有用的内容。

3.8.1　创建选框时调整其位置

选择椭圆形或矩形区域需要注意一些问题，如有时选区会偏离中心或者长宽比与需求不符。本小节将介绍解决这些问题的方法，其中包括两个重要的快捷操作，让用户能够更轻松地使用 Photoshop。

在本小节中，一定要遵循有关按住鼠标按键和键盘按键的操作指示。如果松开鼠标按键的时机不正确，需要从第 1 步开始重做。

1 选择缩放工具，单击或拖曳文档窗口底部的那碟贝壳，将其至少放大到 100%（如果屏幕分辨率足够高，可将其放大到 200%，注意不要使整碟贝壳超出屏幕）。

2 选择隐藏在矩形选框工具后面的椭圆选框工具。

3 将鼠标指针指向碟子，向右下方拖曳创建一个椭圆形选区，但不要松开鼠标左键，如图 3.12（a）所示。选区与碟子不重叠也没有关系。

如果不小心松开了鼠标左键，请重新创建选区。在大多数情况下（包括这里），新选区将替代原来的选区。

> 💡 **注意**　创建的椭圆形选区不必包含整个碟子，但选区的形状应该与碟子相同，且包含所有贝壳。

4 按住鼠标左键和空格键拖曳选区。这将移动选区，而不是调整选区大小。调整选区的位置，使其与碟子更匹配，如图 3.12（b）所示。

> 💡 **提示**　使用 Photoshop 中的其他绘图工具（如形状工具和钢笔工具）时，也可在绘画时按住空格键并拖曳鼠标来调整图形的位置。

5 松开空格键（但不要松开鼠标左键）继续拖曳，使选区的大小和形状尽可能与碟子匹配。必要时再次按住空格键并拖曳，将选区移到正确的位置，如图 3.12（c）所示。

（a）　　　　　　　　（b）　　　　　　　　（c）

图 3.12

6 选区的位置合适后松开鼠标左键。

> 💡 **提示**　要在松开鼠标左键后调整选区的大小，可选择菜单命令"选择"＞"变换选区"。

7 选择菜单命令"视图"＞"按屏幕大小缩放"，或使用导航器面板中的滑块缩小视图，直到能够看到文档窗口中的所有对象。

让椭圆选框工具处于选中状态，使选区处于活动状态以便继续使用。

3.8.2　使用辅助键移动选区图像

图 3.13

下面使用辅助键将选区中的图像移到陈列柜中。可使用快捷键从当前工具切换到移动工具，免去在工具面板中选择它的麻烦。

1 在选择了椭圆选框工具的情况下，按住 Ctrl 键（Windows）或 Command 键（macOS）并将鼠标指针指向选区，鼠标指针将变成一个带剪刀的箭头形状（✂），这表明可从当前位置剪切选区。请不要松开 Ctrl 键（Windows）或 Command 键（macOS）。

2 将整碟贝壳拖曳到陈列柜中标有 C 的区域（稍后将使用另一种方法微调碟子，使其位于正确的位置），如图 3.13 所示。

注意 在移动时，Photoshop 若提示“无法使用移动工具，因为图层被锁定”，务必先将鼠标指针指向选区，再开始移动。

3 松开鼠标左键和 Ctrl 键（Windows）或 Command 键（macOS），但不要取消选择选区。

3.8.3 用方向键移动选区

使用方向键可微调选区的位置，以每次 1 像素或 10 像素的距离来移动选区。

当选择工具处于活动状态时，使用方向键可轻松地移动选区，但不会移动选区中的内容。当移动工具处于活动状态时，使用方向键可同时移动选区及其内容。

下面使用方向键微移碟子。执行下面的操作前，确保在文档窗口中选择了碟子。

1 选择移动工具，按几次 ↑ 键，将选区内容向上移动。

提示 如果不小心取消选择了选区，可选择菜单命令“选择”>“重新选择”。

每按一次方向键，选区都将移动 1 像素。尝试按其他方向键，看看选区的位置将如何变化。

2 按住 Shift 键并按方向键，选区内容将以每次 10 像素的方式移动。

有时，选区边界会妨碍调整。可暂时隐藏选区边界（而不取消选择），并在完成调整后再显示它。

3 选择菜单命令“视图”>“显示”>“选区边缘”，以隐藏选区边界，效果如图 3.14 所示。

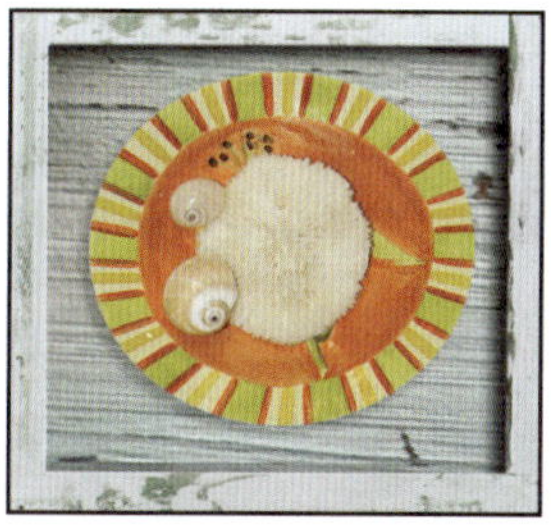

图 3.14

提示 选区边界、参考线等并非实际对象的可见内容，被称为额外内容。因此，另一种隐藏选区边界的方法是选择菜单命令“视图”>“显示额外内容”。

4 使用方向键移动选区内容，直至它与剪影大致重叠，但让碟子的左下方有投影。然后选择菜单命令“视图”>“显示”>“选区边缘”，再次显示选区边界，效果如图 3.15 所示。

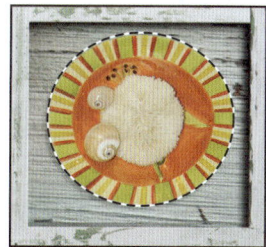

图 3.15

5 选择菜单命令“选择”>“取消选择”，也可按 Ctrl + D 组合键（Windows）或 Command + D 组合键（macOS）。

6 选择菜单命令“文件”>“存储”，保存文件。

柔化选区边界

要使选区的硬边缘更柔和，可应用“消除锯齿”或“羽化”功能，也可使用“选择并遮住”功能。

“消除锯齿”功能通过柔化边缘像素和背景像素之间的颜色过渡使锯齿边缘更平滑。由于只有边缘像素被修改，因此最大限度地避免了细节丢失。在剪切、复制和粘贴选区以创建合成图像时，“消除锯齿”功能很有用。

使用套索工具、多边形套索工具、磁性套索工具、椭圆选框工具和魔棒工具时，都可以使用“消除锯齿”功能。选择这些工具后，选项栏中将显示相应选项。要使用“消除锯齿”功能，必须在使用这些工具前勾选“消除锯齿”复选框；否则，创建选区后不能使用“消除锯齿”功能。

"羽化"功能通过在选区与其周边像素之间建立过渡边界来模糊边缘。这可能导致选区边界的一些细节丢失。

使用选框工具和套索工具时可启用"羽化"功能，也可对已有的选区使用"羽化"功能。移动、剪切或复制选区时，羽化效果极其明显。

- 要使用"选择并遮住"功能，可先建立一个选区，再单击选项栏中的"选择并遮住"按钮以进入相应的界面。使用"选择并遮住"功能可柔化、羽化和扩大选区，还可调整对比度。
- 要使用"消除锯齿"功能，可选择套索工具、椭圆选框工具或魔棒工具，再在选项栏中勾选"消除锯齿"复选框。
- 要为选择工具定义羽化边缘，可选择任意套索工具或选框工具，再在选项栏中输入羽化值。这个值指定了羽化后的边缘宽度，其取值范围为 1 ~ 250 像素。
- 要为已有的选区定义羽化边缘，可选择菜单命令"选择">"修改">"羽化"，在打开的对话框的"羽化半径"文本框中输入一个值，并单击"确定"按钮。

3.9 使用套索工具

Photoshop 中有 3 种套索工具：套索工具、多边形套索工具和磁性套索工具。可使用套索工具选择需要的区域，并使用辅助键在套索工具和多边形套索工具之间切换。下面使用套索工具来选择贝。如果在选择贝时出错，需要取消选择并从头再来。

💡 **提示** 使用套索工具选择对象需手动进行，因此使用它们来创建选区可能是最耗时的。这些工具通常适合用来选择简单的形状或调整既有选区。

① 如果缩放比例小于 100%，请选择缩放工具并单击或拖曳，使缩放比例不小于 100%。

② 选择套索工具，从贝贝的左下角开始绕贝贝拖曳，拖曳时尽可能贴近贝贝边缘，如图 3.16（a）所示。

💡 **提示** 慢慢地拖曳鼠标，逐渐熟悉套索工具的用法。执行第 2~8 步时，如果犯错了或不小心松开了鼠标左键，可选择菜单命令"编辑">"还原"，从第 2 步重新开始。

③ 遇到转角或直线边缘时，按住 Alt 键（Windows）或 Option 键（macOS），再松开鼠标左键，鼠标指针将带有多边形套索工具形状。

④ 沿贝贝轮廓单击以添加锚点。在此过程中，不要松开 Alt 键或 Option 键，以便能够创建线段型选区边界。

选区边界将像橡皮筋一样沿锚点延伸，如图 3.16（b）所示。

⑤ 到达贝贝较小的一端后，松开 Alt 键或 Option 键，但不要松开鼠标左键，鼠标指针将恢复为带有套索工具形状。

⑥ 沿贝贝较小的一端拖曳。

（a） （b）

图 3.16

⑦ 绕过贻贝较小的一端，并到达贻贝下方的线段型边缘后，按住 Alt 键或 Option 键，再松开鼠标左键。使用多边形套索工具沿贻贝的下边缘不断单击，直到回到贻贝较大一端的起点，如图 3.17（a）所示。

⑧ 单击起点，松开 Alt 键或 Option 键。这样就选择了整个贻贝，如图 3.17（b）所示。不要取消选择贻贝，以便继续使用。

（a） （b）

图 3.17

⚲ **注意** 使用套索工具时，为确保选区为希望的形状，需拖曳到起点来结束选择。如果起点和终点不重叠，Photoshop 将在它们之间绘制一条线段。

3.10 旋转选定的像素

下面来旋转贻贝。

执行下面的操作前，确保选择了贻贝。

① 选择菜单命令"视图">"按屏幕大小缩放"，以调整文档窗口的大小，使其适合屏幕。

② 按住 Ctrl 键（Windows）或 Command 键（macOS），切换为移动工具，再将贻贝拖曳到陈列柜中标有 D 的区域，如图 3.18 所示。

③ 选择菜单命令"编辑">"变换">"旋转"，贻贝和选区周围将出现定界框。

④ 将鼠标指针指向定界框的外面，鼠标指针变成弯曲的双向箭头。通过拖曳将贻贝旋转 90°（见图 3.19），可通过鼠标指针旁边的变换值或选项栏中的旋转值核实旋转角度。按 Enter 键提交变换。

⚲ **提示** 拖曳定界框时可按住 Shift 键，把旋转角度限制为常见值，如 90°。

⑤ 如果有必要，可选择移动工具并通过拖曳调整贻贝的位置，使其像其他元素一样露出投影。

对调整效果满意后，选择菜单命令"选择">"取消选择"，效果如图 3.20 所示。

图 3.18

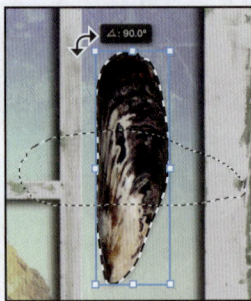
图 3.19

图 3.20

⑥ 选择菜单命令"文件">"存储"，保存文件。

3.11 使用磁性套索工具

可使用磁性套索工具手动选择边缘反差强烈的区域。使用磁性套索工具绘制选区时，选区边界将自动与反差强烈的区域边界对齐；还可通过单击在选区边界上添加锚点，以控制选区边界。

下面使用磁性套索工具选择鹦鹉螺，以便将其移到陈列柜中。

① 选择缩放工具并在鹦鹉螺上单击或拖曳，至少将其放大至 100%。

② 选择隐藏在套索工具后面的磁性套索工具。

③ 在鹦鹉螺左边缘单击，然后沿鹦鹉螺轮廓移动。

即使没有按住鼠标左键，磁性套索工具也会使选区边界与鹦鹉螺边缘对齐，并自动添加锚点，如图 3.21 所示。

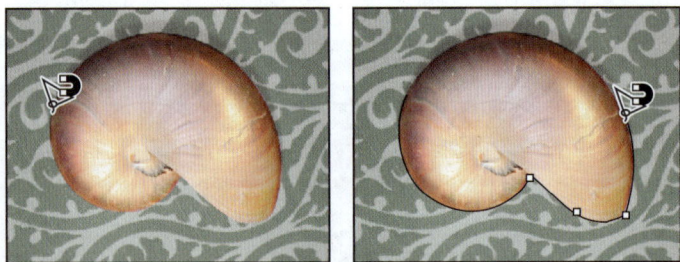
图 3.21

💡 提示　在对象与背景反差不大的区域中，可单击边界手动添加锚点。可添加任意数量的锚点，还可按 Delete 键删除最近的锚点，然后将鼠标指针移到留下的锚点上并继续选择。

④ 回到鹦鹉螺左边缘后双击，连接起点，形成封闭选区，如图 3.22 所示。此外，也可将鼠标指针指向起点再单击，形成封闭选区。

⑤ 双击抓手工具，使图像的大小适合文档窗口。

⑥ 选择移动工具并将鹦鹉螺拖曳到陈列柜中标有 E 的区域，使其与剪影大致重叠，并露出左下方的投影，如图 3.23 所示。

⑦ 选择菜单命令"选择">"取消选择"，再选择菜单命令"文件">"存储"，保存文件。

图 3.22   图 3.23

3.12　从中心点开始选择

　　在有些情况下，从中心点开始创建椭圆形选区或矩形选区更容易。下面使用这种方法来选择螺帽，以便将其放到陈列柜的 4 个角上。

① 选择缩放工具，然后单击螺帽将其放大到约 300%，确保能够在文档窗口中看到整个螺帽。

② 在工具面板中选择椭圆选框工具。

③ 将鼠标指针指向螺帽中央。

④ 按住鼠标左键，然后按住 Alt 键（Windows）或 Option 键（macOS），将选区拖曳到螺帽边缘。选区将以起点为中心，如图 3.24（a）所示。

> 💡 **提示**　要确保选区为圆形，可在拖曳的同时按住 Shift 键。如果在使用矩形选框工具时按住 Shift 键，创建的选区将为正方形。

⑤ 选择整个螺帽后，先松开鼠标左键，再松开 Alt 键或 Option 键（如果按住了 Shift 键，此时也松开它）。不要取消选区，因为下一节要使用它，效果如图 3.24（b）所示。

⑥ 如果有必要，可使用前面介绍的方法调整选区的位置。如果不小心在松开鼠标左键前松开了 Alt 键或 Option 键，则需要重新选择螺帽。

（a）   （b）

图 3.24

3.13　缩放及复制选区内容

　　下面将螺帽移到陈列柜的右下角，然后将其复制到其他 3 个角上。

3.13.1 缩放选区内容

下面来移动螺帽，但对陈列柜的角来说，螺帽太大了，如图 3.25（a）所示，因此还需调整其大小。执行下面的操作前，确保螺帽仍被选中。如果没有，可按前一节介绍的步骤重新选择它。

① 选择菜单命令"视图">"按屏幕大小缩放"，使整个图像刚好充满文档窗口。

② 在工具面板中选择移动工具。

③ 将鼠标指针指向螺帽内部，鼠标指针将变成一个带剪刀的箭头形状，此时拖曳选区将把它从当前位置剪掉并移到新位置。

> 💡 **提示** 如果螺帽被固定住，无法平滑地移动它或调整其大小，可在拖曳时按住 Ctrl 键（Windows）或 Command 键（macOS），暂时禁用对齐到智能参考线功能。如果要永久性禁用对齐到智能参考线功能，方法是选择菜单命令"视图">"显示">"智能参考线"。

④ 将螺帽拖曳到陈列柜右下角。

⑤ 选择菜单命令"编辑">"变换">"缩放"，选区周围将出现一个定界框，如图 3.25（b）所示。

⑥ 向内拖曳定界框的一角，将螺帽缩小到原来的 40% 左右，这时的大小对陈列柜的角来说较合适。按 Enter 键提交修改并隐藏定界框。

> 💡 **提示** 调整对象大小时，选区大小也将相应调整，但默认保持宽高比不变。如果不想保持宽高比不变，可在拖曳定界框角上的手柄时按住 Shift 键。

⑦ 调整螺帽的大小后，使用移动工具调整其位置，使其位于陈列柜右下角中央，如图 3.25（c）所示。

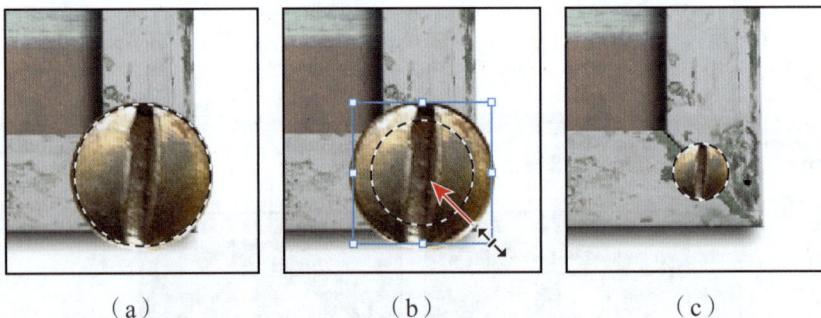

（a）　　　　　　　（b）　　　　　　　（c）

图 3.25

⑧ 不要取消选择螺帽。选择菜单命令"文件">"存储"，保存所做的修改。

3.13.2 移动的同时进行复制

可在移动选区的同时复制它。下面将螺帽复制到陈列柜的其他 3 个角上。如果没有选择螺帽，请使用前面介绍的方法重新选择它。

① 在选择了移动工具的情况下，将鼠标指针指向选区内部并按住 Alt 键（Windows）或 Option 键（macOS），鼠标指针将变成黑白双箭头，此时移动选区将复制它。

② 按住 Alt 键或 Option 键，将螺帽的副本向上拖曳到陈列柜右上角，如图 3.26（a）所示。然后松开鼠标左键和 Alt 键或 Option 键，但不要取消选择螺帽副本。

❸ 按住 Alt + Shift 组合键（Windows）或 Option + Shift 组合键（macOS），将一个螺帽副本向左拖曳到陈列柜左上角。

❹ 使用相同的方法，在陈列柜左下角放置第四个螺帽，如图 3.26（b）所示。

（a）　　　　　　　　　　　　　　（b）

图 3.26

❺ 对第四个螺帽的位置感到满意后，选择菜单命令"选择">"取消选择"，再选择菜单命令"文件">"存储"，保存文件。

复制选定的像素

可以使用移动工具拖曳选定的像素，从而在图像内部或图像之间复制它，也可以使用"编辑"菜单中的命令来复制和移动选区。使用移动工具拖曳复制选区不使用剪贴板，因此可节省内存。

"编辑"菜单中提供了多个复制和粘贴命令。

- "拷贝"命令用于将活动图层中选定的区域放入剪贴板。
- "合并拷贝"命令用于建立选区中所有可见图层的合并副本。
- "粘贴"命令用于将剪贴板中的内容添加到图像中；粘贴到另一个图像中时，粘贴的内容将成为一个新图层。

在"编辑">"选择性粘贴"子菜单中，Photoshop 还提供了几个特殊的粘贴命令，这在某些情况下给用户提供了更多的选择。

- "粘贴且不使用任何格式"命令用于粘贴文本，但不使用复制的格式，如字体和字号。在粘贴来自另一个文档或应用程序的文本时，该命令有助于确保其格式与当前 Photoshop 文字图层的一致。
- "原位粘贴"命令用于将剪贴板中的内容粘贴到原来的位置，而不是文档中央。
- "贴入"命令用于将剪贴板中的内容粘贴到同一个或另一个图像的活动选区中。选区内容将粘贴到一个新图层中，而选区外面的内容将被转换为图层蒙版。
- "外部粘贴"命令与"贴入"命令的作用相似，只是将内容粘贴到活动选区外面，并将选区转换为图层蒙版。

在像素尺寸不同的文档之间粘贴时，所粘贴的内容的尺寸可能看起来变了，这是因为其像素尺寸保持不变，不受所在文档尺寸的影响。对于粘贴的选区中的图像，可调整其大小，但放大图像可能降低图像质量。

其他选择像素的方式

使用选择工具（如套索工具）难以选择主体或需要耗费很长时间时，使用其他选择方式可能速度更快。要创建较难创建的选区，可结合使用多种选择方式。

根据色调或颜色选择

"色彩范围"命令。选择菜单命令"选择" > "色彩范围"后，可指定要选择的颜色范围，如图 3.27 所示。在"色彩范围"对话框中，"选择"下拉列表中包含了一些范围预设，如"肤色""高光""阴影"。用户还可在图像中单击，以采集用作颜色范围起点的颜色，这样做的效果类似于使用魔棒工具在图像中单击，但还可进一步调整颜色范围。

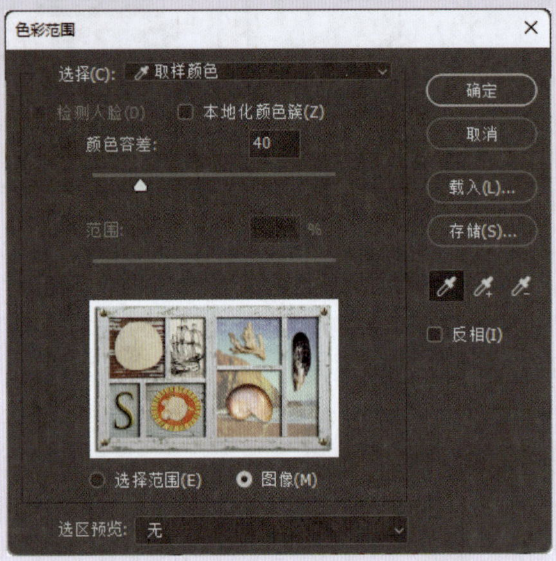

缩览图。在图层面板或通道面板中，可按住 Ctrl 键（Windows）或 Command 键（macOS）并单击缩览图，从而根据像素值来选择像素。例如，在图层面板中，这样做将选择所有的非透明像素；而在通道面板中，这样做将根据明度（亮度）创建选区，从而创建明度蒙版。按住 Ctrl 键或 Command 键并单击复合通道时，将选择复合明度，而按住 Ctrl 键或 Command 键并单击特定通道（如 RGB 图像的蓝色通道）时，将选择该通道的明度。

图 3.27

使用机器学习技术选择

菜单命令"选择" > "主体"和"选择" > "天空"使用了机器学习技术，它们分别让用户能够选择主体和天空；而对象选择工具能够识别图像中的各个对象。

在快速蒙版模式下通过绘画选择

如果觉得通过使用画笔工具绘画来选择特定的区域更容易，可单击工具面板中的"快速蒙版"图标（或按 Q 键）切换到快速蒙版模式，再选择一种画笔工具并开始绘画。在快速蒙版模式下，图层面板中当前选定的图层为红色。绘制完毕后，可再次单击"快速蒙版"图标（或按 Q 键）退出快速蒙版模式；此时通过绘画覆盖的区域将变成像素选区。

选择焦点区域

如果只想编辑图像的焦点区域，可选择菜单命令"选择" > "焦点区域"。在"焦点区域"对话框中，可使用其中的选项重新定义哪些图像部分被视为焦点区域。单击"确定"按钮后，被定义为焦点区域的部分将成为选区。

使用"选择并遮住"创建细致的选区

要选择边缘不清晰的对象（如头发），可尝试使用"选择并遮住"工作区中的专用工具和选项。有关"选择并遮住"的内容将在第 6 课进行详细介绍。

选择不同类型的内容

本课只介绍如何选择要编辑的像素。在 Photoshop 中，还可能需要处理非像素内容，因此知道如何选择各种不同的内容大有裨益。

像素。选定的像素区域也被称为选框选区（Marquee Selection），其边框由蚂蚁线表示。要选择像素，可使用各种选框工具和套索工具、对象选择工具、快速选择工具、魔棒工具以及"选择"菜单中的命令；还可使用前面的补充内容"其他选择像素的方式"中介绍的方法。

面板中的列表项。有些功能只影响面板（如图层面板和路径面板）中选定的列表项，例如，很多 Photoshop 命令以及属性面板中的很多设置都只影响图层面板中选定的图层。

文字。在图层面板中，可选择文字图层；但要选择该文字图层中的字符，需要使用文字工具。有关处理文字的内容将在第 7 课进行详细介绍。

路径。路径为矢量对象（而不是像素），要选择整个路径，可在路径面板中选择；要选择子路径，可使用路径选择工具；要选择路径中的点和片段，可使用直接选择工具。形状图层是可导出、可打印的路径；要选择形状图层，可在图层面板中单击。路径和形状图层将在第 8 课进行详细介绍。

结合使用不同的选择方式

使用某些功能时，可能需要使用特定的选择方式或结合使用多种选择方式。例如，要将滤镜应用于整个图层，必须先在图层面板中选择这个图层；如果只想将该滤镜应用于该图层的特定区域，还应选择相应的像素区域，如图 3.28 所示。

图 3.28

在像素选区和路径之间转换

如果能够在像素选区和路径之间转换，将大有裨益。例如，在有些情况下，相比使用套索工具创建所需的像素选区，使用形状工具或钢笔工具绘制所需的形状，再将其转换为像素选区的速度更快。在路径面板中，可将像素选区转换为路径，也可将路径转换为像素选区，如图 3.29 所示。

- 要将路径转换为像素选区，可单击"将路径作为选区载入"按钮。
- 要将像素选区转换为路径，可单击"从选区生成工作路径"按钮。

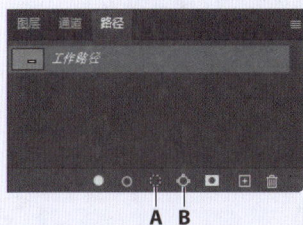

A."将路径作为选区载入"按钮
B."从选区生成工作路径"按钮

图 3.29

3.14 裁剪图像

图像合成好后，需要将其裁剪为合适的尺寸，为此可使用裁剪工具，也可使用"裁剪"命令。

❶ 选择裁剪工具或按 C 键从当前工具切换到裁剪工具。Photoshop 将创建一个环绕整个图像的裁剪框，如图 3.30（a）所示。

❷ 在选项栏中，确保从"预设"下拉列表中选择了"比例"，且没有指定比例值（如果指定了比例值，可单击"清除"按钮将其清除），再确定勾选了"删除裁剪的像素"复选框，如图 3.30(b)所示。选择了"比例"且没有指定比例值时，可用任何宽高比裁剪图像。

> 💡 提示　要以原来的宽高比裁剪图像，可在选项栏中从"预设"下拉列表中选择"原始比例"。

❸ 拖曳裁剪手柄，让裁剪框只包含陈列柜及其周围的一些白色区域，而不包含图像底部的原始对象，如图 3.30（c）所示。

（a）

（b）

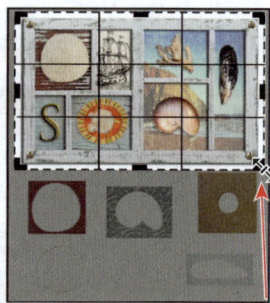

（c）

图 3.30

❹ 对裁剪框的大小和位置满意后，单击选项栏中的提交按钮。

❺ 选择菜单命令"文件">"存储"，保存所做的工作，结果如图 3.31 所示。

图 3.31

以上使用几种不同的选择工具将所有元素放到了合适的位置。至此，陈列柜便制作完成了。

3.15　复习题

1. 创建选区后，可对图像的哪些区域进行编辑？
2. 使用快速选择工具、套索工具等选择工具时，如何将区域加入选区或从选区中减去？
3. 如何在创建选区的同时移动它？
4. 快速选择工具和对象选择工具有何不同？
5. 魔棒工具的作用是什么？什么是容差？它对选区有何影响？

3.16　复习题答案

1. 创建选区后，只能编辑活动选区内的区域。
2. 要将区域加入选区，可单击选项栏中的"添加到选区"按钮，然后选择要添加的区域；要将区域从选区中减去，可单击选项栏中的"从选区减去"按钮，然后选择要减去的区域。此外，也可在单击或拖曳时按住 Shift 键，将区域添加到选区中；在单击或拖曳时按住 Alt 键（Windows）或 Option 键（macOS），将区域从选区中减去。
3. 在不松开鼠标左键的情况下按住空格键，拖曳可调整选区的位置。
4. 使用快速选择工具可检测内容边缘，使用对象选择工具可识别图像中的主体，如人物等对象。
5. 魔棒工具会根据颜色的相似程度来选择相邻的像素。容差决定了魔棒工具将选择的色调范围。容差值越大，选择的区域越大。

图层基础

本课概览

- 使用图层组织图像。
- 重新排列图层，以修改图像的堆叠顺序。
- 调整图层的大小和旋转图层。
- 为图层应用滤镜。
- 保存拼合图层后的文件。

- 创建、查看、隐藏和选择图层。
- 为图层应用混合模式。
- 为图层应用渐变效果。
- 在图层中添加文本和图层效果。

学习本课大约需要 1 小时

在 Photoshop 中，可使用图层来组织图像的不同部分。这样每个图层都可作为独立的部分，为编辑图像提供了极强的灵活性。

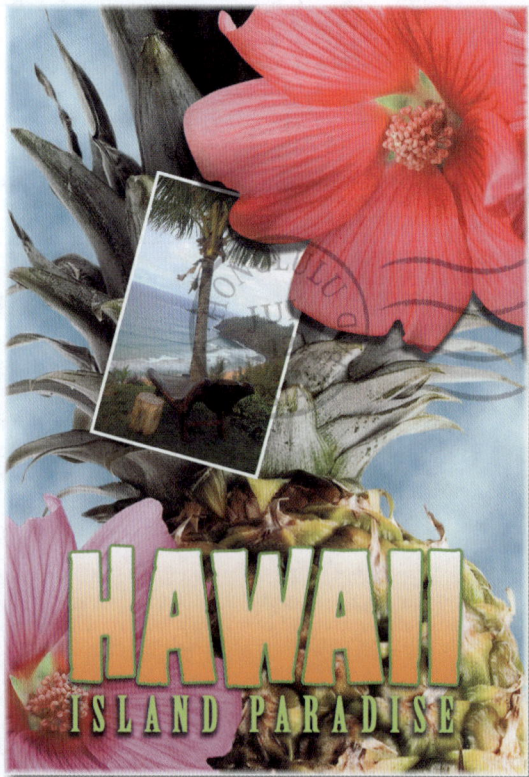

4.1　图层简介

每个 Photoshop 文件都包含一个或多个图层，且所有的新建图层都是透明的，可以在其中加入文本等内容。图层类似于透明胶片，可对每张透明胶片进行编辑、删除和位置调整，而不会影响其他的透明胶片。堆叠透明胶片后，整个合成图便显示出来了。

本书使用的很多课程文件都有背景图层——位于所有图层后面且始终完全不透明的图层。用于印刷的 Photoshop 文件、数码相机图像及扫描得到的图像通常都有背景图层。用于移动设备和网站的 Photoshop 文件可能没有背景图层。例如，网站图形的有些区域可能需要是透明的，以免遮住网页的背景或其他元素。有关背景图层更详细的信息请参阅本课中的补充内容"背景图层"。

> 💡 **注意**　有些文件格式（如 JPEG 和 GIF）不支持图层，保存包含图层的图像时，必须使用 PSD 格式或 TIFF。另外，有些颜色模式，如位图和索引颜色模式也不支持图层。本课的课程文件为 PSD 格式，使用的颜色模式为 RGB。

4.2　课前准备

下面查看最终合成的图像。

❶ 启动 Photoshop 并立刻按 Ctrl + Alt + Shift 组合键（Windows）或 Command + Option + Shift 组合键（macOS）。

❷ 在出现的提示对话框中单击"是"按钮，确认删除 Adobe Photoshop 设置文件。

❸ 选择菜单命令"文件">"在 Bridge 中浏览"，打开 Bridge。

> 💡 **注意**　如果没有安装 Bridge，将提示安装。更详细的信息请参阅前言。

❹ 在收藏夹面板中单击 Lessons 文件夹，再在内容面板中双击 Lesson04 文件夹以查看其中的内容。

❺ 找到 04End.psd 文件，如果要查看更多的细节，可向右移动缩览图滑块。

这张明信片是一个包含多个图层的合成图。接下来将制作该明信片，并在制作过程中学习如何创建、编辑和管理图层。

❻ 双击 04Start.psd 文件，在 Photoshop 中打开它，并关闭所有有关新功能的提示对话框。

❼ 选择菜单命令"文件">"存储为"，将文件另存为 04Working.psd。如果出现"Photoshop 格式选项"对话框，单击"确定"按钮。

另存原始文件后可随便对其进行修改，而不用担心覆盖原始文件。

4.3　使用图层面板

图层面板中显示了图像中所有的图层，包括每个图层的名称，以及图层缩览图。可以使用图层面板来隐藏、查看、删除、重命名和合并图层，以及调整图层的位置。编辑图层时，图层缩览图将自动更新。

① 如果图层面板不可见，可选择菜单命令"窗口">"图层"，将其显示出来。

对于 04Working.psd 文件，图层面板中列出了 5 个图层，从上到下依次为 Postage、HAWAII、Flower、Pineapple 和 Background，如图 4.1 所示。

图 4.1

② 选择 Background 图层，使其处于活动状态。请注意 Background 图层的缩览图及图标。

· 锁定图标（🔒）表示图层受到保护，这就是图层列表上方的选项不可用的原因。但可以编辑这个图层的内容，如在其中绘画。

· 眼睛图标表示图层在文档窗口中可见。单击某个图层的眼睛图标，文档窗口中将不再显示该图层。

下面在明信片中添加一张海滩照片，在 Photoshop 中打开该海滩照片。

> 💡**提示** 可以使用上下文菜单隐藏图层缩览图或调整其大小。在图层面板中的缩览图上单击鼠标右键（Windows）或按住 Control 键并单击缩览图（macOS），打开上下文菜单，从中选择一种缩览图尺寸。

③ 在 Photoshop 中选择菜单命令"文件">"打开"，在打开的对话框中切换到 Lesson04 文件夹，双击 Beach.psd 文件打开它，打开后如图 4.2 所示。

图 4.2

图层面板中显示了处于活动状态的 Beach.psd 文件的图层信息，其中只有一个 Layer 1 图层，没有背景图层，因此可将图层功能（如不透明度）应用于它。

背景图层

在图层面板中，如果最下面的图层名为 Background 且被锁定，它就是背景图层。背景图层不同于其他图层，不能调整其在图层列表中的位置，且它总是不透明的。图层被拼合后，Photoshop 文档将只包含一个图层——背景图层。

可将背景图层转换为常规图层，还可创建不包含背景图层的文档。当 Photoshop 文档没有背景图层时，没有内容的像素可能是透明的。

要将背景图层转换为常规图层，可单击图层名旁边的锁定图标，图层名将变为默认的"图层 n"，其中 n 为编号；也可双击该图层，在打开的对话框中单击"确定"按钮。

将常规图层转换为背景图层的方法如下。

① 在图层面板中选择要转换的图层。

② 选择菜单命令"图层">"新建">"背景图层"。

4.3.1　重命名和复制图层

要添加内容，只需将文件或图层拖曳到文档窗口中即可。可从源文档的文档窗口拖曳，也可从图层面板中拖曳，还可从桌面拖曳。拖曳到文档窗口中的每项内容都将作为一个独立的图层。

> **♀ 提示**　需要将很多图层拖曳到另一个文档中时，先将它们编组可简化拖曳工作。为此，可在图层面板中选择它们，再选择菜单命令"图层">"图层编组"。图层组看起来像文件夹。将图层编组后，就可以拖曳图层组了。

下面将 Beach.psd 文件拖曳到 04Working.psd 文件中。执行下面的操作前，确保打开了 04Working.psd 和 Beach.psd 文件，且 Beach.psd 文件处于活动状态。

将 Layer 1 图层重命名为更具描述性的名称。

① 在图层面板中双击图层名 Layer 1，输入 Beach 并按 Enter 键，如图 4.3 所示。保持该图层的选中状态。

> **♀ 注意**　重命名图层时，务必双击图层名。如果在图层名外双击，出现的可能是其他图层选项。

图 4.3

② 选择菜单命令"窗口">"排列">"双联垂直"，Photoshop 将同时显示两个打开的图像文件。选择 Beach.psd 文件让其处于活动状态。

③ 选择移动工具，将 Beach.psd 文件中的图像拖曳到 04Working.psd 文件所在的文档窗口中，如图 4.4 所示。

图 4.4

💡提示 将图像从一个文件拖曳到另一个文件中时，如果按住 Shift 键，拖曳的图像将自动位于目标文档窗口的中央。

💡提示 此外，也可通过复制和粘贴操作在文档之间复制图层，操作为：在图层面板中选择要复制的图层，然后选择菜单命令"编辑" > "复制"，再切换到另一个文档，选择菜单命令"编辑" > "粘贴"。

　　Beach 图层出现在了 04Working.psd 文件的文档窗口中；同时，在图层面板中，该图层位于 Background 和 Pineapple 图层之间，如图 4.5 所示。Photoshop 总是将新图层添加到选定图层的上方，前面选定的图层是 Background。

图 4.5

💡提示 可从在线库 Adobe Stock 中下载图像。在 Photoshop 中选择菜单命令"文件" > "搜索 Adobe Stock"，默认下载的是低分辨率的占位图像，但获得许可后，Photoshop 将把占位图像替换为高分辨率图像。

④ 关闭 Beach.psd 文件，但不保存对其所做的修改。

💡提示 要让添加的图层居中，可将其拖曳到文档中央附近，等出现洋红色智能参考线（表明图层与文档水平和垂直居中对齐了）时松开鼠标左键。

4.3.2　查看图层

04Working.psd 文件现在包含 6 个图层，其中有些图层是可见的，而有些图层是不可见的。在图层面板中，图层缩览图左边有眼睛图标表明该图层可见。

❶ 单击 Pineapple 图层左边的眼睛图标将该图层隐藏，如图 4.6 所示。

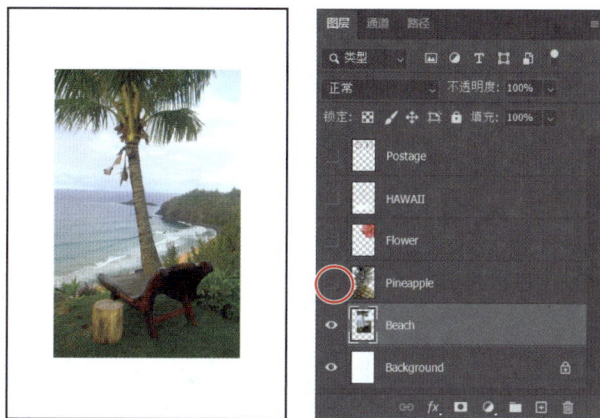

图 4.6

单击眼睛图标或在其方框（也称为可见性栏）内单击，可隐藏或显示相应的图层。

❷ 单击 Pineapple 图层的可见性栏以重新显示它。

4.3.3　为图层添加边框

接下来为 Beach 图层添加一个白色边框，以制作老照片效果。

❶ 选择 Beach 图层（要选择该图层，在图层面板中单击其名称即可）。

该图层高亮显示，表明它处于活动状态。在文档窗口中所做的修改只影响活动图层。

❷ 为使该图层的不透明区域更明显，按住 Alt 键（Windows）或 Option 键（macOS）单击 Beach 图层左边的眼睛图标，隐藏除 Beach 图层外的所有图层，如图 4.7 所示。

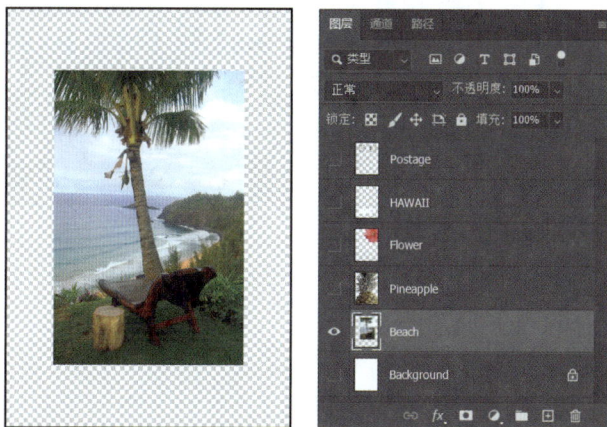

图 4.7

图像中的白色背景不见了，只有海滩图像和棋盘格区域。棋盘格区域是活动图层的透明区域。

❸ 选择菜单命令"图层">"图层样式">"描边"，打开"图层样式"对话框。

下面为海滩图像设置白色描边。

④ 进行以下设置，如图 4.8 所示。

- 大小：5 像素。
- 位置：内部。
- 混合模式：正常。
- 不透明度：100%。
- 颜色：白色（单击色板，并从"拾色器"对话框中选择白色）。

💡提示　在"图层样式"对话框中，如果勾选了"预览"复选框，可在设置的同时看到选定图层发生的相应变化。

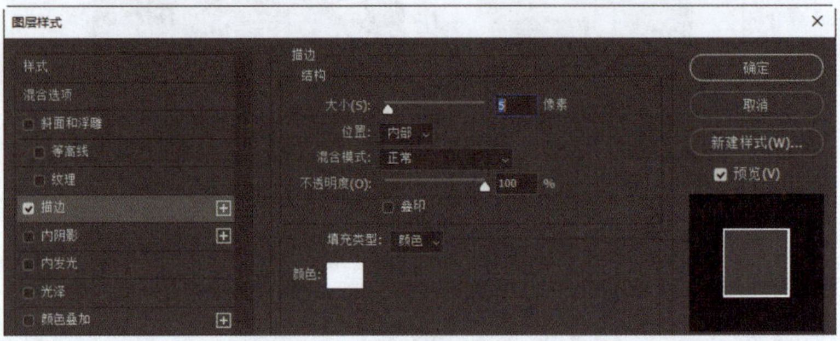

图 4.8

⑤ 单击"确定"按钮，将指定的效果应用于 Beach 图层，如图 4.9 所示。

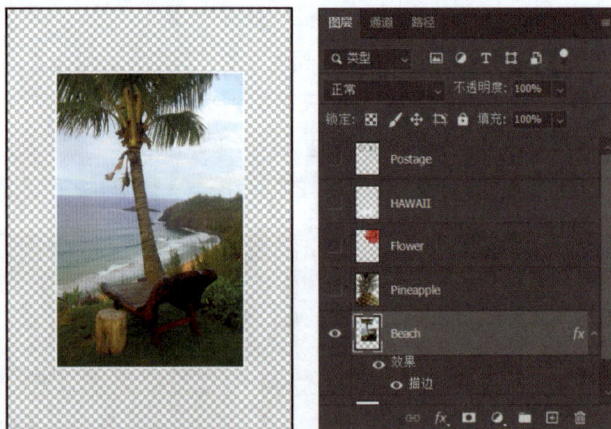

图 4.9

💡注意　图层样式只会应用于图层的不透明像素，例如，为 Beach 图层应用"描边"图层样式时，会在该图层的不透明区域边缘绘制线条，而不会修改透明的像素。

4.4　重新排列图层

图像中图层的排列顺序被称为堆叠顺序。堆叠顺序决定了图像的效果。可以修改堆叠顺序，让图像的某些部分出现在其他图层的前面或后面。

下面重新排列图层，让海滩图像出现在当前文件中被隐藏的另一个图像前面。

❶ 单击图层名左边的眼睛图标，让 Postage、HAWAII、Flower、Pineapple 和 Background 图层可见，结果如图 4.10 所示。

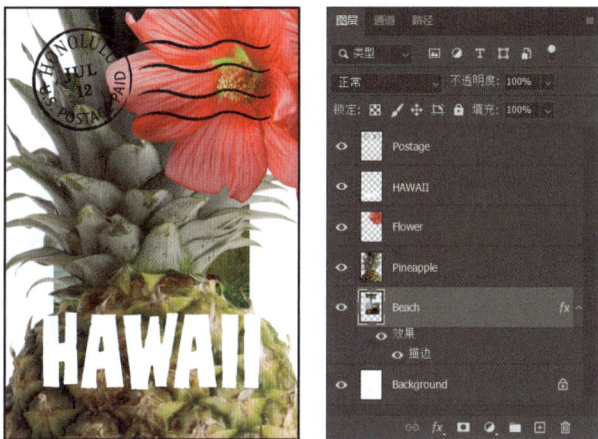

图 4.10

> 💡 提示　要显示或隐藏多个相邻的图层时，可在最上面或最下面的那个图层的眼睛图标上按住鼠标左键，拖曳到最下面或最上面的那个图层的眼睛图标处，而不用分别在每个图层的眼睛图标处单击。

此时，海滩图像被其他图层中的图像遮住了。

❷ 在图层面板中，将 Beach 图层向上拖曳到 Pineapple 和 Flower 图层之间（拖曳时会出现一条蓝线，指出如果此时松开鼠标左键，图层将放在什么地方），松开鼠标左键，效果如图 4.11 所示。

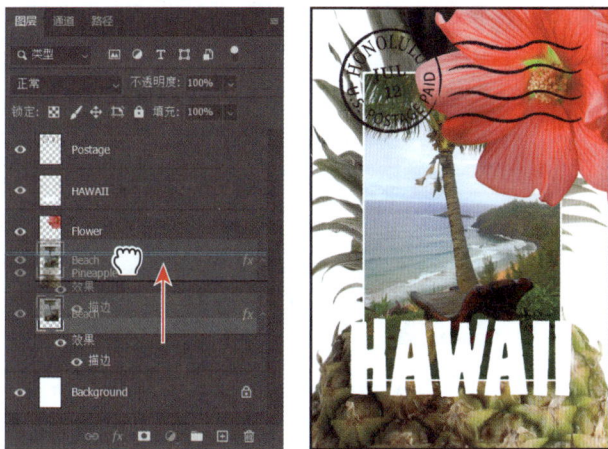

图 4.11

Beach 图层上移了一层，位于 Pineapple 和 Background 图层上面，但在 Postage、Flower 和 HAWAII 图层的下面。

> 💡 提示　此外，也可用另一种方法控制图像中图层的排列顺序：在图层面板中选择图层，再选择"图层" > "排列"子菜单中的"置为顶层"、"前移一层"、"后移一层"或"置为底层"命令。

4.4.1 修改图层的不透明度

可降低任何图层的不透明度，使其下方的图层能够透过它显示出来。在这个图像中，花朵上的邮戳颜色太深了。下面编辑 Postage 图层的不透明度，让花朵和其下方的图像透过它显示出来。

❶ 选择 Postage 图层，单击"不透明度"文本框旁边的下拉按钮以显示不透明度滑块，将滑块拖曳到 25% 的位置，如图 4.12 所示。此外，也可在"不透明度"文本框中直接输入数值或将鼠标指针置于"不透明度"字样上，按住鼠标左键左右拖动来设置数值。

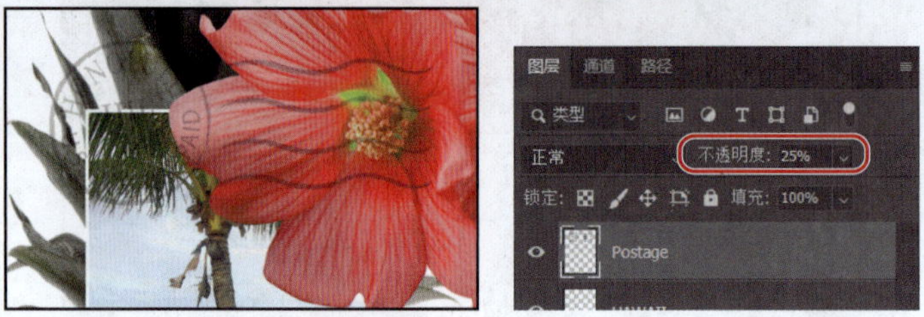

图 4.12

此时，Postage 图层将变成半透明的，可看到它下面的其他图层。注意，对不透明度所做的修改只影响 Postage 图层的内容，Pineapple、Beach、Flower 和 HAWAII 图层仍是不透明的。

❷ 选择菜单命令"文件">"存储"，保存所做的修改。

4.4.2 复制图层和修改混合模式

图 4.13

可为图层应用各种混合模式。混合模式影响图像中一个图层的像素与它下面图层中像素的混合方式。下面先使用混合模式提高 Pineapple 图层中图像的亮度，使其看上去更生动，再修改 Postage 图层的混合模式。当前，这两个图层的混合模式都是"正常"。

❶ 单击 HAWAII、Flower 和 Beach 图层左边的眼睛图标，以隐藏这些图层。

❷ 在图层名 Pineapple 上单击鼠标右键（Windows）或按住 Control 键并单击（macOS），从上下文菜单中选择"复制图层"，如图 4.13 所示。确保右击或单击的是图层名称，否则将打开错误的上下文菜单。在打开的"复制图层"对话框中单击"确定"按钮。

> ♀提示　如果你更喜欢使用菜单栏，也可选择菜单命令"图层">"复制图层"。

此时，在图层面板中，一个名为"Pineapple 拷贝"的图层出现在了 Pineapple 图层的上面。

❸ 在图层面板中，在选择了"Pineapple 拷贝"图层的情况下从"混合模式"下拉列表中选择"叠加"。

> ♀提示　当鼠标指针指向"混合模式"下拉列表中不同的选项时，图像将产生相应的变化，让用户能够预览各种混合模式的效果，从而快速确定使用哪种混合模式可获得所需的效果。

使用"叠加"混合模式将"Pineapple 拷贝"图层与它下面的 Pineapple 图层混合，让菠萝的颜色更鲜艳，更丰富多彩，且阴影更深、高光更亮，如图 4.14 所示。

💡 提示 如果混合模式的效果过于强烈，可降低图层的不透明度。

图 4.14

❹ 选择 Postage 图层，并从"混合模式"下拉列表中选择"正片叠底"。使用"正片叠底"混合模式将当前图层的颜色值与下面图层的颜色值相乘。在这个图像中，使用菠萝的颜色值将位于菠萝上面的邮戳部分调暗，如图 4.15 所示。

图 4.15

💡 提示 图层列表很长时，可能难以找到目标图层。此时可使用图层面板顶部的搜索字段，根据图层类型、图层名、效果等来搜索和筛选图层。

每种混合模式都对当前图层和它下面的图层使用不同的数学公式来计算得到混合结果。"叠加"通常会提高当前图层的对比度，而"正片叠底"通常会使当前图层变暗。

💡 提示 在图层面板中，想只显示选定的图层并隐藏其他图层，可选择菜单命令"选择">"隔离图层"。这样做后，图层面板中的筛选开关将变成红色，表示有些图层在图层面板中没有显示出来。

❺ 选择菜单命令"文件">"存储"，保存所做的修改。

混合模式

混合模式指定了当前图层及其下面图层中的像素的混合方式。默认混合模式为"正常"，将隐藏下面图层中的像素——除非当前图层是部分或完全透明的。其他混合模式都能用于控制当前图层及其下面图层中像素的混合方式。

通常要了解混合模式对图像的影响，最佳的方式是尝试使用它们。在图层面板中可轻松地尝试各种混合模式，方法是将鼠标指针指向"混合模式"下拉列表中不同的选项，查看图像将如何变化。一般而言，混合模式对图像的影响可分成以下几种。

- 加暗当前图层下面的图层：尝试使用"变暗""正片叠底""颜色加深""线性加深""深色"混合模式。
- 加亮当前图层下面的图层：尝试使用"变亮""滤色""颜色减淡""线性减淡（添加）""浅色"混合模式。
- 提高图层之间的对比度：尝试使用"叠加""柔光""强光""亮光""线性光""点光""实色混合"混合模式。
- 修改图像的颜色值：尝试使用"色相""饱和度""颜色""明度"混合模式。
- 创建反相效果：尝试使用"差值""排除"混合模式。

下面是常用的混合模式，可尝试使用它们，其效果如图 4.16 所示。

- 正片叠底：将当前图层及其下面图层的像素颜色值相乘。
- 变亮：对当前图层及其下面的图层中对应的像素进行比较，并使用其中最亮的颜色的值。
- 叠加：提高下面图层的对比度，尤其是较亮和较暗的区域的对比度。当前图层的颜色与中性灰越接近，效果越不明显；而为中性灰时对下面的图层没有任何影响。
- 明度：将下面图层像素的明度替换为当前图层像素的明度。
- 差值：将较淡的颜色的值减去较暗的颜色的值。对于两个几乎相同的图像，通过将它们放在不同的图层中，并使用这种混合模式，可找出它们不同的地方。

对多个图层应用不同的混合模式时，改变混合模式的应用顺序可得到不同的效果。另外，将特定混合模式应用于图层组与将其分别应用于各个图层得到的结果是不同的。

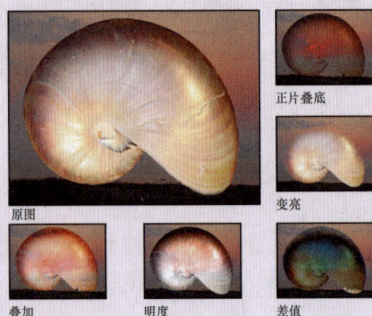

图 4.16

4.4.3　调整图层的大小和旋转图层

通过修改图层的位置、大小和角度，可获得丰富的效果。在 Photoshop 中，这些类型的编辑被称为变换。在第 3 课中对选区进行了变换，其实变换也可用于图层。

❶ 单击 Beach 图层左边的可见性栏，使该图层可见。

❷ 在图层面板中选择 Beach 图层，再选择菜单命令"编辑">"自由变换"，海滩图像的四周将出现定界框，其每个角和每条边上都有方形手柄。

> **💡提示** 因为经常需要选择菜单命令"编辑">"自由变换"，所以为了提高效率，可以使用 Ctrl + T 组合键（Windows）或 Command + T 组合键（macOS）。

下面调整图层的大小和方向。

❸ 向内拖曳定界框右下角上的手柄，将海滩图像缩小到大约 50%（请注意选项栏中的宽度和高度的值）。

❹ 在定界框仍处于活动状态的情况下将鼠标指针指向定界框的外面，鼠标指针变成弯曲的双箭头后，沿顺时针方向拖曳，将海滩图像旋转 15°。此外，也可在选项栏的"设置旋转"文本框中输入 15，如图 4.17 所示。

A. 宽度
B. 高度
C. 旋转角度

图 4.17

❺ 单击选项栏中的提交按钮。

> **💡提示** 此外，也可在定界框外单击来提交变换，但要注意不要单击可能修改设置或图层的地方。

❻ 使 Flower 图层可见。选择移动工具，拖曳海滩图像，使其一角隐藏在花朵的下面，如图 4.18 所示。

❼ 选择菜单命令"文件">"存储"，保存文件。

4.4.4　使用滤镜创建图稿

接下来创建一个空白图层，再使用一种 Photoshop 滤镜在该图层中添加逼真的云彩。

❶ 在图层面板中选择 Background 图层，使其处于活动状态，然后单击图层面板底部的"创建新图层"按钮（⊞），如图 4.19（a）所示。

Background 和 Pineapple 图层之间将出现一个名为"图层 1"的新图层，该图层中没有任何内容，因此对图像没有影响。

图 4.18

② 双击名称"图层 1"，输入 Clouds，然后按 Enter 键将图层重命名，如图 4.19（b）所示。

③ 在工具面板中单击前景色色板，并从"拾色器"对话框中选择一种蓝色，然后单击"确定"按钮。这里使用的颜色值为 R=48、G=138、B=174。保持背景色为白色，如图 4.20 所示。

（a）　　　　　　　　　　　　　　　　　（b）

图 4.19　　　　　　　　　　　　　　　　　图 4.20

④ 在 Clouds 图层处于活动状态的情况下选择菜单命令"滤镜">"渲染">"云彩"，逼真的云彩出现在了图像后面，如图 4.21 所示。

图 4.21

⑤ 选择菜单命令"文件">"存储"，保存文件。

4.4.5　通过拖曳添加图层

可从桌面、Bridge、资源管理器（Windows）或 Finder（masOS）中拖曳图像文件到文档窗口中，从而添加图层。下面在明信片中添加一朵花。

① 如果 Photoshop 窗口充满了整个屏幕，请将其缩小。

· 在 Windows 操作系统中，单击窗口右上角的"恢复"按钮（ ），再拖曳 Photoshop 窗口的任何一个角将其缩小。

- 在 macOS 中，单击 Photoshop 窗口左上角绿色的"最大化 / 恢复"按钮（●），再拖曳 Photoshop 窗口的任何一个角将其缩小。

② 在 Photoshop 中，选择图层面板中的"Pineapple 拷贝"图层。

③ 在资源管理器（Windows）或 Finder(macOS)中，切换到本书学习资源中的 Lessons 文件夹，再切换到 Lesson04 文件夹。将资源管理器或 Finder 放在 Photoshop 窗口旁边，以便能够看到其中的内容。

④ 选择 Flower2.psd 文件，并将其从资源管理器或 Finder 拖曳到文档窗口中，如图 4.22 所示。

> 💡 提示　此外，也可从 Bridge 窗口中将图像拖曳到 Photoshop 中，操作与从资源管理器或 Finder 中拖曳图像一样。

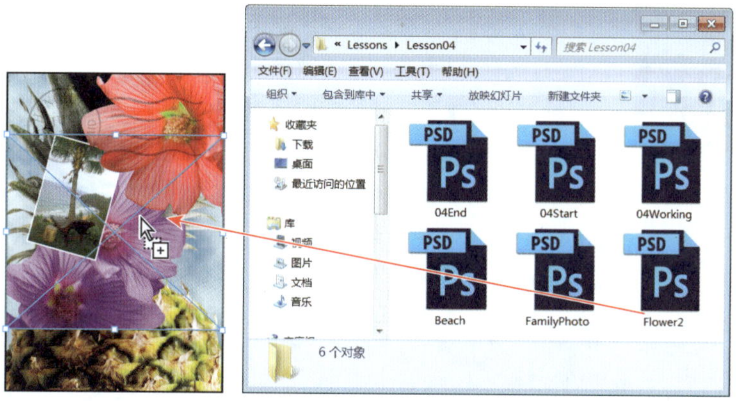

图 4.22

Flower2 图层将出现在图层面板中，并位于"Pineapple 拷贝"图层的上方。

⑤ 完成导入工作后可放大 Photoshop 窗口，以提供更多的空间，从而更舒适地工作。

⑥ 将 Flower2 图层的图像放到明信片的左下角，使得只有一部分花朵可见，如图 4.23 所示。

⑦ 单击选项栏中的提交按钮，完成对该图层的编辑。

图层缩览图表明，Photoshop 将该图层作为智能对象置入了，对这样的图层进行编辑时，修改不是永久性的。第 5 课中将大量地使用智能对象。

图 4.23

> 💡 提示　如果在选项栏中看不到提交按钮，可能是因为 Photoshop 窗口太窄。在这种情况下可加宽 Photoshop 窗口，以便能够看到提交按钮，也可按 Enter 键提交变换。

4.4.6　添加文本

现在可以使用横排文字工具来创建一些文字了，该工具会将文本放在独立的文字图层中。用户可以编辑文本，并将特效应用于该图层。

❶ 使 HAWAII 图层可见。接下来在该图层下面添加文字图层，并将特效应用于这两个图层。

❷ 选择菜单命令"选择">"取消选择图层"，确保没有选择任何图层。

❸ 在工具面板中选择横排文字工具，然后选择菜单命令"窗口">"字符"，打开字符面板。在字符面板中做如下设置（见图 4.24）。

- 选择一种紧缩字体（这里使用的是 Birch Std，可使用 Adobe Fonts 来获取它；如果使用的是其他字体，请相应地调整相关设置）。
- 选择字体样式（这里使用 Regular）。
- 选择较大的字号（这里使用 36 点）。
- 从"字距调整"下拉列表中选择较大的字距（这里使用 250）。
- 单击色板，从"拾色器"对话框中选择草绿色，然后单击"确定"按钮关闭"拾色器"对话框。

图 4.24

- 由于 Birch Std 字体没有 Bold 样式，因此单击"仿粗体"按钮（**T**）。
- 单击"全部大写"按钮（**TT**）。
- 从"消除锯齿"下拉列表中选择"锐利"。

💡 提示　只要字体有 Bold 样式，就尽量使用这种样式，而不要单击"仿粗体"按钮。Bold 样式设计良好，能够被精确而一致地印刷出来，而仿粗体是计算机生成的。

❹ 在选项栏或段落面板中单击"居中对齐文本"按钮（≡）。

❺ 在单词 HAWAII 中的字母 W 的下面单击，并输入 Island Paradise 以替换被选中的占位文本，然后单击选项栏中的提交按钮，效果如图 4.25（a）所示。

当输入文本时，文本将向两边延伸，这是因为前面将文本的对齐方式设置成了居中对齐。现在，图层面板中包含一个名为 Island Paradise 的图层，其缩览图图标为 T，这表明它是一个文字图层。该图层位于图层列表的顶部 ［见图 4.25（b）］，这是因为创建它时没有选择任何图层。

❻ 如果新输入的文本未能与 HAWAII 文本居中对齐，选择移动工具，拖曳 ISLAND PARADISE 文本使其与 HAWAII 文本居中对齐，如图 4.26 所示。

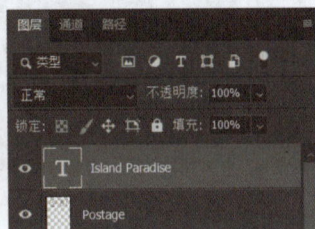

（a）　　　　　　（b）

图 4.25

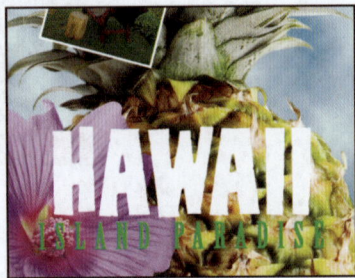

图 4.26

4.5 对图层应用渐变效果

本节对 HAWAII 文本应用渐变效果，使其更绚丽多彩。添加渐变效果的通用工作流程是指定渐变类型和初始颜色、应用渐变并根据需要调整渐变。

① 在图层面板中选择 HAWAII 图层，使其处于活动状态。

② 在 HAWAII 图层的缩览图上单击鼠标右键（Windows）或按住 Control 键并单击（macOS），从上下文菜单中选择"选择像素"，选择 HAWAII 图层的所有非透明像素（白色字母），如图 4.27 所示。

> ♀ **注意** 确保单击的是缩览图而不是图层名，否则看到的将不是这里说的上下文菜单。

图 4.27

选择要填充的区域后，下面来应用渐变效果。

> ♀ **注意** 虽然这个图层包含单词 HAWAII，但它并不是文字图层，因为其中的文本已被栅格化（即转换为像素）。

③ 在工具面板中选择渐变工具（▮）。

④ 在选项栏中单击"线性渐变"按钮，如图 4.28 所示。

图 4.28

⑤ 单击工具面板中的前景色色板，从"拾色器"对话框中选择亮橙色，然后单击"确定"按钮。背景色还是白色。

⑥ 单击渐变面板的标签，让这个面板位于最前面；如果这个面板原本不可见，就选择菜单命令"窗口" > "渐变"打开它。

⑦ 在渐变面板中展开"基础"组，并单击其中的"前景色到背景色渐变"渐变预设（第一个），如图 4.29 所示。这个预设使用第 5 步设置的前景色和背景色（要应用渐变，也可将渐变预设拖放到图层上）。

图 4.29

在前面指定的选区内应用了这个渐变：从底端的亮橙色逐渐变成顶端的白色，如图 4.30（a）所示。在图层面板中，HAWAII 图层上面出现了一个新图层——"渐变填充 1"。它左边有一个箭头且缩进了[见图 4.30（b）]，这是因为它将 HAWAII 图层作为剪贴蒙版（剪贴蒙

版将在第 6 课进行详细介绍）。应用渐变时，并非总是创建一个渐变填充图层，并将目标图层用作剪贴蒙版，因为如何应用渐变取决于选择的是什么。

在画布中的 HAWAII 文本上出现了渐变控件，这是因为当前选择了渐变工具，且在图层面板中选择了渐变填充图层。白色条带指出了渐变距离，该距离与 HAWAII 文本的高度相同，因为这里的渐变距离是根据第 2 步创建的像素选区确定的。可拖曳渐变控件来调整渐变设置，属性面板中提供了更多的"渐变"控件，如图 4.30（c）所示。

（a）　　　　　　　　（b）　　　　　　　　（c）

图 4.30

> 💡 **提示**　可用名称而不是以样本的方式列出渐变效果，只需从渐变面板菜单中选择"小列表"或"大列表"。将鼠标指针指向缩览图直到出现提示，其中会显示渐变效果名称。

> 💡 **提示**　还有另外两种应用渐变的方式：一是将渐变面板中的预设拖放到画布上图层中不透明的像素上；二是选择渐变工具，在画布上拖曳。

有关如何创建和编辑渐变的详细信息请参阅接下来的补充内容"关于渐变"。

❽ 保存所做的修改。

关于渐变

通过应用渐变，可添加有趣的立体效果；在较新的 Photoshop 版本中，渐变的功能和灵活性都得到了极大的提升。创建和编辑渐变时，可供使用的选项众多，知道一些基本知识可节省大量的时间。

用于处理渐变的主要界面元素包括渐变面板、属性面板和选项栏（需要先选择渐变工具）。并非总是需要使用这些界面元素，但必须知道它们是如何协同工作的。

设置新渐变

要设置渐变的类型和选项（以便后续应用渐变），可在选择了渐变工具的情况下使用选项栏。选项栏中列出了 5 种渐变类型，其中最常用的是线性渐变和径向渐变，如图 4.31 所示。

A. 渐变预设
B. 线性渐变
C. 径向渐变

图 4.31

要设置渐变的颜色，可在工具面板中设置前景色和背景色，然后在渐变面板中选择"从前景色到背景色渐变"渐变预设（它位于"基础"组中）。在渐变面板中，可像在其他预设面板（色板面板、形状面板和图案面板）中那样管理和应用预设。

将渐变应用于图层

将渐变应用于图层很简单，只需将渐变面板中的渐变预设拖放到画布或图层面板中的图层（不能是背景图层）上。Photoshop 如何应用渐变取决于目标图层的类型（见图 4.32）。

- 对于像素图层（如画笔描边或照片），以渐变填充图层的方式应用渐变，并将目标图层作为剪贴蒙版，从而只显示像素图层中非透明像素对应的渐变填充图层的内容。要编辑这种渐变，可双击相应的渐变填充图层（有关剪贴蒙版的详细信息请参阅本课"添加调整图层"一节）。

- 对于形状图层（如矢量圆或矢量多边形），以渐变填充（不是渐变填充图层）的方式应用渐变。要编辑这种渐变，可选择相应的形状图层，在属性面板的"外观"部分编辑"填色"选项；如果选择了形状工具或钢笔工具，可在选项栏中编辑"填充"选项。

- 对于文字图层，以"渐变叠加"效果的方式应用渐变。要编辑这种渐变，可在图层面板中双击相应的"渐变叠加"效果。

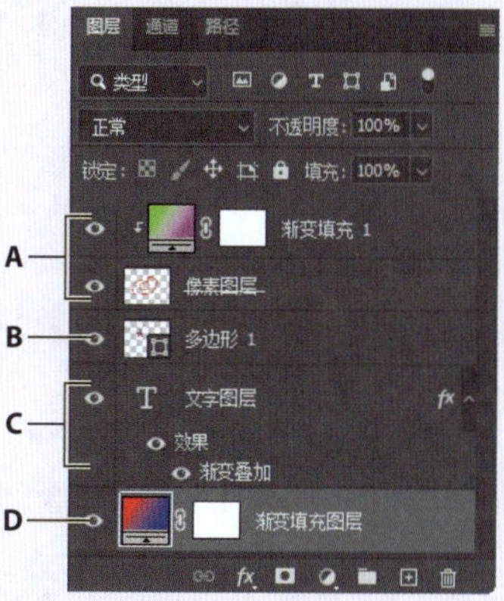

A. 以渐变填充图层的方式应用渐变，并将目标图层作为剪贴蒙版
B. 以渐变填充的方式将渐变应用于形状图层
C. 以"渐变叠加"效果的方式将渐变应用于文字图层
D. 渐变填充图层

图 4.32

添加渐变填充图层

要以可调整图层的方式创建渐变，可添加一个新的渐变填充图层。为此，可采取如下两种方法之一。

- 在没有选择任何图层的情况下使用渐变工具拖曳，以指定渐变的距离和角度。

- 选择菜单命令"图层">"新建填充图层">"渐变"。

使用画布上的控件编辑渐变

在图层面板中选择渐变填充图层，同时选择渐变工具，画布上将出现渐变控件，如图 4.33 所示。白色条带指出了渐变距离；要调整渐变的距离和角度，可拖曳这个条带两端的圆形手柄（色标）。要添加新的色标，可将鼠标指针指向白色条带附近，等鼠标指针变成带加号的箭头（▷₊）后单击。色标是圆形的，选择任何一个色标后，菱形的颜色中点将显示出来。可修改任何色标的颜色，为此可双击其圆形手柄；还可通过拖曳来修改色标和颜色中点的位置。

A. 渐变工具　B. 色标　C. 颜色中点　D. 选定的渐变填充图层　E. 渐变预设、样式、角度等
F. 渐变代理和渐变色标　G. 不透明度代理和不透明度色标

图 4.33

使用属性面板编辑渐变

在图层面板中选择渐变填充图层后，属性面板将包含 "'渐变'控件"部分（见图 4.33）。通过属性面板，用户能够对渐变做细致的调整，如修改渐变的样式和角度，使用渐变代理来编辑渐变上的色标，以及通过编辑和添加不透明度色标来调整渐变的不透明度。

"图层样式"对话框中包含类似的选项，要打开这个对话框，可在图层面板中双击渐变填充图层。

4.6　应用图层样式

可以添加自动和可编辑的图层样式（如"投影""描边""光泽"等）或其他特效来改善图层。在Photoshop 中很容易将这些样式应用于指定图层，并同它直接关联起来。

和图层一样，也可在图层面板中单击眼睛图标将图层样式隐藏起来。图层样式是非破坏性的，可随时编辑或删除。

前面使用了一种图层样式给海滩图像添加边框，下面给文本添加"投影"图层样式以突出文本。

❶ 在图层面板中选择 Island Paradise 图层，然后选择菜单命令"图层">"图层样式">"投影"，打开"图层样式"对话框。

> 💡提示　此外，也可单击图层面板底部的"添加图层样式"按钮（*fx*），然后从下拉列表中选择一种图层样式（如"投影"）来打开"图层样式"对话框。

❷ 在"图层样式"对话框中确保勾选了"预览"复选框。如果有必要，可将对话框移到一边，以便能够看到文档窗口中的 ISLAND PARADISE 文本，会发现对它们应用了投影效果。

❸ 在对话框的"结构"部分确保勾选了"使用全局光"复选框，并进行以下设置（见图 4.34）。

- 混合模式：正片叠底。
- 不透明度：78%。
- 角度：78 度。

- 距离: 5 像素。
- 扩展: 30%。
- 大小: 10 像素。

图 4.34

勾选"使用全局光"复选框时，将有一个全局（共享）光照角度，它将应用于众多使用投影的图层效果。如果其中一种效果中设置了光照角度，其他勾选了"使用全局光"复选框的效果都将继承这个光照角度设置。

> 💡 **提示** 要修改全局光设置，可选择菜单命令"图层" > "图层样式" > "全局光"。

"角度"决定对图层应用效果时的光照角度，"距离"决定投影或光泽效果的偏移距离，"扩展"决定投影向边缘减弱的速度，"大小"决定投影的延伸距离。

由于勾选了"预览"复选框，因此当修改设置时，Photoshop 将更新文档窗口中的投影预览效果。

④ 单击"确定"按钮让设置生效并关闭"图层样式"对话框，效果如图 4.35 所示。

图 4.35

在图层面板中，Island Paradise 图层中嵌套了该图层样式。该图层下方先列出的是"效果"字样，然后列出的是应用于该图层的图层样式。"效果"字样及每种效果旁边都有一个眼睛图标。要隐藏一种效果，只需单击其眼睛图标，再次单击可显示效果。要隐藏所有的图层样式，可单击"效果"字样旁边的眼睛图标。要折叠效果列表，可单击图层名右边的下拉按钮。

> 💡 **提示** 对于要在多个文档中使用的图层样式，可将其加入 Creative Cloud 库中。为此，可先创建或打开一个库，然后选择使用了该样式的图层，单击库面板底部的"添加内容"按钮（ + ），并从下拉列表中选择"图层样式"。这样就可在任何打开的 Photoshop 文档中使用该样式了。

执行下面的操作前，确保 Island Paradise 图层下面嵌套的两项内容左边都有眼睛图标。

⑤ 在图层面板中按住 Alt 键（Windows）或 Option 键（macOS），将"效果"字样或 fx 符号拖曳到 HAWAII 图层中。"投影"效果（与 Island Paradise 图层使用的相同）将被应用于 HAWAII 图层，如图 4.36 所示。

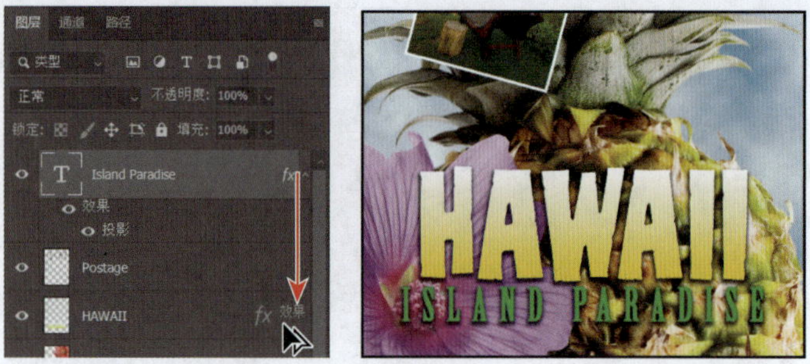

图 4.36

下面在单词 HAWAII 周围添加绿色描边。

⑥ 在图层面板中选择 HAWAII 图层，然后单击图层面板底部的"添加图层样式"按钮，并从下拉列表中选择"描边"。

⑦ 在"图层样式"对话框的"结构"部分进行以下设置（见图 4.37）。

- 大小: 4 像素。
- 位置: 外部。
- 混合模式: 正常。
- 不透明度: 100%。
- 颜色: 绿色（选择一种与 ISLAND PARADISE 文本的颜色匹配的颜色）。

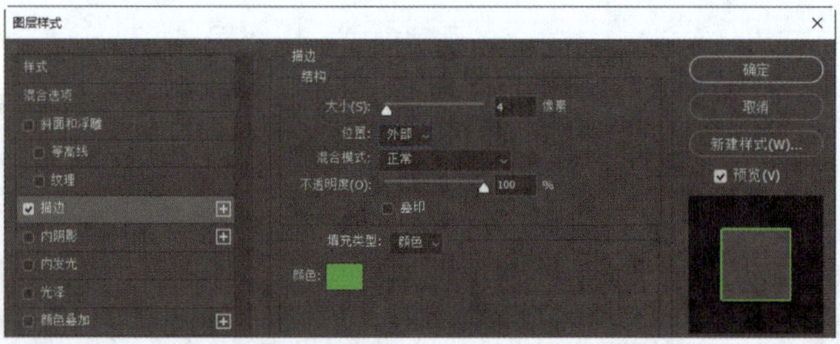

图 4.37

💡提示　要将描边颜色设置成与 ISLAND PARADISE 文本相同的颜色，一种快捷方式是单击描边颜色打开"拾色器"对话框，将鼠标指针指向"拾色器"对话框外，等它变成吸管工具图标后，单击 ISLAND PARADISE 文本以采集其绿色，将其加载到"拾色器"对话框中。

⑧ 单击"确定"按钮应用描边效果，结果如图 4.38 所示。

下面给花朵添加"投影"和"光泽"效果。

① 选择 Flower 图层，然后选择菜单命令"图层">"图层样式">"投影"。在"图层样式"对话框的"结构"部分进行以下设置。

- 不透明度: 60%。
- 距离: 13 像素。

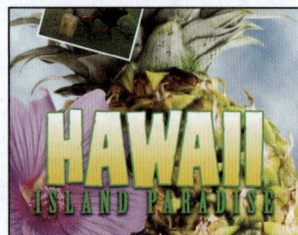

图 4.38

- 扩展：9%。
- 确保勾选了"使用全局光"复选框，并从"混合模式"下拉列表中选择"正片叠底"，如图 4.39 所示。现在不要单击"确定"按钮。

💡 提示　随着图层面板中的图层和效果列表越来越长，你可能想隐藏其他不需要的面板，从而给予图层面板更大的屏幕空间。例如，如果渐变面板依然可见，可双击其标签将其折叠起来。

图 4.39

❷ 在"图层样式"对话框中单击左边的"光泽"字样，然后勾选"反相"复选框，并进行以下设置（见图 4.40）。

- 颜色（位于混合模式旁边）：选择一种适合花朵的颜色，如桃红色。
- 不透明度：20%。
- 距离：22 像素。

"光泽"图层样式通过添加内部投影来创建磨光效果。"等高线"决定效果的形状，"反相"用于将等高线反转。

💡 注意　请务必单击"光泽"字样，如果勾选相应的复选框，Photoshop 将使用默认设置来应用"光泽"图层样式，而不会显示相关的选项。

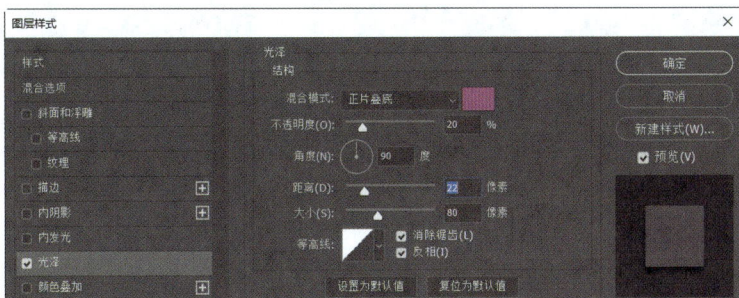

图 4.40

❸ 单击"确定"按钮应用这两种图层样式，应用前后的效果如图 4.41 所示。在图层面板中，可以看到对 Flower 图层应用了这两种图层样式，可使用眼睛图标来查看应用图层样式前后的 Flower 图层是什么样的。

图 4.41

4.7 添加调整图层

可添加调整图层来调整图像的颜色和色调，此操作不会永久性修改图像的像素。例如，在图像中添加色彩平衡调整图层后就可反复尝试不同的颜色，因为修改是在调整图层中进行的，如果要恢复到原来的像素值，只需隐藏或删除调整图层。

本书前面使用过调整图层。这里将添加一个色相 / 饱和度调整图层，以修改 Flower2 图层中花朵的颜色。

除非在创建调整图层时有活动选区或创建了剪贴蒙版，否则调整图层将影响它下面的所有图层。

❶ 在图层面板中选择 Flower2 图层，如图 4.42（a）所示。

❷ 在调整面板中向下滚动到"单一调整"类别，然后单击其中的"色相 / 饱和度"，如图 4.42(b)所示，以添加一个色相 / 饱和度调整图层。

（a）

（b）

图 4.42

❸ 在属性面板中进行以下设置（见图 4.43）。

• 色相：+43。

• 饱和度：+19。

• 明度：0。

Flower2、Pineapple 拷贝、Pineapple、Clouds 和 Background 图层都受此调整图层的影响，但这

里只想修改 Flower2 图层。

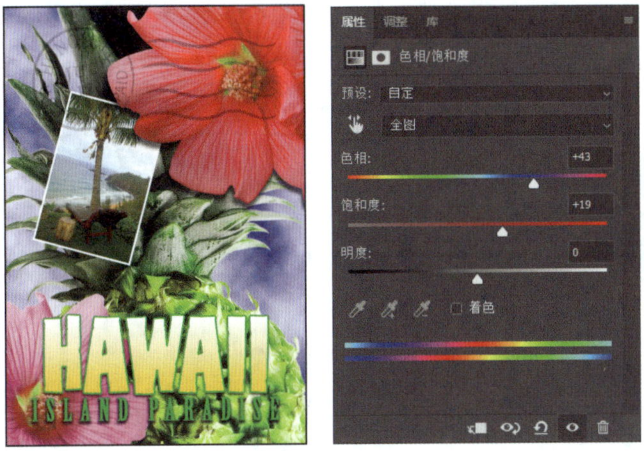

图 4.43

④ 在属性面板中单击"创建剪贴蒙版"按钮，这是属性面板底部的第一个按钮。只要为当前选定图层创建剪贴蒙版（如当前选定的是一个调整图层），属性面板中就会包含这个按钮。

> 💡提示 除上下文菜单外，在"图层"菜单以及图层面板菜单中也可找到"创建剪贴蒙版"和"释放剪贴蒙版"命令，以及它们的快捷键；还可按住 Alt 键（Windows）或 Option 键（macOS）并单击图层名下面的分隔线来创建剪贴蒙版。

在图层面板中，该调整图层左边出现一个箭头，这表明它只影响 Flower2 图层，如图 4.44 所示。第 6 课和第 7 课将更详细地介绍剪贴蒙版。

图 4.44

4.8 更新图层效果

修改图层时，图层效果将自动更新。编辑文字时，图层效果也会相应地更新。

① 在图层面板中选择 Island Paradise 图层。

② 在工具面板中选择横排文字工具。

③ 在选项栏中将文字字号缩小并按 Enter 键。

这里修改了整个文字图层的设置，但没有像在文字处理程序中那样通过拖曳鼠标选中文本。这在 Photoshop 中之所以可行，是因为在图层面板中选择了文字图层，并选择了文字工具。

若在应用了图层样式的图层中添加一些文本，这些图层样式也将应用于新添加的文本，如图 4.45（a）所示。调整字号后，ISLAND PARADISE 和 HAWAII 文本之间的距离可能太小；如果需要，可调整它们之间的距离。

④ 选择移动工具，并根据需要调整 ISLAND PARADISE 文本的位置，效果如图 4.45（b）所示。

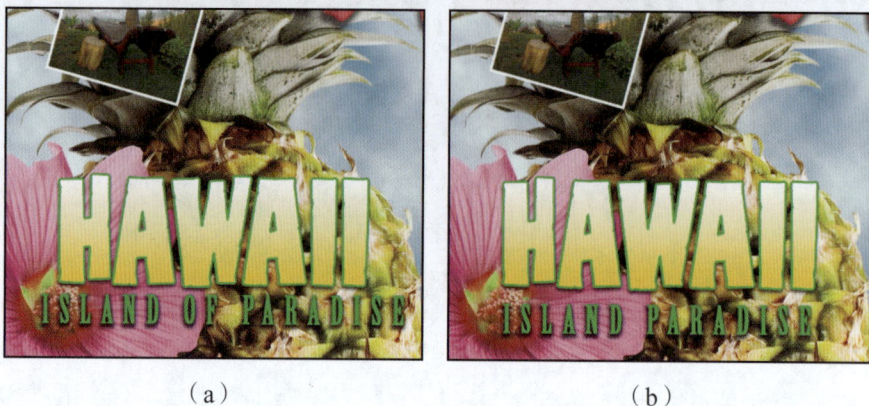

（a）　　　　　　　　　　　　（b）

图 4.45

⑤ 选择菜单命令"文件">"存储"，保存文件。

4.9 使用选区创建边框

这张明信片差不多做好了。已正确地排列了合成图像中的元素，最后需要完成的工作是调整邮戳的位置并给明信片添加白色边框。

① 选择移动工具，并确保在选项栏中没有勾选"自动选择"复选框。

💡 提示 勾选"自动选择"复选框时，可使用移动工具单击图层来选择图层，而无须在图层面板中选择图层，从而节省时间。但在众多图层重叠在一起的文档中，如果单击选择的图层不正确，可取消勾选"自动选择"复选框。

② 在图层面板中选择 Postage 图层，然后使用移动工具将其拖曳到图像偏中央的位置，效果如图 4.46 所示。

图 4.46

如果移动的不是 Postage 图层，请选择菜单命令"编辑">"还原"，在选项栏中取消勾选"自动选择"复选框，再次尝试。

③ 在图层面板中选择 Island Paradise 图层，然后单击图层面板底部的"创建新图层"按钮。

④ 选择菜单命令"选择">"全部"。

⑤ 选择菜单命令"选择">"修改">"边界"，打开"边界选区"对话框，在"宽度"文本框中输入 10，然后单击"确定"按钮，如图 4.47（a）所示。

这样就在整个图像四周选择了 10 像素的边界，下面使用白色填充它。

⑥ 将前景色设置为白色，然后选择菜单命令"编辑">"填充"。

⑦ 在打开的"填充"对话框中，从"内容"下拉列表中选择"前景色"，然后单击"确定"按钮，如图 4.47（b）所示。

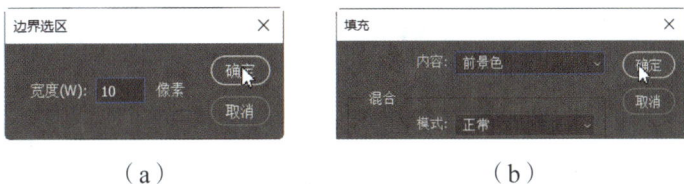

图 4.47

（a）　　　　　　　　（b）

⑧ 选择菜单命令"选择">"取消选择"。

⑨ 在图层面板中双击图层名"图层 1"，将该图层重命名为 Border，如图 4.48 所示。

图 4.48

使用图层复合存储多种设计方案，以及在它们之间切换

图层复合面板（可选择菜单命令"窗口">"图层复合"来打开它）让用户能够存储包含多个图层的图像文件的不同版本。图层复合是存储的图层面板设置，可使用图层复合面板来处理它们。每当需要保留特定的图层属性组合时，都可新建一个图层复合。这样，可通过从一个图层复合切换到另一个来快速地查看两种设计方案。在需要演示多种可能的设计方案时，图层复合的优点便显现出来。通过创建多个图层复合，无须在图层面板中单击眼睛图标及修改设置，就可以查看不同的设计方案。

例如，要设计一个小册子，它包括中文版和英文版。通常可能将英文版放在一个图层中，而将中文版放在同一个图像文件的另一个图层中。要创建两个不同的图层复合，只需显示英文版图层并隐藏中文版图层，然后单击图层复合面板中的"创建新的图层复合"按钮，即可创建一个英文版图层复合；执行相反的操作——显示中文版图层并隐藏英文版图层，然后单击"创建新的图层复合"按钮，即可创建一个中文版图层复合。要查看不同的图层复合，只需依次单击每个图层复合左边的"图层复合"框。

当设计方案不断变化或需要创建同一个图像文件的多个版本时，图层复合是一种非常有用的功能。如果不同图层复合的某些方面必须保持一致，可在一个图层复合中修改图层的可见性、位置或外观后进行同步，这样所做的修改将同步到其他所有图层复合中。

4.10 拼合并保存文件

图 4.49

编辑好图像中的所有图层后，便可合并（拼合）图层以缩小文件。拼合操作可将所有的图层合并为背景，然而，拼合后将不能再编辑它们。因此应在对所有设计都感到满意后才对图像进行拼合。相对于拼合原始 PSD 文件，一种更好的方法是存储包含所有图层的文件副本，以防以后需要编辑某个图层。

要了解拼合的效果，请注意文档窗口底部的状态栏中的两个表示文件大小的数字，如图 4.49 所示。

> 💡 **注意** 如果状态栏中没有显示文件大小，可单击状态栏中的下拉按钮并选择"文档大小"以显示它。

第一个数字表示拼合图像后文件的大小，第二个数字表示未拼合时文件的大小。就本课的文件而言，拼合后大小为 2~3MB，而当前的文件要大得多，因此就这里而言，拼合是非常有意义的。

❶ 选择除文字工具外的任何工具，以确保不再处于文本编辑模式。然后，选择菜单命令"文件">"存储"，保存所做的修改。

❷ 选择菜单命令"图像">"复制"。

❸ 在打开的"复制图像"对话框中将文件命名为 04Flat.psd，然后单击"确定"按钮。

❹ 关闭 04Working.psd 文件，打开 04Flat.psd 文件。

❺ 选择菜单命令"图层">"拼合图像"。

> 💡 **提示** 图层面板菜单中也包含"拼合图像"命令；另外，右击（Windows）或按住 Control 键并单击（macOS）图层名，在打开的上下文菜单中也包含这个命令。

> 💡 **提示** 拼合操作总是将所有图层合并成一个图层，如果只想合并文件中的部分图层，可单击眼睛图标隐藏不想合并的图层，再从图层面板菜单中选择"合并可见图层"。

此时，图层面板中将只剩下一个名为"背景"的图层，如图 4.50 所示。

❻ 选择菜单命令"文件">"存储"，保存文件。虽然选择的是"存储"而不是"存储为"，但仍

将打开"存储为"对话框，因为还没有保存这个文件。

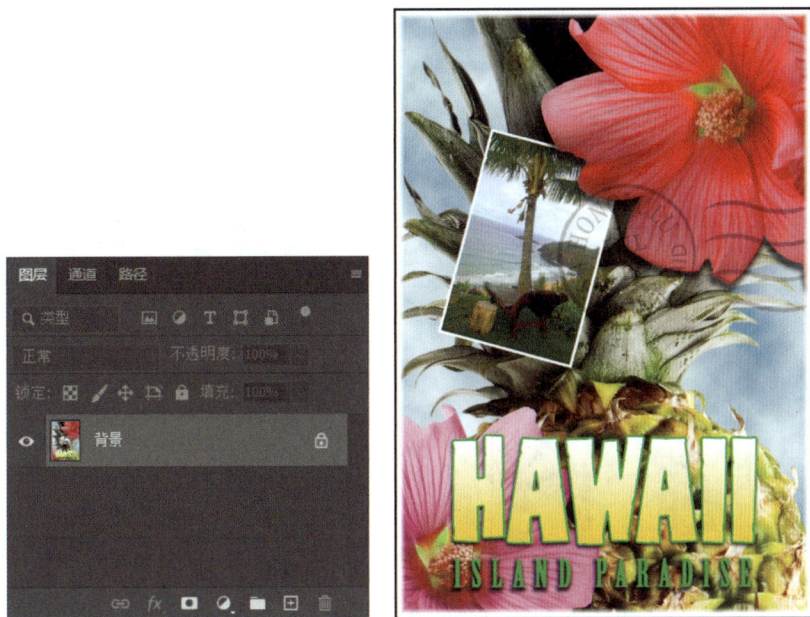

图 4.50

❼ 确保存储位置为本地计算机中的 Lessons\Lesson04 文件夹，其他设置保持默认，单击"保存"按钮，保存拼合后的文件。

这里存储了文件的两个版本：只有一个图层的拼合版本及包含所有图层的原始版本。

至此，一张色彩丰富、引人入胜的明信片就完成了。本课只初步介绍了 Photoshop 图层使用技巧。在阅读本书时，读者几乎在每课中都能获得更多的经验，使用各种不同的图层使用技巧。

使用 Adobe Stock 探索设计选项

使用图像可更轻松地可视化不同的设计理念。在 Photoshop 的库面板中能够直接访问数以百万计的 Adobe Stock 图像。下面将一个来自 Adobe Stock 的夏威夷四弦琴图像添加到本课的合成图像中。

❶ 打开 Lesson04 文件夹中的 04End.psd 文件，并将其另存为 04End_Stock.psd。

❷ 在图层面板中选择 Beach 图层。

❸ 在库面板中打开或创建一个库，在搜索框中输入 ukulele，然后找到一个这样的图像：夏威夷四弦琴立放、背景为白色，如图 4.51 所示。

图 4.51

❹ 将这个夏威夷四弦琴图像拖曳到文档中。拖曳角上的手柄，将图像缩小到原来的 25% 左右，如图 4.52 所示，再提交所做的修改，完成图像的导入。

❺ 在搜索下拉列表中选择"当前库"，会发现这个图像自动添加到了当前库中。单击✕按钮关闭搜索结果。

⑥ 下面将这个图像的背景删除。在选择了 ukulele 图层的情况下选择工具面板中的对象选择工具（它可能隐藏在其他工具下面），然后将鼠标指针指向夏威夷四弦琴，等它呈洋红色高亮显示时单击，选择夏威夷四弦琴。单击图层面板底部的"添加图层蒙版"按钮（◼️）。

⑦ 使用移动工具拖曳 ukulele 图层，使其与海滩图像部分重叠，如图 4.53 所示。至此，在明信片图像中添加了一个 Adobe Stock 图像。

图 4.52

图 4.53

获取许可

获取许可前，夏威夷四弦琴图像为低分辨率版本且带 Adobe Stock 水印。就本课而言，无须获取使用这个图像的许可，但要在最终的项目中使用它，就必须获取许可。为此，确保在图层面板中选择了 ukulele 图层（不是其蒙版），然后在属性面板中单击"授权资源"按钮，如图 4.54 所示，并根据提示继续操作。获取许可后，图像将被自动替换为没有水印的高分辨率版本。如果需要获取大量图像的许可，可考虑购买 Adobe Stock 包月套餐。

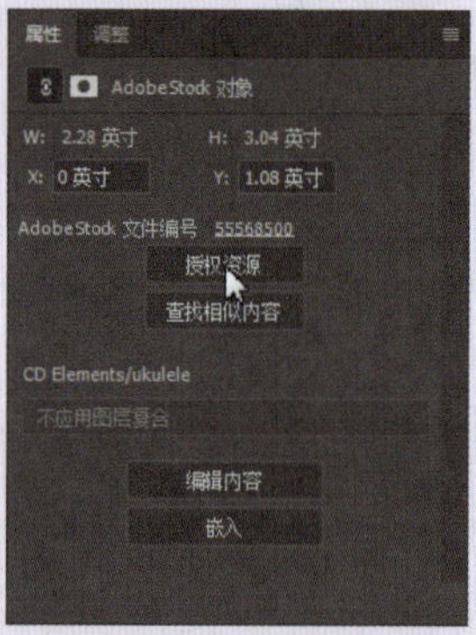

图 4.54

4.11 复习题

1. 使用图层有何优点？
2. 创建新图层时，它将出现在图层列表的什么位置？
3. 如何使一个图层中的图像出现在另一个图层的前面？
4. 如何应用图层样式？
5. 要通过拖曳画布上的渐变控件来编辑渐变填充图层，必须确保哪两点？
6. 哪里包含用于编辑渐变填充图层的细致选项？

4.12 复习题答案

1. 使用图层能够让用户将图像的不同部分作为独立的对象进行移动和编辑。处理某个图层时，也可以隐藏不想看到的图层。
2. 创建的新图层总是出现在选定图层的上方；如果当前没有选定任何图层，新图层将位于图层列表的顶部。
3. 可以在图层面板中向上或向下拖曳图层，也可以选择"图层"＞"排列"子菜单中的"置为顶层""前移一层""后移一层""置为底层"命令，调整图层的堆叠顺序。然而，不能调整背景图层的位置，除非将其转换为常规图层（可通过解除锁定或双击并重命名来实现）。
4. 选择要添加图层样式的图层，然后单击图层面板中的"添加图层样式"按钮；也可选择菜单命令"图层"＞"图层样式"，选择想要的图层样式。
5. 确保在图层面板中选择了相应的渐变填充图层，并确保选择了渐变工具，这样画布上才会出现渐变控件。
6. 在选择了一个渐变填充图层的情况下，属性面板的"'渐变'控件"部分包含用于编辑渐变填充图层的细致选项。

第 5 课

快速修复

本课概览

- 消除红眼。
- 调整脸部特征。
- 裁剪和拉直图像并填充空白区域。
- 合并两个图像以增大景深。
- 调整图像的透视使其与另一个图像匹配。

- 使图像变亮。
- 使用多个图像合成全景图。
- 模糊主体周围的区域。
- 对图像进行镜头校正。

学习本课大约需要 1 小时

有时候，只需在 Photoshop 中单击几下就可让有瑕疵乃至糟糕的图像变得非常出色。使用快速修复功能可以让用户轻松地获得所需的效果。

5.1 课前准备

并非每个图像都需要使用 Photoshop 高级功能进行复杂的修改，事实上，熟悉 Photoshop 后，通常都能快速地修改图像。其中的诀窍在于知道 Photoshop 能够做什么，以及如何找到所需的功能。

本课将使用各种工具和方法快速修复多个图像。可单独使用这些方法，也可在处理的图像较为棘手时结合使用多种方法。

① 启动 Photoshop 并立刻按 Ctrl + Alt + Shift 组合键（Windows）或 Command + Option + Shift 组合键（macOS）。

② 在出现的提示对话框中单击"是"按钮，确认删除 Adobe Photoshop 设置文件。

5.2 改进快照

与朋友或家人分享快照时，虽然无须让照片看起来很专业，但你应该不希望出现红眼，也不希望照片太暗而无法呈现重要的细节。Photoshop 提供了能够快速修改快照的工具。

5.2.1 消除红眼

红眼是闪光灯照射到拍摄对象的眼球上导致的。在黑暗的房间使用闪光灯拍摄人物时，因为人物的瞳孔很大，所以常常出现这种情况。在 Photoshop 中消除红眼很容易，下面来消除一个女性人像中的红眼。

先在 Bridge 中查看消除红眼前后的照片。

① 选择菜单命令"文件">"在 Bridge 中浏览"，启动 Bridge。

② 在 Bridge 的收藏夹面板中单击 Lessons 文件夹，然后双击内容面板中的 Lesson05 文件夹，将其打开。

③ 如果有必要，调整缩览图滑块以便能够清楚地查看缩览图，然后查看 RedEye_Start.jpg 和 RedEye_End.psd 文件，如图 5.1 所示。

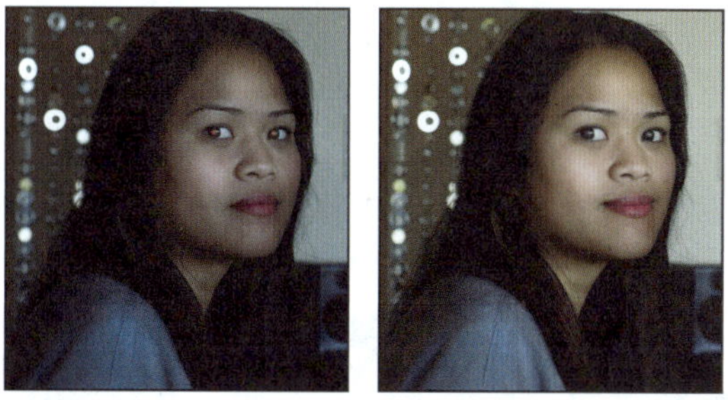

图 5.1

RedEye_Start.jpg 这张照片不仅有红眼，还存在曝光不足的问题。在 Photoshop 中，这两个问题解决起来都很容易。

④ 双击 RedEye_Start.jpg 文件，在 Photoshop 中打开它，并关闭所有有关新功能的提示对话框。

⑤ 选择菜单命令"文件">"存储为"，在打开的对话框中将"保存类型"设置为"Photoshop（*.PSD；*.PDD；*.PSDT）"，将"文件名"设置为 RedEye_Working.psd，单击"保存"按钮。

⑥ 选择缩放工具，通过拖曳放大照片，以便能够看清人物的眼睛。如果未勾选"细微缩放"复

选框，拖曳出一个环绕眼睛的选框来放大照片。

⑦ 选择红眼工具（+⊙），它隐藏在污点修复画笔工具（🖌）后面。

⑧ 在选项栏中将"瞳孔大小"设置为23%，将"变暗量"设置为62%，如图5.2（a）所示。"变暗量"决定瞳孔的暗度。

⑨ 单击人物右眼的瞳孔，如图5.2（b）所示，红色倒影消失了。

⑩ 单击人物左眼的瞳孔，如图5.2（c）所示，消除红色倒影，最终效果如图5.2（d）所示。

如果倒影在瞳孔上，单击瞳孔通常能够消除它；但如果倒影偏离了瞳孔，尝试单击眼睛中的高光区域或在瞳孔上拖曳。

⑪ 选择菜单命令"视图">"按屏幕大小缩放"，以便能够看到整个图像（见图5.3），然后将文件保存。

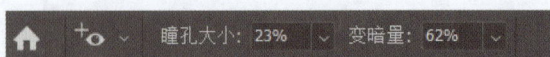

（a）

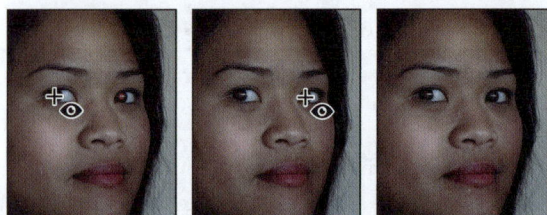

（b）　　　（c）　　　（d）

图 5.2　　　　　　　　　　　　　图 5.3

5.2.2　调亮图像

此时，人物不再有红眼，但整个图像有点暗，因此需要调亮图像。调亮图像的方式有很多种，可根据要调整的程度尝试添加亮度/对比度调整图层、色阶调整图层和曲线调整图层。进行快速修复时，可尝试使用"自动"按钮或预设，色阶调整图层和曲线调整图层都支持这两项功能。下面尝试使用曲线调整图层来调亮这个图像。

① 在调整面板中向下滚动到"单一调整"类别，单击"曲线"，如图5.4（a）所示。

② 单击"自动"按钮，如图5.4（b）所示，进行自动校正。此时，曲线中间添加了一个点，并增大了其值，这使得中间调被调亮，效果如图5.4（c）所示。

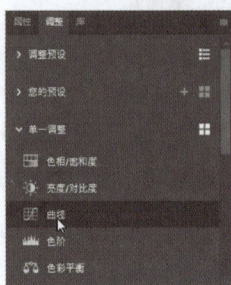

（a）　　　　　　（b）　　　　　　（c）

图 5.4

❸ 从"预设"下拉列表中选择"较亮（RGB）"，曲线发生了细微的变化，如图 5.5 所示。预设和"自动"按钮的不同之处在于，预设对所有的图像都应用相同的曲线，而"自动"按钮对图像进行分析后再应用合适的曲线。

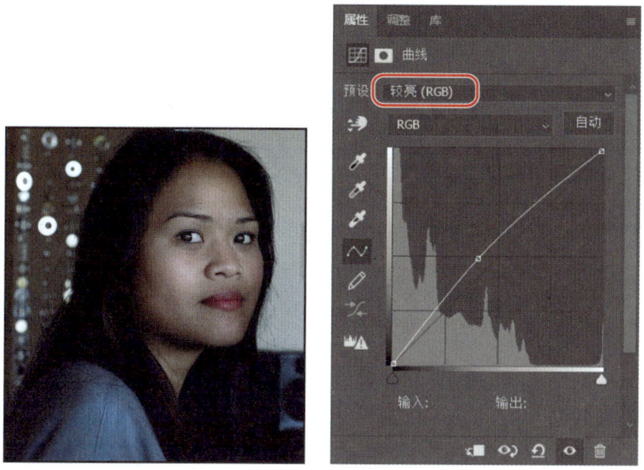

图 5.5

❹ 单击属性面板底部的"复位到调整默认值"按钮（🔄），让图像恢复到未调整的状态。

❺ 在属性面板中单击图像调整按钮（✋），然后在人物额头上向上拖曳。使用这个按钮时，将在按下鼠标左键处对应的曲线位置添加一个点。向上拖曳时，将把这个点和曲线往上拉，从而调亮图像，如图 5.6 所示。

图 5.6

💡 提示　进行曲线或色阶调整时，如果要使用"自动"按钮或白场工具和黑场工具，请在手动调整前使用它们。与预设一样，使用这些工具所做的调整将覆盖手动调整。

💡 提示　要确认图像被调亮了多少，可先隐藏曲线调整图层再显示，进行对比。

至此，尝试了 3 种使用曲线调整图层调整图像亮度的方式。

❻ 选择菜单命令"图层">"拼合图像"，并保存文件。

5.3 使用"液化"滤镜调整脸部特征

在需要扭曲图像的一部分时,"液化"滤镜很有用。它包含的"人脸识别液化"部分的选项能够自动识别人脸,让用户能够轻松地调整眼睛的大小及它们之间的距离。在广告和时尚领域,呈现特定的外观和表情比真实地呈现人物更重要,因此这些领域的人物照片往往需要调整脸部特征。

① 在打开了 RedEye_Working.psd 文件的情况下选择菜单命令"滤镜">"液化"。

② 在属性面板中,如果"人脸识别液化"部分被折叠(隐藏),请单击指向右边的三角形将其展开。

③ 确保展开了"眼睛"部分,并单击"眼睛大小"和"眼睛高度"的链接图标(🔗)(如果没有单击链接图标,就可为左眼和右眼指定不同的值),然后将"眼睛大小"和"眼睛高度"分别设置为 32 和 10。确保展开了"嘴唇"部分,然后将"微笑"和"嘴唇高度"分别设置为 5 和 9。确保展开了"脸部形状"部分,然后将"下颌"和"脸部宽度"分别设置为 40 和 50,如图 5.7 所示。

> 💡 **提示** 在工具面板中选择脸部工具(👤)后,将鼠标指针指向人脸的不同部分时都将出现手柄。可通过拖曳这些手柄来直接调整人脸的不同部分,而不用拖曳"人脸识别液化"部分的滑块。

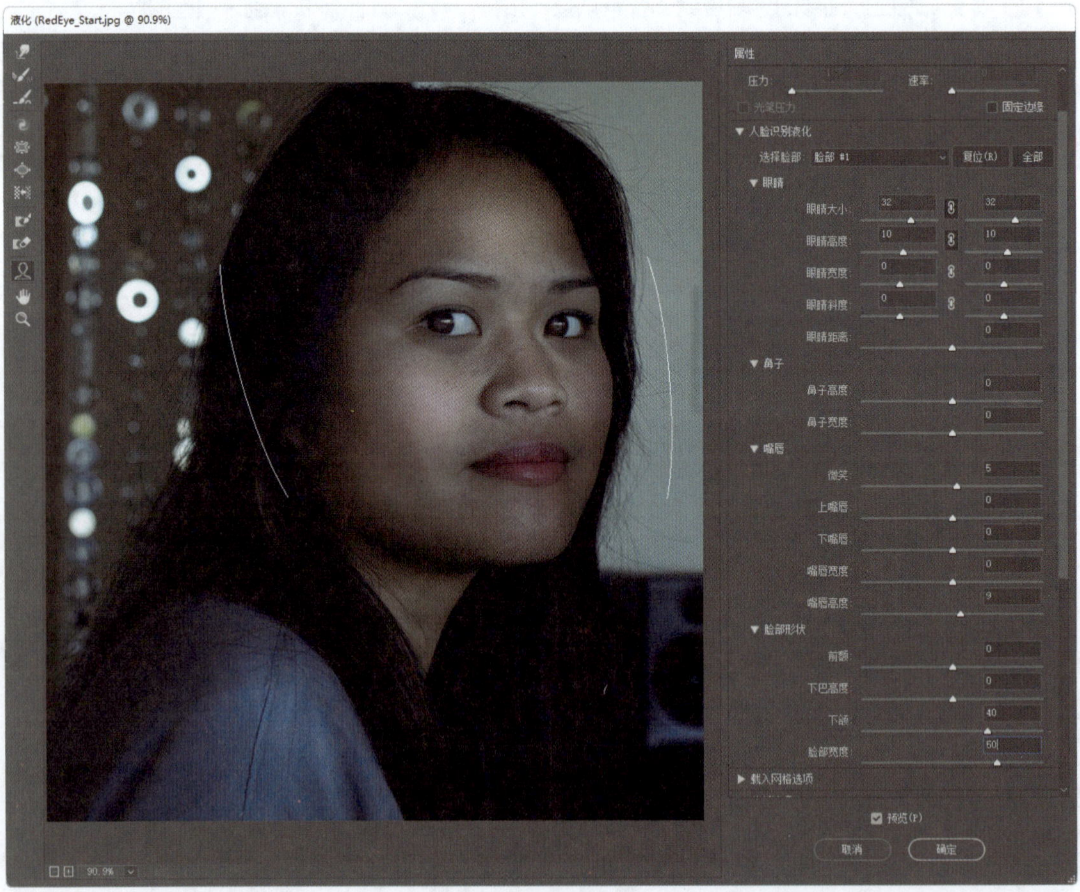

图 5.7

④ 在勾选和取消勾选"预览"复选框之间切换,对修改前后的图像进行比较,如图 5.8 所示。

人脸识别液化前　　　　　　　人脸识别液化后

图 5.8

> **提示** "人脸识别液化"部分的选项的取值范围有限，因为它们用于产生细微而真实的扭曲。如果要让人脸的形状或表情像漫画中一样夸张，可能需要使用"液化"对话框左边更高级的手动调整工具，或者尝试使用将在第 15 课介绍的 Neural Filters（"滤镜" > "Neural Filters"）工作区中的脸部修改滤镜。

请尝试使用"人脸识别液化"部分的选项，更深入地了解可快速且轻松地进行哪些调整。

⑤ 单击"确定"按钮，关闭"液化"对话框，然后保存所做的修改并关闭文档。

只有当 Photoshop 识别出图像中的人脸时，"人脸识别液化"部分的选项才可用。人脸未正对相机或被头发、太阳镜、帽子遮住时，Photoshop 可能识别不出来。

当工作区发生变化时

有些 Photoshop 特性（如"液化"）会打开一个专用工作区：覆盖大部分屏幕区域的最大化对话框。Photoshop 新手可能会感到困惑，因为处于打开状态的面板可能暂时不可用。例如，在使用"液化"特性前，如果打开了图层面板和颜色面板，这些面板将被专用的工作区覆盖，直到关闭该专用工作区。

打开专用工作区后，如何回到常规工作区呢？答案是单击"确定"按钮或"取消"按钮。例如，使用"液化"特性完成必要的编辑后，可单击"确定"按钮让修改生效，并回到常规的 Photoshop 工作区。

5.4　模糊背景

使用模糊画廊中的交互式模糊能够设置模糊并预览效果。下面应用"光圈模糊"滤镜使一个图像的背景变模糊，将观察者的视线引向未被模糊的区域（这里是白鹭）。这里将以智能滤镜的方式应用模糊滤镜，这样以后需要时可修改模糊效果。

先在 Bridge 中查看处理前后的图像。

① 选择菜单命令"文件" > "在 Bridge 中浏览"，启动 Bridge。

② 在 Bridge 的收藏夹面板中单击 Lessons 文件夹，然后双击内容面板中的 Lesson05 文件夹，将其打开。

③ 对 Egret_Start.jpg 和 Egret_End.psd 文件的缩览图进行比较，如图 5.9 所示。

图 5.9

在处理后的图像中白鹭更显眼，这是因为其倒影和周围的小草变模糊了。"光圈模糊"是模糊画廊中的交互式模糊之一，让用户能够轻松地完成这种模糊任务。

> 💡 提示　在这个示例中，"光圈模糊"的影响范围是椭圆形的，模糊画廊中的其他模糊与此类似，其效果也限定在特定的几何形状内。模糊背景时，如果希望能够识别主体并避免对其进行模糊，可尝试使用神经网络滤镜"深度模糊"，并勾选"焦点主体"复选框。神经网络滤镜将在第 15 课介绍。

④ 选择菜单命令"文件">"返回 Adobe Photoshop"；在 Photoshop 中，选择菜单命令"文件">"打开为智能对象"。

⑤ 选择 Lesson05 文件夹中的 Egret_Start.jpg 文件，然后单击"打开"按钮。

Photoshop 将打开这个图像。此时，图层面板中只有一个图层，该图层缩览图中的图标表明这是一个智能对象，如图 5.10 所示。

图 5.10

⑥ 选择菜单命令"文件">"存储为"，在打开的对话框中将"保存类型"设置为"Photoshop（*.PSD；*.PDD；*.PSDT）"，将"文件名"设置为 Egret_Working.psd，然后单击"保存"按钮。在"Photoshop 格式选项"对话框中单击"确定"按钮。

⑦ 选择菜单命令"滤镜">"模糊画廊">"光圈模糊"。

> 💡 提示　模糊背景时，如果能让模糊程度与距离成正比，效果将更逼真，但模糊画廊不能将模糊程度与景深挂钩。有些相机能够记录实际的景深信息，供 Photoshop 使用。例如，如果智能手机的相机能够随照片存储 HEIF 深度图，可将深度图载入"镜头模糊"滤镜（选择菜单命令"滤镜">"模糊">"镜头模糊"）以生成更逼真的背景模糊效果。

这时将出现一个与图像居中对齐的模糊圈，通过移动中央的图钉、羽化手柄和椭圆形手柄，可调整模糊的位置和范围。"模糊画廊"工作区的右上角还有可展开的"场景模糊"部分、"倾斜偏移"部分、"路径模糊"部分、"旋转模糊"部分，通过它们可应用其他类型的模糊。

⑧ 拖曳中央的图钉，使其位于白鹭身体的底部，如图 5.11（a）所示。

⑨ 缩小椭圆形，使得只有白鹭本身是清晰的，如图 5.11（b）所示。

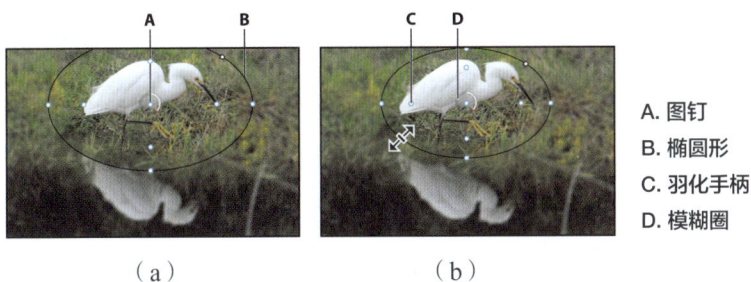

A. 图钉
B. 椭圆形
C. 羽化手柄
D. 模糊圈

（a）　　　　　　　　　（b）

图 5.11

⑩ 按住 Alt 键（Windows）或 Option 键（macOS）并拖曳羽化手柄，使其与图 5.12（a）类似。按住 Alt 键或 Option 键能够分别拖曳每个羽化手柄。

⑪ 拖曳模糊圈，以实现渐进但明显的模糊效果，如图 5.12（b）所示；也可以拖曳模糊工具面板中的"模糊"滑块来修改模糊量，将模糊量设置为 5 像素，如图 5.12（c）所示。

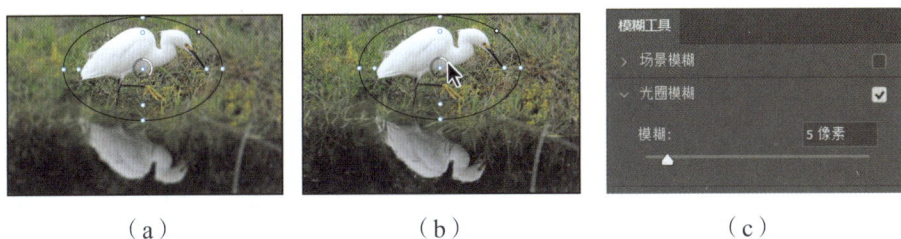

（a）　　　　　　　（b）　　　　　　　（c）

图 5.12

⑫ 单击选项栏中的"确定"按钮，应用模糊效果。

模糊效果可能不太明显，下面来加深效果。

⑬ 在图层面板中双击 Egret_Start 图层中的"模糊画廊"，打开"模糊画廊"工作区。将"模糊"值增大到 6 像素，然后单击选项栏中的"确定"按钮，让修改生效。

这里通过模糊图像的其他部分突出了白鹭。由于是对智能对象应用滤镜，因此可以隐藏或编辑滤镜效果，而不修改原始图像。

⑭ 将这个文件保存，再关闭它。

模糊画廊

模糊画廊包含 5 种交互式模糊：场景模糊、光圈模糊、移轴模糊、旋转模糊、路径模糊。它们都提供了选择性运动模糊工具，其中包含一个初始模糊图钉，可在图像上单击来添加模糊图钉。

可应用一种或多种模糊，旋转模糊和路径模糊还可添加闪光效果。

场景模糊用于对图钉及其指定的图像区域应用渐变模糊，应用场景模糊前后的效果如图 5.13 所示。默认情况下，使用场景模糊会在图像中央放置一个图钉。用户可拖曳模糊手柄或在模糊工具面板中指定值来调整图像相对于图钉处的模糊程度，还可将这个图钉拖曳到其他地方。

图 5.13

移轴模糊用于模拟使用移轴镜头拍摄的图像，即景深很浅且焦点很远的图像。这种模糊指定了一个清晰的平面，但向外逐渐模糊。可使用这种模糊效果来模拟微距摄影照片，应用移轴模糊前后的效果如图 5.14 所示。

光圈模糊从焦点向外逐渐模糊，应用光圈模糊前后的效果如图 5.15 所示。可通过调整椭圆形手柄、羽化手柄和模糊量来定制光圈模糊。这是一种模拟浅景深模糊效果的快速方式。

图 5.14

图 5.15

旋转模糊是一种使用度数度量的辐射式模糊，应用旋转模糊前后的效果如图 5.16 所示。可修改椭圆形的大小和形状、通过按住 Alt 键（Windows）或 Option 键（macOS）并拖曳来调整旋转点的位置，以及调整模糊角度；也可在模糊工具面板中指定模糊角度。可使用多个重叠的旋转模糊。需要展示旋转的螺旋桨、车轮或齿轮时，旋转模糊很有用。

路径模糊沿用户绘制的路径创建动感模糊效果，应用路径模糊前后的效果如图 5.17 所示。可控制模糊的形状和程度，以实现需要的效果。

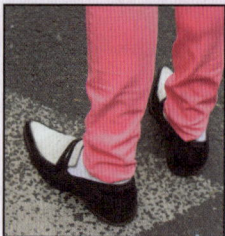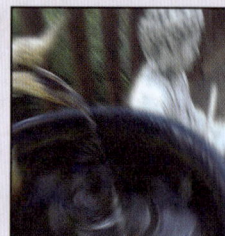

图 5.16

图 5.17

应用路径模糊时，将出现一条默认路径，可通过拖曳调整其端点的位置，也可通过拖曳中心点来修改其形状，还可通过单击来添加曲线点。路径上的箭头指出了模糊的方向。

此外，还可创建多点路径或形状。模糊形状定义局部动感模糊，类似于相机抖动。模糊工具面板中的"速度"滑块用于指定所有路径模糊的速度，如果勾选"居中模糊"复选框，所有像素的模糊形状都会与像素居中对齐，这样得到的动感模糊效果更稳定。要让动感模糊效果不那么稳定，可取消勾选这个复选框。

如果要展示动物的各条腿移动形成的模糊，可分别给每条腿应用路径模糊。

有些模糊还在效果面板中提供了额外选项，可在这个面板中指定散景参数，以控制模糊区域的效果。"光源散景"用于调亮模糊区域，"散景颜色"用于在已调亮但非纯白色的区域添加更显眼的颜色，"光照范围"用于指定影响的色调范围。

对于旋转模糊和路径模糊，可在动感效果面板中添加闪光效果，添加前后的效果如图 5.18 所示。在这个面板中，"闪光灯强度"决定呈现的模糊程度（0% 表示不添加闪光效果，100% 表示添加完整的闪光效果，导致呈现的模糊程度很低），"闪光灯闪光"决定曝光程度。

应用模糊会消除原始图像中的杂色和胶片颗粒，导致模糊区域与原始图像不匹配，让模糊后的图像看起来很假，模糊前后的效果如图 5.19 所示。可使用杂色面板来恢复杂色和胶片颗粒，让模糊区域和未模糊的区域匹配。为此，首先调整"数量"滑块，再使用其他选项来匹配原始胶片颗粒特征。如果原始图像存在杂色，就增大"颜色"值；如果要平衡高光和阴影区域的杂色量，就减小"高光"值。

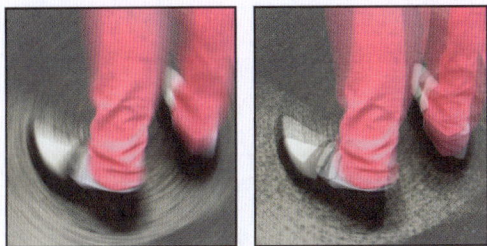

图 5.18   图 5.19

5.5 创建全景图

有时候场景太大，无法一次性拍摄下来。Photoshop 能够轻松地使用多个图像来合成全景图，让欣赏者能够看到全景。

同样，这里也先查看最终文件，了解合成后的图像是什么样的。

1 选择菜单命令"文件">"在 Bridge 中浏览"，打开 Bridge。

2 切换到 Lesson05 文件夹，查看 Skyline_End.psd 文件的缩览图，如图 5.20 所示。

图 5.20

💡**提示** 在 Bridge 中，可按空格键在全屏模式下预览选定的图像，这在需要预览包含大量细节或非常大的图像时很有用。要关闭全屏模式，可再次按空格键。

本节将把 4 个天际图像合并成一张全景图，让欣赏者知道完整的场景是什么样的。要使用多个图像来创建全景图，只需单击几下，Photoshop 将负责完成其他的工作。

3 返回到 Photoshop。

4 在没有打开任何文件的情况下选择菜单命令"文件">"自动">"Photomerge"。

💡**提示** 此外，也可在 Bridge 中直接使用 Photomerge 来打开选定的文件，为此可选择菜单命令"工具">"Photoshop">"Photomerge"。

⑤ 在打开的 Photomerge 对话框的"源文件"部分单击"浏览"按钮，切换到 Lesson05\Files For Panorama 文件夹。

⑥ 选择第一个文件，按住 Shift 键并单击最后一个文件以选择所有文件，再单击"确定"或"打开"按钮。

⑦ 在 Photomerge 对话框的"版面"部分选择"透视"单选按钮。

就合并图像而言，"透视"并非总是最佳选项，具体取决于要合并的图像是怎么拍摄的。如果对合并结果不满意，可尝试使用其他的版面选项重新合并。如果不确定该使用哪个选项，可以选择"自动"单选按钮。

⑧ 在 Photomerge 对话框的底部勾选"混合图像""晕影去除""几何扭曲校正""内容识别填充透明区域"复选框，然后单击"确定"按钮，如图 5.21 所示。

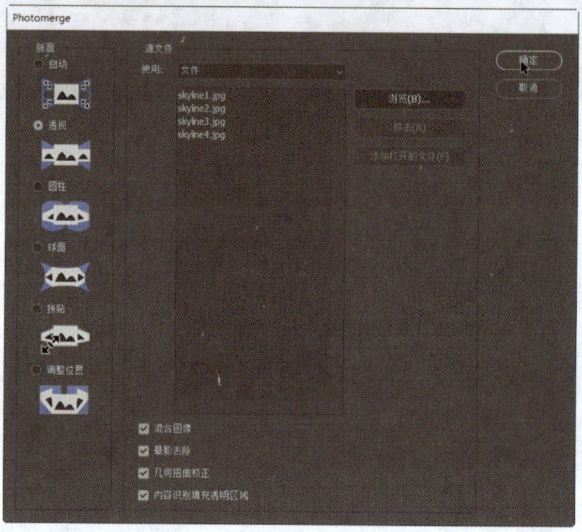

图 5.21

勾选"混合图像"复选框后可根据图像之间的最佳边界混合图像，而不只是创建简单的矩形混合；合并边缘较暗的图像时，勾选"晕影去除"复选框可确保亮度一致；勾选"几何扭曲校正"复选框后可消除桶形、枕形和鱼眼失真；勾选"内容识别填充透明区域"复选框后可自动修补图像边缘和画布之间的空白区域。

Photoshop 将创建全景图。这是一个复杂的过程，因此在处理期间可能需要等待几分钟。完成后，将在文档窗口中看到一幅全景图。图层面板中有 5 个图层，其中最上面的图层的名称包含"（合并）"字样，下面的 4 个图层是选择的原始图像，如图 5.22（a）所示。Photoshop 检测图像重叠的区域并匹配了图像，还校正了所有扭曲。Photoshop 将选择的图像混合成了全景图，还通过"内容识别填充透明区域"复选框填充了原本为空白的区域——选区标识的区域，如图 5.22（b）所示。

（a）

（b）

图 5.22

💡 **提示** 要想知道在没有勾选"内容识别填充透明区域"复选框的情况下全景图是什么样的，可隐藏最上面的图层。

使用 Photomerge 获取最佳结果

拍摄要用于创建全景图的照片时，请牢记以下原则，这样才能获得最佳效果。

💡 **提示** 创建室内全景图（或被拍摄对象离相机很近的全景图）时，手动旋转相机或通过旋转三脚架来旋转相机可能带来视差，导致拍摄对象没有对齐。为避免出现这种情况，可使用一种被称为节点滑轨的三脚架配件，它可确保相机精确地绕镜头的入射光瞳旋转。

- 图像之间重叠 15%~40%。足够的重叠区域让 Photomerge 能够无缝地混合图像边缘。重叠区域超过 50% 毫无意义，这只会导致需要拍摄的照片变多。
- 使用相同的焦距设置。如果使用的是变焦镜头，确保拍摄用于创建全景图的所有照片时都使用相同的焦距设置。
- 保持水平。确保每张照片中的地平线都是水平的，以免全景图倾斜。如果相机的取景器中有水平仪，请使用它。
- 在可能的情况下使用三脚架。如果拍摄每张照片时相机的高度都相同，将获得最佳结果。使用带旋转云台的三脚架更容易满足这样的条件。
- 从同一个位置拍摄所有照片。如果使用带旋转云台的三脚架，尽量从同一个位置拍摄所有照片，确保它们的拍摄角度都相同。
- 避免使用创意扭曲镜头。虽然"自动"按钮能够调整使用鱼眼镜头拍摄的图像，但这依旧可能影响 Photomerge。
- 使用相同的曝光和光圈设置。当图像的曝光相同时，混合得到的效果会更好。如果使用自动曝光，可能导致不同照片的曝光设置不同。使用相同的光圈设置可确保景深一致。
- 尝试使用不同的版面选项。如果对结果不满意，可尝试使用不同的版面选项。通常"自动"是合适的选择，但有时使用其他选项生成的图像更佳。

⑨ 选择菜单命令"选择">"取消选择"。

💡 **提示** 在生成的全景图文件中，使用原始图像创建的图层带有蒙版。Photoshop 创建这些蒙版旨在混合相邻图像的边缘，可编辑这些蒙版。但如果不需要，可拼合全景图，让文件更小。

⑩ 选择菜单命令"图层">"拼合图像"，结果如图 5.23 所示。

⑪ 选择菜单命令"文件">"存储为"，在打开的对话框中设置"保存类型"为"Photoshop（*.PSD；*.PDD；*.PSDT）"，将"文件名"设置为 Skyline_Working.psd，将存储位置设置为 Lesson05，单击"保

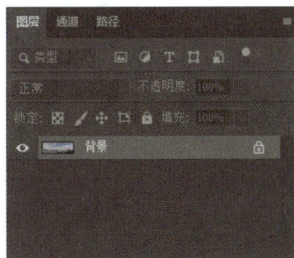

图 5.23

存"按钮。

当前的全景图看起来很好,只是有点暗。下面添加一个色阶调整图层,将这个全景图调亮。

⑫ 在调整面板中向下滚动到"单一调整"类别,并单击其中的"色阶",如图 5.24(a)所示,添加一个色阶调整图层。

⑬ 在属性面板中选择白场工具,如图 5.24(b)所示。

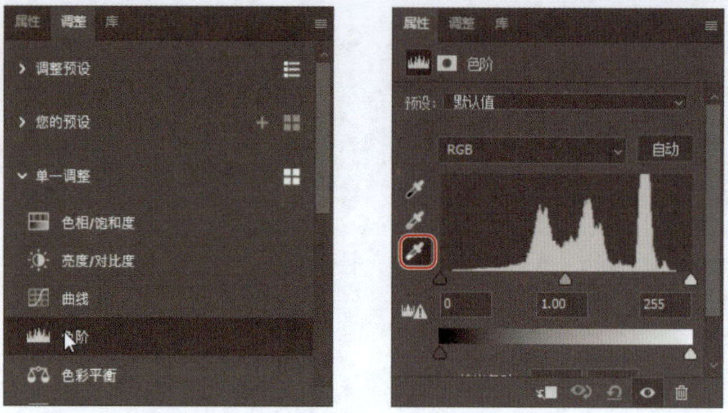

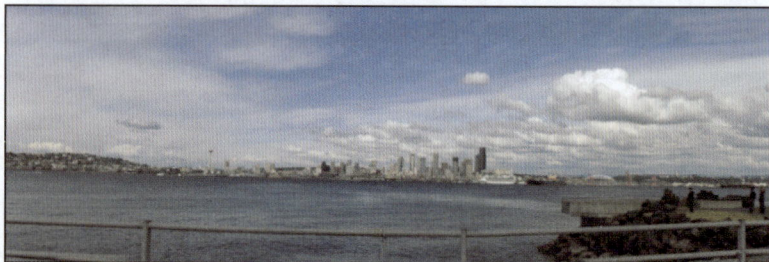

（a）　　　　　　　　　　　（b）

图 5.24

在云彩中的白色区域单击,如图 5.25(a)所示。整个图像变得更亮,天空变得更蓝了。图像原来的色调有点偏暖,而使用白场工具消除了这种色偏,如图 5.25(b)所示。

（a）

（b）

图 5.25

> 💡**注意** 在第 13 步中,单击的区域的颜色必须接近但又不是纯白色。如果使用白场工具单击后图像没有变化,很可能是单击的区域的像素是纯白色(如 RGB 值分别为 255、255、255)且不存在色偏。

⑭ 保存所做的工作。在"Photoshop 格式选项"对话框中单击"确定"按钮。

注意 在第 14 步中，之所以会出现"Photoshop 格式选项"对话框，是因为新增了一个图层。存储只包含背景图层的 Photoshop 文档时，通常不会出现"Photoshop 格式选项"对话框。

至此，全景图就创建完成了。

5.6　裁剪时填充空白区域

现在的全景图很好，但有两个小缺点：地平线不太平；底部的栏杆不完整，让人感觉右下角礁石处的栏杆延伸到了水中。如果对这个图像进行旋转，四角可能出现空白区域，进而需要将图像裁剪得更小，从而丢失部分图像。在合成全景图时，使用了内容识别技术来填充生成的空白区域，这种技术也可用来填充拉直和裁剪图像时形成的空白区域。

① 打开 Skyline_Working.psd 文件，并在图层面板中选择"背景"图层。

② 选择菜单命令"图层">"拼合图像"。

③ 选择工具面板中的裁剪工具，图像周围将出现裁剪框及裁剪手柄，如图 5.26 所示。

图 5.26

④ 在选项栏中单击"拉直"按钮，并确保从 Fill（填充）下拉列表中选择了 Generative Expand（生成式扩展），如图 5.27 所示。

图 5.27

裁剪时，"生成式扩展"将巧妙地填充空白区域。

提示 在第 4 步中，也可尝试从"填充"下拉列表中选择较老的选项"内容识别填充"，并将这样做的结果与选择"生成式扩展"时的结果进行比较。

⑤ 将鼠标指针指向图像中地平线的左端，向右拖曳鼠标，以创建一条与地平线对齐的拉直线（见图 5.28），到达地平线右端后松开鼠标左键。

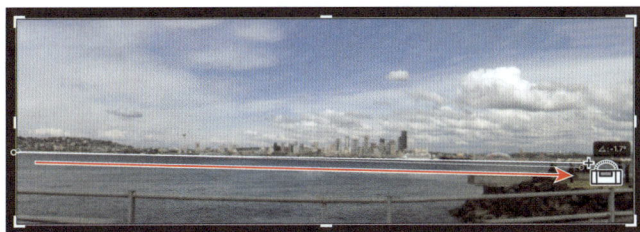

图 5.28

第 5 课　快速修复　115

拉直图像时将旋转它，导致左上角和右下角出现一些空白区域，如图 5.29 所示。后面执行裁剪时，第 4 步选择的填充选项将填充这些空白区域。

图 5.29

⑥ 单击选项栏中的提交按钮（✓）应用当前的裁剪设置。

💡提示　也可按 Enter 键应用当前的裁剪设置，这可能比将鼠标指针指向提交按钮并单击更容易。

出现一个进度条，指出"生成式扩展"正在创建空白区域填充方案。创建完毕后，图层面板中将出现一个新的名为 Generative Expand 的图层，而属性面板中将显示"生成式扩展"创建的 3 个可选方案，其中选定的可选方案被应用于 Generative Expand 图层，如图 5.30 所示。

图 5.30

⑦ 在属性面板中单击每个可选方案，并查看图像的左上角和右下角，选择最佳的可选方案。如果所有的可选方案都不合适，可单击 Generate 按钮再创建 3 个可选方案，并从中选择一个。填充因拉直而导致的空白区域就是这么简单！

⑧ 保存所做的修改，然后关闭文档。

替换天空

当照片中的天空区域与需要的效果有差异时，可在 Photoshop 中轻松地替换天空。使用"天空替换"功能可完成很多艰难的工作，如为天空创建蒙版，以及让新天空与照片的颜色一致。

❶ 打开 Lesson05 文件夹中的 Skyline_End.psd 文档，然后选择菜单命令"编辑">"天空替换"，打开相应对话框。

❷ 从"天空"下拉列表中选择一个图像，文档中的天空将更新。通过勾选和取消勾选"预览"复选框，可对原来的天空和新天空进行比较；要使用自己的天空图像，可单击"天空"下拉列表中的齿轮图标（🔳），并选择"获取更多天空">"导入图像"，如图 5.31 所示。

③ 检查自动合成的图像的质量。两个图像的颜色一致吗？使用自动生成的蒙版时，边缘是否存在问题？为检查这两点，请放大图像。

④ 如果发现了问题，请调整"天空替换"对话框中的选项。例如，可使用天空移动工具（⊞）来调整天空图像的位置，使用天空画笔工具（✎）来编辑蒙版边缘，还可修改"天空调整"部分的"缩放"值。

⑤ 对天空替换结果满意后，确保从"输出到"下拉列表中选择了"新图层"，如图 5.32（a）所示，单击"确定"按钮。

"输出到"被设置为"新图层"时，可看到图层面板中为添加新天空而创建的图层与原来的图层是分开的，如图 5.32（b）所示。在"天空替换"对话框中单击"确定"按钮后，可对创建的图层和蒙版进行编辑（有关图层蒙版的详细信息将在第 6 课介绍）。要显示原来的天空，可隐藏新创建的图层。替换天空前后的效果如图 5.33 所示。

图 5.31

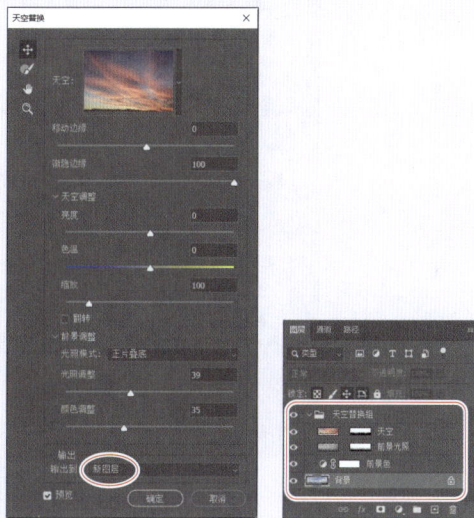

（a）　　　　　　　　　（b）

图 5.32

图 5.33

5.7　校正图像扭曲

"镜头校正"滤镜可修复常见的相机镜头缺陷，如桶形和枕形扭曲、色差及晕影。桶形扭曲是一种镜头缺陷，导致直线向图像边缘弯曲；枕形扭曲则相反，导致直线向内弯曲；色差指的是图像中对象的边缘出现色带；晕影指的是图像的边缘（尤其是角落）比中央暗。

"镜头校正"对话框包含"自动校正"选项卡，可用于自动校正一些相机型号和镜头组合导致的问题。如果相关的下拉列表中没有你使用的相机或镜头，或者想要获得更大的控制权，可切换到"自定"选项卡，其中包含可用于修复众多镜头缺陷（如几何扭曲、色差和晕影）的选项。

> 💡 **提示** 拍摄照片时，如果将其存储为原始数据格式文件，可使用插件模块 Adobe Camera Raw 来处理。该模块用于在 Photoshop 和 Bridge 中处理原始数据格式文件，其光学面板中包含类似的镜头校正选项。另外，相比 Photoshop 文档，相机原始图像支持的镜头配置文件多得多，这将在第 12 课进行详细介绍。

❶ 选择菜单命令"文件">"在 Bridge 中浏览"，打开 Bridge。

❷ 在 Bridge 中切换到 Lesson05 文件夹，并查看 Columns_Start.psd 和 Columns_End.psd 文件的缩览图，如图 5.34 所示。

图 5.34

在这里，希腊建筑的原始图像存在扭曲，其中的立柱是弯曲的。出现这种扭曲是由于拍摄角度过低且使用的是广角镜头。

❸ 双击 Columns_Start.psd 文件，在 Photoshop 中打开它。

❹ 选择菜单命令"文件">"存储为"，在"存储为"对话框中将"文件名"设置为 Columns_Working.psd，并将其存储到 Lesson05 文件夹中。如果出现"Photoshop 格式选项"对话框，单击"确定"按钮。

> 💡 **提示** 如果前一个练习显示的裁剪框依然可见且容易分散注意力，可切换到其他工具，如抓手工具。

❺ 选择菜单命令"滤镜">"镜头校正"，打开"镜头校正"对话框。

❻ 确保在对话框底部勾选了"显示网格"和"预览"复选框。

图像上将出现对齐网格。对话框的右边是基于镜头配置文件的"自动校正"选项卡；"自定"选项卡中包含用于手动校正几何扭曲、色差和晕影的选项。

可调整"自动校正"选项卡中的设置，再自定义其他设置。

❼ 在"镜头校正"对话框的"自动校正"选项卡中，确保勾选了"自动缩放图像"复选框且从"边缘"下拉列表中选择了"透明度"，如图 5.35 所示。

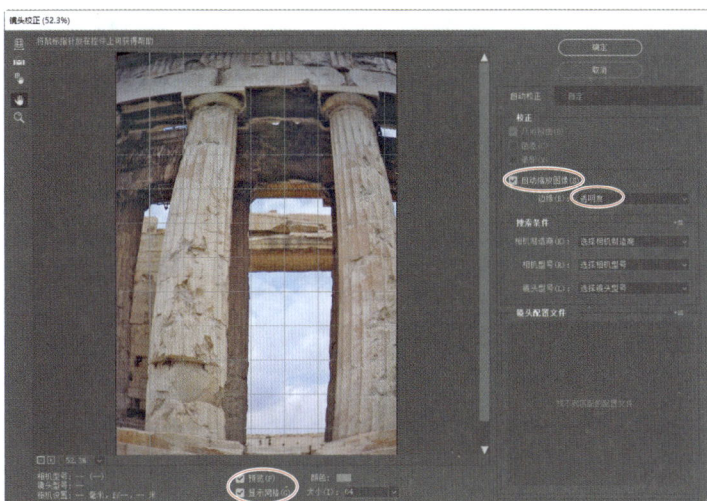

图 5.35

⑧ 打开"自定"选项卡。

⑨ 在"自定"选项卡中，将"移去扭曲"滑块拖曳到 +52.00 左右，以消除图像中的桶形扭曲；也可单击"移去扭曲工具"按钮（🔲），并在预览区域中拖曳直到立柱变直。这种调整会使图像边界向内弯曲，但由于勾选了"自动缩放图像"复选框，"镜头校正"滤镜将自动缩放图像以调整边界。

💡 提示　修改时注意对齐网格，以便知道修改的程度。

⑩ 注意到原本的水平线与图像并不平行，为解决这个问题，将"水平透视"滑块拖曳到 +14 左右。

⑪ 取消勾选"预览"复选框，以查看图像在校正前是什么样的。再次勾选"预览"复选框，以查看校正在多大程度上改善了图像。

💡 提示　在勾选和取消勾选"预览"复选框之间切换的快捷键为 P。

使用广角镜头及拍摄角度过低导致的扭曲得到了修复，如图 5.36（a）所示。

⑫ 单击"确定"按钮使修改生效，如图 5.36（b）所示，关闭"镜头校正"对话框。

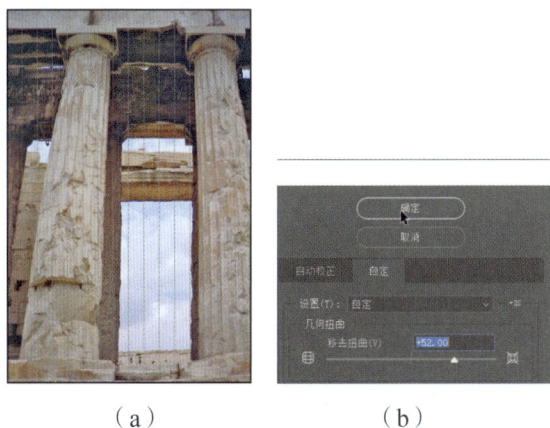

（a）　　　　　　　（b）

图 5.36

如果用数码相机拍摄的照片中存储了镜头信息，或者知道拍摄照片时使用的是哪种镜头，可在"自动校正"选项卡设置相关的选项，为后面的自定义校正打下基础。通过指定正确的"镜头型号"和"镜头配置文件"，可以进行更精确的校正，从而简化在"自定"选项卡中需要做的改善工作。

⑬ 选择菜单命令"文件">"存储"，保存所做的修改，如果出现"Photoshop 格式选项"对话框，单击"确定"按钮，然后关闭文档。

图像中的建筑现在看起来稳定多了，对比效果如图 5.37 所示。

图 5.37

5.8 增大景深

在有些情况下，只能让场景的前景或背景是清晰的，因为景深（处于清晰状态的距离范围）很浅。如果希望景深更深，但受制于设备或拍摄位置无法实现，可拍摄一系列处于清晰状态的距离范围不同的照片，再在 Photoshop 中使用被称为景深合成的过程合并这些照片，得到一个将这些照片的景深合而为一的图像。

拍摄照片时，看看相机是否有对焦包围曝光功能。使用该功能时，只需按一次快门按钮就可拍摄多张焦距不同的照片，从而更轻松地拍摄用于景深合成的照片。

由于需要精确地对齐图像，因此使用三脚架固定相机将对拍摄有所帮助。即便手持相机，只要注意取景并对齐，也可通过合成获得不错的效果。下面给海滩上的高脚杯图像增大景深。

① 选择菜单命令"文件">"在 Bridge 中浏览"，打开 Bridge。

② 在 Bridge 中切换到 Lesson05 文件夹，并查看 Glass_Start.psd 和 Glass_End.psd 文件的缩览图，如图 5.38 所示。

图 5.38

原始图像包含两个图层，其中一个图层中只有沙滩是清晰的，而另一个图层中只有高脚杯是清晰的。要让这两者都很清晰，需要增大景深。

③ 双击 Glass_Start.psd 文件，在 Photoshop 中打开它。

④ 选择菜单命令"文件">"存储为"，将文件另存为 Glass_Working.psd，并保存到 Lesson05 文件夹中。如果出现"Photoshop 格式选项"对话框，单击"确定"按钮。

⑤ 在图层面板中隐藏 Beach 图层，使得只有 Glass、Background 图层可见。此时发现高脚杯是清晰的，而沙滩是模糊的，如图 5.39（a）所示。显示 Beach 图层，现在沙滩是清晰的，而高脚杯是模糊的，如图 5.39（b）所示。

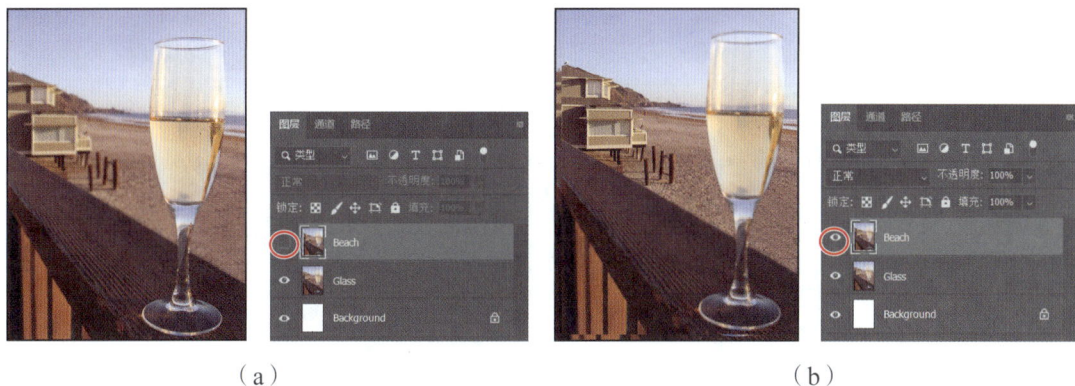

（a）

（b）

图 5.39

下面将每个图层中清晰的部分合并起来。需要先对齐图层。

⑥ 在图层面板中，按住 Shift 键并单击 Beach、Glass 图层以选择它们，如图 5.40 所示。

⑦ 选择菜单命令"编辑">"自动对齐图层"。

由于这两个图像是从相同的角度拍摄的，选择"自动"单选按钮就可对齐得很好。

⑧ 如果没有选择"自动"单选按钮，请选择它；确保"晕影去除"和"几何扭曲"复选框都没有被勾选，然后单击"确定"按钮以对齐图层，如图 5.41 所示。

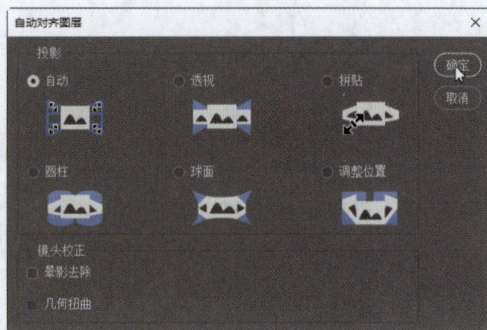

图 5.40   图 5.41

只对齐图层而不创建全景图时，"调整位置"通常是最合适的对齐选项。在这里，"调整位置"和"自动"的效果相同。

　　图层完全对齐后便可将它们混合。

　　⑨ 在图层面板中，确保依然选择了 Beach、Glass 图层，然后选择菜单命令"编辑">"自动混合图层"。

　　⑩ 选择"堆叠图像"单选按钮并勾选"无缝色调和颜色"复选框，确保没有勾选"内容识别填充透明区域"复选框，然后单击"确定"按钮，如图 5.42（a）所示。

　　高脚杯和后面的沙滩都很清晰，如图 5.42（b）所示，这是因为使用"自动混合图层"功能混合了这两个图像中最清晰的部分。通过观察图层面板可知，原来的两个图层都被保留了，而混合是这样实现的：使用蒙版遮住每个图像中不清晰的区域，只让清晰的区域可见。

（a）   （b）

图 5.42

　　⑪ 保存所做的工作，并关闭这个文件。

5.9　调整图像的透视

　　使用"透视变形"功能可以调整图像中物体与场景的关系。可通过校正扭曲、修改观看物体的角度、调整物体的透视使其与新背景融为一体。

"透视变形"功能的使用过程包含两个步骤：定义和调整平面。首先，在版面模式下绘制四边形来定义两个或更多的平面；绘制四边形时，最好让其边与物体的线条平行。接下来，切换到变形模式，并对定义的平面进行调整。

① 选择菜单命令"文件">"在 Bridge 中浏览"，打开 Bridge。

② 切换到 Lesson05 文件夹，并查看 Bridge_Start.psd 和 Bridge_End.psd 文件的缩览图，如图 5.43 所示。

图 5.43

Bridge_Start.psd 文件包含一个火车图像和一个栈桥图像，但这两个图像的透视不一致。如果要讲述"飞翔的火车降落在栈桥上"的故事，这个图像也许挺合适。但如果希望图像更逼真，就需要调整火车图像的透视，使其牢固地停在铁轨上。下面使用"透视变形"功能来实现这个效果。

③ 双击 Bridge_Start.psd 文件，在 Photoshop 中打开它。

④ 选择菜单命令"文件">"存储为"，将文件另存为 Bridge_Working.psd。在"Photoshop 格式选项"对话框中单击"确定"按钮。

⑤ 选择 Train 图层，如图 5.44 所示。

铁轨位于 Background 图层中，而火车图像位于 Train 图层中。由于 Train 图层是一个智能对象，因此如果对透视变形的结果不满意，可进行修改。

图 5.44

⑥ 选择菜单命令"编辑">"透视变形"。

💡 注意　在支持图形加速的计算机上，透视变形的运行速度更快。

此时将出现一个动画式教程，演示如何绘制定义平面的四边形。

⑦ 观看这个动画后关闭它。

下面绘制定义火车图像平面的四边形。

⑧ 绘制表示火车侧面的四边形：在烟囱的上方，按住鼠标左键并向下拖曳到前轮下面的铁轨处，再拖曳到火车的末尾处，如图 5.45（a）所示。

⑨ 绘制表示火车正面的四边形：在排障器下边缘的左端，按住鼠标左键并拖曳到排障器下边缘的右端，再向上拖曳到树木处。向右拖曳这个四边形，使其与火车侧面四边形的左边重合，如图 5.45（b）所示。

💡 提示　如何确定绘制的透视四边形是否合适？如果它们像一个刚好装下目标物体的集装箱，那就是合适的。

⑩ 拖曳平面的顶点，使平面的角度与火车一致：侧面平面的下边缘应与火车车轮对齐，而上边缘应与烟囱和火车顶部对齐；正面平面应与排障器和车灯顶部的线条平行，如图5.45（c）所示。

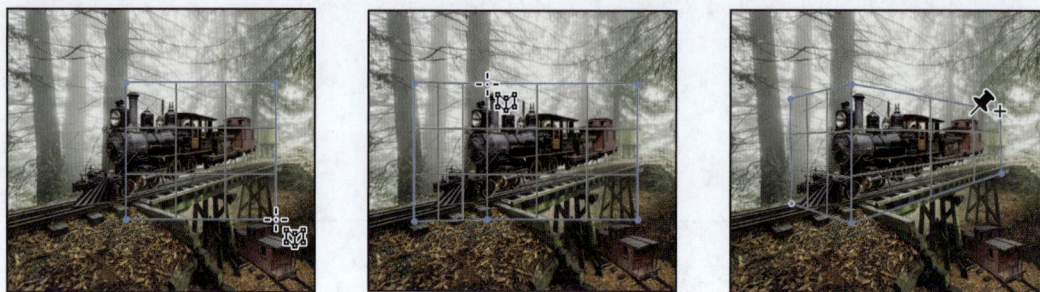

（a）　　　　　　　　　（b）　　　　　　　　　（c）

图5.45

绘制定义平面的四边形后就可进行变形操作了。

⑪ 单击选项栏中的"变形"按钮并关闭出现的教程对话框。

⑫ 在选项栏中单击"变形"按钮旁边的"自动拉直接近垂直的线段"按钮（▥），如图5.46所示。

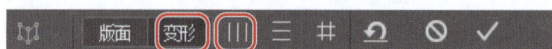

图5.46

这时，接近垂直的线条变成了垂直的，使得调整透视更容易。

⑬ 通过拖曳手柄来操作平面，将火车尾部往下拉，使其紧靠在铁轨上，如图5.47（a）所示。改变火车的透视以获得更真实的效果。

⑭ 根据需要对火车的其他部分进行变形操作——可能需要调整火车的正面，如图5.47（b）所示。进行透视变形时请注意车轮，确保它们未扭曲。

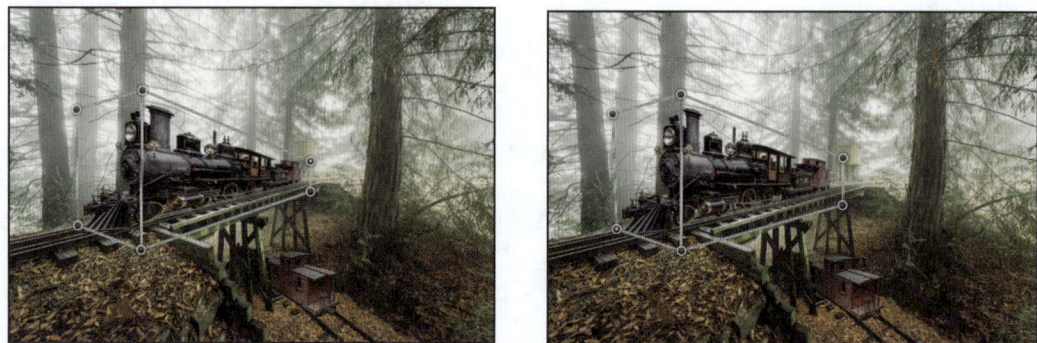

（a）　　　　　　　　　　　　　　　（b）

图5.47

虽然有精确调整透视的方式，但在很多情况下都可以凭视觉来判断调整到什么程度合适。因为是以智能滤镜的方式进行透视变形的，所以之后可回过头来进行微调。

⑮ 对透视效果满意后，单击选项栏中的提交按钮。

⑯ 要对修改后的图像与原图像进行比较，可在图层面板中隐藏"透视变形"滤镜，再显示它。

如果要做进一步调整，可在图层面板中双击"透视变形"滤镜。可调整既有的平面，也可单击选项栏中的"版面"按钮，以便调整这些平面的形状。修改完毕后，单击提交按钮，让修改生效。

⓱ 保存所做的工作，然后将文件关闭。

修改建筑物的透视

在前面的练习中，使用了"透视变形"功能来改变一个图层与另一个图层的关系。也可使用它来改变同一个图层中不同物体之间的关系。例如，可调整观看建筑物的角度。

在这种情况下，可以用同样的方式应用"透视变形"功能：在版面模式下绘制要调整的物体的平面，在变形模式下调整这些平面。当然，由于要在图层内改变观看角度，该图层中的其他物体也将发生变化，为此要特别注意不正常的地方。例如，在图 5.48 中，当调整建筑物的透视时，周围树木的透视也发生了变化。

图 5.48

使用内容感知移动工具进行变换

使用内容感知移动工具（✂）时，只需执行几个简单的步骤就可复制图像，使其与背景融合，同时与原图像的差别足够大，看不出来是复制品。

❶ 打开 Lesson05\Extra Credit 文件夹中的 Thistle.psd 文件，并将其另存为 Thistle_Working.psd。

❷ 选择内容感知移动工具，它与修复画笔工具和红眼工具位于同一组。

❸ 在选项栏中，从"模式"下拉列表中选择"扩展"，如图 5.49 所示，复制蓟花。如果要移动蓟花，应选择"移动"。

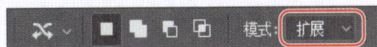

图 5.49

❹ 使用内容感知移动工具绘制一个环绕蓟花的选区，并确保选区足够大，包含蓟花周围的一些小草。

❺ 向左拖曳选区，将其放在只包含小草的地方。

❻ 在复制后的蓟花上单击鼠标右键（Windows）或按住 Control 键并单击复制后的蓟花（macOS），在上下文菜单中选择"水平翻转"，如图 5.50 所示。

⑦ 拖曳左上角的手柄以缩小蓟花。如果想要让复制得到的蓟花离原图像较远，可将鼠标指针指向定界框内，然后稍微向左拖曳。

⑧ 按 Enter 键提交变换，但不要取消选择蓟花，以便能够通过调整选项栏中的"结构"和"颜色"选项让蓟花和背景更好地融合。

⑨ 选择菜单命令"选择">"取消选择"，效果如图 5.51 所示。保存所做的修改并关闭文档。

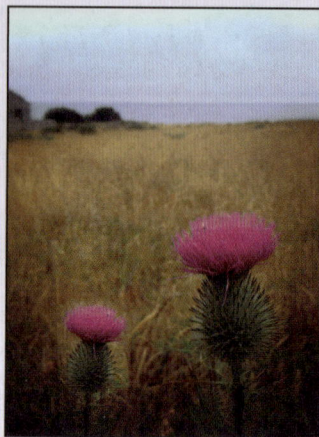

图 5.50　　　　　　　　　　　　　　　　图 5.51

内容感知移动工具使用技巧

内容感知移动工具默认处于移动模式，这有助于让移动的选区与新背景很好地融合在一起（参见"使用内容感知移动工具进行变换"）。在扩展模式下，内容感知移动工具可扩展有规律或随机重复的区域，如草地、纯色墙壁、天空、木纹或水面。另外，扩展模式还适用于处理位于与相机垂直的平面上的建筑物，但对于与相机不垂直的物件，处理效果不佳。

如果处理的图像包含多个图层，请在选项栏中勾选"对所有图层取样"复选框，以便在选区中包含所有图层的内容。

"结构"和"颜色"选项决定了既有图像在结果中对设置的反映程度。在"结构"的设置中，1 的反映程度最低，而 7 的反映程度最高。"颜色"的取值范围为 0（不匹配颜色）到 10（尽可能匹配颜色）。可以在选择了物体的情况下尝试这些选项，看看在特定图像中哪些设置获得的结果最佳。要查看物体与新周边环境的匹配情况，可能需要隐藏选区的边缘，为此可选择菜单命令"视图">"显示">"选区边缘"或"视图">"显示额外内容"。

5.10　复习题

1. 什么是红眼？在 Photoshop 中如何消除红眼？
2. Photoshop 工作区的有些部分（如颜色面板和图层面板）可能不可用或被隐藏起来，这是为什么？如何回到 Photoshop 常规工作区？
3. 如何使用多个图像合成全景图？
4. 使用"镜头校正"滤镜可修复哪些常见的相机镜头缺陷？

5.11　复习题答案

1. 红眼是闪光灯照射到拍摄对象的眼球上导致的。要在 Photoshop 中消除红眼，可放大人物的眼睛，然后选择红眼工具并在眼睛上单击或拖曳。
2. 如果无法打开标准面板，可能是因为当前位于专用工作区，其中包含用于完成特定任务（如"液化"或"模糊画廊"效果）的选项。进入专用工作区后，很多菜单命令和面板都不可用。要退出专用工作区并保存在其中所做的修改，可单击"确定"按钮。退出专用工作区后，就可打开或隐藏标准面板，可使用"窗口"菜单或从"窗口">"工作区"菜单命令的子菜单中选择某种预设。
3. 要使用多个图像合成全景图，可选择菜单命令"文件">"自动">"Photomerge"，在打开的对话框中选择要合并的图像，然后单击"确定"按钮。
4. 使用"镜头校正"滤镜可修复常见的相机镜头缺陷，如桶形扭曲（直线向图像边缘弯曲）和枕形扭曲（直线向内弯曲）、色差（图像中对象的边缘出现色带），以及晕影（图像的边缘，尤其是角落比中央暗）。

第 6 课

蒙版和图案

本课概览

- 通过单击选择主体。
- 调整蒙版使其包含复杂的边缘。
- 通过自定义矢量形状图层创建星形。
- 使用"选择并遮住"移除主体周围的背景。
- 使用"操控变形"功能操纵蒙版。
- 通过矢量形状图层创建可调整的图案。

学习本课大约需要 1 小时

　　蒙版对创建复合图像来说不可或缺。可通过创建蒙版来隐藏图层中不想要的区域（如背景），从而只让图层中要使用的主体可见。

6.1 关于蒙版

从相机导出的数码照片是个不透明的矩形。将照片与其他图像合并时，需要将不想要的区域隐藏起来，或者只对图层的特定区域应用调整图层或滤镜。这两种情况都需要使用蒙版——一种让图层的某些区域变透明的方式。

> 💡 **提示**　Photoshop 蒙版的作用类似于将窗格和墙面装饰遮住的保护条，可避免油漆溅到被遮住的区域。

相比将不想要的区域删除，使用图层蒙版将其隐藏起来更合适，因为后者的操作是可逆的。例如，使用蒙版时，如果不小心遮住了主体的某些部分，可通过编辑蒙版让这些部分显示出来。

蒙版类似于选区，但存在一些不同之处。选区是临时性的，只会影响当前选定的图层，且在文档关闭后将消失；相比之下，每个图层都可存储一个图层（像素）蒙版和一个矢量蒙版。用户可轻松地将选区转换为蒙版，也可将蒙版转换为选区。

6.2 课前准备

下面来查看将使用蒙版创建的图像。

❶ 启动 Photoshop 并立刻按 Ctrl + Alt + Shift 组合键（Windows）或 Command + Option + Shift 组合键（macOS）。

❷ 在出现的提示对话框中单击"是"按钮，确认删除 Adobe Photoshop 设置文件。

❸ 选择菜单命令"文件">"在 Bridge 中浏览"，启动 Bridge。

❹ 单击 Bridge 窗口左上角的"收藏夹"标签，在对应的面板中选择 Lessons 文件夹，然后双击内容面板中的 Lesson06 文件夹。

❺ 查看 06End.psd 文件的缩览图。要想看得更清楚，可将 Bridge 窗口底部的缩览图滑块向右移来放大缩览图。

本课中将制作一个图像。该图像使用的模特照片的背景不合适，下面使用"选择并遮住"功能将模特放到合适的背景中，并让模特的头往上抬一点，然后创建一个用作背景的图案。

❻ 双击 06Start.psd 文件的缩览图，在 Photoshop 中打开它，如果出现"嵌入的配置文件不匹配"对话框，单击"确定"按钮将其关闭。如果出现有关新功能的提示对话框，也将其关闭。

❼ 选择菜单命令"文件">"存储为"，将文件另存为 06Working.psd。如果出现"Photoshop格式选项"对话框，单击"确定"按钮。

通过存储副本可保留原始文件，供需要时使用。

蒙版和 Alpha 通道

颜色通道、Alpha 通道、图层蒙版、矢量蒙版、剪贴蒙版、通道蒙版和快速蒙版之间有何不同呢？它们是同一个概念的不同表现形式。换句话说，它们都是图像覆盖层，使用白色、黑色和灰色来控制图层的哪些区域是可见或透明的。明白下面这些差别后，就能在处理图像时做出正确的选择。

- 颜色通道存储彩色图像的颜色组分。例如，RGB 图像有 3 个颜色通道：红色通道、绿色通道和蓝色通道。

- Alpha 通道以灰度图像的方式存储选区。可将 Alpha 通道转换为选区、蒙版或路径，还可将选区、蒙版或路径转换为 Alpha 通道。在有些格式（如 PNG）的文件中，Alpha 通道会以其他应用程序能够识别的方式指出图像的哪些区域是透明的。

- 在 Photoshop 中，图层蒙版是与特定图层相关联的 Alpha 通道。使用图层蒙版可控制要显示或隐藏图层的哪些部分。在图层面板中，图层蒙版的缩览图显示在图层缩览图右边（在使用黑色绘制前，它是白色的），如果其周围有黑色边框，则说明当前选择了它。

- 矢量蒙版是由与分辨率无关的矢量对象（而不是像素）组成的图层蒙版。矢量蒙版能够精确地控制蒙版边缘，比使用画笔工具来编辑蒙版更方便。要创建矢量蒙版，可使用"图层">"矢量蒙版"子菜单中的命令，也可使用钢笔工具或形状工具。

- 剪贴蒙版将一个图层的内容用作另一个图层的蒙版。例如，要使用图像来填充字符，可将字符指定为剪贴蒙版，只让图像中位于字符内的部分显示出来。

- 通道蒙版是使用一个或多个颜色通道（如 RGB 图像中的绿色通道）中的色调手动创建的蒙版。使用高级遮盖、颜色校正和锐化等功能时，通道蒙版很有用。例如，在蓝色通道中，树木和天空之间的边界可能是最清晰的。

- 快速蒙版是一个临时蒙版，用于将绘画或其他编辑操作限定在图层的特定区域内。快速蒙版是由像素组成的选区，因此可使用绘画工具（而不是通过编辑选区）来编辑它们。

6.3　使用"选择并遮住"和"选择主体"按钮

　　Photoshop 提供了一组专门用于创建和修改蒙版的工具，这些工具放在一个名为"选择并遮住"的工作区中。在这个工作区中，先单击"选择主体"按钮创建一个粗略的蒙版，将模特与背景分离；再使用其他工具（如快速选择工具）修改蒙版。

❶ 在图层面板中，确保两个图层都是可见的且选择了 Model 图层。

❷ 选择菜单命令"选择">"选择并遮住"。

　　在"选择并遮住"工作区中打开图像（同时面板也发生了变化），其中有透明的"洋葱皮"覆盖层，指出了哪些区域被遮住。当前，"洋葱皮"覆盖层覆盖了整幅图像，因为默认蒙版没有显示任何内容，如图 6.1 所示。

图 6.1

💡 **提示** 在选择了选择工具的情况下，可单击选项栏中的"选择并遮住"按钮进入"选择并遮住"工作区，而无须选择菜单命令"选择">"选择并遮住"。

❸ 在属性面板的"视图模式"部分，从"视图"下拉列表中选择"叠加"，被遮住的区域将显示为半透明的红色。当前，整个图层都被遮住了，因此半透明的红色覆盖了整个图像，如图 6.2 所示。

该工作区中有多种不同的视图模式，使得在不同背景下能够轻松地查看蒙版。

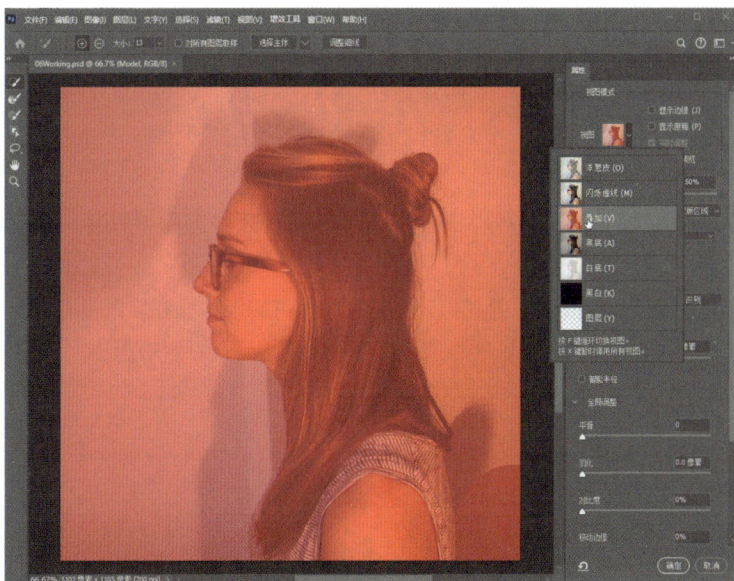

图 6.2

💡 **提示** 按 F 键可快速在不同视图模式之间切换。在不同视图模式下查看，有助于发现在其他视图模式下不明显的选择错误。另外，"视图"下拉列表中指出了切换到各种视图模式的快捷键。

④ 在选项栏中单击“选择主体”按钮，如图 6.3（a）所示；对比效果如图 6.3（b）所示。

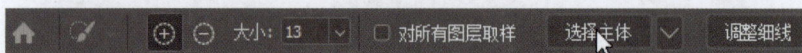

> **注意** 通过“选择主体”下拉列表，可指定在什么地方完成选取过程。选择“云”可能获得更好的结果，因为这将在强大的远程计算机上使用更大的机器学习模型来完成选取过程；选择“设备”通常能够更快地获得结果，但不那么精确。修改这个设置只会给以后单击“选择主体”按钮时带来影响；要永久性地修改这个设置，可在“首选项”对话框的“图像处理”选项卡中设置“选择主体处理”。

（a）

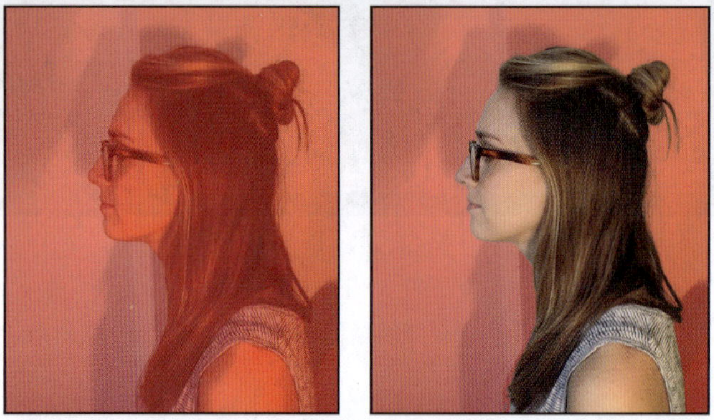

（b）

图 6.3

> **提示** 并非必须在打开“选择并遮住”工作区的情况下才能选择菜单命令“选择”>“主体”；相反，即便在没有选择任何选择工具的情况下，也可使用这个命令。

高级机器学习技术对“选择主体”功能进行了训练，使其能够识别照片中典型的主体（如人物、动物和物体），并根据他们建立选区。它创建的选区可能有不足，但大体上是准确的，用户能够使用其他选择工具轻松、快速地进行调整。

⑤ 在属性面板的“视图模式”部分，从“视图”下拉列表中选择“黑白”，在这种视图模式下更容易看清蒙版边缘。

⑥ 从“视图”下拉列表中选择“叠加”，以便更好地对蒙版边缘和实际图像进行比较。

注意模特胸前的几个地方被遗漏了，如图 6.4（a）所示，可使用快速选择工具轻松地将这些地方添加到选区中。

> **提示** 如果对单击“选择主体”按钮创建的选区不满意，除尝试使用云处理（参见前面的“注意”）外，还可以在属性面板中尝试使用不同的调整模式：比较“颜色识别”和“对象识别”的效果，看看哪种调整模式更佳。

⑦ 确保选择了快速选择工具，然后在选项栏中将画笔的“大小”设置为 15。

⑧ 在遗漏的区域拖曳（注意不要拖曳到背景中），将它们添加到选区中，如图 6.4（b）所示。快速选择工具能够检测出内容边缘，因此拖曳时不用非常精确。拖曳过程中可松开鼠标左键，再接着拖曳。

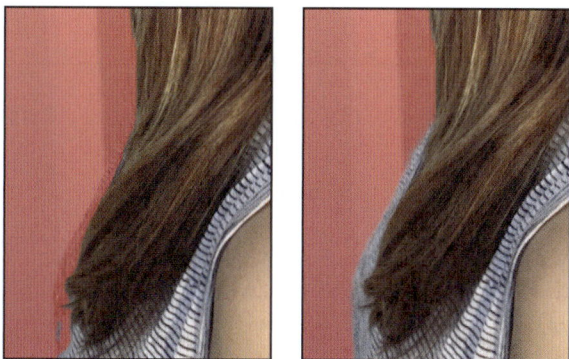

（a）　　　　　　　　　　（b）

图 6.4

💡 提示 编辑选区时，可以通过放大图像找出遗漏的区域。

　　拖曳时，不要让鼠标指针位于模特的边缘或进入背景区域。如果添加了不想添加的区域，可选择菜单命令"编辑">"还原"，也可切换到减去模式，并使用快速选择工具在要剔除的区域拖曳。要切换到减去模式，可单击选项栏中的"从选区减去"按钮（⊖）。

　　在模特身上拖曳时，指定的要显示的区域上的半透明的红色将消失。在这个阶段，无须确保蒙版十分精确。

💡 提示 要调整叠加颜色的不透明度，可拖曳"透明度"滑块。

　　❾ 在"视图模式"部分，从"视图"下拉列表中选择"图层"，如图 6.5 所示。这时可看到当前设置如何遮住 Episode Background 图层上面的 Model 图层。

　　在较大的缩放比例（如 400%）下查看模特的边缘。有些较亮的背景区域依然会透过模特显示出来，但总体而言，使用"选择主体"按钮和快速选择工具准确地找出了衣服和脸庞的边缘。接下来，将解决一些边缘缺口和头发边缘不准确的问题。

图 6.5

使用"选择并遮住"既快又好地创建蒙版

使用"选择并遮住"时，应使用不同的工具来指定要完全显示、完全遮住和部分显示的区域，可以按以下操作进行。

- 单击"选择主体"按钮可快速创建初步选区。
- 快速选择工具可用于快速调整通过单击"选择主体"按钮生成的选区，还可用于创建初步选区。当使用这个工具时，它将使用边缘检测技术自动找出蒙版边缘。不要在蒙版边缘拖曳，拖曳时确保鼠标指针完全位于要显示的区域里面（在添加模式下）或外面（在减去模式下）。
- 要手动指定蒙版边缘（不自动检测边缘），可使用画笔工具、套索工具或多边形套索工具。这些工具也有添加模式和减去模式，它们分别用于指定要显示的区域和要遮住的区域。

> 💡提示 在"选择并遮住"工作区中，多边形套索工具和套索工具在一组。

- 不用使用选项栏在添加模式和减去模式之间切换，而应该让工具处于添加模式，并在需要临时切换到减去模式时按住 Alt 键（Windows）或 Option 键（macOS）。
- 蒙版边缘为头发等复杂部分时，为让边缘更精确，可使用调整边缘画笔工具在这些边缘上拖曳。不要使用调整边缘画笔工具在需要完全显示或完全遮住的区域拖曳。
- 不一定要完全通过"选择并遮住"按钮来建立选区。例如，使用其他工具建立了选区，可让这个选区处于活动状态，再单击选项栏中的"选择并遮住"按钮，以便对选区进行调整。

6.3.1　调整蒙版

当前的蒙版已经相当准确了，"选择主体"甚至都正确地识别了衬衫后面有头发环绕而成的缝隙，但在这个大缝隙的上方，还有一个小缝隙，它并未包含在蒙版中，因此后面的蓝色背景没有透过这条小缝隙显示出来。在"选择并遮住"工作区中，可使用调整边缘画笔工具来遮住不那么明显的区域和边缘。

❶ 在缩放比例为 300% 甚至更大的情况下，查看衬衫后面由头发环绕而成的缝隙，并比较下方的大缝隙与上方的小缝隙，如图 6.6 所示。

蓝色背景也应透过上方的小缝隙显示出来，但当前这个小缝隙并未被遮住。这个小缝隙边缘存在细微的发丝，使用常规（实色）画笔工具很难将其遮住，但调整边缘画笔工具就是为识别并遮住这种边缘细致的区域而设计的。

来自 Photoshop 培训讲师的提示

编辑图像时，经常需要放大图像以处理细节，或缩小图像以查看修改效果。下面是一些快捷键，使用它们执行缩放操作更快捷、更容易。

- 在选择了其他工具的情况下，按 Ctrl + + 组合键（Windows）或 Command + + 组合键（macOS）进行放大，按 Ctrl + − 组合键（Windows）或 Command + − 组合键（macOS）进行缩小。
- 双击工具面板中的缩放工具，将图像的缩放比例设置为 100%。

- 勾选选项栏中的"细微缩放"复选框，向右拖曳可放大视图，向左拖曳可缩小视图。
- 按住 Alt 键（Windows）或 Option 键（macOS）从放大工具切换到缩小工具，再单击图像。每执行一次这样的操作，图像都将缩小到下一个预设的缩放比例，同时单击的位置显示在文档窗口中央。

② 选择调整边缘画笔工具。在选项栏中将画笔的"大小"设置为 20 像素，"硬度"设置为 100%，如图 6.7 所示。

图 6.6

图 6.7

> **提示** 单击"调整细线"按钮可能能够减少使用调整边缘画笔工具进行绘画的工作量，具体效果取决于图像的类型。

③ 在应该为透明的封闭区域内拖曳，让其变透明，如图 6.8 所示。

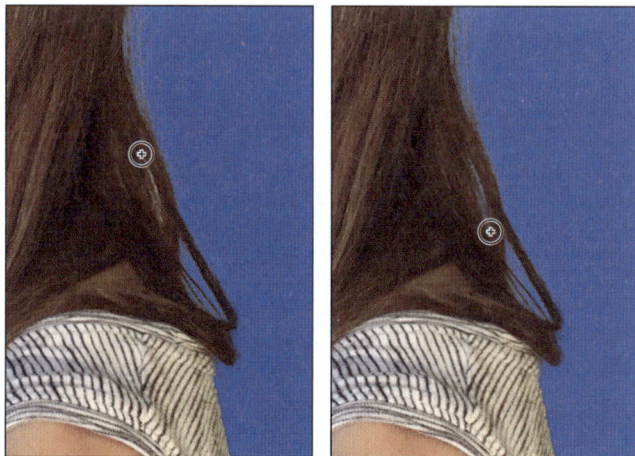

图 6.8

④ 从"视图"下拉列表中选择"黑白"，以便能够更清晰地查看当前的蒙版边缘。在不同的缩放比例下查看蒙版，查看完毕后选择菜单命令"视图">"按屏幕大小缩放"。黑色表示的区域是透明的，如图 6.9 所示。

图 6.9

如果发现头发或其他应显示的细节被遮住，可使用调整边缘画笔工具在这些区域拖曳。要显示的细节越小，调整边缘画笔工具就应设置得越小，但也不用小到刚好覆盖细节，稍大一点比较好。

如果使用调整边缘画笔工具在错误的区域拖曳，将它们错误地指定为要显示的区域，可按住 Alt 键（Windows）或 Option 键（macOS），并使用调整边缘画笔工具在正确的区域拖曳。

如果发现某些离散的区域需要完全可见或完全透明，可使用画笔工具（工具面板中的第三个工具）在这些地方绘画。要让相应的区域是可见的，可使用白色绘画；要将相应的区域隐藏，可使用黑色绘画。另外，还可选择套索工具，并通过拖曳鼠标来指定一个区域，进而得到该区域与蒙版的并集、差集或交集（具体取决于在选项栏中选择了哪种模式）。

> 💡 **提示** 仅蒙版边缘处才有可能是灰色的。主体外面的所有区域都应该是黑色的，而主体里面的所有区域都是白色的。

> 💡 **提示** 要牢记该使用什么前景色在蒙版中绘画，有一个速记口诀："黑色隐藏，白色显示"。

6.3.2 全局调整

至此，蒙版已经创建好了，但还需将其缩小一点。要微调蒙版的整体外观，可调整"全局调整"部分的设置。

❶ 在属性面板的"视图模式"部分，从"视图"下拉列表中选择"图层"。这能够以 Model 图层下面的 Episode Background 图层为背景来预览效果。

❷ 在"全局调整"部分，将"平滑"滑块移到 1 处，让轮廓更平滑；将"对比度"设置为 20%，让选区边界的过渡更明显；将"移动边缘"设置为 -15%，从而将选区边界往内移，以删除不想显示的背景部分（如果将"移动边缘"设置为正值，选区边界将向外移），如图 6.10 所示。

> 💡 **注意** 修改"全局调整"部分的设置时应注意细节。例如，调整"平滑"值时，如果发现蒙版的尖角变成了圆角或影响到了重要的细节，就说明"平滑"值太大了。同样，"羽化"值太大可能导致边缘出现难看的光晕。

图 6.10

③ 以背景图层为背景查看这个蒙版，并根据需要做必要的调整。

6.3.3　完成蒙版创建

对蒙版满意后，便可将其作为选区、带透明度的图层、图层蒙版或新文档应用于文档。在这里，要将其作为进入"选择并遮住"工作区时选择的 Model 图层的图层蒙版。

提示　如果要使用类似的设置来处理很多图像，可在属性面板中从"预设"下拉列表中选择"存储预设"，以创建一个预设，供以后随时使用。

① 如果输出设置被隐藏，单击下拉按钮显示它们，如图 6.11（a）所示。

② 将图像放大到至少 200%，以便看清脸庞周围的亮条纹。这些条纹是 Model 图层中的背景透过蒙版形成的。

③ 勾选"净化颜色"复选框以消除这些条纹。如果生成了伪像，可减小"数量"值，以获得所需的结果。这里将其设置成 25%。

④ 从"输出到"下拉列表中选择"新建带有图层蒙版的图层"[见图 6.11（b）]，然后单击"确定"按钮退出工作区。

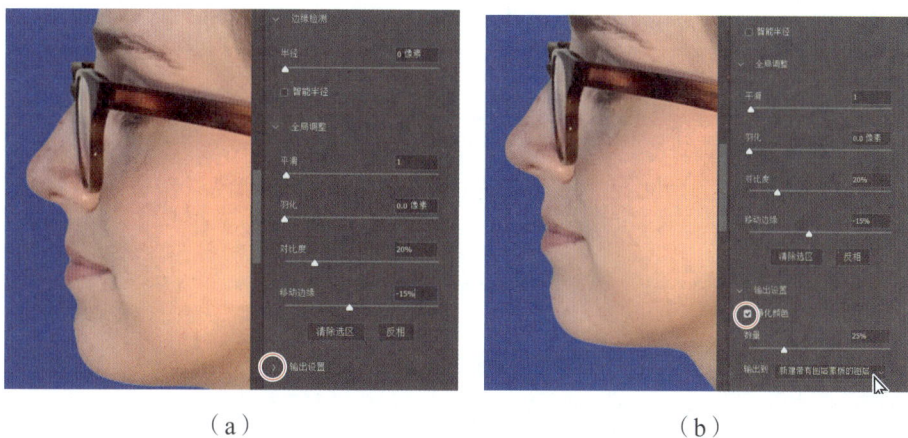

（a）　　　　　　　　　　　　　（b）

图 6.11

此时，图层面板中新增了一个带图层蒙版（像素蒙版）的"Model 拷贝"图层，这个图层是由"选择并遮住"预设创建的，如图 6.12 所示。

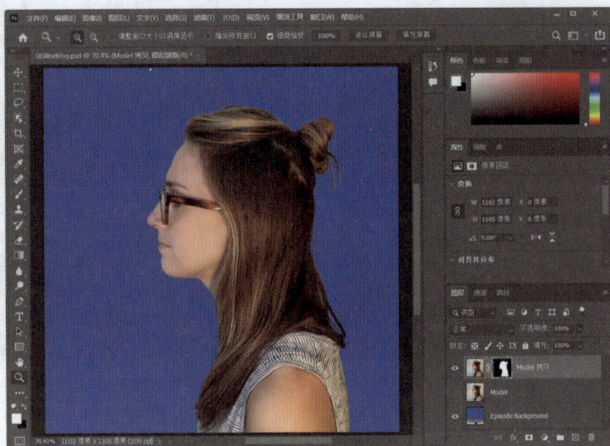

图 6.12

之所以复制 Model 图层，是因为"净化颜色"选项需要使用它来生成新像素。原来的 Model 图层被保留，并自动隐藏。如果要重做，可删除"Model 拷贝"图层，让 Model 图层可见并选择它，再打开"选择并遮住"工作区。

💡 注意　如果没有勾选"净化颜色"复选框，就可从"输出到"下拉列表中选择"图层蒙版"。在这种情况下，将给 Model 图层添加一个图层蒙版，而不会复制它。

如果对蒙版不满意，可继续编辑。可在图层面板中选择图层蒙版缩览图，然后单击属性面板中的"选择并遮住"按钮、选项栏中的"选择并遮住"按钮（如果当前选择的是选择工具）或选择菜单命令"选择">"选择并遮住"，进入"选择并遮住"工作区。

⑤ 保存所做的工作。

6.4　使用"操控变形"功能操纵图像

使用"操控变形"功能可以更灵活地操纵图像。在本例中，可以调整头发和胳膊等区域的位置，就像提拉木偶上的绳索一样，可在要控制移动的地方加入图钉。下面使用"操控变形"功能让模特的头后仰，使其向上看。

① 缩小图像以便能够看到整个模特。

② 在图层面板中选择了"Model 拷贝"图层的情况下，选择菜单命令"编辑">"操控变形"。

💡 注意　Photoshop 提供了多种不同的让图层变形的方式，这里之所以使用"操控变形"，是因为它是让图像特定部分绕中心旋转（如这个示例中让头后仰）的最简单的方式。

图层的可见区域（这里是模特）将出现网格，如图 6.13 所示。

下面使用该网格在要控制移动（或确保它不移动）的地方添加图钉。

③ 沿身体边缘和头部下方单击，每单击一次都将添加一颗图钉。添加 10~12 颗图钉就够了，如图 6.14（a）所示。

💡 注意　你看到的网格可能稍有不同；另外，图钉的位置不必与这里显示的完全一致。

在身体周围添加图钉可确保模特头部后仰时身体保持不动。

④ 选择颈背上的图钉，图钉将变成蓝色，如图 6.14（b）所示。

图 6.13

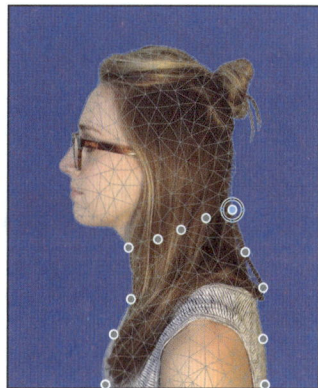

（a）　　　　　　　　　　（b）

图 6.14

> 💡 **提示**　"操控变形"让用户能够旋转图层的一部分，其作用不同于其他 Photoshop 变形工具，如菜单命令"滤镜">"液化"和"编辑">"变换"子菜单中的命令。

⑤ 按住 Alt 键（Windows）或 Option 键（macOS），图钉周围会出现一个较大的圆圈，如图 6.15 所示。鼠标指针将变成弯曲的双箭头，如图 6.16（a）所示，继续按住 Alt 键或 Option 键并拖曳鼠标，让头部后仰，如图 6.16（b）所示。在选项栏中可看到旋转角度，也可以在这里输入数值 170，如图 6.16（c）所示。

> 💡 **注意**　按住 Alt 键或 Option 键后不要单击图钉，否则图钉将被删除。

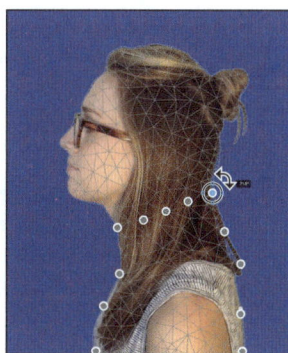

图 6.15

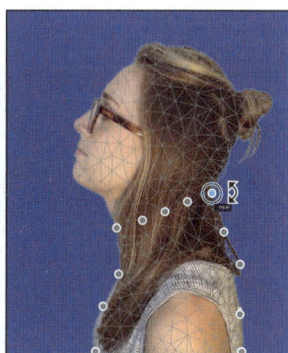

（a）　　　　　　　　　　（b）

（c）

图 6.16

⑥ 对旋转角度满意后，单击选项栏中的提交按钮（✔）或按 Enter 键。

⑦ 删除 Model 图层（没有蒙版的那个图层），因为不再需要它了。

⑧ 选择菜单命令"文件">"存储"，保存所做的工作。

6.5 创建用作背景的图案

最终的图像中使用了一个图案来填充背景，下面通过定制一个矢量图形来快速创建这个图案。

定制多边形

这个图像的背景图案是基于星形的。Photoshop 没有提供星形工具，但用户可轻松地创建这种图形，方法是使用多边形工具绘制一个图形，并对其进行调整。

① 打开 Lesson06 文件夹中的 06Pattern.psd 文件。这个文件将在一个独立的文档窗口中打开。

② 选择多边形工具，它与矩形工具位于同一组。在选项栏中，确保从"工具模式"下拉列表中选择了"形状"，如图 6.17 所示。

图 6.17

③ 按住 Shift 键并拖曳鼠标，绘制一个宽度大约为 340 像素的多边形。如果这个多边形偏离画布中央，可在绘制后使用移动工具调整其位置。

④ 在选择了这个形状图层的情况下，在属性面板的"外观"部分将"填色"设置为"无颜色"，将描边宽度设置为 20 像素，将描边颜色设置为比背景稍深的蓝色（RGB 值分别为 23、49、153）。

⑤ 将边数设置为 8，将星形比例设置为 70%，如图 6.18 所示。当星形比例小于 100% 时，边数指定的是角数。

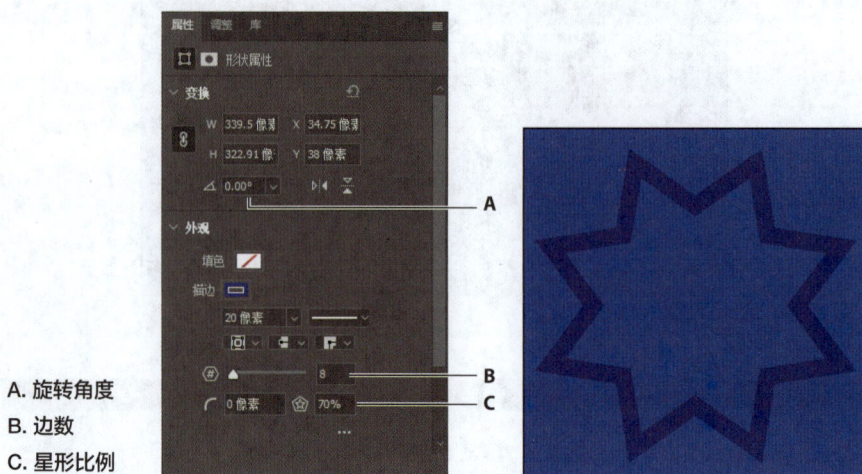

A. 旋转角度

B. 边数

C. 星形比例

图 6.18

⑥ 在图层面板中，将这个星形所在的图层拖放到"创建新图层"按钮上，以复制它。

⑦ 在属性面板的"变换"部分，将旋转角度设置为 24°。

⑧ 选择菜单命令"编辑">"自由变换路径"，按住 Alt 键（Windows）或 Option 键（macOS），并拖曳某个角上的手柄，将复制的星形缩小，使其位于原始星形内，如图 6.19 所示，按 Enter 键提交变换。

提示 如果在第 3 步切换到了移动工具，"自由变换路径"命令可能名为"自由变换"。仅当当前选择的工具能够用于编辑路径或形状时，这个命令才名为"自由变换路径"。

⑨ 选择菜单命令"视图">"图案预览"，看看使用这个图形创建图案时的效果，如图 6.20 所示。如果出现提示对话框，单击"确定"按钮即可。在图案预览中，只能修改原始图形。当修改原始图形时，图案预览将相应地变化。

图 6.19

⑩ 选择移动工具，然后在图层面板中选择"多边形 1"图层（较大的星形），注意右上角的角内有一个小型圆形手柄，如图 6.21（b）所示。如果看不到这个手柄，确保在选项栏中勾选了"显示变换控件"复选框，如图 6.21（a）所示，并增大缩放比例。

⑪ 拖曳这个手柄，将多边形的角变成圆角（此处通过拖曳将圆角半径设置为 20 像素），图案预览将相应地更新，如图 6.21（c）所示。

图 6.20

（a）

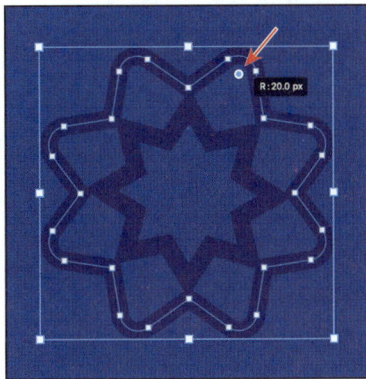

（b）　　　　　　　　　　（c）

图 6.21

⑫ 在图层面板中选择"多边形 1 拷贝"图层（较小的星形）。在属性面板中将边数设置为 15，并将描边宽度减小为 15，如图 6.22 所示。

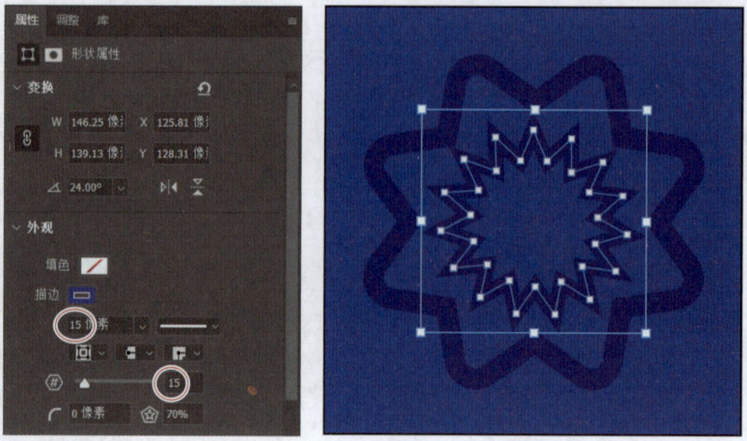

图 6.22

⓭ 单击"背景"图层的眼睛图标，将该图层隐藏起来，从而让图案的背景是透明的，如图 6.23 所示。

> ⚲提示 如果要让该图案的背景是蓝色的，从而遮住它后面的图层，可在定义图案时让"背景"图层可见。

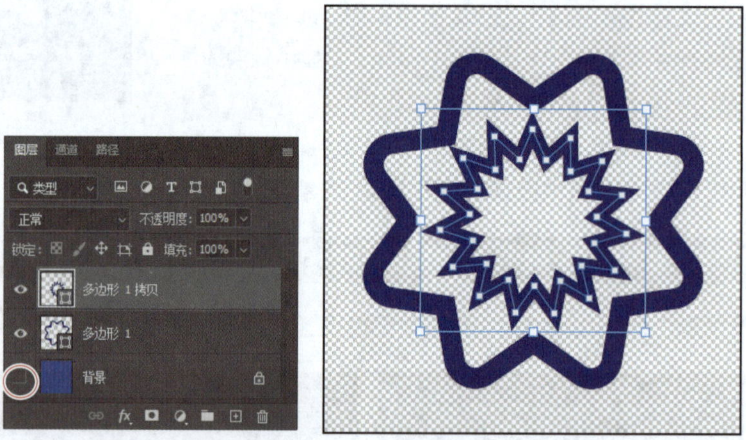

图 6.23

⓮ 选择菜单命令"编辑">"定义图案"，在打开的对话框中将图案命名为 Podcast Pattern，并单击"确定"按钮，如图 6.24 所示。这样将创建一个图案预设，可在任何 Photoshop 文档中使用它。

> ⚲提示 如果要使用文档的特定区域来创建图案，可使用矩形选框工具选择该区域，再选择菜单命令"编辑">"定义图案"。

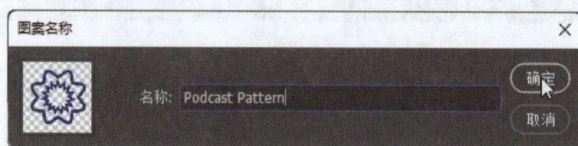

图 6.24

⑮ 选择菜单命令"文件">"存储为"，将这个文件另存为 06Pattern_Working.psd。如果出现"Photoshop 格式选项"对话框，单击"确定"按钮。

⑯ 切换到 06Working.psd 文件，并选择 EpisodeBackground 图层。

⑰ 在图层面板中单击"创建新的填充或调整图层"按钮，并选择"图案"，如图 6.25 所示。

⑱ 在"图案填充"对话框中，单击图案选择器下拉按钮，选择刚创建的蓝色图案，它位于下拉列表末尾。将"角度"设置为 45 度，将"缩放"设置为 35%，单击"确定"按钮，如图 6.26 所示。

> 💡 提示　如果只想让图案覆盖文档的部分区域，可对图案填充图层应用蒙版，也可选择既有图层的部分区域，然后选择菜单命令"编辑">"填充"，从"内容"下拉列表中选择"图案"。

图 6.25

图 6.26

⑲ 保存所做的工作。至此，这个背景就做好了。

> 💡 提示　这里的图案是使用矢量形状图层创建的，但也可使用包含其他内容（如照片、文字或绘画）的图层来创建图案。

6.6　复习题

1. 蒙版和选区有何相似和不同之处?
2. 要精确地选取图像中最突出的元素,可使用哪种快捷方式?
3. 为何说"选择并遮住"工作区很有用?
4. 如何使用图层蒙版让图层的某些部分变成透明的?
5. 定义图案后,如何将其应用于图像,并确保它是可调整的?

6.7　复习题答案

1. 蒙版和选区都让用户能够标记图层的某些区域,进而限制这些区域的可见性或将编辑操作限制在这些区域内。蒙版归属于特定图层并随文档一起存储,而选区是临时性的,文档关闭后将消失。
2. 可使用"选择主体"按钮,它让用户只需单击就能识别图像中的主体,并创建一个覆盖该主体的精确选区。
3. "选择并遮住"工作区提供了专用工具,让用户能够细致地定义选区或蒙版的边缘。
4. 要让图层的某些部分变成透明的(被隐藏),可使用黑色在图层蒙版上绘画。与蒙版的白色区域对应的图层区域是不透明的(可见的),而与蒙版的灰色区域对应的图层区域是半透明的。
5. 通过创建图案填充图层将图案应用于图像。

第 7 课

文字设计

本课概览

- 利用参考线在合成图像中添加文字。
- 预览字体。
- 沿路径放置文字。
- 根据文字创建剪贴蒙版。
- 设置文字的格式。
- 使用高级功能控制文字及其位置。

学习本课大约需要 **1** **小时**

　　Photoshop 提供了功能强大且灵活的文字工具，让用户能够轻松且颇具创意地在图像中加入文字。

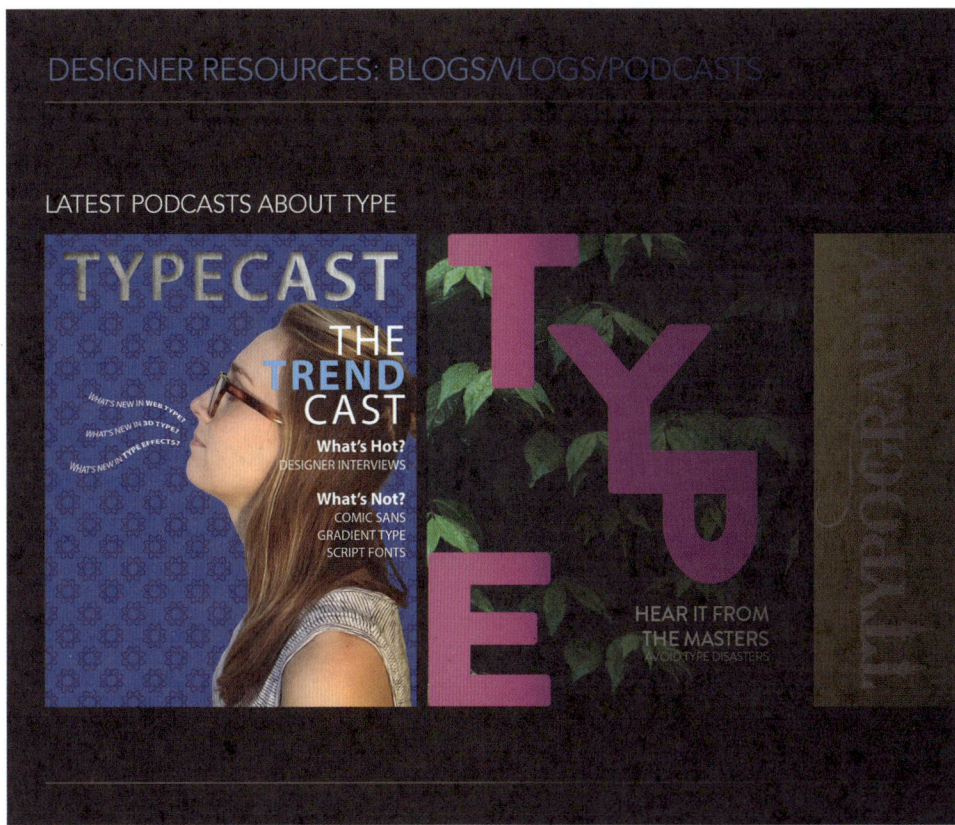

7.1　关于文字

Photoshop 的文字由基于矢量的形状组成，这些形状可以是某种字体的字母、数字和符号。很多字体都有多种格式，其中最常见的是 TrueType 和 OpenType（有关 OpenType 的详细信息请参阅本课中的补充内容"Photoshop 中的 OpenType"）。

> ○ **注意**　如果在计算机中安装的某些字体无法在 Photoshop 中使用，请看看它们是否是 PostScript Type 1 字体。PostScript Type 1 字体是一种较老的字体，Photoshop 从 2023 年 1 月起就不再支持。如果要使用这样的字体，应考虑购买其 OpenType 版本的使用许可证（有些 PostScript Type 1 字体的 OpenType 版本可在 Adobe Fonts 中找到）。

Photoshop 会保留基于矢量的文字的轮廓，当编辑、缩放文字或调整其大小时，将以 Photoshop 文档的分辨率来渲染文字。然而，文档的像素尺寸决定了文字的清晰度，因此当放大像素尺寸较小的文档（如用于网站的低分辨率文档）时，文字的边缘会出现锯齿。

7.2　课前准备

本课将制作一个用于排版博客的图像。这个图像以第 6 课制作的图像为基础，其中包含一位模特、模特投影和蓝色背景。本课将在这个图像中添加文字，并设置文字样式，包括对文字进行变形。

❶ 启动 Photoshop 并立刻按 Ctrl + Alt + Shift 组合键（Windows）或 Command + Option + Shift 组合键（macOS）。

❷ 在出现的提示对话框中单击"是"按钮，确认删除 Adobe Photoshop 设置文件。

❸ 选择菜单命令"文件">"在 Bridge 中浏览"，启动 Bridge。

❹ 在 Bridge 左上角的收藏夹面板中单击 Lessons 文件夹，然后双击内容面板中的 Lesson07 文件夹，以便能够看到其内容。

❺ 选择 07End.psd 文件。向右拖曳缩览图滑块放大缩览图，以便清晰地查看该图像。

下面将使用 Photoshop 的文字处理功能来完成博客图像的制作。所有文字处理操作 Photoshop 都能完成，无须切换到其他软件进行操作。

❻ 双击 07Start.psd 文件，在 Photoshop 中打开它。如果出现"嵌入的配置文件不匹配"对话框，单击"确定"按钮将其关闭；如果出现有关新功能的提示对话框，也将其关闭。

> ○ **注意**　虽然本课是第 6 课的延续，但使用的是 07Start.psd 文件，它包含一条路径和一个注释，这些在存储的 06Working.psd 文件中是没有的。

❼ 选择菜单命令"文件">"存储为"，将文件另存为 07Working.psd。

❽ 在"Photoshop 格式选项"对话框中单击"确定"按钮。

❾ 单击选项栏中的"选择工作区"按钮，并从下拉列表中选择"图形和 Web"，如图 7.1 所示。

"图形和 Web"工作区中会显示本课将使用的字符面板和段落面板，还会显示图层面板和字形面板。这里显示的工具面板看起来可能与其他课程中不同，因为"图形和 Web"工作区中的工具面板是定制的。

提示 用户可根据需要自定义工具面板，为此可选择菜单命令“编辑”>“工具栏”，然后根据需要隐藏、显示或重新排列工具。

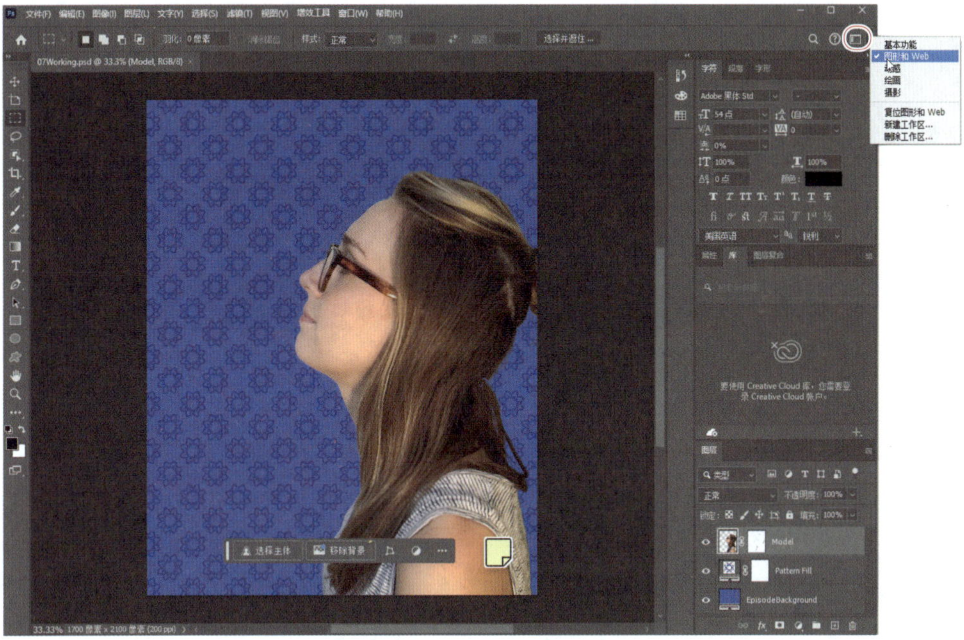

图 7.1

7.3 使用文字创建剪贴蒙版

剪贴蒙版是一个或一组对象，会遮住其他元素，只有这些对象内部的区域才是可见的。

实际上，这是系统对其他元素进行裁剪，使其符合图层中可见像素构成的形状。在 Photoshop 中，可以使用形状或文字来创建剪贴蒙版。本节将把文字用作剪贴蒙版，让另一个图层中的图像能够透过这些文字显示出来。

7.3.1 添加参考线以方便放置文字

本课将添加多个需要对齐的文字图层。为简化对齐工作，下面先添加几条非打印的参考线，用于帮助确定文字的位置。

1 选择菜单命令“视图”>“按屏幕大小缩放”，以便能够看到整个画布。

提示 选择菜单命令“视图”>“实际大小”，Photoshop 标尺将与现实中的标尺相同。这种设置适合需要打印的文档，但不适合度量单位为像素的文档。

2 选择菜单命令“视图”>“标尺”，在文档窗口顶端和左侧显示标尺。

3 如果标尺的单位不是英寸，在标尺上单击鼠标右键（Windows）或按住 Control 键并单击（macOS），然后从上下文菜单中选择“英寸”。

4 从左侧标尺处拖曳出一条垂直参考线，并将其放在文档窗口中央（4.25 英寸处），如图7.2 所示。

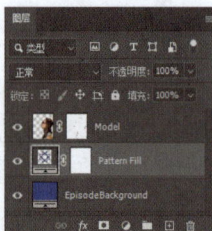

图 7.2

7.3.2 添加点文字

下面在合成图像中添加文字，可以添加点文字（锚定在特定位置的简短文本）或段落文字（排列方式随容器大小变化而变化的多行文本）。本课中将添加这两种文字。下面添加点文字。

① 在图层面板中选择 Pattern Fill 图层，如图 7.3（a）所示。

② 选择横排文字工具，并在选项栏中做以下设置，如图 7.3（b）所示。

• 在"字体系列"下拉列表中选择一种带衬线的字体，如 Minion Pro。

• 在"字体大小"文本框中输入"115 点"并按 Enter 键。

• 单击"居中对齐文本"按钮。

③ 在字符面板中将"字距"设置为 50，如图 7.3（c）所示。

"字距"值指定字母之间的距离，影响文本行的紧密程度。

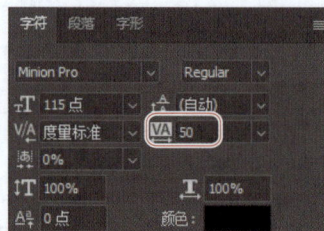

（a）　　　　　　　　　　　　　　　（c）

（b）

图 7.3

④ 在前面添加的垂直参考线上（大约为模特与图像上边缘之间的中央位置）单击以设置插入点，并输入 TYPECAST，然后单击选项栏中的提交按钮，结果如图 7.4 所示。

💡 **注意** 输入文字后，要提交编辑，要么单击提交按钮，要么切换到其他工具或图层，而不能按 Enter 键，因为这样做将换行。

图 7.4

TYPECAST 单词作为一个新文字图层（TYPECAST）出现在图层面板中。可以像对其他图层那样编辑和管理文字图层：可以添加或修改文字、改变文字的朝向、消除锯齿、应用图层样式和变换，以及创建蒙版；也可以移动和复制文字图层、调整其排列顺序，以及编辑其图层选项。

对这里的图像来说，文字已足够大，但不够时尚。下面尝试使用另一种字体。

⑤ 双击 TYPECAST 文字。

⑥ 在上下文任务栏或选项栏中，单击字体名右边的箭头打开"字体系列"下拉列表，然后将鼠标指针指向各种字体选项。

💡 提示　在图层面板中选择了文字图层时，属性面板中显示的是文字设置，因此也可在这里修改文字选项，如字体。

将鼠标指针指向字体选项时，Photoshop 将暂时把字体应用于选定文字，让用户能够预览其效果。

⑦ 选择 Myriad Pro Semibold 或类似的字体，如图 7.5（a）所示，然后单击提交按钮（✔）。

使用这种字体的效果要好得多，如图 7.5（b）所示。

（a）

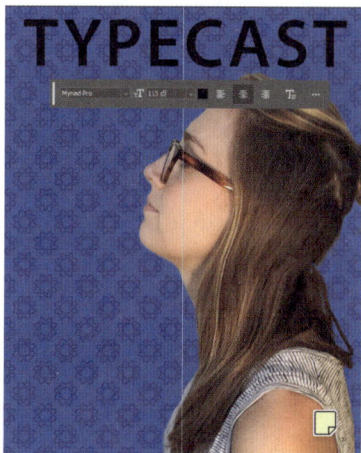

（b）

图 7.5

⑧ 如果有必要，选择移动工具并将 TYPECAST 文字拖曳到顶部附近。

⑨ 选择菜单命令"文件">"存储"，将文件保存。

7.3.3 创建剪贴蒙版及应用投影效果

默认情况下，添加的文字为黑色，但目标是让文字看起来像是使用图像的纹理填充的。因此，接下来使用文字创建一个剪贴蒙版，让另一个图层中的图像透过它们显示出来。

① 在图层面板中确保选择了 TYPECAST 文字图层。

② 选择菜单命令"文件">"置入嵌入对象"，切换到 Lesson07 文件夹，并双击 Metal.tif 文件。这个文件会出现在文档窗口中，且周围有定界框，让用户能够根据需要对其进行缩放或移动。

③ 在依然显示了定界框的情况下向上拖曳 Metal.tif 文件，使其与画布顶端对齐，然后按 Enter 键完成文件置入操作，如图 7.6 所示。

图 7.6

④ 在选择了 Metal 图层的情况下，从图层面板菜单中选择"创建剪贴蒙版"，如图 7.7 所示。

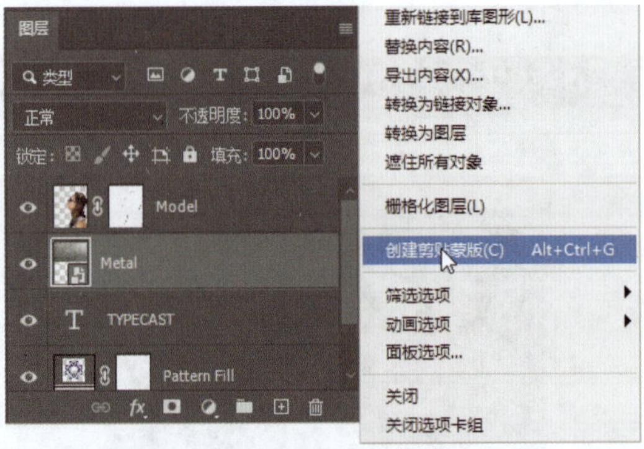

图 7.7

> 💡 提示 此外，也可使用另外两种方法来创建剪贴蒙版：按住 Alt 键（Windows）或 Option 键（macOS），并在 Metal 图层和 TYPECAST 文字图层之间单击；在选择了 Metal 图层的情况下，选择菜单命令"图层">"创建剪贴蒙版"。

通过创建剪贴蒙版，只让 Metal 图层与 TYPECAST 文字图层中不透明像素对应的区域显示出来，如图 7.8（a）所示。在图层面板中，小箭头和下划线指出了创建的剪贴蒙版涉及的两个图层。下面添加"内阴影"效果，赋予文字立体感。

⑤ 选择 TYPECAST 文字图层，单击图层面板底部的"添加图层样式"按钮并从下拉列表中选择"内阴影"，如图 7.8（b）所示。

（a）　　　　　　　　　　　　（b）

图 7.8

⑥ 在打开的"图层样式"对话框中，将"混合模式"设置为"正片叠底"，并将"角度"设置为120 度、"不透明度"设置为 48%、"距离"设置为 18 像素、"阻塞"设置为 0%、"大小"设置为 16 像素，单击"确定"按钮，如图 7.9 所示。如果勾选了"预览"复选框，将看到修改对图层的影响。

"内阴影"效果赋予标题文本以立体感，如图 7.10 所示。

⑦ 选择菜单命令"文件">"存储"，保存所做的工作。

图 7.9

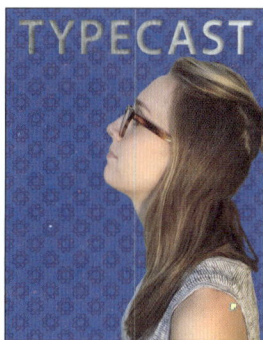

图 7.10

来自 Photoshop 培训讲师的提示

文字工具使用技巧

- 选择文字工具后，如果单击时没有创建新的文字图层，而激活了单击位置附近既有的文字图层，可通过按住 Shift 键并单击来创建新的文字图层。

- 要选择文字图层中所有的文字，可在图层面板中双击文字图层的缩览图。

- 要对所有文字图层执行拼写检查，可选择菜单命令"编辑">"拼写检查"，也可在选择了文字工具的情况下在画布上单击鼠标右键（Windows）或按住 Control 键并单击（macOS），然后从上下文菜单中选择"拼写检查"。

段落样式和字符样式

如果要以一致的方式设置 Photoshop 文档中大量文字的格式，可使用段落样式和字符样式，这样可以缩短操作时间。通过使用段落样式，只需单击就可将命名的文字选项预设应用于一个或多个段落；通过使用字符样式，可将文字选项预设应用于一个或多个选定的字符。要使用这些样式，可打开相应的面板：选择菜单命令"窗口">"段落样式"或"窗口">"字符样式"。

Photoshop 文字样式与 Adobe InDesign 等排版软件和 Microsoft Word 等文字处理软件中的样式类似，但有一些不同之处。在 Photoshop 中，要使用文字样式以获得最佳结果，需牢记以下几点。

- 在 Photoshop 中创建的所有文本都将默认应用基本段落样式。基本段落样式是由默认的文字设置定义的，但可修改其属性。
- 创建新样式前，取消选择所有图层。
- 对于选定的文字，如果做了不同于当前段落样式（通常是基本段落样式）的修改，这些修改（覆盖）将是永久性的，即便应用了新样式。为确保段落样式的所有属性都应用到了文字上，必须在应用样式后，单击段落样式面板中的"清除覆盖"按钮（🔁）。
- 要使用其他 Photoshop 文档中的样式，可在段落样式面板或字符样式面板的面板菜单中选择"载入段落样式"或"载入字符样式"，然后选择包含所需样式的文档。要保存当前样式，将其作为所有新文档的默认样式，可选择菜单命令"文字">"存储默认文字样式"；要在既有文档中使用默认样式，可选择菜单命令"文字">"载入默认文字样式"。

7.4 沿路径放置文字

在 Photoshop 中，可创建沿使用钢笔工具或形状工具绘制的路径排列的文字。文字的方向取决于在路径中添加锚点的顺序。使用横排文字工具在路径上添加文字时，文字将与路径垂直。调整路径的位置或形状，文字也将相应地移动。

💡 提示 有关如何使用钢笔工具绘制路径请参阅第 8 课。

下面在一条路径上创建文字，让文字看起来像是从模特嘴中说出来的。路径已经创建好了，可在路径面板中找到。

① 在图层面板中选择 Model 图层。

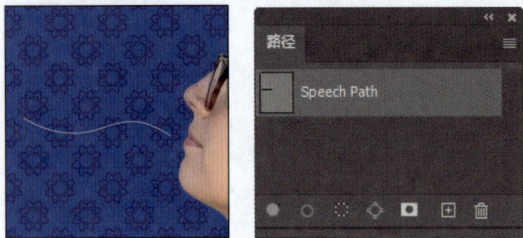

图 7.11

② 选择菜单命令"窗口">"路径"，显示路径面板。

③ 在路径面板中选择 Speech Path 路径，如图 7.11 所示。

④ 选择横排文字工具。

⑤ 在选项栏中单击"右对齐文本"按钮，如图 7.12（a）所示。

⑥ 在字符面板中做以下设置，如图 7.12（b）所示。

- "字体系列"为 Myriad Pro。
- "字体样式"为 Regular。
- "字体大小"为 14 点。
- "字距"为 -10。
- "颜色"为白色。
- 全部大写。

7 将鼠标指针指向路径，出现一条斜线后，单击模特嘴巴附近的路径起点，并输入"what's new in 3d type?"文字，文字将自动转为大写，如图 7.12（c）所示。

> **注意** 路径不是形状图层，它只存在于路径面板中，因此不会被打印出来或导出。但路径上的文字是文字图层，因此会被打印出来或导出。

（a）

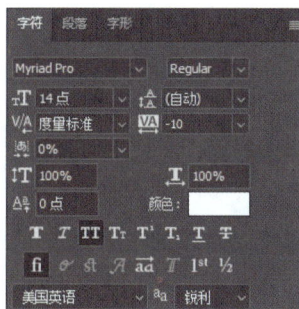

（b）　　　　　　（c）

图 7.12

在路径上输入文字时，文字将从右往左延伸，这是因为第 5 步单击了"右对齐文本"按钮。

8 选择"3D TYPE?"文字，并将其"字体样式"改为 Bold，然后单击选项栏中的提交按钮，效果如图 7.13 所示。

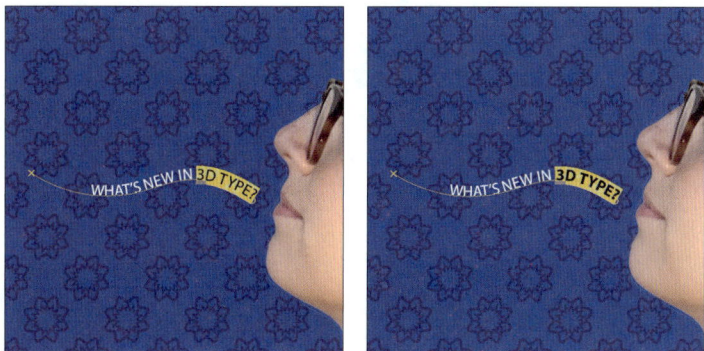

图 7.13

9 在图层面板中选择"what's new in 3d type?"文字图层，从图层面板菜单中选择"复制图层"，并单击"确定"按钮。

现在看不到复制得到的文字图层，因为它与原来的文字图层完全重叠在一起。但从图层面板中可以看到，复制得到的文字图层的名称末尾有"拷贝"字样。下面来移动复制得到的文字图层，使其不再与原文字图层重叠。

🔟 选择菜单命令"编辑">"自由变换路径"，将路径左端旋转大约 15°，再将该路径移到第一条路径的上方。然后，单击选项栏中的提交按钮。

💡 **注意** 如果不记得如何使用定界框来执行旋转，可将鼠标指针移到定界框外面一点，等鼠标指针变成旋转图标（带两个箭头的弧线）后再拖曳。

⓫ 使用文字工具选择上方文字图层中的文字 3D，并将其替换为 web，它将自动变为大写，单击选项栏中的提交按钮，结果如图 7.14 所示。

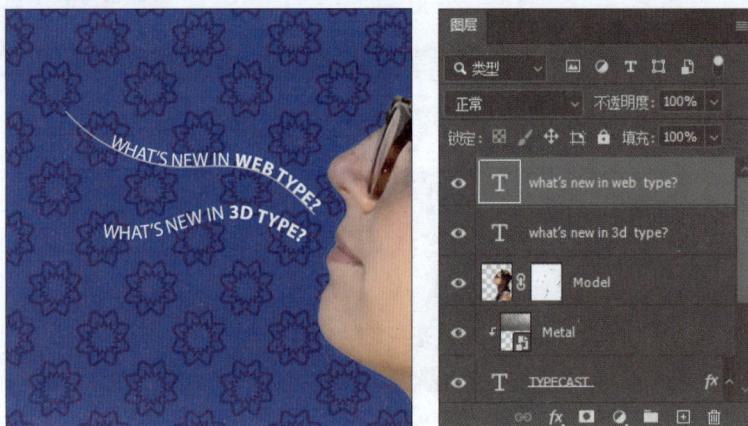

图 7.14

当编辑文字图层中的文字时，图层名将自动更新，以便与图层的内容匹配（如果修改了图层名，使其与图层的内容不一致，再编辑图层内容时，图层名不会自动更新）。

⓬ 重复第 9~11 步，将 3D TYPE 文字替换为 TYPE EFFECTS。将路径旋转大约 -15°，并将该路径移到第一条路径的下方，结果如图 7.15 所示。

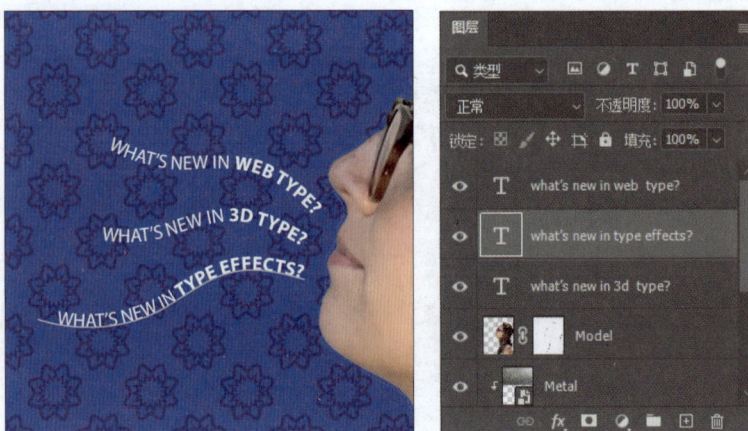

图 7.15

⓭ 选择菜单命令"文件">"存储"，保存所做的工作。

7.5　点文字变形

位于弯曲路径上的文字比位于直线路径上的文字有趣，下面将变形文字，让其更有趣。变形操作能够扭曲文字，使其变成各种形状，如圆弧形或波浪形。用户选择的变形样式是文字图层的一种属性——用户可以随时修改图层的变形样式，以修改文字的整体形状。通过变形选项能够准确地控制变形效果的方向和透视。

① 如果有必要，通过缩放或滚动来调整文档窗口的可见区域，让模特左边的文字位于文档窗口中央。

② 在图层面板中选择"what's new in 3d type?"图层。

③ 选择菜单命令"文字">"文字变形"。

> ♀ **注意** 也可在图层面板中的文字图层名（不是图层缩览图）上单击鼠标右键（Windows）或按住
> Control 键并单击（macOS），从出现的上下文菜单中选择"文字变形"。

④ 在打开的"变形文字"对话框中，从"样式"下拉列表中选择"波浪"，并选择"水平"单选按钮。将"弯曲"设置为 +33%、"水平扭曲"设置为 –23%、"垂直扭曲"设置为 +5%，单击"确定"按钮，如图 7.16 所示。

> ♀ **提示** 如果要模拟沿易拉罐表面绕排的文字，可选择一个文字图层，选择菜单命令"编辑">"变
> 换">"变形"，然后从选项栏的"变形"下拉列表中选择"圆柱体"。

"弯曲"用于指定变形程度，而"水平扭曲"和"垂直扭曲"用于指定变形的透视。

"WHAT'S NEW IN 3D TYPE?"文字看起来是浮动的，就像波浪，如图 7.17 所示。

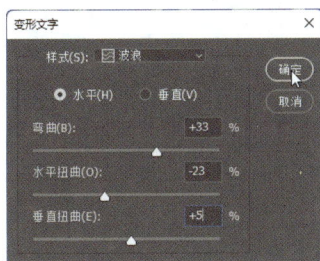

图 7.16

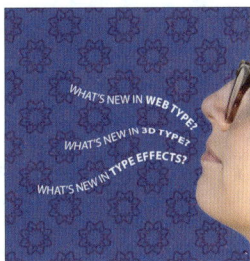

图 7.17

⑤ 重复第 3~4 步，对路径上添加的其他文字进行变形，如图 7.18 所示。

图 7.18

⑥ 将文件保存。

7.6 设计段落文字

前面添加的文字都是点文字，它们都是单行的。在 Photoshop 中还可添加段落文字并应用段落样式，而无须切换到排版软件对段落文字进行复杂的设置。

7.6.1 使用参考线帮助放置段落文字

先在工作区中添加一些参考线以帮助放置段落文字。

❶ 如果有必要，进行放大或滚动，让文档的上半部分更清楚。

❷ 从左边的标尺处拖出一条垂直参考线，将其放在距离画布右边缘大约 0.25 英寸处；从顶端的标尺处拖出一条水平参考线，将其放在距离画布顶端大约 2 英寸处，如图 7.19 所示。

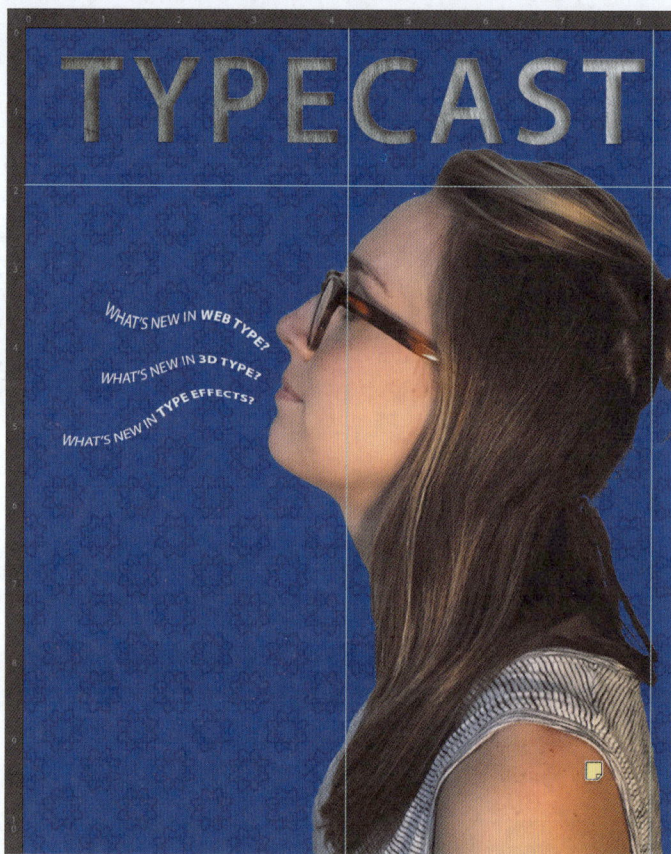

图 7.19

7.6.2 添加来自注释的段落文字

下面添加段落文字。在实际的设计中，文字可能是以注释（在 Photoshop 中使用菜单命令"文件">"共享以供审核"进行在线审核时）或电子邮件的方式提供的。另一种添加少量文字的方式是使用注释将其附加到图像文件中，这里就是这样做的。

❶ 选择注释工具，将鼠标指针指向文档窗口右下角的黄色注释，鼠标指针变成黑色箭头后双击，在注释面板中打开它，如图 7.20 所示。

要创建注释，可使用注释工具。在"图形和 Web"工作区中，这个工具被隐藏起来了，要快速找到它，可选择菜单命令"编辑">"搜索"，在打开的搜索面板中搜索。如果要收集多人的注释，可以使用"共享以供审核"（选择菜单命令"文件">"共享以供审核"），这是一种云在线注释功能。

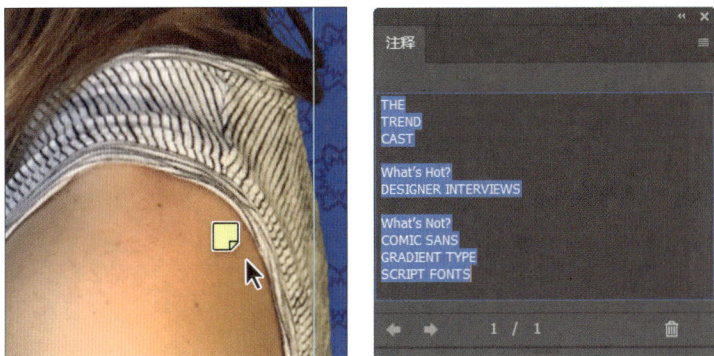

图 7.20

❷ 默认选中注释面板中的所有文本，如果没有选中，请选择菜单命令"选择">"全部"。然后，选择菜单命令"编辑">"拷贝"，并关闭注释面板。

❸ 选择 Model 图层，然后选择横排文字工具。

❹ 将鼠标指针指向两条参考线（离画布右边缘 0.25 英寸的参考线和离画布顶端 2 英寸的参考线）的交点，按住 Shift 键并向左下方拖曳，松开 Shift 键并继续拖曳，直到绘制出一个宽约 4 英寸、高约 6 英寸的文本框。该操作将在选定的 Model 图层上面新建一个文字图层（在图层面板中，它位于 Model 图层上方）。

提示 在第 4 步中，按住 Shift 键旨在确保新建一个文字图层。如果没有按住 Shift 键，可能会选中包含标题 TYPECAST 的文字图层中的文本。

❺ 选择菜单命令"编辑">"粘贴"，添加从注释面板中复制的文本。

提示 粘贴文本时，如果文本包含不想要的格式设置，可选择菜单命令"编辑">"选择性粘贴">"粘贴且不使用任何格式"，删除文本的所有格式设置。

❻ 选择 THE TREND CAST 文字，然后在字符面板中进行以下设置。
- "字体系列"为 Myriad Pro（或其他无衬线字体）。
- "字体样式"为 Regular。
- "字体大小"为 70 点。
- "行距"为 55 点。
- "字距"为 50。
- "颜色"为白色。

❼ 在这些文本依然被选择的情况下，单击选项栏或段落面板中的"右对齐文本"按钮。

❽ 选择 TREND 单词，并将"字体样式"改为 Bold，结果如图 7.21 所示。

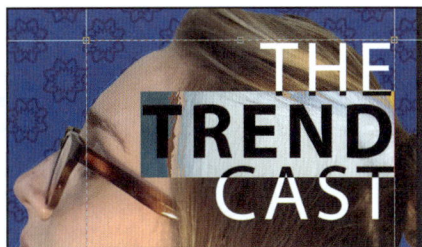

图 7.21

标题的格式设置好了，下面设置其他文本的格式。

⑨ 选择粘贴的其他文本，在字符面板中做以下设置。

- "字体系列"为 Myriad Pro。
- "字体样式"为 Regular。
- "字体大小"为 22 点。
- "行距"为 28 点。
- "字距"为 0。
- 取消全部大写。

💡注意　行距决定了相邻行之间的垂直距离。

下面让子标题更突出。

⑩ 选择"What's Hot?"文本，在字符面板中做以下修改，然后按 Enter 键。

- 将"字体样式"改为 Bold。
- 将"字体大小"改为 28 点。

⑪ 对"What's Not?"子标题重复第 10 步的操作。

💡提示　要快速选择整个段落，可在选择了文字工具的情况下三击。

⑫ 选择 TREND 单词，在字符面板中将其颜色改为蓝色（RGB 值分别为 0、174、239，其十六进制表示为 #00aeef）。

⑬ 单击选项栏中的提交按钮，结果如图 7.22 所示。

⑭ 保存所做的修改。

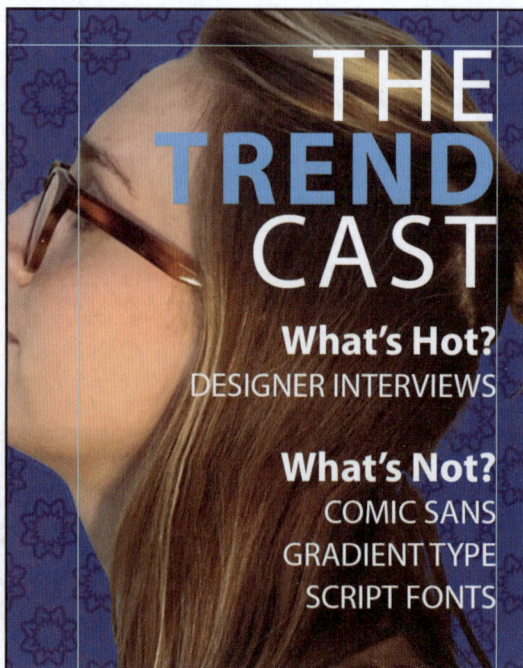

图 7.22

保存为 Photoshop PDF 文件

如果添加的文字是由基于矢量的轮廓构成的，放大后依然锐利而清晰。如果将图像存储为 JPEG 格式或 TIFF，Photoshop 将栅格化文字，导致文字不能被编辑。将图像存储为 Photoshop PDF 格式时，将保留矢量文字。然而，文字的分辨率总是受制于文档分辨率，例如，在像素尺寸为 300 像素 ×200 像素的文档中，矢量文字可能呈锯齿状，因为在像素尺寸如此小的文档中，没有足够的像素来清晰地呈现曲线和细节。

此外，还可在 Photoshop PDF 文件中保留其他信息，例如，可保留图层、颜色信息，乃至注释。

为确保以后能够对文档进行编辑，在"存储 Adobe PDF"对话框中勾选"保留 Photoshop 编辑功能"复选框，这将使 PDF 文件更大。

将文件存储为 PDF 格式时，要保留文件中的所有注释并将其转换为 Acrobat 注释，可在"存储为"对话框的"存储选项"部分勾选"注释"复选框。

用户可在 Acrobat 或 Photoshop 中打开 Photoshop PDF 文件，也可将其置入其他软件，还可打印它们或将其上传到网站。有关存储为 Photoshop PDF 文件的详细信息请参阅第 14 课的"将图像保存为 Photoshop PDF 文件"一节。

7.7 清理工作

下面来做些清理工作并保存最终的项目。

① 选择注释工具，在黄色注释的左上角附近单击鼠标右键（Windows）或按住 Control 键并单击（macOS），然后从上下文菜单中选择"删除注释"，如图 7.23 所示。单击"是"按钮确认删除注释。

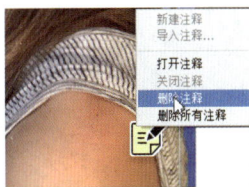

图 7.23

> **提示** 如果希望设计熟悉字体的外观，但又不知道字体的外观是什么样的，可尝试使用字体相似性功能。为此，在字符面板或选项栏的"字体系列"下拉列表中选择一种字体，然后单击字体列表顶部的"显示相似字体"按钮（≋），如图 7.24 所示。字体列表将显示系统或 Adobe Fonts 中 20 种较类似的字体。

图 7.24

② 要隐藏参考线，可选择菜单命令"视图">"显示">"参考线"，确保这个命令左边没有对钩。然后选择菜单命令"视图">"按屏幕大小缩放"，以便查看图像。

> **提示** 显示或隐藏参考线（"视图">"显示">"参考线"）的快捷键为 Ctrl + ;（Windows）或 Command + ;（macOS）。

③ 选择菜单命令"文件">"存储"，保存所做的工作。

至此，为图像添加了所需的文字并设置了样式。下面导出其副本，以便上传使用。

字形面板

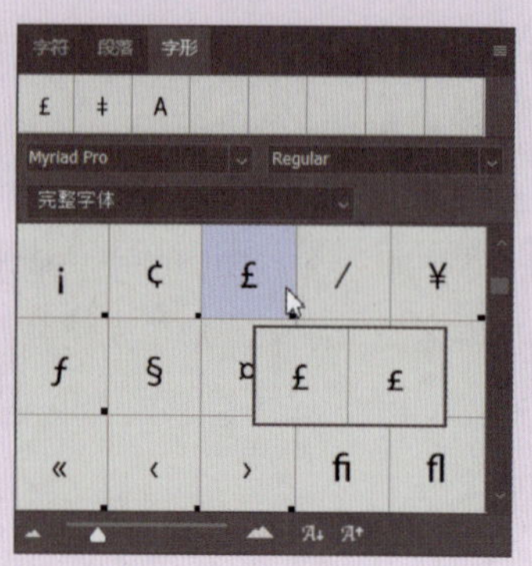

字形面板中列出了选定字体中所有的字符，包括专用字符和替代字（如花式字）。字体名和样式下拉列表上方有一行最近使用过的字形；如果还没有使用过任何字形，这一行将是空的。字体名下方有一个下拉列表，能够从中选择文字系统或字符类别。要使用某个字形，可将鼠标指针放在字形面板中，然后双击字形。

对于特定的字符，如果包围它的方框的右下角有黑点，就说明这个字符有替代字。要查看其替代字或将这些替代字输入文字图层中，可在字符上按住鼠标左键，如图 7.25 所示。

图 7.25

④ 选择菜单命令"文件">"导出">"导出为"，在打开的对话框中，从"格式"下拉列表中选择 JPG，保留其他设置不变，单击"导出"按钮。将文件名改为 07Upload.jpg，确保存储位置为 Lesson07 文件夹，然后单击"保存"按钮。

⑤ 保存所做的修改并关闭文档窗口，最终的作品如图 7.26 所示。

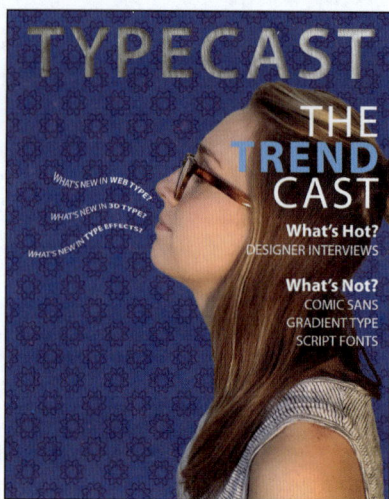

图 7.26

Photoshop 中的 OpenType

OpenType 是 Adobe 和 Microsoft 联合开发的一种跨平台字体文件格式，这种格式可将同一种字体用于操作系统为 macOS 和 Windows 的计算机，这样在不同平台之间传输文件时，无须替换字体或重排文本。OpenType 支持各种扩展字符集和版面设计功能，如传统的 PostScript 和 TrueType 字体不支持的花饰字和自由连字，提供了更丰富的语言支持和高级排版控制。在 Photoshop "字体系列"下拉列表中，OpenType 字体带有 OpenType 图标（*O*）。下面是一些有关 OpenType 的要点。

- OpenType 子菜单：字符面板菜单中有一个 OpenType 子菜单，其中显示了对当前 OpenType 字体来说可用的所有特性，包括连字、替代字和分数字。呈灰色显示的特性对当前字体不可用，选中的特性会被应用于当前字体。

- 自由连字：要将自由连字用于两个 OpenType 字符，如 Bickham Script Standard 字体的 th，可在文档窗口中选中它们，然后从字符面板菜单中选择"OpenType">"自由连字"。

- 花饰字：添加花饰字和替代字的方法与添加自由连字的方法相同。选中字母（如 Bickham Script 字体的大写字母 T），然后从字符面板菜单中选择"OpenType">"花饰字"，将常规大写字母 T 改成华丽的花饰字。

- 真正的分数：要创建真正的分数，可像通常那样输入分数，如 1/2，然后选中这些字符，并从字符面板菜单中选择"OpenType">"分数字"，Photoshop 将把它变成真正的分数。

- 彩色字体：虽然在 Photoshop 中可以给文字指定颜色，但 OpenType-SVG 字体本身可包含多种颜色和渐变效果。例如，使用彩色字体能够让字母 A 变为纯蓝色、纯红色，以及蓝绿渐变色等，如图 7.27（a）所示。

- 绘文字字体：另一种 OpenType-SVG 字体是绘文字字体，如图 7.27（b）所示，这种字体支持将矢量图作为字符。Photoshop 的"字体系列"下拉列表中使用了 OpenType-SVG 图标（ ⬛SVG ）来标识彩色字体和绘文字字体。

- 可变字体：在要求的字体比 Regular 粗且比 Bold 细时，可使用可变字体，这样可在属性面板中定制粗细、宽度和倾斜等属性。Photoshop 的"字体系列"下拉列表中使用了 OpenType-VAR 图标（ ⬛VAR ）来标识可变字体。

注意，有些 OpenType 字体的选项比其他 OpenType 字体的多。

（a）　　　　　　　　　（b）

图 7.27

💡**提示** 怎么知道字符是否有 OpenType 替代字呢？可选择该字符，如果它下面有很粗的下划线，就说明有替代字；要显示替代字，可在下划线上单击鼠标右键（Windows）或按住 Control 键并单击，然后在上下文菜单中选择"显示选区替代字"。显示替代字后，可像在字形面板中那样选择这些字形，也可单击三角形以打开字形面板。

使用"匹配字体"命令确保项目一致

另一个设计作品中包含 Premiere Episode 文本（参见 Lesson07 文件夹中的 MatchFont.jpg 文件），如果想知道这些文本使用的是哪种字体，以便将新作品的一些文本也设置为同样的字体，应该怎么办呢？

此时，唯一可供参考的文件已拼合，因此原来的文字图层丢失了。所幸在 Photoshop 中，可使用"匹配字体"命令来确定其使用的字体。Photoshop 可使用机器学习技术判断出图像中的文字使用的是哪种字体。

① 打开 Lesson07 文件夹中的 MatchFont.jpg 文件。

② 使用矩形选框工具选择 Premiere 文字所在的区域，并确保选区尽可能小，如图 7.28 所示。

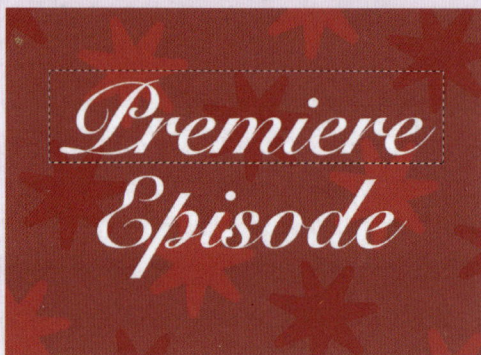

图 7.28

③ 选择菜单命令"文字">"匹配字体"，Photoshop 将显示一个与图像中字体类似的字体列表，其中包括计算机上安装的字体，以及来自 Adobe Fonts 的字体，如图 7.29 所示。

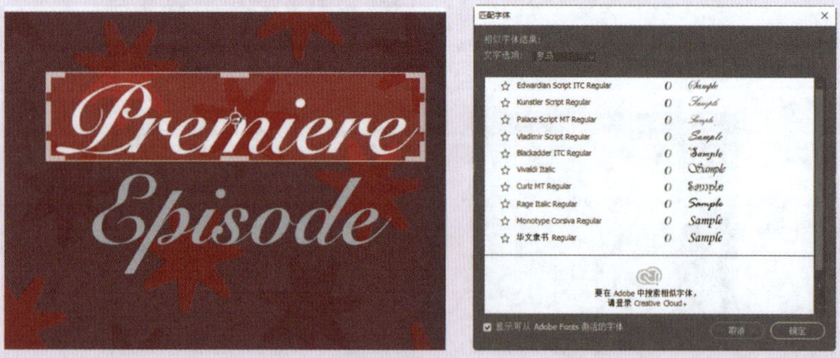

图 7.29

④ 若只想列出计算机上安装的字体，可取消勾选"显示可从 Adobe Fonts 激活的字体"复选框。

⑤ 在"匹配字体"对话框的类似字体列表中选择一种与图像中字体最接近的字体。最终的字体匹配结果可能与这里显示的不同。

⑥ 单击"确定"按钮，Photoshop 能够将新文本指定为这种字体。

7.8 复习题

1. 在 Photoshop 中如何处理文字？
2. 在 Photoshop 中可创建哪两种文字？它们之间有何不同？
3. 什么是剪贴蒙版？如何从文字图层创建剪贴蒙版？

7.9 复习题答案

1. 在 Photoshop 中，文字由基于矢量的形状组成，这些形状可以是某种字体的字母、数字和符号。在 Photoshop 中将文字加入图像中时，文字将出现在文字图层中，其分辨率与文档相同。只要还是文字图层，Photoshop 就会保留文字的轮廓，这样当缩放文字、将其保存为 Photoshop PDF 文件、以高分辨率打印图像时，它们依然很清晰。

2. 在 Photoshop 中可创建点文字和段落文字。点文字是使用文字工具单击创建的，并被锚定在单击的地方。段落文字是使用文字工具拖曳创建的，可以是多行，并且其会在容器大小发生变化时重新排列。

3. 剪贴蒙版是一个或一组对象，它使用这些对象中的可见像素来遮盖另一个图层——只有与这些对象的可见像素对应的区域才可见。要将文字图层用作剪贴蒙版，可选择文字图层和要透过文字图层中的文字显示出来的图层（并确保它位于文字图层上面），然后从图层面板菜单中选择"创建剪贴蒙版"（也可从"图层"菜单或图层的上下文菜单中选择这个命令）。

矢量图绘制技巧

本课概览

- 明白位图和矢量图之间的差别。
- 保存路径。
- 添加预设形状。

- 使用钢笔工具绘制笔直和弯曲的路径。
- 绘制和编辑形状图层。
- 使用智能参考线。

学习本课大约需要 **1.5** **小时**

  不同于位图，矢量图无论怎么放大都是清晰的。在 Photoshop 中，可绘制矢量图和路径，还可添加矢量蒙版以控制哪些内容在图像中可见。

▌8.1 位图和矢量图

要使用矢量图和矢量路径，必须了解两种主要的计算机图像——位图和矢量图之间的基本区别。在 Photoshop 中可以处理这两种图像。事实上，一个 Photoshop 图像文件中可以包含位图和矢量图。

从技术上说，位图又被称为光栅图像，它是基于像素网格的。每个像素都有特定的位置和颜色值。处理位图时，编辑的是像素而不是对象或形状。位图可以表示颜色和颜色深浅的细微变化，因此适用于表示连续调图像，如照片或使用绘画软件创作的作品。位图的缺点是它们包含的像素数是固定的，因此在屏幕上放大或以低于创建时的分辨率打印时，可能丢失细节或出现锯齿。

矢量图由直线段和曲线组成，直线段和曲线是由被称为矢量的数学对象定义的。无论是移动、调整大小还是修改颜色，矢量图都是清晰的。矢量图适用于表示插图、文字，以及诸如徽标等可能被缩放到不同尺寸的图形。图 8.1 所示为矢量图和位图之间的差别。

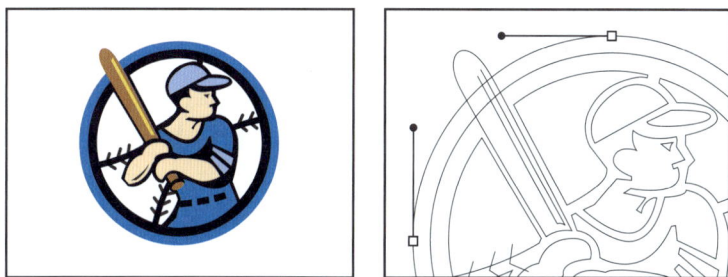

矢量图 Logo

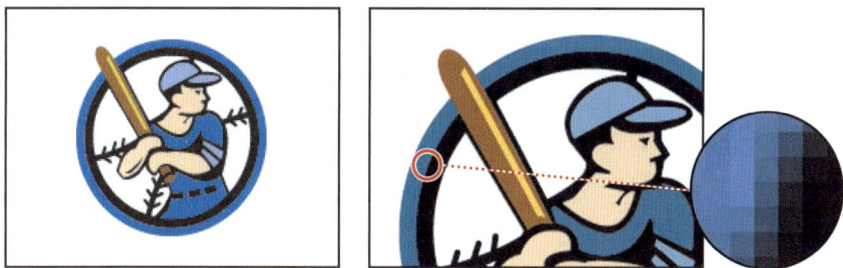

位图 Logo

图 8.1

前面的课程中处理的都是包含位图的 Photoshop 图层，但还有一种 Photoshop 图层——形状图层，它们包含的是矢量图。

▌8.2 路径和钢笔工具

在 Photoshop 中，矢量图的轮廓被称为路径。路径是使用钢笔工具、自由钢笔工具（![自由钢笔工具图标]）、弯度钢笔工具（![弯度钢笔工具图标]）或形状工具绘制的曲线或直线段。使用钢笔工具和弯度钢笔工具绘制的路径准确度较高；形状工具用于绘制矩形、椭圆形和其他图形；使用自由钢笔工具绘制路径时，就像用钢笔在纸张上绘画一样。

来自 Photoshop 培训讲师的提示——快速选择工具

工具面板中的任何工具都可以使用只包含一个字母键的快捷键来选择，按字母键将选择相应的工具，按 Shift 键和字母键将遍历一组工具。例如，按 P 键将选择钢笔工具，按 Shift + P 组合键可在钢笔工具、自由钢笔工具和弯度钢笔工具之间切换，如图 8.2 所示。

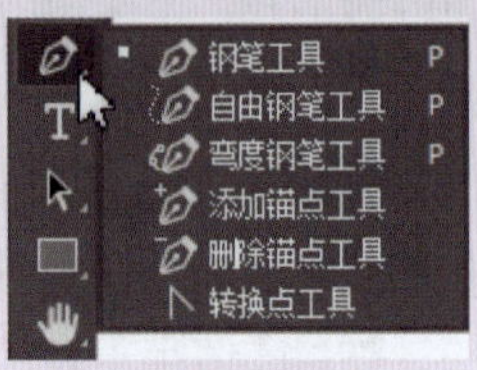

图 8.2

路径可以是闭合或非闭合的。非闭合路径（如波形线）有两个端点，闭合路径（如圆）是连续的。路径类型决定了如何选择和调整它。

不同于使用绘图工具创建的像素，路径本身是不可打印的。路径犹如基于矢量的选取框，因此可使用路径来标识图层的特定区域，进而通过填充（使用颜色、图案或其他内容进行填充）或描边（轮廓）来生成像素。要将路径用作矢量对象，以便能够对其进行填充、描边、打印、导出和编辑，需要以形状图层的方式创建它。

8.3 课前准备

本课中将制作一张明信片，帮助一家柑橘种植园推销产品。这家种植园提供了一幅橘子图像，要求说明他们并非只种植橘子树，因此要给其中一个橘子着色，让它看起来像柠檬。要给对象着色，必须根据其轮廓创建一个蒙版，以便将对象隔离。一种创建整洁轮廓的快速而精确的方式是使用钢笔工具绘制一条矢量路径。

下面来看一下要创建的图像。

① 启动 Photoshop 并立刻按 Ctrl + Alt + Shift 组合键（Windows）或 Command + Option + Shift 组合键（macOS）。

② 在出现的提示对话框中单击"是"按钮，确认删除 Adobe Photoshop 设置文件。

③ 选择菜单命令"文件">"在 Bridge 中浏览"，打开 Bridge。

④ 在收藏夹面板中单击 Lessons 文件夹，然后双击内容面板中的 Lesson08 文件夹。

⑤ 选择 08End.psd 文件，按空格键在全屏模式下查看它。

要制作这张明信片，需绕一个橘子绘制路径，并根据这条路径创建一个矢量蒙版，以便修改橘子的颜色。下面练习使用钢笔工具创建路径和选区。

⑥ 再次按空格键退出全屏模式。双击 08Practice_Start.psd 文件，在 Photoshop 中打开它。如果出现有关新功能的提示对话框，将其关闭。

⑦ 选择菜单命令"文件">"存储为"，将文件另存为 08Practice_Working.psd。在"Photoshop 格式选项"对话框中单击"确定"按钮。

8.4　使用钢笔工具绘制图形

在计算机上创建矢量图时，常使用钢笔工具。很多软件中都有钢笔工具，如 Adobe Illustrator、Adobe Photoshop 和 Adobe InDesign。另外，Adobe Premiere Pro 和 Adobe After Effects 等视频软件也包含钢笔工具，使用它可精确地绘制形状、蒙版和路径，以创建运动图形和视觉效果。钢笔工具虽然学起来不那么容易，但绝对值得花时间和精力去掌握其使用方法，因为它的功能非常强大。

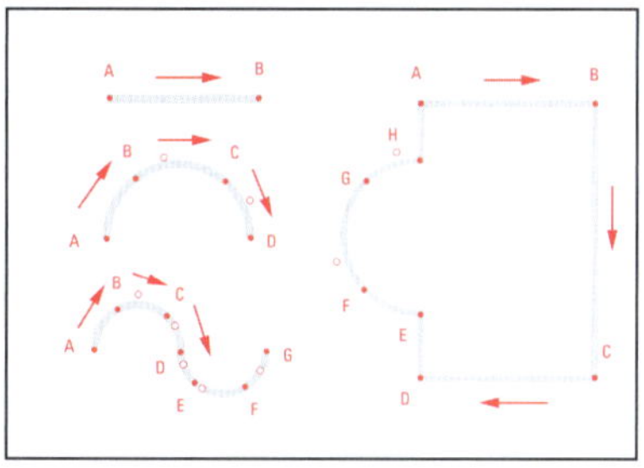

相比画笔工具和铅笔工具（　），钢笔工具的工作原理稍有不同。下面利用一个练习文件（见图 8.3）来学习如何使用钢笔工具绘制直线路径、简单曲线和 S 形曲线。

图 8.3

💡 **提示**　绘制精准的矢量路径时，使用弯度钢笔工具可能比使用钢笔工具更容易。如果发现钢笔工具使用起来很难，应考虑学习使用弯度钢笔工具。这里之所以介绍钢笔工具，是因为它是绘制精准路径的传统标准方式。

使用钢笔工具创建路径

可以使用钢笔工具来创建由直线段或曲线组成的闭合或非闭合路径。如果不熟悉钢笔工具，刚开始使用时可能有点困难。了解路径的组成元素，以及如何使用钢笔工具后，创建路径将容易得多。

要创建由线段组成的路径，可单击。首次单击时，将设置第一个锚点。随后每次单击都将在前一个锚点和当前锚点之间绘制一条线段，如图 8.4 所示。要绘制由线段组成的复杂路径，只需通过不断单击来添加线段。

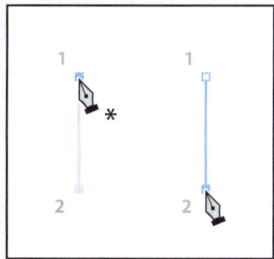

要创建由曲线组成的路径，可单击以设置一个锚点，然后拖曳鼠标为该锚点创建一条方向线，然后在适当的位置设置下一个锚点。每条方向线都有两个方向点，方向线和方向点的位置决定了曲线的长度和形状，通过移动方向线和方向点可以调整路径中曲线的形状，如图 8.5 所示。

图 8.4

光滑曲线由被称为平滑点的锚点连接，急转弯的曲线路径由角点连接。移动平滑点上的方向线时，该点两边的曲线将同时产生变化；但移动角点上的方向线时，只有与方向线位于同一边的曲线会产生变化。

可单独或成组地移动路径段和锚点。路径包含多个路径段时，可通过拖曳锚点来调整相应的路径段，也可选中路径中所有的锚点以编辑整条路径。可使用直接选择工具来选择并调整锚点、路径段或整条路径。

创建闭合路径和非闭合路径的差别在于结束绘制路径的方法。要结束非闭合路径的绘制，可按 Enter 键；要结束闭合路径的绘制，可将鼠标指针指向路径起点并单击，如图 8.6 所示。路径闭合后，将自动结束路径的绘制，同时鼠标指针将包含一个 *，表明下次单击将开始绘制新路径。

绘制路径时，它将作为工作路径（临时对象）出现在路径面板中。对于以后要使用的工作路径，务必将其保存起来，尤其是要在同一个文档中使用多条路径时。要保存工作路径，可在路径面板中双击它，然后在打开的"存储路径"对话框中输入名称，并单击"确定"按钮。它将作为一条新的路径被添加到路径面板中，且依然被选中。如果工作路径未被保存，一旦取消选择并重新开始绘制，它就会丢失。以形状的方式绘制路径时不必保存，因为形状将放在图层中。

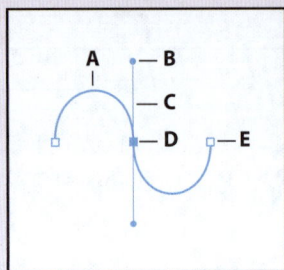

A. 曲线
B. 方向点
C. 方向线
D. 选定的锚点
E. 未选定的锚点

图 8.5

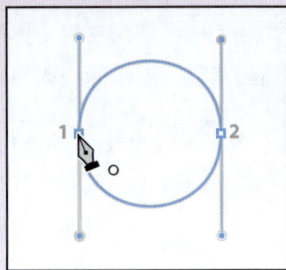

图 8.6

下面配置钢笔工具选项和工作区。

1 在工具面板中选择钢笔工具。

2 在选项栏中进行以下设置（见图 8.7）。

- 从"工具模式"下拉列表中选择"形状"。
- 在路径选项面板中，确保没有勾选"橡皮带"复选框。
- 确保勾选了"自动添加 / 删除"复选框。
- 从填充面板中选择"无颜色"。
- 从描边面板中选择一种绿色，这里使用的是 CMYK 预设组中的绿色。
- 将"描边宽度"设置为 4 像素。
- 在描边选项面板中，从"对齐"下拉列表中选择"居中"（第二个选项）。

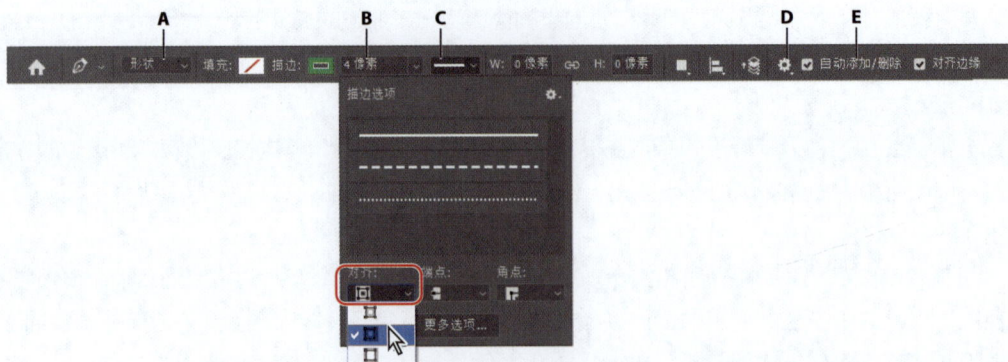

A."工具模式"下拉列表　B."描边宽度"下拉列表　C."描边选项"下拉列表
D."路径选项"按钮　E."自动添加 /删除"复选框

图 8.7

8.4.1 绘制直线段

下面绘制一条直线段。锚点表示路径段的端点，将要绘制的直线段是单个路径段，有两个锚点。

❶ 单击路径面板名称并将该面板拖出面板组，以便能够同时看到路径面板和图层面板。此外，也可将路径面板停放到其他面板组中。

路径面板中会显示绘制路径的缩览图，当前它是空的，因为还没有开始绘制。

❷ 如果有必要，放大视图以便能够看到形状模板上用字母标记的红点和红圈。确保能够在文档窗口中看到整个模板，并在放大视图后重新选择钢笔工具。

❸ 单击第一个形状的 A 点，创建第一个锚点，如图 8.8（a）所示。

❹ 单击 B 点，使用两个锚点创建一条直线段，如图 8.8（b）所示。

❺ 按 Enter 键结束绘制，结果如图 8.8（c）所示。

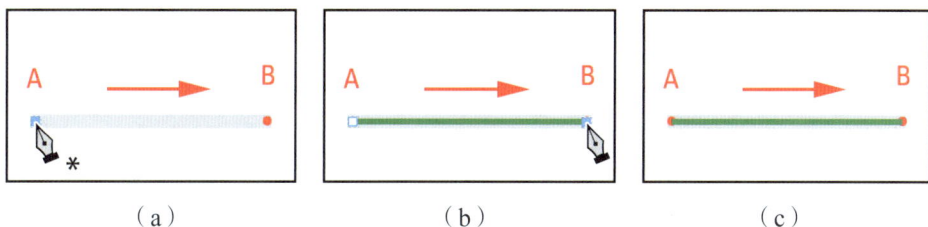

（a）　　　　　　　　（b）　　　　　　　　（c）

图 8.8

绘制的路径会出现在路径面板中，同时图层面板中出现了一个新图层，如图 8.9 所示。

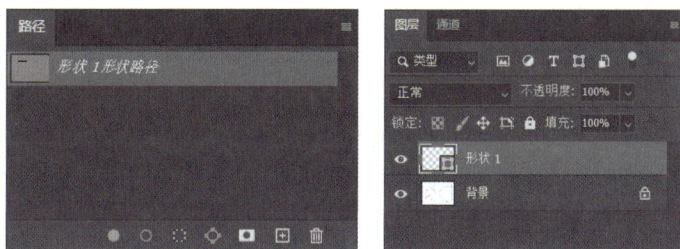

图 8.9

> **注意**　新绘制的路径同时出现在了路径面板和图层面板中，这是因为在选项栏的"工具模式"下拉列表中选择了"形状"。如果从"工具模式"下拉列表中选择"路径"，新绘制的路径就只出现在路径面板中。

8.4.2 绘制曲线

选择曲线上的锚点时，将显示一条或两条方向线，方向线的数量取决于相邻路径段的形状。要调整曲线的形状，可拖曳方向线末端的方向点来对曲线造型。接下来将使用平滑点创建曲线。

❶ 单击圆弧上的 A 点以创建第一个锚点，如图 8.10（a）所示。

❷ 在 B 点上按住鼠标左键并拖曳到它右边的红圈处，然后松开鼠标左键，如图 8.10（b）和图 8.10（c）所示。这将创建第一条弯曲的路径段和一个平滑点。

> **提示**　红圈指出了要获得所需的曲线形状，应将锚点的方向点拖曳到什么地方。将方向点拖曳到不同的地方，曲线的形状将不同。

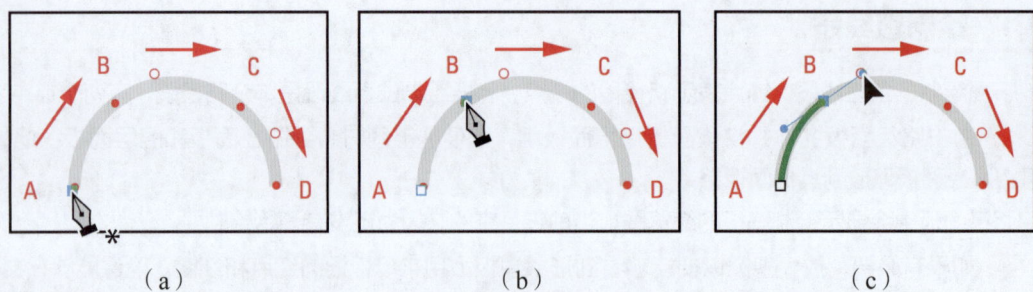

（a）　　　　　　　　　　（b）　　　　　　　　　　（c）

图 8.10

平滑点有两条方向线，移动其中一条方向线将同时调整平滑点两边的弯曲路径段。

③ 在 C 点上按住鼠标左键并拖曳到它下面的红圈处，然后松开鼠标左键，如图 8.11（a）和图 8.11（b）所示。这将创建第二条弯曲的路径段和另一个平滑点。

④ 单击 D 点，创建最后一条弯曲的路径段和最后一个锚点。按 Enter 键结束路径的绘制，如图 8.11（c）所示。

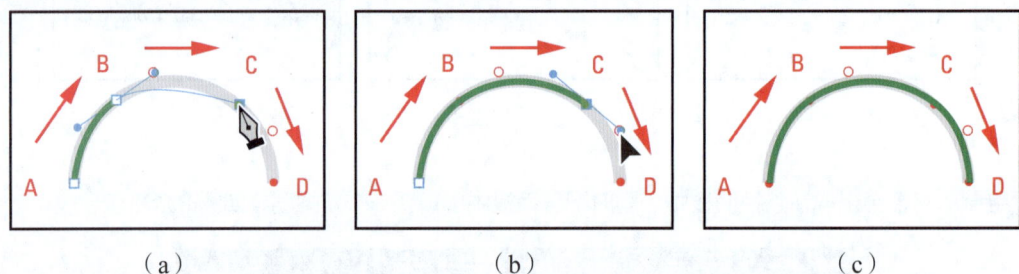

（a）　　　　　　　　　　（b）　　　　　　　　　　（c）

图 8.11

💡 提示　为什么要使用锚点和方向线来绘制路径，而不像现实中使用钢笔或铅笔那样手动绘制呢？因为对大多数人来说，要绘制出完美的曲线或直线段很难，而使用锚点和方向线进行辅助就比较容易。用户如果喜欢手动绘制，可使用自由钢笔工具。

使用钢笔工具绘制路径时，应使用尽可能少的锚点来绘制所需的曲线。使用的锚点越少，曲线越平滑，以后编辑起来也越容易。

下面使用同样的方法绘制一条 S 形曲线。

① 单击 A 点，然后在 B 点上按住鼠标左键并拖曳到第一个红圈处。

② 继续在 C 点、D 点、E 点和 F 点上按住鼠标左键并拖曳到相应的红圈处。

③ 单击 G 点创建最后一条路径段和最后一个锚点，然后按 Enter 键结束路径的绘制，如图 8.12 所示。

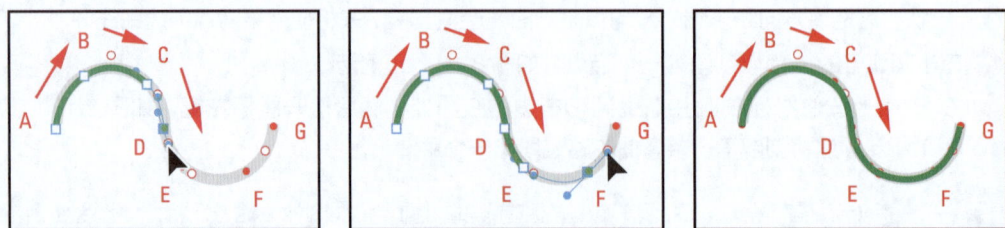

图 8.12

在图层面板中，这 3 个图形位于不同的图层中，但路径面板中只有一条路径，这是因为路径面板中只显示在图层面板中选定的图层中的路径。

可以看到与手动绘制的曲线相比，使用钢笔工具绘制的曲线更平滑，也更容易精准地控制。

8.4.3　绘制更复杂的形状

知道钢笔工具的用法后，下面来绘制一个更复杂的图形，如图 8.13 所示。

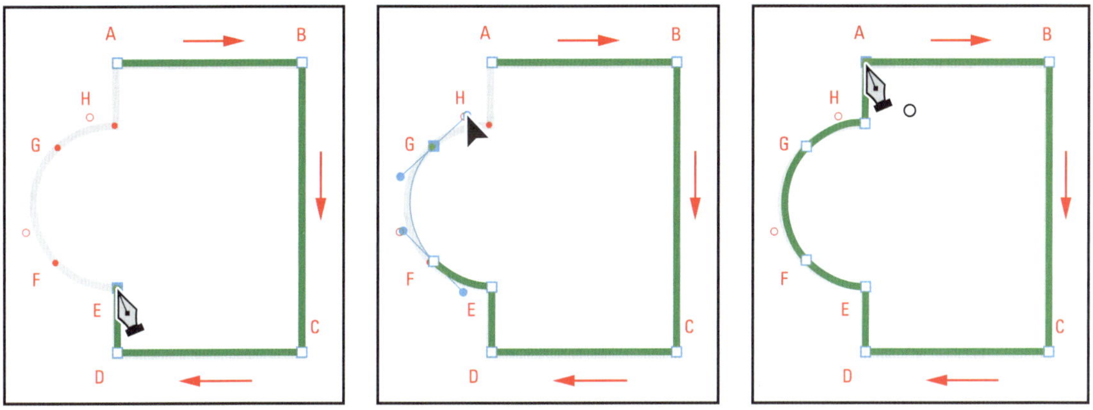

首先绘制一些直线段　　　　　通过拖曳绘制曲线段　　　　　闭合路径

图 8.13

① 单击图形上的 A 点以设置第一个锚点。

② 按住 Shift 键并单击 B 点。按住 Shift 键可确保绘制的线的角度为 45°的整数倍，这里是确保绘制的线为水平线。

③ 按住 Shift 键并依次单击 C、D 和 E 点，以创建笔直的路径段。

④ 在 F 点上按住鼠标左键并拖曳到相应的红圈处，松开鼠标左键，以创建一条弯曲的路径段。

⑤ 在 G 点上按住鼠标左键并拖曳到相应的红圈处，松开鼠标左键，以创建另一条弯曲的路径段。

💡 提示　如果在拖曳方向点时才发现当前锚点与模板中相应的红点不完全重叠，可调整其位置，而不必重新开始。为此，可在不松开鼠标左键的情况下按住空格键并拖曳，等锚点位于正确的位置后松开空格键，以便继续拖曳该锚点的方向点。

⑥ 单击 H 点创建一个角点。

移动角点的方向线时，将只调整一条相应的曲线段，该操作能够在两个路径段之间进行急转弯。

⑦ 单击 A 点绘制最后一条路径段并闭合这条路径。闭合路径后将自动结束绘制，如果接着单击或拖曳，将创建一条新路径。闭合路径后，无须再按 Enter 键，除非要取消选择刚绘制的路径。

⑧ 至此，使用钢笔工具成功地绘制了曲线和直线段。将这个文件关闭，但不保存所做的修改。

8.5　绘制环绕照片中物体的路径

下面绘制环绕真实物体的路径。先使用前面学习到的技巧来绘制一条路径，使其环绕一个橘子。

然后把绘制的这条路径转换为图层蒙版，以便能够修改这个橘子的颜色。这个橘子的有些部分被周围的橘子遮住了，因此将绘制由直线段和曲线段组成的路径，与前面练习绘制的路径类似。修改橘子的颜色后，添加文本和形状图层，以制作一张明信片，帮助一家种植园推销产品。

❶ 在 Photoshop 或 Bridge 中打开 08Start.psd 文件。

这个图像包含两个图层：背景图层和 Path Guide 模板图层，其中后者是为绘制路径而提供的，如图 8.14 所示。

❷ 选择菜单命令"文件">"存储为"，将文件另存为 08Working.psd。如果出现"Photoshop 格式选项"对话框，单击"确定"按钮。

图 8.14

❸ 选择钢笔工具，在选项栏的"工具模式"下拉列表中选择"路径"，如图 8.15 所示。

图 8.15

由于在选项栏的"工具模式"下拉列表中选择了"路径"而不是"形状"，因此绘制时看到的情况将与前面练习时的不同。由于绘制的是路径而不是形状，且绘制的路径将作为临时工作路径出现在路径面板中，因此不会创建形状图层。

为何选择"路径"呢？因为即将绘制的路径并不需要打印或导出，将根据它来创建一个蒙版，它不是最终文档的可见部分。有关"工具模式"下拉列表中"形状"和"路径"的详细信息，请参阅下面的补充内容"比较形状、路径和像素"。

比较形状、路径和像素

选择了钢笔工具（或与它位于同一组的其他工具）或矩形工具（或与它位于同一组的其他工具）时，选项栏中将出现一个下拉列表，让用户选择要使用当前工具创建形状、路径还是像素，如图 8.16 所示。

图 8.16

这个选择很重要，因为每个选项都有不同的优点。

形状是矢量对象，在图层面板中位于独立的图层中。用户可像对像素图层一样对形状图层应用图层效果、蒙版并设置其他属性。区别在于，对于作为矢量路径的图形，可使用钢笔工具和直接选择工具等路径编辑工具进行编辑，但不能使用画笔工具等基于像素的工具进行编辑。对于形状图层，可修改其填充和描边。只要形状图层是可见的，其中的内容就是可见的，而且会被打印和导出。

在图层面板中选择了形状图层后，路径面板中将显示其路径，如图 8.17 所示。

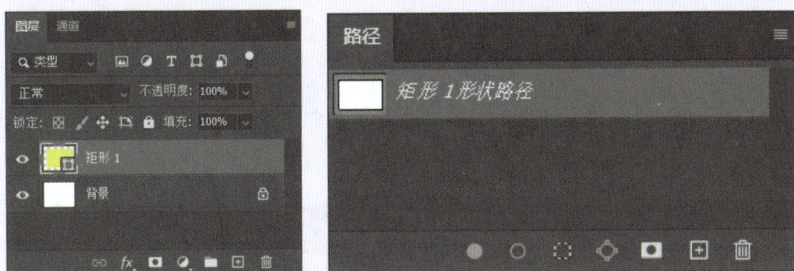

图 8.17

路径是不会显示、不会被打印或导出的矢量对象，因此不会出现在图层面板中，而只出现在路径面板中。路径很有用，可用于创建剪贴蒙版及排列文字。在编辑路径可节省时间的情况下，路径还可充当其他"后台"角色。例如，在有些情况下，可绘制一条路径并对其进行编辑，再将其转换为选区，从而更快地创建选区。

由于路径不是图层，因此只有在路径面板中选择了它，才能在文档窗口中看到它，而且路径不能有描边和填充色。如果看不清路径，可单击选项栏中的"路径选项"按钮，在面板中调整其粗细和颜色。

由于路径在打印或导出的图像中不可见，因此只有在 Photoshop 中绘画时，这些选项才会影响路径的可见性。

有些工具（如矩形工具，以及与它位于同一组的其他工具）还提供了"像素"选项。选择"像素"选项时，将创建像素图层，因此不能使用路径编辑工具来编辑生成的图层。要编辑这种图层，必须使用基于像素的工具，如画笔工具、橡皮擦工具和选择工具。

④ 单击 A 点，如图 8.18（a）所示，路径面板中将出现临时的工作路径，如图 8.18（b）所示。
⑤ 在 B 点上按住鼠标左键并拖曳到它右边的空心圆处，以创建第一条曲线，如图 8.18（c）所示。

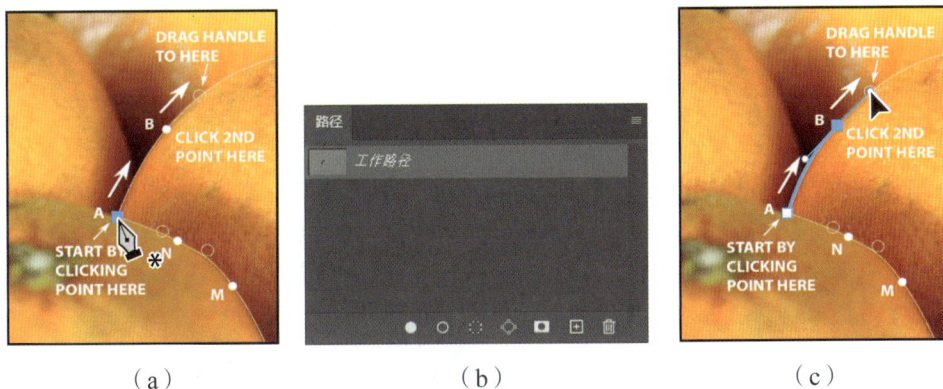

（a） （b） （c）

图 8.18

⑥ 在 C 点上按住鼠标左键并拖曳到它右边的空心圆处。
⑦ 沿这个橘子的边缘继续移动鼠标指针，依次在 D~F 点上按住鼠标左键并拖曳到相应的空心圆处。

⑧ 单击 G 点，创建一个角点。

⑨ 依次在 H 点和 I 点上按住鼠标左键并拖曳到相应的空心圆处，以创建相应的曲线段，如图 8.19 所示。

> 💡 提示　描摹清晰的边缘时，并非只能使用钢笔工具。对于有些形状和边缘，使用套索工具、对象选择工具或快速选择工具进行描摹可能更容易。

图 8.19

⑩ 单击 J 点以创建一个角点。

⑪ 按住 Shift 键并单击 K 点以创建一条水平线，如图 8.20 所示。

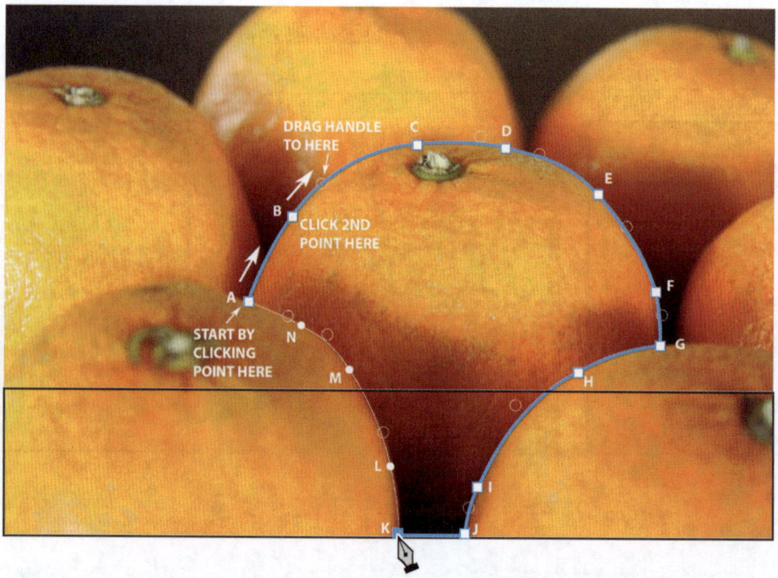

图 8.20

⑫ 依次在 L 点、M 点和 N 点上按住鼠标左键并拖曳到相应的空心圆处，以创建相应的曲线段。

⓭ 将鼠标指针指向 A 点，当鼠标指针旁边出现一个小圆圈后单击以闭合路径，如图 8.21 所示。小圆圈表明当前位置离起点足够近，单击可闭合路径。

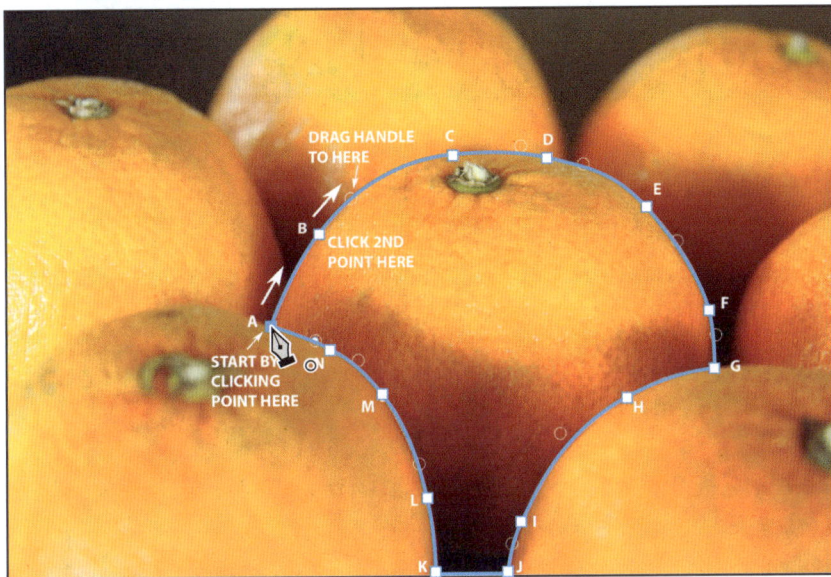

图 8.21

⓮ 对绘制的路径进行评估，如果要调整其中的路径段，请执行第 15 步，否则直接跳到第 16 步。

⓯ 选择与路径选择工具（▶）位于同一组的直接选择工具，按 Esc 键（也可在路径外面的文档窗口中单击）以取消选择所有的锚点，同时确保依然能够看到路径。然后，根据需要使用直接选择工具执行下面的操作。

- 要调整锚点或直线段的位置，拖曳即可。
- 要调整两个锚点之间的曲线段的形状，拖曳该曲线段（不是锚点）即可。
- 要调整从锚点向外延伸的曲线段的形状，拖曳方向点以调整方向线的角度即可。

💡 提示 要移动整个路径，可使用与直接选择工具位于同一组的路径选择工具。

⓰ 创建好路径后，不要取消选择，但要将所做的工作保存。

8.6 将路径转换为选区和图层蒙版

使用钢笔工具可轻松地创建图像中央橘子的精确轮廓，下面使用图层蒙版修改这个橘子的颜色，同时不修改其他橘子的颜色。要创建图层蒙版，需要建立选区，将路径转换为选区很容易。

前面创建的路径是工作路径，它是临时性的，如果接着创建另一条路径，它将取代这条路径。可根据工作路径创建选区，且最好将以后可能重用的路径保存起来。

❶ 在路径面板中双击"工作路径"；在打开的"存储路径"对话框中将名称设置为 Lemon 并单击"确定"按钮，如图 8.22（a）所示。

❷ 在路径面板中，确保选择了 Lemon 路径，然后单击路径面板底部的"将路径作为选区载入"按钮，如图 8.22（b）所示。

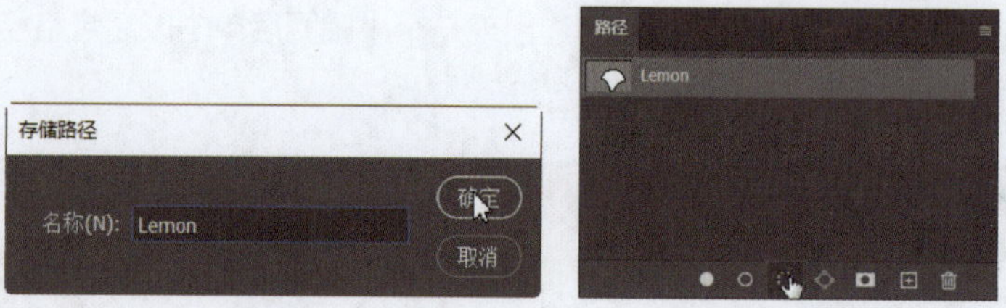

（a）　　　　　　　　　　　（b）

图 8.22

提示 如果要创建可作为路径进行编辑的蒙版，可创建一个矢量蒙版。为此，可跳过第 2 步，并在第 4 步添加色相 / 饱和度调整图层时，确保在路径面板中选择了 Lemon 路径。

提示 将选区转换为路径也很容易，只需在选区处于活动状态的情况下单击路径面板底部的“从选区生成工作路径”按钮（ ）。它位于“将路径作为选区载入”按钮的右边。

Photoshop 根据这条路径创建了一个选区，下面将选定橘子的颜色改为柠檬黄色，为此将使用一个色相 / 饱和度调整图层，以及一个覆盖这个橘子的图层蒙版。刚才创建的选区让你能够快速而轻松地创建图层蒙版，因为添加调整图层时，当前活动选区将自动转换为图层蒙版。

3 在图层面板中隐藏 Path Guide 图层（因为不再需要它），然后选择 Background 图层。

4 在调整面板中向下滚动到“单一调整”类别，并单击图 8.23（a）所示的“色相 / 饱和度”，图层面板中将新增一个色相 / 饱和度调整图层，它自动包含一个从当前活动选区创建的图层蒙版，如图 8.23（b）所示。

5 在属性面板中修改“色相”值，让选定橘子的颜色变成柠檬黄色，这里设置的“色相”值为 +17，如图 8.24 所示。

（a）　　　　　　　　　　　（b）

图 8.23

图 8.24

6 将文档保存。

> **提示** 修改选定橘子的颜色后，可能会发现图层蒙版边缘存在细微的误差，此时可编辑蒙版：在图层面板中单击图层蒙版缩览图，然后选择画笔工具，在调整图层应用的颜色可见的地方用白色绘画，在背景图层可见的地方用黑色绘画（如果是矢量蒙版，可使用直接选择工具和钢笔工具来编辑）。

前面使用钢笔工具快速而精确地绘制了一条环绕橘子的路径，并将这条路径转换为选区，以便在应用调整图层时使用这个选区创建一个图层蒙版来隔离主体。

8.7 使用文本和自定义形状创建 Logo

下面使用文本和形状图层创建一个 Logo，并将它覆盖在图像上。

1 如果未显示标尺，选择菜单命令“视图”>“标尺”，显示标尺。

2 如果当前的标尺单位为像素，在标尺上单击鼠标右键（Windows）或按住 Control 键并单击（macOS），在上下文菜单中选择“英寸”。这个图像是要印刷的，对印刷品来说，合适的度量单位为英寸。

3 在图层面板中，确保选择了色相/饱和度调整图层，这样，接下来创建的图层将位于它上面。

4 选择横排文字工具，并在选项栏中做以下设置，如图 8.25 所示。

- 从“字体系列”下拉列表中选择一种字体，这里使用的是 Arial，且为粗体（Bold），也可使用其他合适的字体。
- 将“字体大小”设置为 55 点。
- 单击“右对齐文本”按钮，因为稍后要在文本左边添加图形元素。
- 单击色板并将文本颜色设置为白色。

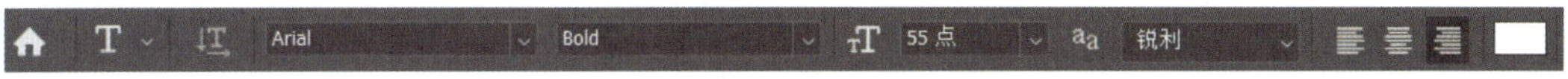

图 8.25

> **提示** 在第 4 步中，一种快速查找字体的方式是，在“字体系列”下拉列表中输入字体名的一部分（如 bold 或 heavy），这样列表中将只显示名称包含输入内容的字体，方便用户从中选择所需的字体。

5 拖曳鼠标在图像底部创建一个文字图层，它离左右两边和下边缘的距离都大约为 0.5 英寸。这里创建的文字图层宽约 9 英寸、高约 1 英寸。

6 输入 Citrus Lane Farms 以替代占位文本，单击选项栏中的提交按钮，结果如图 8.26 所示。在图层面板中，不要取消选择这个文字图层。

7 字距较小时，这种字体看起来更漂亮，因此选择这些文字，并在字符面板或属性面板中将“字距”设置为负数，这里设置为 -25。

8 在属性面板的“文字选项”部分单击“全部大写”按钮，如图 8.27 所示。如果没有看到这个按钮，请在属性面板中向下滚动。

9 如果需要，使用移动工具调整这个文字图层的位置，使其与下边缘和右边缘的距离更合适，并在左边留下一定的空间，用于放置接下来要添加的图形，如图 8.28 所示。

图 8.26 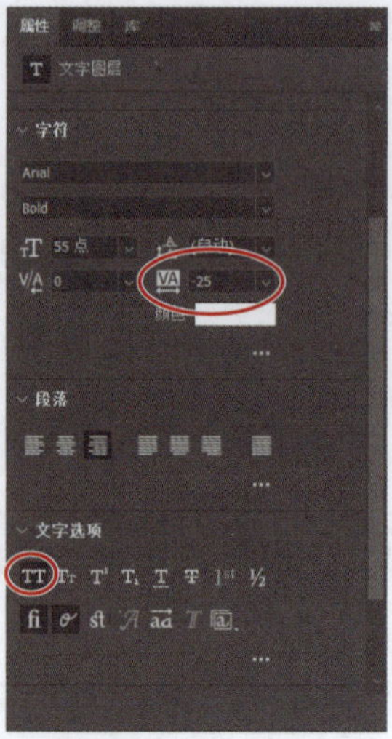   图 8.27

图 8.28

添加预设形状

需要添加符号或物体等形状时，可以使用形状面板。形状面板中包含各种预定义的形状，在文档中添加形状时，将创建一个形状图层。

形状是使用路径绘制的矢量对象，具有两个优点：可像编辑本课前面绘制的路径那样编辑它们；与文字图层一样，在文档分辨率允许的情况下，它们总是平滑而清晰的。

用户可以在形状面板中查找形状。这个面板易于使用，因为其工作原理类似于 Photoshop 中其他包含预设的面板（如色板面板、渐变面板和画笔面板）。在其中能看到小型的预设预览图，可将预设编组，还可创建自己的预设。

① 选择菜单命令"窗口" > "形状"，显示形状面板。形状面板包含成组的形状预设。

② 展开"花卉"预设组，如图 8.29 所示。

图 8.29

使用 Creative Cloud 库共享链接的智能对象

使用 Creative Cloud 库来组织和分享设计素材，可让用户和其团队成员能够在众多 Creative Cloud 桌面应用程序和移动应用程序中使用这些内容。下面就来尝试一下。

❶ 打开 08End.psd 文件。如果没有打开库面板，选择菜单命令"窗口">"库"打开它。

❷ 在库面板菜单中选择"新建库"，将库命名为 Citrus Lane Farms，并单击"创建"按钮。

❸ 在图层面板中选择 Flower 图层，然后按住 Shift 键并单击 Citrus Lane Farms 文字图层，以同时选择这两个图层。

❹ 单击库面板底部的"添加内容"按钮（ ➕ ）并选择"图形"，将这两个图层作为单个条目添加到库中。

这个形状被库面板同步到 Creative Cloud 后（见图 8.30），就可在所有 Creative Cloud 桌面应用程序以及移动应用程序中使用它。

对 Citrus Lane Farms 文字图层的外观进行调整，使其位于橘子图像上面且很清晰。将其放在其他背景上时，应检查它是否清晰，并在必要时进行编辑。库项目是链接到 Creative Cloud 的智能对象，可在 Photoshop 中双击它，以便对其进行编辑。保存所做的修改时，将更新所有使用它的文档。

将颜色加入库中

可在库中存储颜色，供各种 Adobe 软件使用。

❶ 选择吸管工具，然后单击文档窗口中的花朵，让工具面板中的前景色变成花朵的颜色。

❷ 单击库面板底部的"添加内容"按钮并选择"前景色"，将前景色加入当前库中，如图 8.31 所示。

图 8.30

图 8.31

协作

通过共享 Creative Cloud 库，可让团队始终有素材的最新版本。在库面板菜单中选择"邀请人员"，在打开的对话框中填写邀请的相关信息，如图 8.32 所示。被邀请的人员登录 Creative Cloud 账户后，将在其 Creative Cloud 应用程序中看到共享的库。

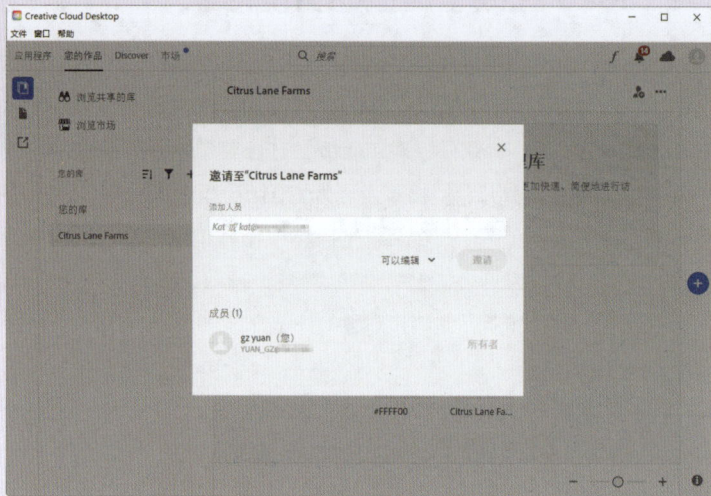

图 8.32

使用 Adobe 移动应用程序在库中添加素材

使用诸如 Adobe Capture 等 Adobe 移动应用程序可利用手机或平板计算机上的摄像头记录实际使用的颜色主题、形状和画笔，并将它们添加到 Creative Cloud 库中。使用移动应用程序添加的库素材将自动同步到 Creative Cloud 账户，因此在计算机中打开 Creative Cloud 应用程序时，就能在库面板中看到这些新增的素材。

❸ 将最后一个形状预设拖曳到 CITRUS LANE FARMS 文本的左边，如图 8.33 所示。

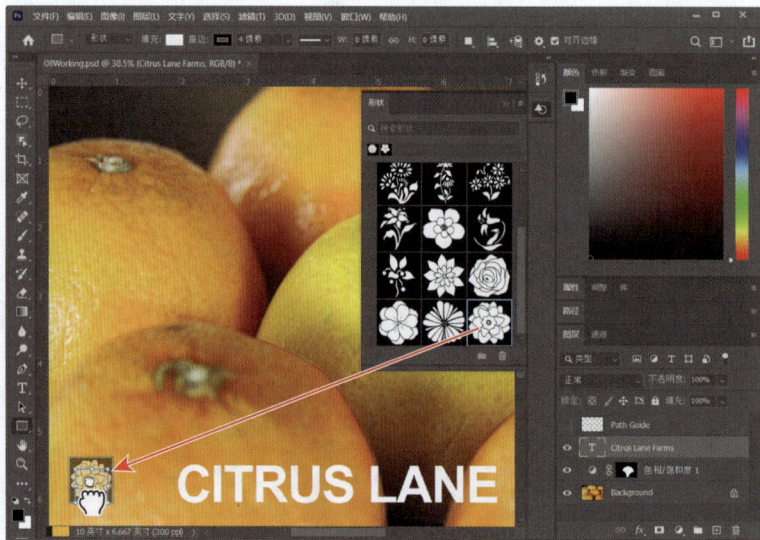

图 8.33

这个花朵形状将出现在图层面板中。在文档窗口中，这个形状周围有定界框，可以做些调整再提交。

提示 如果要保存自定义的形状预设，可绘制路径或形状，使用路径选择工具选择它，然后选择菜单命令"编辑">"定义自定形状"，给形状命名，并单击"确定"按钮。它将添加到形状面板中，如果当前选择了某个预设组，形状将添加到这个预设组中。

④ 拖曳花朵形状的任何一个手柄，将其高度调整到 1.5 英寸左右。

提示 如果智能参考线妨碍做精确调整，可在拖曳时按住 Ctrl 键（Windows）或 Control 键（macOS）。

⑤ 拖曳花朵形状，将其放在文档窗口左边和 CITRUS LANE FARMS 文本之间。

⑥ 单击选项栏中的提交按钮或按 Enter 键，定界框将消失。

这样就添加了一个形状，它使用当前的填充和描边设置——这些设置是前面练习绘制形状时指定的。这里要用黄色填充这个花朵形状。在定界框处于活动状态的情况下无法修改填充颜色，但现在已提交变换了，因此可以修改颜色。

⑦ 在图层面板中确保选择了花朵形状图层。

⑧ 双击这个形状图层，输入 Flower 并按 Enter 键，以重命名这个形状图层。

⑨ 选择一种形状工具，如矩形工具或与它位于同一组的其他工具，选项栏中将显示形状的设置。

提示 由于所有的形状都是路径，因此将其添加到文档中后，如果想让预设形状稍微不同，就可使用钢笔工具、与钢笔工具位于同一组的任何工具或直接选择工具编辑它们。

⑩ 在选项栏中单击填充色板，在弹出的面板中展开 RGB 预设组，并单击其中的黄色色板；单击描边色板并从弹出的面板中选择"无颜色"，然后按 Enter 键折叠这个面板，如图 8.34 所示。

⑪ 选择菜单命令"选择">"取消选择图层"，以便在不突出其路径的情况下查看花朵形状。

⑫ 如果需要，使用移动工具调整花朵和文本的位置，让它们看起来是一个 Logo，同时调整整个 Logo 与文档边缘的距离，如图 8.35 所示。

图 8.34

图 8.35

⑬ 将文件保存。

至此，合并了一幅图像、一个将手动绘制的路径作为蒙版的颜色调整图层、一个预定义的形状，以及一个文字图层。这张明信片就制作好了。

使用预设快速添加颜色和效果

可使用预设快速改善 Logo 中花朵和文本的外观，方法类似于使用形状面板添加花朵形状并使用色板面板修改其颜色。

❶ 打开 08Working.psd 文件，并将其另存为 08StylePresets.psd。

❷ 将一种预设应用于花朵形状。选择菜单命令"窗口">"样式"，打开样式面板，并展开"基础"预设组。

❸ 将"基础"预设组中的第二个预设拖曳到文档窗口中的花朵上（见图 8.36），该样式将应用于 Flower 形状图层。然后将这个样式拖曳到文本上。

要应用预设，可将其拖曳到图层上，也可在选择了图层的情况下单击预设。

这里使用的基础样式包含简单的描边和投影效果（见图 8.37）。要探索各种设计选项，可编辑样式面板、渐变面板、图案面板和色板面板中的预设，并将其应用于图层，直到得到所需的结果。此外，还可在这些面板中添加自己的预设。

图 8.36

图 8.37

在图层面板中，可查看预设的效果，还可以不同的方式微调这些效果。

· 单击图层效果的眼睛图标，以禁用它们。

· 双击图层效果名打开"图层样式"对话框，并在其中编辑图层效果。

· 应用预设时，如果图层看起来没有变化，可能需要先删除已应用的效果。为此，可在图层面板中将"效果"拖曳到图层面板底部的"删除图层"按钮（🗑）上。请注意，预设也可能修改图层的不透明度和填充不透明度设置，因此要将这些设置恢复到默认值 100%。

· 应用预设后，如果在图层名下方没有看到任何效果，可能是因为这个预设是作为填充或描边而不是作为图层效果应用的。要编辑它，可双击形状图层的缩览图（而不是图层名）。

· 将预设应用于形状后，如果选择了矩形工具等形状工具，选项栏中将显示形状选项。此时，单击填充色板或描边色板可编辑这个预设。

使用智能参考线确保对齐及间距相同

可使用 Flower 图层来创建重复的装饰图案，以便用于包装上或作为其他标志。智能参考线可让图案均匀分布。

1 打开 08End.psd 文件，并将其另存为 08SmartGuides.psd。选择菜单命令"视图">"显示"，确认"智能参考线"命令旁边有一个对钩，这表明启用了智能参考线。

2 选择 Flower 图层，然后选择移动工具，按住 Alt 键（Windows）或 Option 键（macOS）并拖曳，将复制得到的图层往上拖曳，等到洋红色框中的值大约为 3 英寸时松开鼠标左键。请注意，洋红色的智能参考线可用于确保复制得到的图层与原图层对齐。如果没有智能参考线，就必须按住 Shift 键来确保复制得到的图层与原图层对齐。拖曳时按住 Alt 键或 Option 键将复制选定的图层。

3 在图层面板中，将"Flower 拷贝"图层的不透明度设置为 50%。

4 确保依然选择了移动工具和"Flower 拷贝"图层。按住 Alt 键或 Option 键并向右拖曳"Flower 拷贝"图层的副本，等洋红色框中的值指出两个图层的距离大约为 1 英寸且两个图层对齐时松开鼠标左键。

5 在选择了"Flower 拷贝 2"图层的情况下，按住 Alt 键或 Option 键并向右拖曳"Flower 拷贝 2"图层的副本，等 3 个花朵图层之间出现两个变换值框后松开鼠标左键，这些变换值框表明 3 个花朵图层之间的距离是相等的，如图 8.38 所示。拖曳图层时，使用智能参考线可快速而轻松地确保它们的分布是均匀的。

图 8.38

6 重复第 4 步，得到 4 朵分布均匀的花，如图 8.39 所示。

图 8.39

8.8　复习题

1. 位图和矢量图有什么不同?
2. 使用钢笔工具添加锚点时,如何确保接下来的路径段是弯曲的?
3. 如何在文档中添加预设形状?
4. 编辑路径和形状时,为何要使用直接选择工具而不是路径选择工具?
5. 有哪些调整弯曲路径段形状的方式?

8.9　复习题答案

1. 位图(光栅图像)是基于像素网格的,适用于连续调图像,如照片或使用绘画软件创作的作品。矢量图由基于数学表达式的形状组成,适用于插图、文字,以及诸如徽标等可能被缩放到不同尺寸的图形。
2. 使用钢笔工具拖曳(而不是单击)来创建下一个锚点。
3. 要添加预设形状,可打开形状面板,找到所需的形状,然后将其拖曳到文档窗口中。
4. 使用直接选择工具能够编辑路径或形状中的锚点、路径段和方向线,而使用路径选择工具能够移动整个路径或形状以及调整它们的大小。
5. 要调整弯曲路径段的形状,可使用直接选择工具拖曳其任何一个锚点、任何一个锚点的方向点或弯曲路径段本身。

高级合成技术

本课概览

- 应用和编辑智能滤镜。
- 对选定的图像区域应用颜色效果。
- 使用历史记录面板使图像恢复到以前的状态。
- 使用"液化"滤镜创造性地扭曲图像。
- 应用滤镜以创建各种效果。
- 在保证质量的情况下增大图像的像素尺寸。

学习本课大约需要 **1** 小时

使用滤镜可将普通图像转换成出色的数字作品。对于使用智能滤镜所做的变换，可随时进行编辑而不会破坏原始图像。Photoshop 提供了丰富的功能，可满足用户各种各样的创作需求。

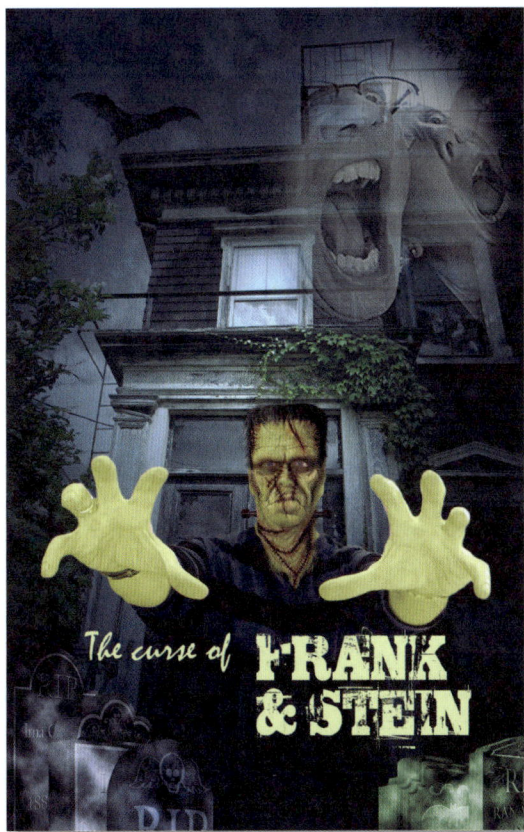

9.1 课前准备

本课将把一些图像合成起来制作成电影海报，并探索 Photoshop 滤镜的使用方法。下面查看最终的文件，以了解需要完成的工作。

❶ 启动 Photoshop 并立刻按 Ctrl + Alt + Shift 组合键（Windows）或 Command + Option + Shift 组合键（macOS）。

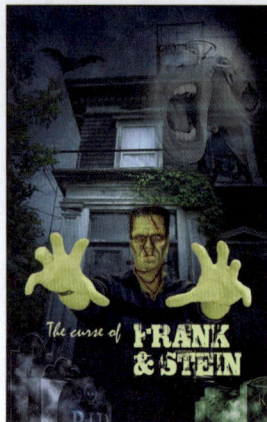

图 9.1

❷ 在出现的提示对话框中单击"是"按钮，确认删除 Adobe Photoshop 设置文件。

❸ 选择菜单命令"文件">"在 Bridge 中浏览"，打开 Bridge。

❹ 在收藏夹面板中单击 Lessons 文件夹，然后双击内容面板中的 Lesson09 文件夹。

❺ 查看 09End.psd 文件的缩览图，如图 9.1 所示。如果希望看到图像的更多细节，可以将 Bridge 窗口底部的缩览图滑块向右移。

这是一张电影海报，由背景、怪人图像和其他几个图像组成，且其中每个图像都应用了一种或多种滤镜或效果。

怪人是使用正常的人像和几个有些恐怖的图像合成的。这种怪异效果由拉塞尔·布朗（Russell Brown）根据约翰·康奈尔（John Connell）绘制的插图制作而成。

❻ 在 Bridge 中，切换到 Lesson09\Monster_Makeup 文件夹，如图 9.2 所示。

图 9.2

❼ 按住 Shift 键单击 Monster_Makeup 文件夹中的第一个和最后一个文件，以选择这个文件夹中的所有文件，然后选择菜单命令"工具">"Photoshop">"将文件载入 Photoshop 图层"；如果出现有关新功能的提示对话框，将其关闭。结果如图 9.3 所示。

这里新建了一个 Photoshop 文件，并将所有选定的文件作为不同的图层导入其中。对于怪人的组成部分，设计师使用了红色来标识它们所属的图层。

❽ 在 Photoshop 中，选择菜单命令"文件">"存储为"，在打开的对话框中将"保存类型"设置为"Photoshop（*.PSD；*.PDD；*.PSDT）"，将"文件名"设置为 09Working.psd，并将其存储到 Lesson09 文件夹中。在"Photoshop 格式选项"对话框中单击"确定"按钮。

图 9.3

9.2 排列图层

这个图像文件包含 8 个图层，它们是按字母顺序排列的。在以这样的顺序排列时，组成的图像并不是怪人。下面来重新排列图层，并调整图层内容的尺寸，以构成怪人雏形。

① 缩小或滚动视图，以便能够看到整个文档。另外，如果在图层面板中不能同时看到所有的图层，可以拖曳图层面板的上边缘直至显示全部图层。

② 在图层面板中将 Monster_Hair.psd 图层拖曳到图层列表顶部。

③ 将 Franken.psd 图层拖曳到图层列表底部。

④ 选择移动工具，在文档窗口中将 Franken.psd 图层移到画布底部，如图 9.4 所示。

💡**注意** 拖曳时如果选择了错误的图层，请取消勾选选项栏中的"自动选择"复选框，再尝试将 Franken.psd 图层拖曳到画布底部。

图 9.4

⑤ 在图层面板中按住 Shift 键并单击选择除 Franken.psd 图层外的所有图层，然后选择菜单命令"编辑">"自由变换"，效果如图 9.5 所示。

💡 提示 "自由变换"命令的快捷键为 Ctrl + T（Windows）或 Command + T（macOS）。这是一个全能命令，使用它可移动、缩放或旋转选定的图层，因此有必要记住其快捷键。

图 9.5

⑥ 向右下方拖曳定界框的左上角，如图 9.6（a）所示，将所有选定图像缩小到原来的 50% 左右，如图 9.6（b）所示（注意查看选项栏中的宽度和高度百分比）。

⑦ 在依然显示定界框的情况下将这些图像拖曳到人像的头部区域［见图 9.6（c）］，然后按 Enter 键提交变换。

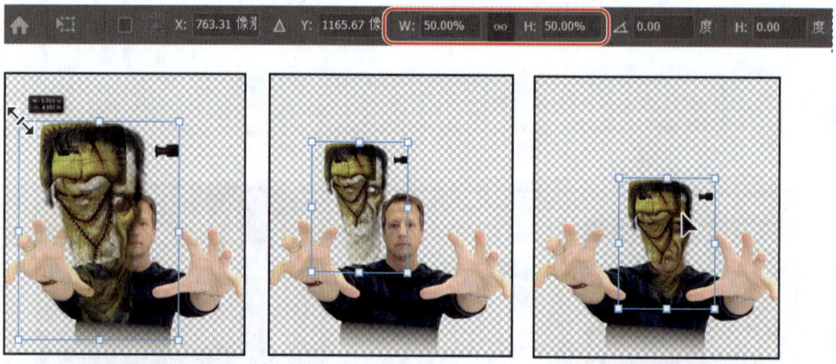

（a）　　　　　　　（b）　　　　　　　（c）

图 9.6

⑧ 放大视图以便看清人像的头部区域。

⑨ 隐藏除 Green_Skin_Texture.psd 和 Franken.psd 图层外的所有图层。选择 Green_Skin_Texture.psd 图层，并使用移动工具将该图层与人像脸部居中对齐，如图 9.7 所示。

💡 提示 如果拖曳时出现洋红色的智能参考线，导致难以调整 Green_Skin_Texture.psd 图层的位置，可按住 Ctrl 键（Windows）或 Control 键（macOS）暂时禁用对齐到智能参考线功能。此外，也可选择菜单命令"视图">"显示">"智能参考线"，永久性禁用对齐到智能参考线功能。

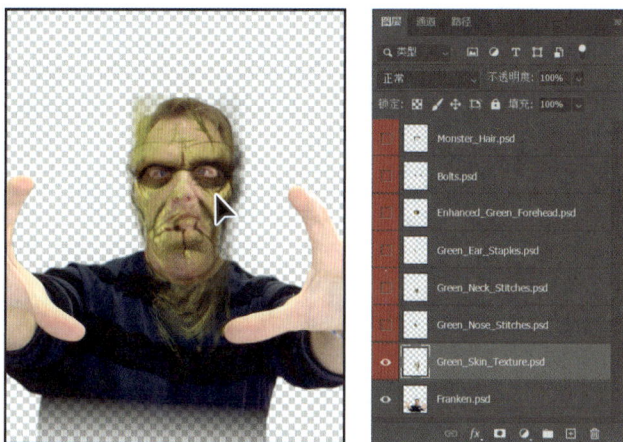

图 9.7

🔟 再次选择菜单命令"编辑">"自由变换"，以调整 Green_Skin_Texture.psd 图层的大小，使其与人像的脸部匹配。可拖曳定界框上的手柄来调整 Green_Skin_Texture.psd 图层的大小，使用方向键微调该图层的位置，确保眼睛和嘴巴都是对齐的（要在调整时保持图像的宽高比不变，可在拖曳手柄时按住 Shift 键）。调整好这个图层的大小和位置后，按 Enter 键提交变换，如图 9.8 所示。

> 💡 提示　要更精确地调整纹理，使其与人像的脸部匹配，可选择菜单命令"编辑">"变换">"变形"，并拖曳变换网格或手柄，调整好后按 Enter 键提交变换。

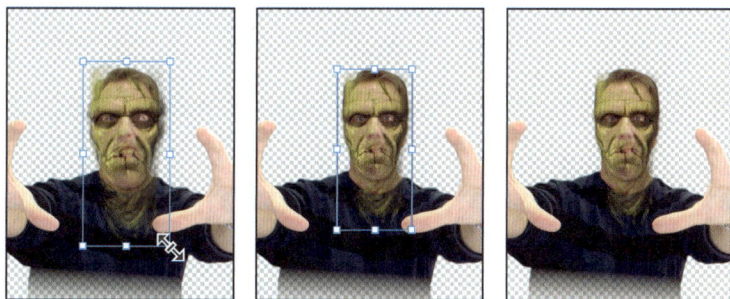

图 9.8

⓫ 将文件保存。

9.3　使用智能滤镜

使用"滤镜"菜单中的命令应用滤镜时，将永久性地修改图层中的像素。为了能够在应用滤镜后随时编辑滤镜设置以及隐藏和删除滤镜，可将图层转换为智能对象，再对其应用滤镜，这样应用的滤镜将是非破坏性的智能滤镜。

9.3.1　应用"液化"滤镜

下面使用"液化"滤镜来缩小怪人的眼睛，并修改其脸部的形状。为了以后能够调整应用的"液化"滤镜的设置，这里将以智能滤镜的方式使用它。为此，需要将 Green_Skin_Texture.psd 图层转换为智能对象。

①　在图层面板中确保选择了 Green_Skin_Texture.psd 图层，然后选择菜单命令"滤镜"＞"转换为智能滤镜"，将选定图层转换为智能对象。如果出现对话框，询问是否要转换为智能对象，单击"确定"按钮。

> 💡 **提示**　在图层面板中，如果 Green_Skin_Texture.psd 图层的缩览图右下角有图 9.9 所示的图标，表明它是一个智能对象。

图 9.9

②　选择菜单命令"滤镜"＞"液化"。

"液化"对话框中将显示这个图层。

③　在"液化"对话框中，如果展开了"人脸识别液化"部分，单击旁边的三角形将其折叠起来。

人脸识别液化在第 5 课使用过，这虽然是一种快速而强大的脸部特征修改工具，但其修改脸部的方式有限。这里将尝试一些手动液化方法，在需要创建表情更丰富的脸部时可以使用这些方法。将"人脸识别液化"部分的选项隐藏起来可以专注于"液化"对话框中的其他选项。

④　勾选"显示背景"复选框，然后从"模式"下拉列表中选择"背后"，将"不透明度"设置为75，如图 9.10 所示。

> 💡 **注意**　第 4 步并没有修改文档，只是改变了在"液化"对话框中调整选定图层时可看到的其他图层内容的多少。

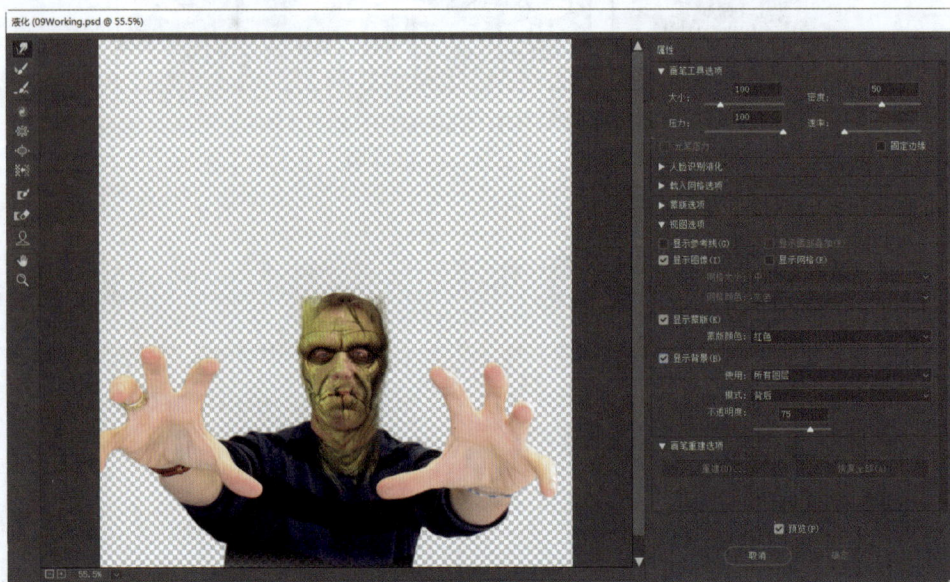

图 9.10

⑤ 从对话框左侧的工具面板中选择缩放工具（🔍），放大眼睛区域。

⑥ 选择向前变形工具（🔖）。

拖曳时，向前变形工具将像素往前推。

⑦ 在"画笔工具选项"部分将"大小"设置为150，将"压力"设置为75，如图9.11（a）所示。

⑧ 使用向前变形工具将怪人的右眼往下推以缩小眼睛，然后从右眼下方往上推，如图9.11（b）所示。

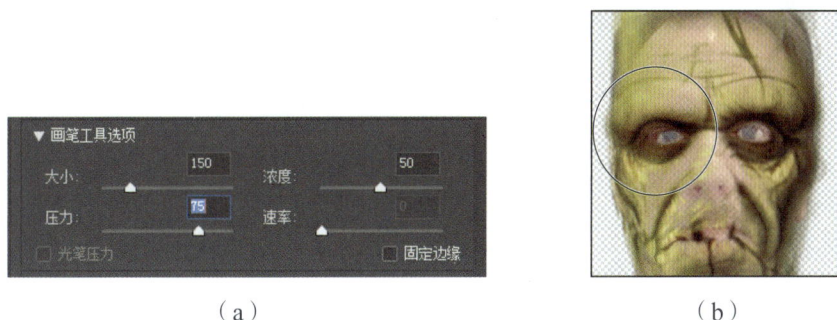

（a）　　　　　　　　　　　　　　　（b）

图 9.11

⑨ 对怪人的左眼进行第8步的操作。此外，可以使用向前变形工具以不同的方式处理两只眼睛，让脸部看起来更恐怖。

⑩ 消除眼睛周围的空白后，单击"确定"按钮。

由于是以智能滤镜的方式应用的"液化"滤镜，因此以后可进一步修改脸部，而不会降低图像的质量；修改时，只需在图层面板中双击这个智能对象。

9.3.2　调整其他图层的位置

下面调整其他图层的位置——从图层面板的底部开始往上处理。

❶ 在图层面板中，让 Green_Nose_Stitches.psd 图层可见并选择它，如图9.12所示。

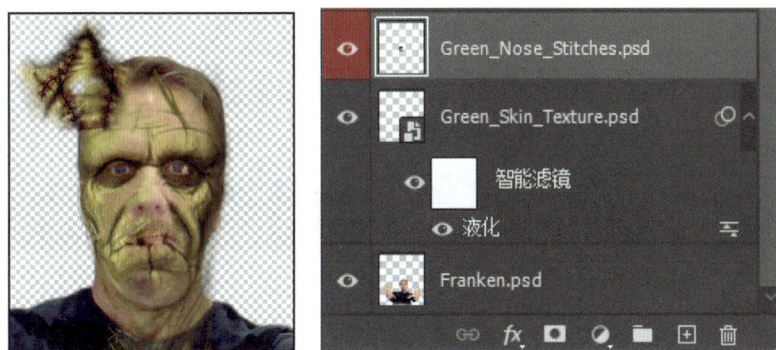

图 9.12

❷ 选择菜单命令"编辑">"自由变换"，然后将这个图层移到鼻子上，并在必要时调整其大小，按 Enter 键提交变换，如图9.13所示。

> 💡提示　要在调整图像大小时保持中心位置不变，可在拖曳定界框手柄时按住 Alt 键（Windows）或 Option 键（macOS）。

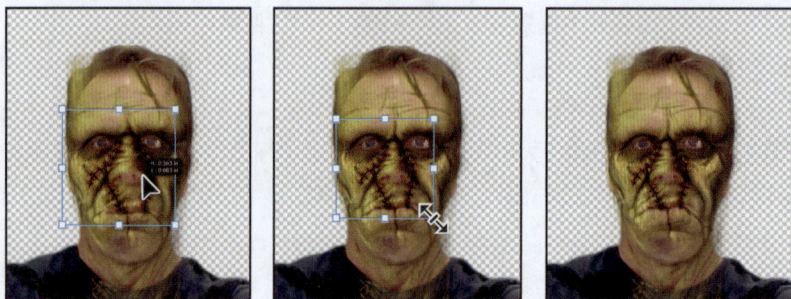

图 9.13

💡 **提示** 如果只想调整图层的位置，使用移动工具拖曳即可。在这些步骤中，选择菜单命令"编辑">"自由变换"后既能调整图层的位置，又能调整其大小。

下面重复上述操作，将其他图层放置到正确的位置。

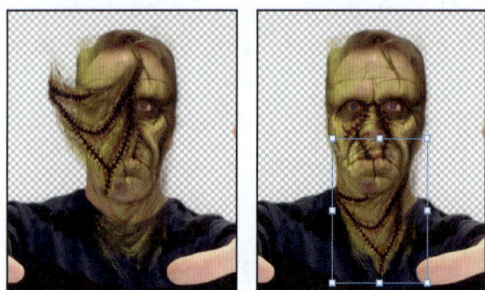

图 9.14

③ 让 Green_Neck_Stitches.psd 图层可见并选择它，将这个图层移到脖子上。如果需要调整其大小，可选择菜单命令"编辑">"自由变换"，调整后，如图 9.14 所示，然后按 Enter 键提交变换。

④ 让 Green_Ear_Staples.psd 图层可见并选择它，将其移到右耳上。选择菜单命令"编辑">"自由变换"，调整好其大小和位置，如图 9.15 所示，然后按 Enter 键提交变换。

⑤ 让 Enhanced_Green_Forehead.psd 图层可见并选择它，将这个图层移到前额上。选择菜单命令"编辑">"自由变换"，调整这个图层的大小，使其与前额匹配，如图 9.16 所示，然后按 Enter 键提交变换。

图 9.15   图 9.16

💡 **提示** 要调整选定图层的位置和大小，可使用移动工具、选择菜单命令"编辑">"自由变换"或按方向键。可根据需要选择合适的方式。

⑥ 让 Bolts.psd 图层可见并选择它，拖曳这些螺钉，使它们分别位于脖子两边。选择菜单命令"编辑">"自由变换"，调整这个图层的大小，让螺钉贴在脖子上。调整好螺钉的位置，如图 9.17 所示，然后按 Enter 键提交变换。

⑦ 让 Monster_Hair.psd 图层可见并选择它，将这个图层移到前额上方。选择菜单命令"编

辑">"自由变换"，调整这个图层的大小，使其与前额匹配，如图 9.18 所示，然后按 Enter 键提交变换。

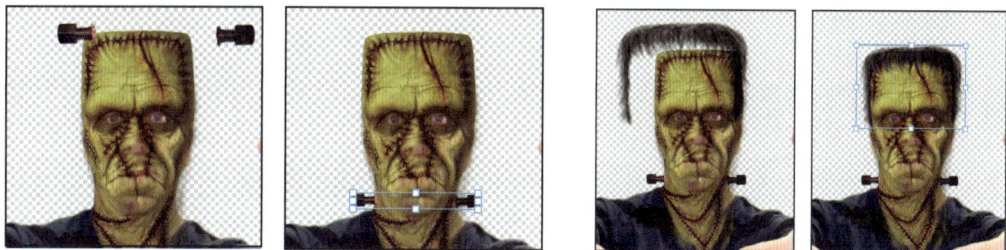

图 9.17　　　　　　　　　　　　　　　　图 9.18

8 保存所做的全部工作。

9.3.3　编辑智能滤镜

调整好所有图层的位置和大小后，可进一步调整怪人眼睛的大小，并尝试让其眉毛更粗。

1 在图层面板中双击 Green_Skin_Texture.psd 图层中"智能滤镜"下方的"液化"。

Photoshop 将再次打开"液化"对话框。这次所有图层都是可见的，因此勾选"显示背景"复选框时，将看到所有图层。有时候，在没有背景分散注意力的情况下进行修改更容易；而在很多时候，在有背景的情况下查看编辑结果很有用。

2 放大图像让眼睛更清晰。

3 选择工具面板中的褶皱工具（🐱），并在两只眼睛的外眼角处单击，如图 9.19 所示。

单击或拖曳时，像素会往画笔中央移动，形成褶皱效果。

4 选择膨胀工具（◈），单击一条眉毛的外边缘将眉毛加粗，再对另一条眉毛做同样的处理，结果如图 9.20 所示。

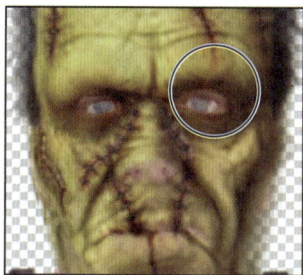

图 9.19　　　　　　　　　　　　图 9.20

单击或拖曳时，像素会从画笔中央向外移。

> 💡**提示**　相比"人脸识别液化"部分的选项，使用"液化"对话框左边的褶皱工具、膨胀工具等能够更好地控制液化扭曲，而且它们可用于图像的任何部分，但使用"人脸识别液化"部分的选项更容易对脸部特征进行快速而细微的调整。

5 尝试使用褶皱工具、膨胀工具和"液化"对话框中的其他工具调整怪人的脸部。可修改画笔大小和其他设置，还可以选择菜单命令"编辑">"还原"撤销各个步骤。如果"编辑"菜单不可用，可使用"还原"命令的快捷键 Ctrl + Z（Windows）或 Command + Z（macOS）。如果要放弃所有的修改并重新开始，可按住 Alt 键（Windows）或 Option 键（macOS），等"取消"按钮变成"复位"按钮后再单击它。

⑥ 对怪人的脸部满意后，单击"确定"按钮，保存所做的工作。

9.4 在图层上绘画

在 Photoshop 中，在图层和对象上绘画的方式有很多，其中最简单的方式之一是将图层的混合模式设置为"颜色"，再使用画笔工具进行绘画。下面就使用这种方式将怪人暴露的皮肤变成绿色。

图 9.21

① 在图层面板中选择 Franken.psd 图层。
② 单击图层面板底部的"创建新图层"按钮（田）。
Photoshop 将新建一个名为"图层 1"的图层。

③ 在选择"图层 1"的情况下从图层面板顶部的"混合模式"下拉列表中选择"颜色"，如图 9.21 所示。

💡 提示　不要将图层的混合模式（在图层面板中设置）和工具的混合模式（在选项栏中设置）混为一谈。有关混合模式的详细信息（包括各种混合模式的描述）请参阅 Photoshop 帮助文档中的"混合模式"。

"颜色"混合模式会组合基色（图层上的既有颜色）的明度及应用的颜色的色相和饱和度，适用于给单色图像着色或给彩色图像染色。

④ 在工具面板中选择画笔工具。在选项栏中将画笔的"大小"设置为 60 像素，并将"硬度"设置为 0%，如图 9.22（a）所示。

⑤ 按住 Alt 键（Windows）或 Option 键（macOS）暂时切换到吸管工具，并从怪人前额采集绿色，如图 9.22（b）所示。松开 Alt 键或 Option 键，切换回画笔工具。

采集的颜色将作为前景色并载入画笔工具中。

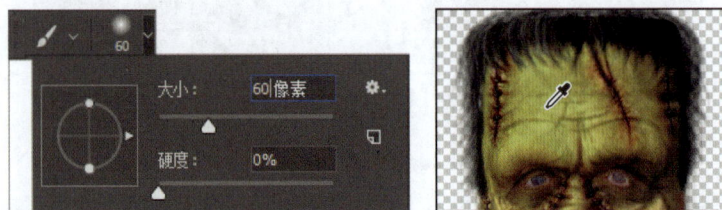

（a）　　　　　　　　　　　（b）
图 9.22

⑥ 按住 Ctrl 键（Windows）或 Command 键（macOS）并单击 Franken.psd 图层的缩览图，以选择其内容，此时文档窗口中出现了一个覆盖该图层内容的选区，如图 9.23 所示。

在图层面板中单击图层选择它，确保绘画将在该图层中进行，但这里只想在 Franken.psd 图层中的皮肤区域绘画。按住 Ctrl 键（Windows）或 Command 键（macOS）并单击 Franken.psd 图层的缩览图是一种快捷方式，可创建一个选区，它覆盖了 Franken.psd 图层中所有的非透明像素。

提示 第 6 步选择了一个图层的非透明区域，但这里要做的是调整皮肤的颜色，因此另一种方法是选择菜单命令"选择">"色彩范围"，在打开的"色彩范围"对话框中，从"选择"下拉列表中选择"肤色"。该方法只会选择皮肤，而不会选择衬衫。

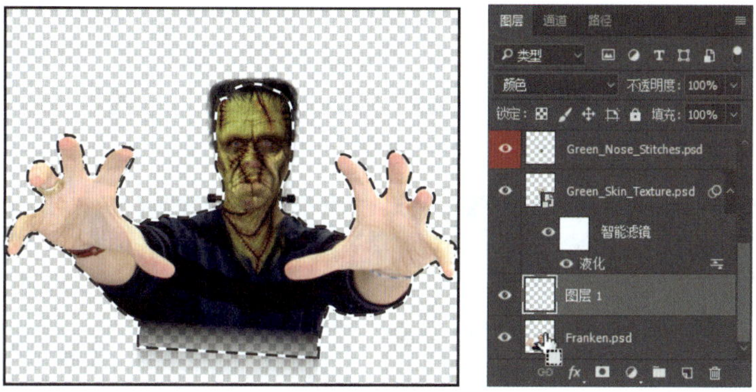

图 9.23

⑦ 确保在图层面板中选择了"图层 1"，使用画笔工具在手和胳膊上绘画，如图 9.24 所示。对于位于透明区域附近的手掌，可快速绘画，因为选区限制了可绘画的区域。然而，衬衫也位于选区内，因此在衬衫附近的皮肤上绘画时，要注意只在皮肤上绘画，而不要画到衬衫上。

图 9.24

提示 要在绘画时调整画笔的大小，可按 [或] 键。按 [键可缩小画笔，按] 键可放大画笔。

⑧ 在脸和脖子部分，对透过 Green_Skin_Texture.psd 图层显露出来原来皮肤颜色的区域进行绘画。

⑨ 对绿色皮肤感到满意后，选择菜单命令"选择">"取消选择"，然后保存所做的工作，结果如图 9.25 所示。

图 9.25

9.5 添加背景

怪人制作完成后，现在开始制作其所处的环境背景。为轻松地将怪人加入背景中，需要拼合图层。

❶ 确保所有的图层都可见，选择菜单命令"图层">"合并可见图层"。

> 💡提示 "合并可见图层"将永久性地把所有可见图层合并成一个图层，这将减小 Photoshop 文档的大小。如果希望以后能够分别编辑各个图层，应在第 1 步中从图层面板菜单中选择"从图层新建组"而不是"合并可见图层"。然后，在后面的第 6 步中将这个图层组从图层面板拖曳到 Backdrop.psd 文件中。

Photoshop 将把所有图层合并成一个图层，并将其命名为"图层 1"，因为合并时选定的是"图层 1"。

❷ 将"图层 1"重命名为 Monster，如图 9.26 所示。

图 9.26

❸ 选择菜单命令"文件">"打开"，打开 Lesson09 文件夹中的 Backdrop.psd 文件。

❹ 选择菜单命令"窗口">"排列">"双联垂直"，同时显示怪人图像和背景图像。

❺ 单击 09Working.psd 文件，使其处于活动状态。

❻ 选择移动工具，将 Monster 图层拖曳到 Backdrop.psd 文件中。调整怪人的位置，使其双手位于电影名的上方，如图 9.27 所示。

图 9.27

❼ 关闭 09Working.psd 文件，并在 Photoshop 询问时保存所做的修改。

下面处理电影海报的文件。

❽ 选择菜单命令"文件">"存储为"，将文件另存为 Movie-Poster.psd 。在"Photoshop 格式选项"对话框中单击"确定"按钮。

9.6 使用历史记录面板撤销编辑

之前使用过"还原"命令来撤销最后一次修改，还可使用"重做"命令来重新应用刚撤销的修改。不断使用这两个命令可撤销或重做多个步骤。

要快速比较最后一次修改前后的情况，可选择菜单命令"编辑">"切换最终状态"，也可按这个菜单命令的快捷键 Ctrl + Alt + Z（Windows）或 Command + Option + Z（macOS）。这是撤销或重做最后一次修改的快捷方式。

另一种撤销修改的方式是使用历史记录面板，要显示这个面板，可选择菜单命令"窗口">"历史记录"。历史记录面板包含修改清单，要返回某一特定的状态（如第 4 步前的状态），在历史记录面板中选择它即可。

9.6.1 应用滤镜和效果

下面在电影海报中添加一块墓碑。可以尝试使用不同的滤镜和效果，看看哪些更合适。在尝试过程中，如果有必要，可使用历史记录面板来恢复到以前的编辑状态。

1 在 Photoshop 中选择菜单命令"文件">"打开"。

2 切换到 Lesson09 文件夹，双击 T1.psd 文件打开它，如图 9.28（a）所示。如果出现"嵌入的配置文件不匹配"对话框，单击"确定"按钮将其关闭。

这个墓碑图像平淡无奇，下面添加一些视觉效果，首先通过添加纹理赋予它一点感染力。

3 按 D 键将前景色和背景色恢复到默认设置。

> **提示** 按 D 键是一种快捷方式，其效果与在工具面板中单击"默认前景色和背景色"按钮（🔳）相同。这里为何要设置前景色和背景色呢？因为第 4 步应用的"分层云彩"滤镜要用到这些颜色。

4 选择菜单命令"滤镜">"渲染">"分层云彩"，效果如图 9.28（b）所示。

> **注意** 读者添加"分层云彩"滤镜后的效果可能与这里显示的不同，因为每次应用"分层云彩"滤镜的效果都是随机的。

（a）　　　　　　　　　　（b）

图 9.28

下面使用"光圈模糊"滤镜让墓碑上半部分清晰，同时模糊其他部分。使用默认的模糊设置就可以。

⑤ 选择菜单命令"滤镜" > "模糊画廊" > "光圈模糊"，进入"模糊画廊"工作区，其中只显示与某些模糊效果相关的工具。

⑥ 在文档窗口中将光圈模糊椭圆形往上拖，让墓碑上半部分清晰，而其他部分模糊（见图9.29），单击"确定"按钮。

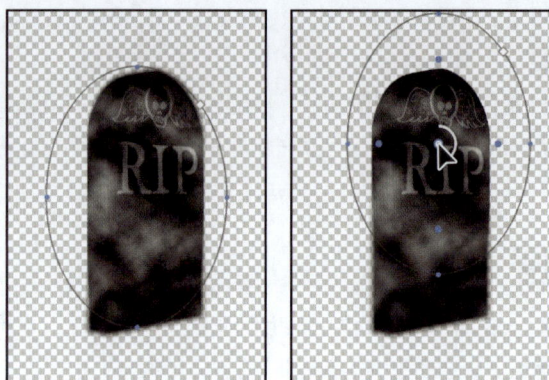

光圈模糊椭圆形默认居中　　　　将焦点稍微上移

图 9.29

> 💡 **提示** 要调整模糊效果的形状和覆盖的区域，可拖曳手柄。要调整模糊量，除在"模糊画廊"工作区右边的"光圈模糊"部分设置"模糊"值外，还可在文档窗口中拖曳光圈模糊椭圆形中央的模糊圈。

下面使用调整图层来增亮这个图像并修改其颜色。

⑦ 在调整面板中向下滚动到"单一调整"类别，并单击其中的"亮度/对比度"；在属性面板中将"亮度"滑块移到70处，如图9.30所示。

图 9.30

⑧ 在调整面板中单击"单一调整"类别中的"通道混合器"，如图9.31（a）所示。

⑨ 在属性面板中，从"输出通道"下拉列表中选择"绿"，然后将"绿色"值改为 +37%，将"蓝色"值改为 +108%，如图9.31（b）所示。

这时墓碑泛绿，如图9.31（c）所示。

> 💡 **注意** 由于输出通道被设置为绿色通道，因此这些调整将绿色通道增强37%，将蓝色通道增强的108%添加到绿色通道中。

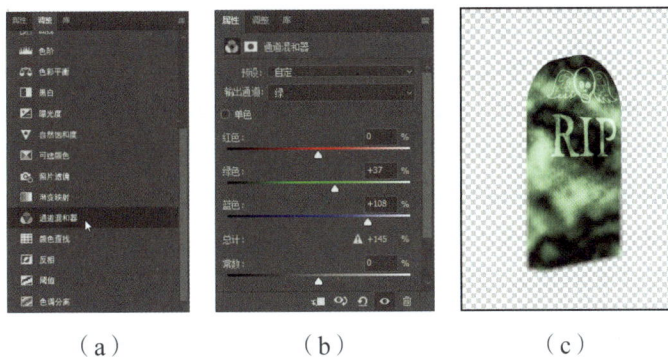

（a） （b） （c）

图 9.31

校正色彩平衡时，通道混合器很有用，但设置的值通常比这里的小得多。通道混合器还可用于替代黑白调整，以控制如何将颜色值转换为灰度值，以及实现染色效果。这里使用通道混合器是为了对图像进行创意颜色调整。

⑩ 在调整面板中向下滚动到"单一调整"类别，单击其中的"曝光度"。在属性面板中将"曝光度"滑块移到 +0.9 处，让较亮的图像区域更亮些，如图 9.32 所示。

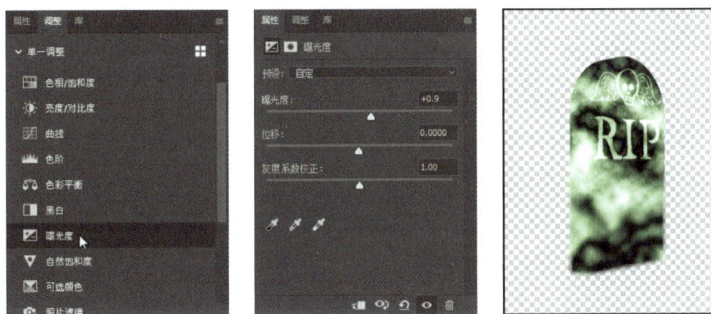

图 9.32

💡提示 "曝光度"主要用于校正 HDR 图像，这里使用它实现了一种创意效果。

9.6.2 撤销多个步骤

此时，这块墓碑无疑与调整前的样子大相径庭，但与海报中的墓碑不太一样。下面使用历史记录面板来查看墓碑之前的各个状态。

❶ 如果没有打开历史记录面板，选择菜单命令"窗口">"历史记录"打开它。向下拖曳这个面板的下边框将其增大，以便能够看到整个列表。

历史记录面板中记录了最近对图像执行的操作，默认选中当前操作。

💡注意 历史记录面板中只列出在当前文档中执行的操作。当关闭文档时，这个列表将重置，因此刚打开文档时历史记录面板是空的。

❷ 在历史记录面板中选择"模糊画廊"。

选定步骤下面的所有步骤都呈灰色，图像也发生了变化，如图 9.33 所示。当前图像只应用了"分层云彩"滤镜和"光圈模糊"滤镜；图层面板中没有列出任何调整图层，因为当前选定的步骤是在调整亮度和颜色前执行的。

③ 在历史记录面板中选择"修改通道混合器图层"。

可以看到图像颜色恢复了，亮度／对比度调整效果也恢复了，图层面板中列出了两个调整图层。

然而，选择的步骤下面的步骤依然呈灰色，图层面板中也没有曝光度调整图层。

下面恢复到对墓碑应用各种滤镜和效果前的状态。

④ 在历史记录面板中选择"分层云彩"，如图 9.34 所示。

这个步骤下面的所有步骤都呈灰色。

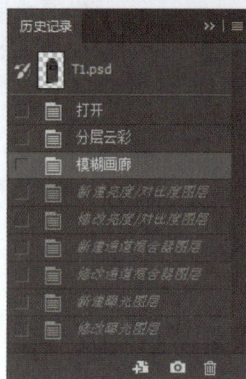

图 9.33

图 9.34

⑤ 选择菜单命令"滤镜">"杂色">"添加杂色"。

通过添加杂色，可给墓碑添加石头纹理。

⑥ 在"添加杂色"对话框中将"数量"设置为 3%，选择"高斯分布"单选按钮并勾选"单色"复选框，单击"确定"按钮，如图 9.35（a）所示。

> 💡提示　在"添加杂色"对话框中，如果难以在预览图中看清"添加杂色"滤镜带来的影响，可单击放大镜图标。

在历史记录面板中，原来位于"分层云彩"步骤下面且呈灰色的步骤不见了，它们被刚才执行的任务替换掉了，如图 9.35（b）和图 9.35（c）所示。可选择任何一个步骤并恢复到该步骤，但一旦执行新任务，Photoshop 就会将将所有呈灰色的步骤替换掉。

（a）　　　　　　（b）　　　　　　（c）

图 9.35

下面将墓碑加入电影海报中。

7 选择菜单命令"窗口">"排列">"全部垂直拼贴"。

8 使用移动工具将刚才创建的墓碑拖曳到 Movie-Poster.psd 文件中。如果出现颜色管理警告对话框，单击"确定"按钮。

> 💡 **注意** 在颜色配置文件不同的文档之间拖曳图层时，可能出现"粘贴配置文件不匹配"对话框。就本课而言，单击"确定"按钮就可以了，Photoshop 会对图层颜色进行转换，使其与目标文档匹配。

9 将墓碑拖曳到电影海报左下角，并使其只露出大约三分之一，如图 9.36 所示。

10 选择菜单命令"文件">"存储"，保存 Movie-Poster.psd 文件，然后关闭 T1.psd 文件，但不保存它。

前面使用了一些新的滤镜和效果，还使用了历史记录面板来撤销操作。默认情况下，历史记录面板只保留最后的 50 个步骤，但可对这种设置进行修改，方法是选择菜单命令"编辑">"首选项">"性能"（Windows）或"Photoshop">"首选项">"性能"（macOS），然后在"历史记录状态"文本框中输入要保留的步骤的数量。

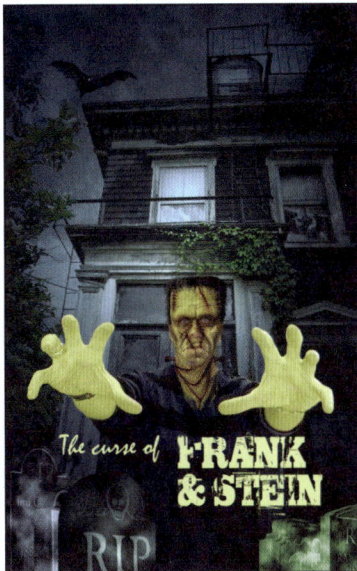

图 9.36

9.7 改善低分辨率图像

下面在电影海报中添加另一幅图像，但这幅图像的像素尺寸较小，它可能适合用于网页和社交媒体，用于高品质印刷就显得太粗糙了。为解决这种问题，Photoshop 提供了重新采样功能：删除既有像素或根据既有像素创建新像素，从而调整图像的像素尺寸。增大像素尺寸被称为上采样，而缩小像素尺寸被称为下采样。通过重新采样来调整图像尺寸与在保持像素尺寸不变的情况下增大图像不是一码事。

"超级缩放"神经网络滤镜可用于增大低分辨率图像的像素尺寸，它使用机器学习来完成这种任务，可能比较老的 Photoshop "重新采样"选项更有效。下面使用"超级缩放"神经网络滤镜来改善一幅低分辨率图像，以便将其用于电影海报中。

> 💡 **注意** 对于典型的重新采样任务，可选择菜单命令"图像">"图像大小"，在打开的对话框中，从"重新采样"下拉列表中选择一个选项。但就这个分辨率非常低的图像而言，这些传统的"重新采样"选项不太管用，因此这里转而使用"超级缩放"神经网络滤镜。

1 选择菜单命令"文件">"打开"，切换到 Lesson09 文件夹，并打开其中的 Faces.jpg 文件。

2 将缩放比例增加到至少 300%；在这样的缩放比例下，应该能够看到每一个像素。如果文档窗口底部的状态栏显示的是文档尺寸，它将指出像素尺寸为 216 像素 × 288 像素，这表明整个文档包含的像素数很少。要获悉文档的像素尺寸，也可选择菜单命令"图像">"图像大小"。

3 选择菜单命令"滤镜">"Neural Filters"。

> 💡 **提示** 神经网络滤镜将在第 15 课进行详细介绍。

④ 在"所有筛选器"列表中单击"超级缩放"选择它。如果右侧没有载入该滤镜的选项，单击"下载"按钮。

⑤ 在 Neural Filters 工作区底部，确保从"输出"下拉列表中选择了"新文档"。

> 💡 **注意**　如果从"输出"下拉列表中选择了"新图层"，"缩放图像"选项将保持像素尺寸不变，并对位于该选项上方的预览区域内的图像部分进行放大和改善。这里要增大图像的像素尺寸，使其包含更多细节，因此必须从"输出"下拉列表中选择"新文档"。

⑥ 在右侧的超级缩放预览区域下方不断单击放大镜图标（🔍），直到它左边显示的内容为"缩放图像（3x）"。增大缩放因子时，注意到左侧大型预览图的分辨率得到了改善。

⑦ 确保勾选了"加强图像细节""移除 JPEG 伪影""加强面部细节"复选框，并将"降噪"设置为 3，如图 9.37 所示。

图 9.37

⑧ 单击"显示原图"按钮，以查看处理前的图像；再次单击这个按钮，以预览应用"超级缩放"神经网络滤镜后的效果，如图 9.38 所示。

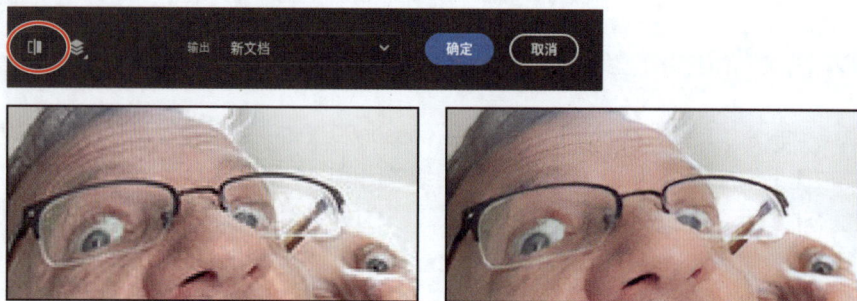

原图　　　　　　　　　　　应用"超级缩放"神经网络滤镜后的效果

图 9.38

⑨ 单击"确定"按钮，"超级缩放"将创建一个新的未命名文档，其中包含应用该滤镜的结果。这个文档的像素尺寸为 648 像素 ×864 像素，即宽度和高度都是原图的 3 倍。

⑩ 选择菜单命令"选择">"全部"，然后选择菜单命令"编辑">"拷贝"。

⑪ 切换到 Movie-Poster.psd 文档窗口，并选择椭圆选框工具，它隐藏在矩形选框工具后面。

⑫ 在选项栏中将"羽化"设置为 50 像素，以柔化粘贴的图像的边缘。

⑬ 在海报的右上角（怪人的上方）绘制一个椭圆形，这个椭圆形应与窗户和安全出口重叠，如图 9.39（a）所示。

⑭ 确保选择了"图层 1"，选择菜单命令"编辑">"选择性粘贴">"贴入"。如果出现"粘贴配置文件不匹配"对话框，单击"确定"按钮。

⑮ 选择移动工具，将粘贴的图像移到羽化选区的中央，如图 9.39（b）所示。

⑯ 在图层面板中，从"混合模式"下拉列表中选择"明度"，然后将"不透明度"滑块移到 50% 处，效果如图 9.39（c）所示。

（a） （b） （c）

图 9.39

在图层面板中，贴入的图像位于"图层 2"中，该图层有一个经过羽化的椭圆形蒙版。在选择菜单命令"编辑">"选择性粘贴">"贴入"时，Photoshop 使用活动的羽化椭圆形选区创建了这个图层蒙版。

> 💡提示 可使用移动工具拖曳贴入的图像，以显示该图像的其他部分，因为它所在的图层与图层蒙版未链接起来。如果要同时变换图层及其蒙版，可在图层面板中单击图层与蒙版之间的空白区域，将图层和蒙版链接起来（此时链接图标将显示出来）。

⑰ 至此，电影海报制作完成。保存所做的修改，关闭 Movie-Poster.psd 文件；再关闭 Faces.jpg 文件及其未命名副本，但不保存它们。

9.8 复习题

1. 给图像添加效果时，使用智能滤镜和使用常规滤镜有什么差别？
2. "液化"对话框中的膨胀工具和褶皱工具有什么用途？
3. 历史记录面板有什么用途？
4. "还原"和"重做"命令与历史记录面板有什么关系？

9.9 复习题答案

1. 智能滤镜是非破坏性的，可随时调整、启用、停用和删除它们，而不会修改原始图层像素；常规滤镜会永久性地修改图层，应用后便不能撤销（仅在没有关闭图像的情况下，可使用菜单命令"编辑">"还原"来撤销）。智能滤镜是应用于智能对象的滤镜。
2. 膨胀工具用于将像素向远离画笔中央的方向移动，而褶皱工具用于将像素向画笔中央移动。
3. 历史记录面板用于记录在当前文档中执行的步骤。利用它可将图像恢复到以前的某个状态，只需在历史记录面板中选择相应的步骤。
4. "还原"和"重做"命令分别用于沿历史记录面板中的步骤后退和前进。

第 10 课

使用混合器画笔工具绘画

本课概览

- 定制画笔。
- 混合颜色。
- 使用湿画笔和干画笔混合颜色。
- 清理画笔。
- 创建自定义画笔预设。

学习本课大约需要 1 小时

混合器画笔工具提供了像在实际画布上绘画那样的灵活性。

10.1   混合器画笔工具简介

在前面的课程中，使用 Photoshop 中的画笔工具执行了各种任务。混合器画笔工具不同于其他画笔工具，它能够混合颜色。用户可以修改画笔的湿度、颜色和画布上现有颜色的混合方式。

有些类型的 Photoshop 画笔工具模拟了逼真的硬毛刷，让用户能够添加类似于实际绘画中的纹理。这是一项很不错的功能，在使用混合器画笔工具时尤其明显。通过结合使用不同的硬毛刷、画笔笔尖、湿度、载入量、混合设置，可准确地创建所需的效果。

10.2   课前准备

本课将介绍 Photoshop 中的混合器画笔工具，以及笔尖和硬毛刷等设置。下面查看最终的图像。

❶ 启动 Photoshop 并立刻按 Ctrl + Alt + Shift 组合键（Windows）或 Command + Option + Shift 组合键（macOS）。

❷ 在出现的提示对话框中单击"是"按钮，确认删除 Adobe Photoshop 设置文件。

❸ 选择菜单命令"文件">"在 Bridge 中浏览"，启动 Bridge。

❹ 在 Bridge 中单击收藏夹面板中的 Lessons 文件夹，然后双击内容面板中的 Lesson10 文件夹。

❺ 预览第 10 课的最终文件。本课将使用调色板图像来探索画笔的相关设置并介绍如何混合颜色，然后应用介绍的知识将一张风景照变成画作。

❻ 双击 10Palette_Start.psd 文件，在 Photoshop 中打开它，如图 10.1 所示。

❼ 选择菜单命令"文件">"存储为"，将文件另存为 10Palette_Working.psd。如果出现"Photoshop 格式选项"对话框，单击"确定"按钮。

> 💡 **注意** 使用光笔和绘图板可让绘画更自然、更有表现力。如果使用的光笔能够检测压力和角度等属性，可使用 Photoshop 画笔设置将这些属性应用于画笔描边。

❽ 单击工作区右上角的"选择工作区"按钮，并在下拉列表中选择"绘画"，如图 10.2 所示。

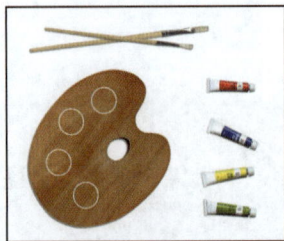

图 10.1

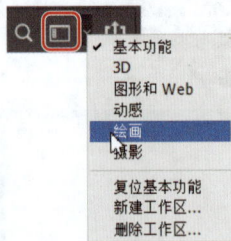

图 10.2

10.3   画笔设置

这个图像包含一个调色板、两支画笔和 4 管颜料，下面将从中采集要使用的颜色。使用不同的颜色绘画时需修改设置，探索画笔笔尖设置和"潮湿"选项。

❶ 选择缩放工具，放大 4 个颜料管，并在红色颜料管上方留出一些空白。

② 选择吸管工具并单击红色颜料管，从中采集红色，如图 10.3（a）所示。

此时前景色变成红色，如图 10.3（b）所示。

选择吸管工具后，在图像中按住鼠标左键时 Photoshop 将显示一个取样环，从中能够预览将采集的颜色。只有 Photoshop 能够使用计算机中的图形处理器，才会出现取样环。

③ 在工具面板中选择混合器画笔工具（ 🖌️ ）（如果当前处于其他工作区，混合器画笔工具可能隐藏在画笔工具后面），如图 10.3（c）所示。

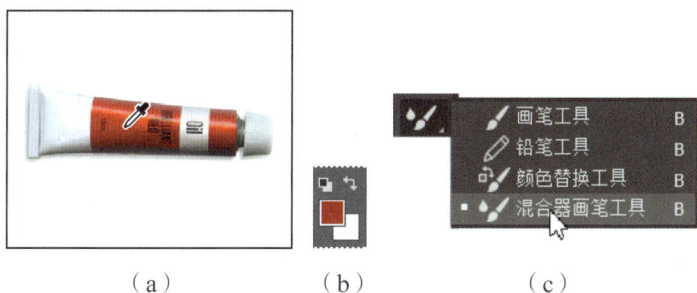

（a） （b） （c）

图 10.3

④ 选择菜单命令"窗口">"画笔设置"，打开画笔设置面板，选择第一种画笔。

画笔设置面板中包含画笔预设，以及多个定制画笔的选项，如图 10.4 所示。

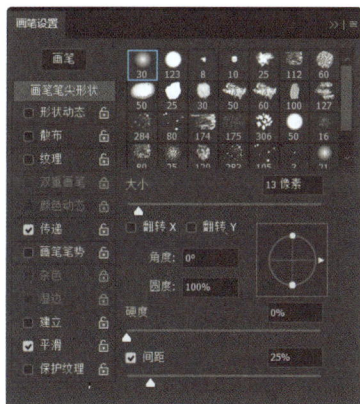

图 10.4

要在画笔设置面板中查找特定的画笔，可将鼠标指针指向画笔缩览图，以查看包含画笔名称的工具提示。

画笔"潮湿"选项

画笔的效果取决于选项栏中的"潮湿""载入""混合"选项。其中，"潮湿"选项决定画笔笔尖从画布采集的颜料量，"载入"选项决定开始绘画时画笔储存的颜料量（与实际画笔一样，不断绘画时储存的颜料将不断减少），"混合"选项决定来自画布和来自画笔的颜料量的比例。

用户可以分别修改这些选项的设置，但更快捷的方式是从下拉列表中选择一种标准组合。

① 在选项栏中，从"画笔混合组合"下拉列表中选择"干燥"，如图 10.5（a）所示。

选择"干燥"时，"潮湿"为0%、"载入"为50%，而"混合"不适用。在这种组合下，绘制的颜色是不透明的，因为在干画布上不能混合颜色。

② 在红色颜料管上方绘制一条连续的锯齿形描边。开始出现的红色较浓，在不松开鼠标左键的情况下不断绘画，红色将逐渐变淡，最终因储存的颜料耗尽而变成无色，如图10.5（b）所示。

（a）

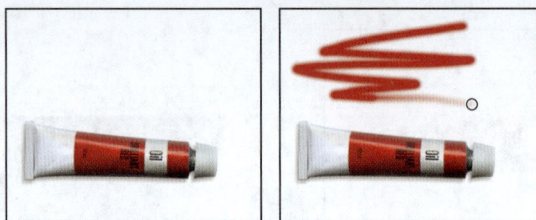

（b）

图 10.5

③ 使用吸管工具从蓝色颜料管上采集蓝色。

> **注意** 此外，也可按住 Alt 键（Windows）或 Option 键（macOS），并使用混合器画笔工具单击，把画笔覆盖的区域作为图像进行采集。如果想修改，可在选项栏的"当前画笔载入"下拉列表中选择"只载入纯色"。

④ 选择混合器画笔工具。为使用蓝色颜料绘画，在画笔设置面板中选择"圆形素描圆珠笔"画笔（第二行的第一个），如图10.6(b)所示，并从选项栏的"画笔混合组合"下拉列表中选择"潮湿"，如图10.6（a）所示。

如果目标画笔的位置与这里的不一致，请调整画笔设置面板的尺寸，使其每行显示6个画笔缩览图。

⑤ 在蓝色颜料管上方绘画，颜料将与白色背景混合，如图10.6（c）所示。

> **注意** 如果效果与这里的不一致，请确认是否在图层面板中选择了背景图层。

（a）

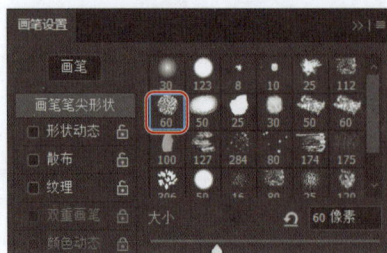

（b）

（c）

图 10.6

⑥ 从选项栏的"画笔混合组合"下拉列表中选择"干燥"，并再次在蓝色颜料管上方绘画，出现的蓝色更暗、更不透明且不与白色背景混合。

⑦ 从黄色颜料管上采集黄色，然后选择混合器画笔工具。为使用黄色颜料进行绘画，在画笔设置面板中选择"铅笔 KTW 1"画笔（第二行的第四个）。从选项栏的"画笔混合组合"下拉列表中选择"干燥"，在黄色颜料管上方绘画，如图 10.7 所示。

> **💡注意** 如果在画笔设置面板中看到的画笔与本课显示的不一致，请打开画笔面板，按住 Shift 键并单击以选择所有画笔和画笔文件夹，单击"删除画笔"按钮，再单击"确定"按钮，确认删除这些画笔和画笔文件夹。然后，在画笔面板菜单中选择"恢复默认画笔"。

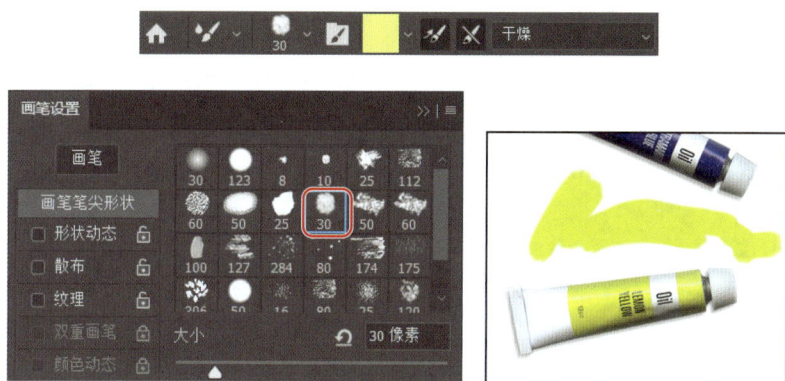

图 10.7

⑧ 从选项栏的"画笔混合组合"下拉列表中选择"非常潮湿"，再次进行绘画。注意黄色与白色背景混合在了一起。

⑨ 从绿色颜料管上采集绿色，然后选择混合器画笔工具。为使用绿色颜料进行绘画，在画笔设置面板中选择"尖角 30"画笔（第五行的第六个）。在选项栏的"画笔混合组合"下拉列表中选择"干燥"。

⑩ 在绿色颜料管上方绘制描边，并尝试用不同的颜色（以及不同的混合器画笔工具设置，尤其是"潮湿"选项的设置）在刚绘制的绿色描边上绘画。

10.4 混合颜色

前面使用了湿画笔和干画笔，修改了画笔设置，并混合了颜料与背景色。下面在调色板中添加颜料以混合颜色。

> **💡注意** 在混合颜色时，可能需要用户多些耐心，因为这一操作耗费的时间相对较长。

❶ 缩小图像，以便能够同时看到调色板和颜料管。

❷ 在图层面板中选择 Paint mix 图层，如图 10.8（a）所示，以免绘画的颜色与 Background 图层中的棕色调色板混合。

除非勾选了选项栏中的"对所有图层取样"复选框，否则混合器画笔工具将只在活动图层中混合颜色。

③ 使用吸管工具从红色颜料管上采集红色，如图 10.8（b）所示。然后选择混合器画笔工具，并在画笔设置面板中选择"柔角 30"画笔（第一行的第一个）。从选项栏的"画笔混合组合"下拉列表中选择"潮湿"，并在调色板中最上面的圆圈内绘画。

④ 单击选项栏中的"每次描边后清理画笔"按钮（）以取消选择它，如图 10.8（c）所示。

💡 提示　如果颜料管被画笔设置面板遮住了，可调整工作区以腾出空间。例如，将不使用的面板折叠或关闭，但务必确保依然能够看到图层面板。

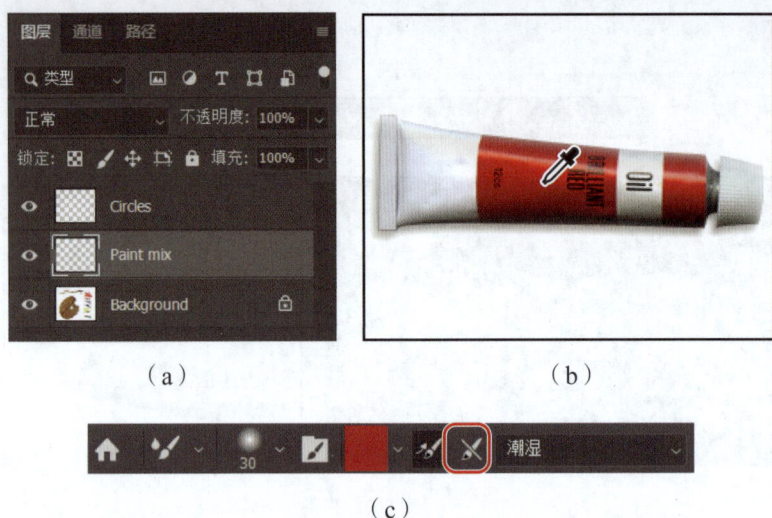

（a）　　　　　　　　　（b）

（c）

图 10.8

⑤ 使用吸管工具从蓝色颜料管上采集蓝色，如图 10.9（a）所示，然后使用混合器画笔工具在图 10.9（b）所示的圆圈内绘画，蓝色将与红色混合，得到紫色，如图 10.9（c）所示。

（a）　　　　　　　　　（b）　　　　　　　　　（c）

图 10.9

💡 提示　即便没有选择颜色管所在的图层，也可使用吸管工具来采集其中的颜色。

⑥ 使用吸管工具从刚绘制的圆圈内采集紫色，然后在下一个圆圈内绘画，如图 10.10 所示。

💡 提示　因为这种颜色位于另一个图层中，所以要使用吸管工具来采集。

⑦ 在选项栏中，从"当前画笔载入"下拉列表中选择"清理画笔"，如图 10.11 所示。预览框中透明，表明画笔没有载入颜色。

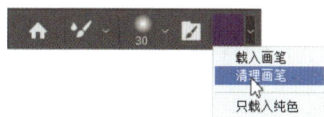

图 10.10 图 10.11

要消除载入的颜色，可从选项栏的"当前画笔载入"下拉列表中选择"清理画笔"，然后采集其他颜色，替换载入的颜色。

如果想在每次描边后清理画笔，可启用选项栏中的"每次描边后清理画笔"按钮。要在每次描边后载入前景色，可启用选项栏中的"每次描边后载入画笔"按钮（ ）。默认情况下这两个按钮都会启用。

⑧ 使用吸管工具从蓝色颜料管中采集蓝色，然后使用混合器画笔工具在下一个圆圈的右半部分绘画，如图 10.12（a）所示。

> 🔆 提示 频繁地在不同工具之间切换时，务必注意观察鼠标指针的形状，确定当前选择的就是要选择的工具。

⑨ 从黄色颜料管上采集黄色，并使用湿画笔在蓝色上绘画，混合这两种颜色，如图 10.12（b）所示。

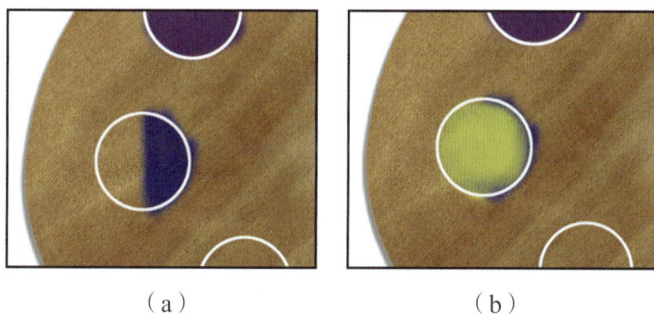

（a） （b）

图 10.12

⑩ 使用黄色颜料和红色颜料在最后一个圆圈中绘画，使用湿画笔混合这两种颜色，生成橘色，如图 10.13 所示。

⑪ 在图层面板中隐藏 Circles 图层，以隐藏调色板上的圆圈，如图 10.14 所示。

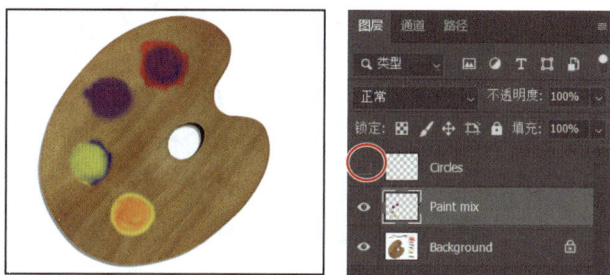

图 10.13 图 10.14

⑫ 选择菜单命令"文件">"存储"，保存文件，然后关闭这个文件。

10.5　混合颜色和照片

画笔设计完成后，可以保存所有设置，以便能够在以后的项目中使用该画笔。Photoshop 提供了画笔预设功能，能够保存有关画笔的设置。

❶ 选择菜单命令"文件">"打开"，双击 10Landscape_Start.jpg 文件打开它，如图 10.15 所示。

图 10.15

❷ 选择菜单命令"文件">"存储为"，将文件另存为 10Landscape_Working.jpg。在出现的"JPEG

选项”对话框中单击“确定”按钮。

Photoshop 提供了很多画笔预设，使用起来很方便。如果项目需要不同的画笔，可创建自定义画笔预设或下载他人创建并分享到网上的画笔预设，这样能够简化工作。下面将加载、创建和保存自定义画笔预设，并使用画笔预设绘画和混合颜色。

10.5.1　加载自定义画笔预设

画笔面板中显示了使用各种画笔创建的描边的样式。如果知道要使用的画笔的名称，按名称来查找画笔可简化工作。下面打开画笔面板，以便能够找到接下来要使用的画笔预设。

❶ 在画笔面板中（如果这个面板没有打开，选择菜单命令“窗口”>“画笔”打开它）展开其中一个画笔预设组，看看画笔是如何组织的，如图 10.16 所示。

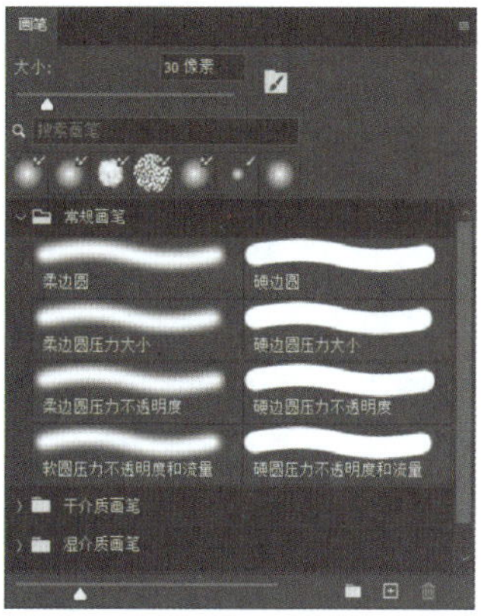

💡 提示　如果使用的显示器很大，可加高、加宽画笔面板，这样可同时看到更多画笔。

图 10.16

下面加载要使用的画笔预设。要使用下载或购买的画笔预设，必须先加载它。

❷ 从画笔面板菜单中选择“导入画笔”。

❸ 切换到 Lesson10 文件夹，选择 CIB Landscape Brushes.abr 文件，然后单击“打开”或“载入”按钮。

💡 提示　要分享或备份自定义画笔预设，可选择画笔或画笔预设组，然后从画笔面板菜单中选择“导出选中的画笔”。

❹ 展开 CIB Landscape Brushes 画笔预设组，显示其中的画笔，如图 10.17 所示。

有些画笔预设不仅包含描边预览图和名称，还包含色板，这是因为画笔预设也可能包含颜色。

10.5.2　创建并保存自定义画笔预设

下面将对刚导入的 CIB Landscape Brushes 画笔预设组中的画笔预设进行修改。

❶ 选择混合器画笔工具，在画笔面板中选择 CIB Landscape Brushes 画笔预设组中的 Round Fan Brush 画笔预设。接下来以该画笔预设为基础创建一种新的画笔预设。

图 10.17

❷ 在画笔设置面板中进行以下设置（见图 10.18）。

* “大小”为 36 像素。
* “形状”为“圆扇形”。
* “硬毛刷”为 35%。
* “长度”为 32%。

- "粗细"为 2%。
- "硬度"为 75%。
- "角度"为 0°。
- "间距"为 2%。

> 💡提示 在画笔设置面板中，"画笔笔尖形状"部分包含"角度"选项，用于模拟握住画笔时的角度。有些绘图板配置了光笔，在绘画时可以通过旋转光笔来旋转画笔笔尖。如果没有这样的光笔，可在绘画时按←键或→键将画笔笔尖旋转 1°；还可同时按住 Shift 键，这样每按一次←键或→键，画笔笔尖都将旋转 15°。当前的画笔角度会显示在选项栏右端。

③ 单击工具面板中的前景色色板，选择一种较淡的蓝色（RGB 值分别为 86、201、252），单击"确定"按钮，如图 10.19（a）所示。

④ 从选项栏的"画笔混合组合"下拉列表中选择"干燥"，如图 10.19（b）所示。

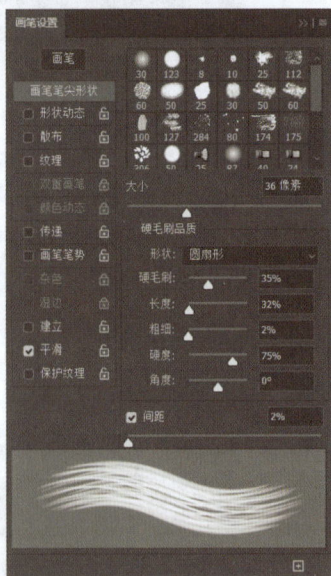

图 10.18

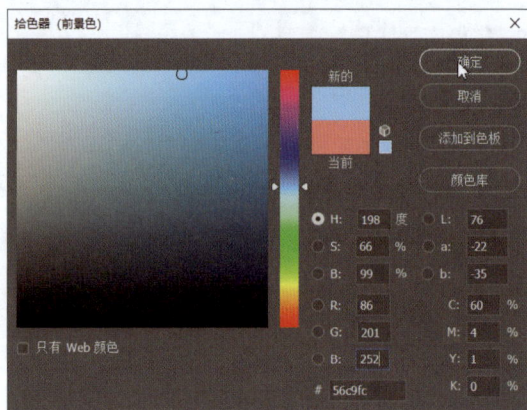

（a）

（b）

图 10.19

下面将这些设置保存为画笔预设。

⑤ 从画笔设置面板菜单中选择"新建画笔预设"。

⑥ 在"新建画笔"对话框中将画笔命名为 Sky Brush，勾选所有复选框，然后单击"确定"按钮，如图 10.20 所示。

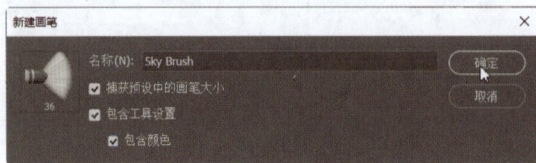

图 10.20

这个新画笔预设存储在 CIB Landscape Brushes 画笔预设组中，因为它是基于该画笔预设组中的一个画笔预设创建的。要想重新组织画笔预设，可在画笔面板中将画笔预设拖曳到其他画笔预设组中。要创建画笔预设组，可单击画笔面板底部的"创建新组"按钮（⬜）；还可调整画笔面板中画笔预设组的顺序，以及将画笔预设组作为子编组。

10.5.3　使用画笔预设绘画和混合颜色

下面使用画笔预设来诠释既有图像，以呈现独特的绘画风格。首先，使用刚创建的画笔预设在天空中绘画。

① 在画笔面板中选择 Sky Brush 画笔。

画笔预设存储在系统中，因此添加后便随时可用。

② 在天空中接近树木的区域绘画。由于使用的是干画笔，蓝色颜料不会与原有颜色混合，如图 10.21 所示。

③ 选择 Clouds Brush 画笔。

④ 使用这种画笔在天空区域的右上角绘画，将这个湿画笔的颜色与图层中既有的颜色混合，如图 10.22 所示。

> **💡提示** 使用不同的画笔预设时，注意观察选项栏和画笔设置面板中的设置是如何影响画笔行为的，这是一种学习创建自定义画笔预设的不错方式。

图 10.21

图 10.22

对天空的效果满意后，在树木区域和草地区域绘画。

⑤ 选择 Green Grass Highlight Brush 画笔，在较暗的绿草上绘制较短的垂直描边，从而添加一些淡绿色的草，如图 10.23 所示。

> **💡提示** 混合器画笔描边的外观随开始拖曳时所处位置的颜色而异，请尝试以从上往下拖曳和从下往上拖曳的方式绘制草丛，并对以这两种方式绘制的草丛进行比较。

> **💡提示** 如果使用的是能够感知角度的光笔，将发现有些画笔的笔尖角度随握持光笔的方式而异。使用这些画笔时，绘制出的描边的外观随拖曳相对于画笔笔尖角度的方向而异。

⑥ 选择 Tree Brush 画笔，在较暗的树木区域绘画；选择 Background Trees Brush 画笔，在右边两棵较小的树上绘画；选择 Tree Highlights Brush 画笔，在较亮的树木区域绘画。这里使用的都是湿画笔，因此能够混合颜色，效果如图 10.24 所示。

图 10.23

图 10.24

下面在草地上添加一些细节。

⑦ 选择 Brown Grass Brush 画笔，在棕色草地上绘制垂直描边，制作出草地效果；然后使用该画笔在树干上绘画。

⑧ 选择 Foreground Grass Brush 画笔，沿画面的对角线方向绘画以混合草地的颜色，结果如图 10.25 所示。

图 10.25

⑨ 选择菜单命令"文件">"存储"，保存文件，然后将文件关闭。

至此便使用颜料和画笔创作了一幅作品，且没有需要清理的地方。

凯尔·T. 韦伯斯特（Kyle T. Webster）设计的画笔

2017 年，数字画笔设计师凯尔·T. 韦伯斯特加入 Adobe。凯尔·T. 韦伯斯特是一位插画师，获得过国际大奖，还是数字画笔设计领域的领头羊。他为《纽约客》《时代》《纽约时报》《华尔街日报》《大西洋月刊》《娱乐周刊》等杂志和出版社、耐克、IDEO，以及其他文艺、广告、出版和公共机构客户绘制过插画，其插画作品得到了插画家协会、传媒艺术协会和美国插画协会的认可。

要在 Photoshop 中添加凯尔·T. 韦伯斯特设计的画笔，可打开画笔面板（选择菜单命令"窗口">"画笔"），从画笔面板菜单中选择"获取更多画笔"。下载画笔包后，在启动了 Photoshop 的情况下双击下载的 ABR 文件，就可将其中的画笔添加到画笔面板的一个新预设组中。

对称绘画

在采用了对称设计的作品上绘画时，可尝试使用"设置绘画的对称选项"按钮（▦）。在选择的画笔支持对称绘画时，选项栏中将出现"设置绘画的对称选项"按钮。单击这个按钮并选择想要的对称轴类型，它将作为引导对象出现在文档窗口中，用户可根据需要移动、缩放或旋转该引导对象，完成后按 Enter 键。这样，当绘画时，画笔描边将沿设置的轴重复，如图 10.26 所示。

图 10.26

对于简单的镜像对称，可使用单条轴，也可使用多条以不同方式排列的轴。例如，设计平铺图案时，可使用垂直轴和水平轴；设计曼陀罗图案时，可使用径向轴。这些轴实际上是路径，可在路径面板中看到和编辑它们。此外，可以创建自定义轴，为此可使用钢笔工具、弯度钢笔工具或自定形状工具在路径模式（而不是形状模式）下绘制路径。在路径面板中选择相应的路径，然后从路径面板菜单中选择"建立对称路径"，创建对称路径。

画廊

使用不同的绘画工具和画笔笔尖能够创建多种绘画效果。

图 10.27 所示为一些使用 Photoshop 绘画工具和画笔笔尖创作的艺术作品。

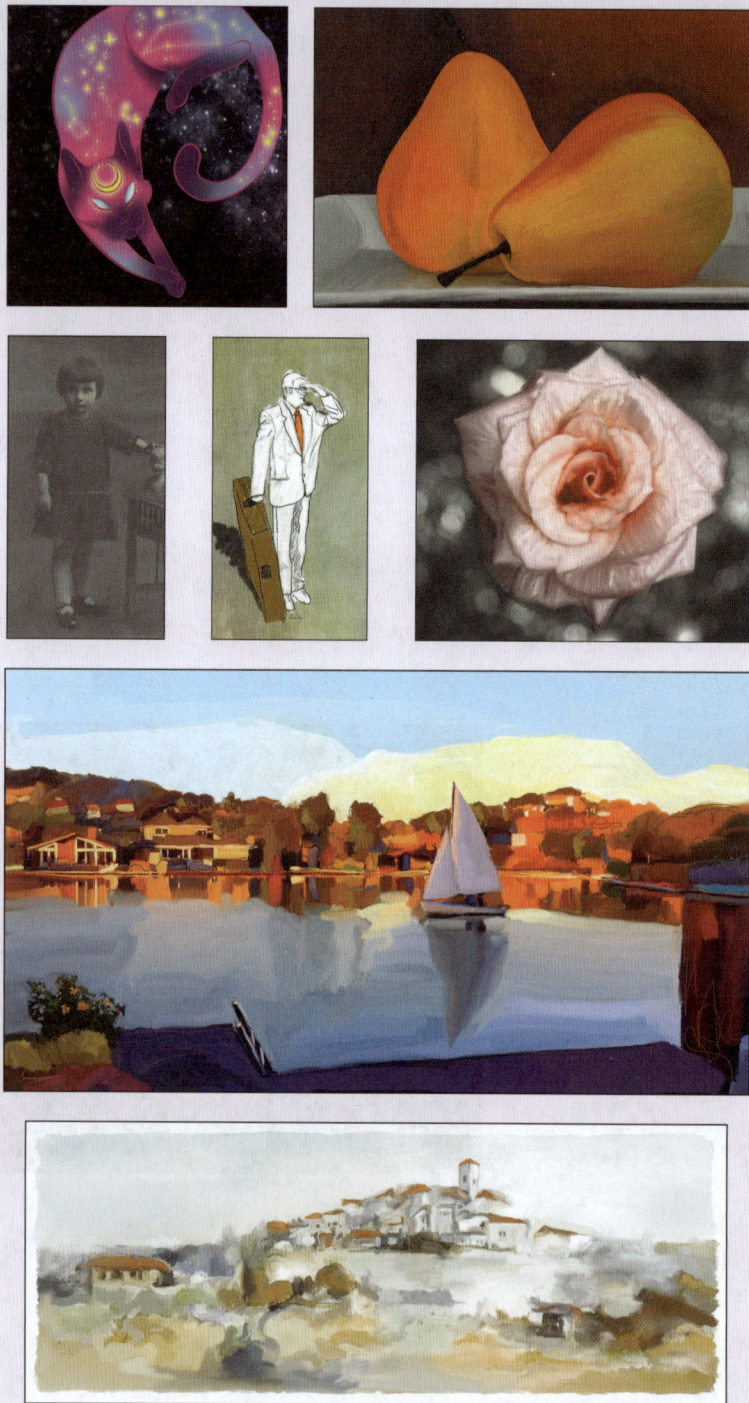

图 10.27

10.6　复习题

1. 混合器画笔工具具备哪些其他画笔工具没有的功能？
2. 如何给混合器画笔工具载入颜色？
3. 如何清理载入的颜色？
4. 哪个面板用于自定义画笔预设？
5. 哪个面板用于管理和选择画笔预设？
6. 如果在工作区中看不到混合器画笔工具以及与画笔相关的面板，可采取哪种措施让它们出现在工作区中？

10.7　复习题答案

1. 使用混合器画笔工具可以混合画笔的颜色和图层上的颜色。
2. 要给混合器画笔工具载入颜色，可使用吸管工具采集颜色，也可修改前景色。如果画笔是干净的，可从选项栏的"当前画笔载入"下拉列表中选择"载入画笔"，将画笔的颜色指定为前景色。
3. 要清理载入的颜色，可从选项栏的"当前画笔载入"下拉列表中选择"清理画笔"。
4. 要自定义画笔预设，可使用画笔设置面板。
5. 要管理和选择画笔预设，可使用画笔面板。
6. 切换到"绘画"工作区即可，为此可从"选择工作区"下拉列表中选择"绘画"，也可选择菜单命令"窗口" > "工作区" > "绘画"。

编辑视频

本课概览

- 在时间轴面板中排列和裁剪视频文件。
- 在视频剪辑之间添加过渡效果。
- 在视频中添加音频。
- 渲染制作好的视频。
- 使用时间轴面板创建由图层动画、视频剪辑和音频剪辑组成的视频。
- 给静态图层添加运动效果。
- 使用关键帧创建图层动画。

学习本课大约需要 **1.5** 小时

在 Photoshop 中，用户可使用编辑图像文件时使用的众多效果编辑视频文件，也可使用视频文件、静态图像、智能对象、音频文件和文字图层来创建影视作品并应用过渡效果，还可使用关键帧制作效果动画。

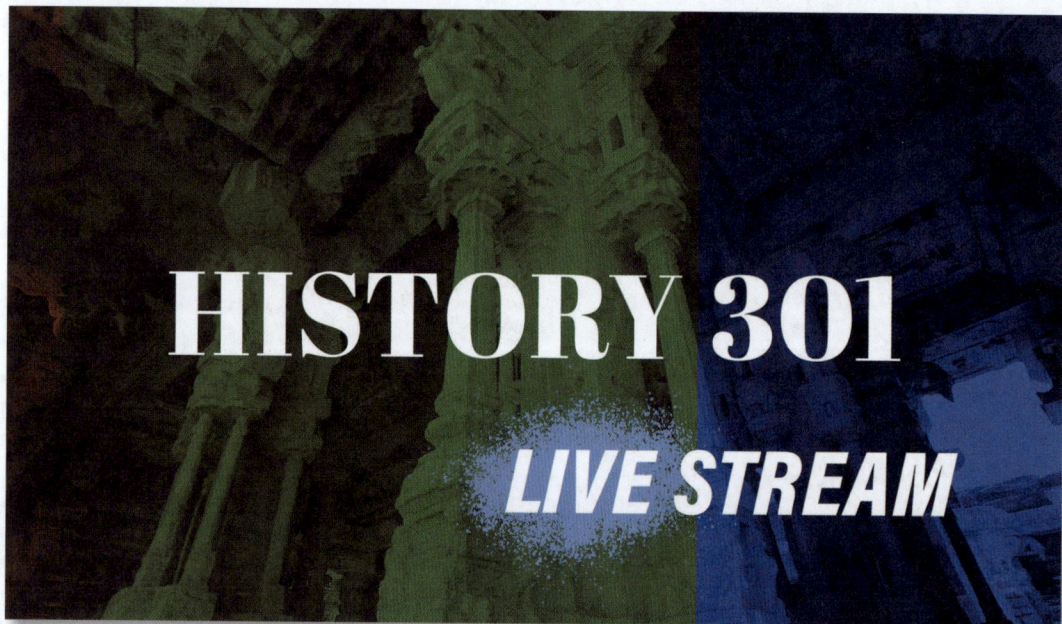

11.1　Photoshop 视频和动画功能

　　Photoshop 文档可包含静态图层、动画图层和视频图层；在本课中，读者将使用时间轴面板来添加视频剪辑，并将它们作为序列进行编辑，还将使用静态图层制作动画以及添加背景音乐。

　　Photoshop 可用于创作简单到中度复杂的视频项目，如果需要更高的精确度和更大的灵活性，或者需要更高效地处理长视频或众多图层和剪辑，可考虑使用 Adobe Premiere Pro（编辑视频）和 Adobe After Effects（制作动画）。

　　Photoshop 支持众多格式的视频和音频，其中包括使用智能手机和数码相机拍摄的视频。第 1 课中创作了一个用于宣传和推广视频直播的静态图像，本课将制作该设计方案的视频版本，其中包括视频、音频和图层动画。下面查看本课要创建的最终视频。

　　1 启动 Photoshop 并立刻按 Ctrl + Alt + Shift 组合键（Windows）或 Command + Option + Shift 组合键（macOS）。

　　2 在出现的提示对话框中单击"是"按钮，确认删除 Adobe Photoshop 设置文件。

　　3 选择菜单命令"文件">"在 Bridge 中浏览"，打开 Bridge。

　　4 在 Bridge 的收藏夹面板中选择 Lessons 文件夹，然后在内容面板中双击 Lesson11 文件夹，并选择 11End.mp4 文件。

　　5 在预览面板中，单击"播放"按钮（▶）观看这个视频，如图 11.1 所示。

图 11.1

> **提示**　在 Bridge 中选择了一个视频并打开了预览面板时，可按空格键播放该视频。

　　Bridge 还提供了其他播放视频的方式：选择菜单命令"视图">"全屏预览"；双击视频文件，在系统的默认视频播放器 [如 QuickTime Player（macOS）或 Movies & TV（Windows）] 中打开它。

　　这是一个介绍视频直播的简短视频（时长 10 秒），其中包含多个视频剪辑、基于文本和矩形的动画以及背景音乐。

　　6 双击 11End.psd 文件，在 Photoshop 中打开它。

11.2　使用时间轴面板

　　如果读者使用过视频编辑应用程序，可能熟悉视频时间轴。它让用户能够按顺序排列视频剪辑、静态图像和音频文件。在 Photoshop 中，可在时间轴面板中完成这类任务。

① 选择菜单命令"窗口">"时间轴"，打开时间轴面板。

时间轴面板包含与图层面板中相同的垂直内容栈，支持沿水平方向（时间）排列视频剪辑、静态图像和音频文件，还包含与时间和运动相关的控件，如图 11.2 所示。视频剪辑为蓝色，图像文件为紫色；音轨为绿色，位于时间轴面板内容栈底部，但没有出现在图层面板中。

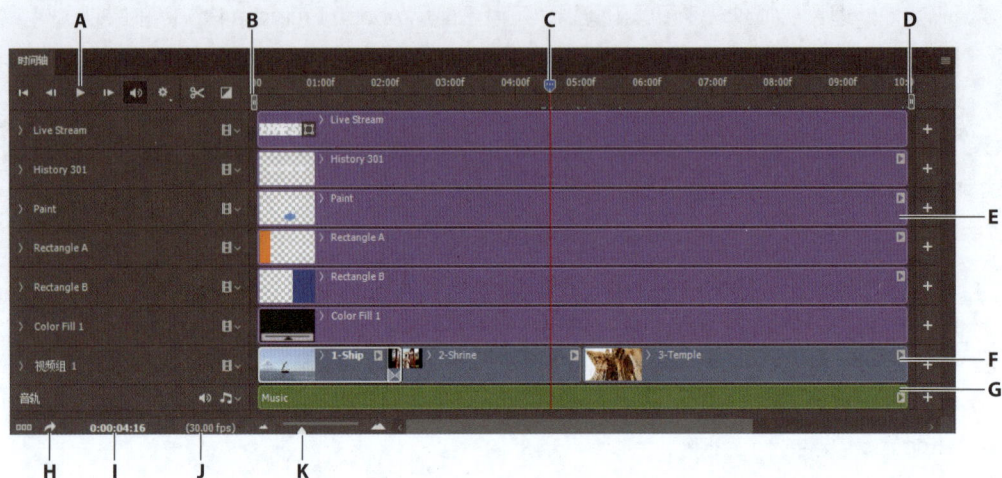

A."播放"按钮　B. 工作区起点　C. 播放头　D. 工作区终点　E. 图像图层　F. 视频剪辑　G. 音轨
H."渲染视频"按钮　I. 当前时间　J. 帧速率　K."控制时间轴显示比例"滑块

图 11.2

💡 提示　如果时间轴面板太矮，无法同时显示视频组和音轨，可向上拖曳上边缘增加其高度。

时间轴内容类似于图 11.2 所示，如果它们收缩在左端，导致无法看到内容的名称和缩览图，请向右拖曳时间轴面板底部的"控制时间轴显示比例"滑块。如果没有看到所有的内容，请向上拖曳时间轴面板的上边缘，增加这个面板的高度。

② 在时间轴面板中单击"播放"按钮（▶）。

播放头将沿时间标尺向右移动，以显示时间轴中的每个帧；在播放期间，"播放"按钮变成了"停止"按钮。播放头到达工作区终点后，将自动停止播放。

③ 在播放头还未到达工作区终点的情况下，单击时间轴面板中的"停止"按钮。

💡 提示　"播放"/"停止"按钮的快捷键为空格键。

④ 将播放头拖曳到时间标尺上的另一个位置。

播放头所处的位置决定了文档窗口显示的内容。

如果文档是根据视频预设创建的，Photoshop 将在文档窗口中显示青色参考线。有些较老的电视可能裁剪图像，而有些视频播放器会在边缘周围叠加独特的图形。为最大限度地降低边缘附近的内容被裁剪或覆盖的可能性，请将重要内容放在由参考线标识的中央区域。导出的视频中不包含这些参考线。

💡 提示　如果不想看到参考线，可选择菜单命令"视图">"显示">"参考线"，以禁用这个命令。

⑤ 让 11End.psd 文件保持打开状态，供接下来制作视频时参考。

11.3　课前准备

本课将以第 1 课创建的图像为基础创建其动画版。

❶ 选择菜单命令"文件">"在 Bridge 中浏览"，切换到 Bridge。

❷ 双击 Lesson11 文件夹中的 11Start.psd 文件，在 Photoshop 中打开它。如果出现有关新功能的提示对话框，将其关闭。

❸ 选择菜单命令"文件">"存储为"，将文件重命名为 11Working.psd，并单击"保存"按钮。如果出现"Photoshop 格式选项"对话框，单击"确定"按钮。

在这个文件处于活动状态时，时间轴面板是空的（稍后将创建视频时间轴）；另外，为避免因读者没有安装相关的字体，导致文字图层的外观发生变化，将 History 301 和 Live Stream 文字图层转换成形状（轮廓）图层（这是使用菜单命令"文字">"转换为形状"实现的）。基于文字图层来创建动画和基于其他图层来创建动画的方式没什么不同，但将文字图层转换为形状图层后就不能使用文字工具来编辑了。

在第 1 课的最终文件中，彩色矩形放在同一个图层中，但这里放在不同的图层中（这两个图层的名称分别为 Rectangle A 和 Rectangle B），这样做旨在创建基于各个矩形的动画。

11.4　添加视频

这里需要将 Arch 静态图像图层替换为符合同样历史主题的视频剪辑；要添加视频，必须有视频时间轴，因此下面先创建视频时间轴。

♀ 提示　在自己的项目中，如果视频必须满足特定的帧速率要求，可在创建视频时间轴后指定帧速率：从时间轴面板菜单中选择"设置时间轴帧速率"，再输入所需的帧速率并单击"确定"按钮。

❶ 选择菜单命令"视图">"按屏幕大小缩放"，在时间轴面板上方显示整个画布。

❷ 在时间轴面板中单击"创建视频时间轴"按钮，如图 11.3 所示。

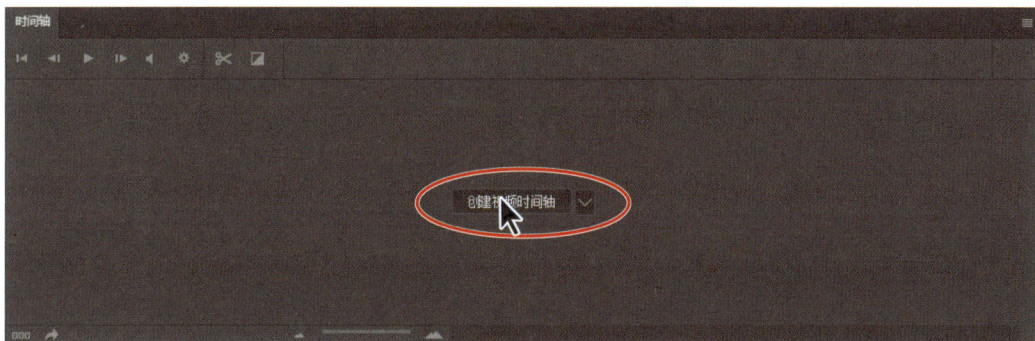

图 11.3

图层面板中的内容（作为轨道）出现在时间轴面板中，如图 11.4 所示。

图 11.4

11.4.1 调整时间轴的持续时间

如果此时在时间轴面板中单击"播放"按钮，将发现静态图层还不是动画，且播放到 5 秒处停止，因为每个轨道都终止于此。从 01End.psd 文件可知，整个序列的总长为 10 秒，因此添加内容之前，先将所有媒体的持续时间（时长）都设置为 10 秒。

❶ 拖曳时间轴面板底部的"控制时间轴显示比例"滑块，让既有轨道的长度为时间轴面板宽度的一半左右。这样做能够看到每个剪辑的缩览图，同时确保时间标尺包含足够多的细节，以便能够精确地修改每个剪辑的持续时间。

💡 提示　如果"控制时间轴显示比例"滑块难以控制，可单击它左边和右边的图标。

❷ 将第一个剪辑（Live Stream）的右边缘拖曳到时间标尺的 10:00（10 秒 0 帧）处。这个剪辑始于 00:00，因此让其终于 10:00 可将持续时间设置为 10 秒。拖曳时，鼠标指针旁边将显示"结束"时间和"持续时间"，让用户知道拖曳到了什么位置，如图 11.5 所示。

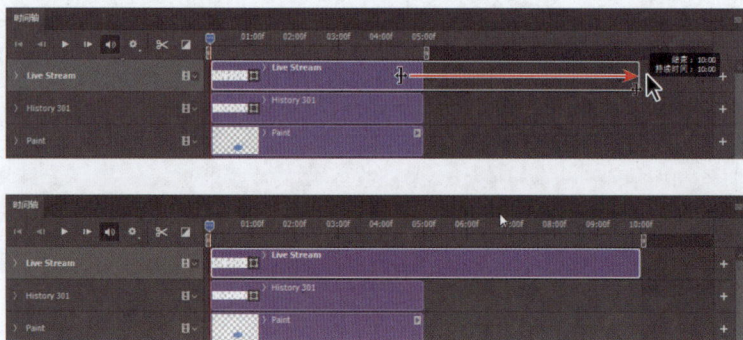

图 11.5

❸ 对其他所有轨道都重复第 2 步，让它们都终止于 10:00 处。

11.4.2 在视频组中添加内容

在 Photoshop 中，视频放在一种特殊的图层（视频组）中，这让用户能够按时间顺序排列视频和静态内容。创建这里的视频时间轴时，每个图层都被转换为视频组。下面在 Arch 图层中添加视频剪辑。

💡 **提示** 默认情况下，工作区终点与最长的轨道终点对齐。就这里的时间轴而言，这是可行的，但如果要让工作区宽度更窄，可将工作区终点标记拖曳到合适的位置。

❶ 单击 Arch 轨道中的"视频"按钮，并选择"新建视频组"，如图 11.6 所示。
Arch 轨道上方将出现"视频组 1"轨道，它当前是空的。

❷ 单击"视频组 1"轨道中的"视频"按钮，并选择"添加媒体"，如图 11.7 所示。

图 11.6

图 11.7

❸ 切换到 Lesson11 文件夹，并打开其中的 Media 文件夹。

❹ 按住 Shift 键并选择编号分别为 1、2 和 3 的视频素材，然后单击"打开"按钮。

💡 **提示** 第 4 步添加的所有剪辑都是视频，但在你自己的项目中，可同时添加视频和静态图像。

Photoshop 将把选定的 3 个素材都导入"视频组 1"轨道中。在时间轴面板中，视频剪辑以蓝色背景显示，而不像静态内容那样以紫色背景显示；同时，"视频组 1"轨道的持续时间超过了 10 秒（见图 11.8），稍后将解决这个问题。下面先删除 Arch 图层，因为不再需要它。

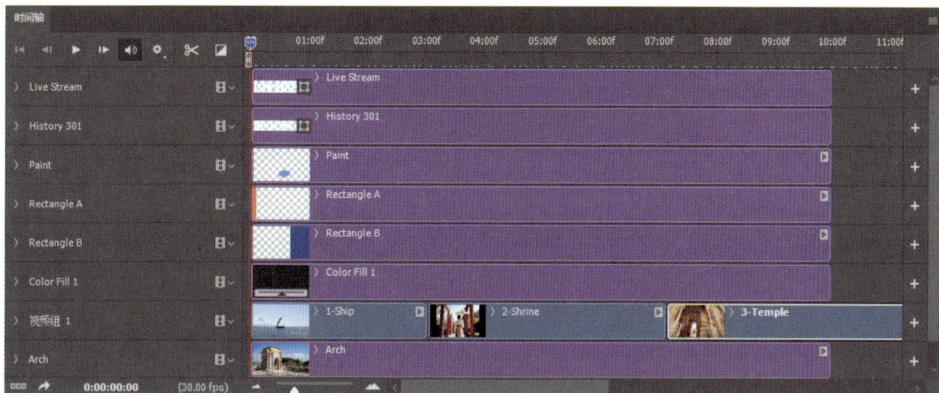

图 11.8

⑤ 在图层面板中选择 Arch 图层，单击图层面板底部的"删除图层"按钮（🗑）。单击"是"按钮，确认要删除这个图层，结果如图 11.9 所示。

图 11.9

⑥ 如果播放头不在时间标尺的开头位置，单击"转到第一帧"按钮（◄）。

⑦ 单击"播放"按钮（►），看看当前的序列是什么样的。

在本课中，每当让你播放视频时，都请像这里这样从头开始播放，以便能够对整个视频进行评估。

⑧ 选择菜单命令"文件">"存储"。

11.5 添加音频

对"视频组 1"轨道中剪辑的持续时间进行调整之前，需要导入一个在序列的持续时间内不断播放的音频剪辑。为何此时添加这个音频剪辑呢？因为需要将视频剪辑的持续时间与音频剪辑中的关键点同步。

① 单击音轨中的音符按钮，并选择"添加音频"，如图 11.10 所示。

图 11.10

② 在 Lesson11\Media 文件夹中选择 Music.mp3 文件，然后单击"打开"按钮。

❸ 从头开始播放音频剪辑。

这个音频文件比时间轴的持续时间长，下面来缩短它，使其持续时间与时间轴一致。通过播放可知，这个音频文件是一首歌曲的末尾部分，因此下面将其开头的一部分排除在外。

❹ 向右拖曳音轨中 Music 音频剪辑的左边缘，直到鼠标指针旁边显示的持续时间为 10:00，如图 11.11 所示。该音频剪辑的开头将与序列开头对齐，而其终点位于时间轴的 10 秒处。

图 11.11

❺ 单击音频剪辑右边缘处的小三角形，打开音频面板，然后将"淡入"和"淡出"分别设置为 0.25 秒和 0.5 秒，如图 11.12 所示。

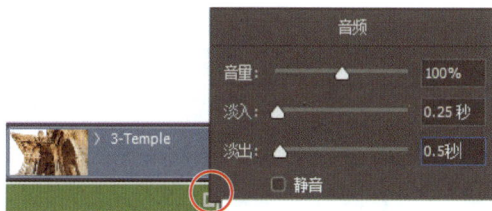

图 11.12

❻ 单击时间轴面板中的空白区域，将音频面板关闭。

11.6 调整视频组中剪辑的持续时间

当前，视频剪辑的终点并未与音频的和弦变化处对齐，因此下面来调整视频剪辑的持续时间以解决这个问题。

① 在时间轴面板中单击"播放"按钮，并将音频中出现和弦变化的时间点记录下来。第一个和弦变化出现在 02:00 处，第二个出现在 05:00 处。

② 向左拖曳第一个视频剪辑（1-Ship）的右边缘，等终点为 02:00 时松开鼠标左键，如图 11.13 所示。拖曳时，鼠标指针旁同时显示了结束时间和持续时间。

图 11.13

③ 向左拖曳第二个视频剪辑（2-Shrine）的右边缘，等终点为 5:00 时松开鼠标左键。

最后一个视频剪辑超出了序列末尾，因此需要将其末尾部分修剪掉。

④ 向左拖曳第三个视频剪辑（3-Temple）的右边缘，等终点为 10:00 时松开鼠标左键，结果如图 11.14 所示。为看到序列末尾，可能需要在时间轴面板中滚动或调整显示比例。

图 11.14

> 💡提示 调整视频组中一个剪辑的持续时间时，它后面的剪辑将相应地移动，以防剪辑之间出现空隙。如果不想让剪辑紧紧相连，可在时间轴中拖曳剪辑。

⑤ 在时间轴面板中单击"播放"按钮，检查所做的工作，并保存文件。

11.7 使用关键帧创建动画

关键帧让用户能够控制动画、效果和其他随时间流逝而发生的变化。关键帧标记了一个时间点，而用户可在关键帧中指定图层的外观，如设置其位置、大小或不透明度。要定义随时间流逝而发生的变化，至少需要两个关键帧，它们分别指定变化过程开始和结束时的状态，而 Photoshop 将在这两种状态之间插入状态值，确保状态随时间流逝逐渐变化。下面使用关键帧来创建 11End.psd 文件中的图层动画。

当前，所有图层都处于视频最后一帧要求的位置，因此要给每个图层添加动画效果，最简单的做法是，先在视频末尾添加一个关键帧，再在动画效果开始处添加另一个关键帧，并设置此时的图层外观。

提示 在时间轴面板中编辑时，别忘了文档窗口显示的内容取决于播放头所在的时间点。

11.7.1 创建基于位置的动画（随时间的流逝不断地移动图层）

接下来先给 Live Stream 图层添加动画效果，再给彩色矩形添加动画效果。Live Stream 图层需要在 04:00 处开始移动，并花 1 秒的时间移动到其最终位置。为实现这种效果，先设置两个关键帧。

1 将播放头移到 05:00 处——音频中最后一次和弦变化发生的时间点。

提示 时间轴面板的左下角显示了播放头当前所在的时间点。

2 单击轨道名 Live Stream 左边的箭头以展开该轨道的属性，然后单击“矢量蒙版位置”属性左边的秒表图标（ ），给 Live Stream 图层设置一个关键帧，如图 11.15 所示。

注意 Live Stream 轨道是一个矢量形状图层，因此使用“矢量蒙版位置”属性来给它添加基于位置的动画效果。对于像素图层，要给它添加基于位置的动画效果，需要使用“位置”属性；对于可编辑的文字图层和智能对象，要给它们添加基于位置的动画效果，需要使用“变换”属性。

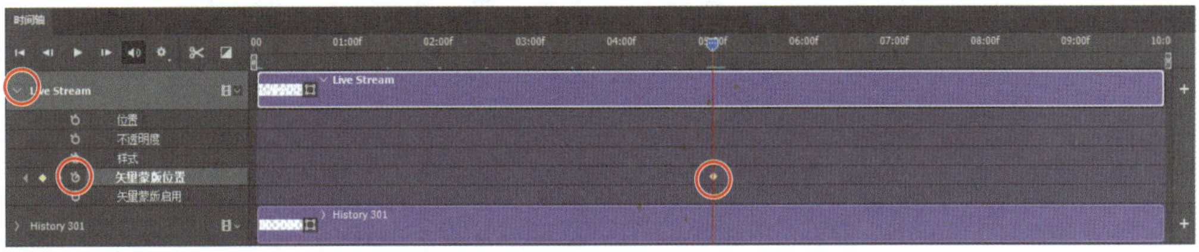

图 11.15

这个关键帧由黄色菱形标识，表明它被选中；关键帧由空心灰色菱形标识时，表明它未被选中。下面添加第二个关键帧。

3 将播放头移到 04:00 处。

4 选择移动工具，按住 Shift 键并向右拖曳画布上的 Live Stream 图层，直到它位于画布边缘外面一点点，如图 11.16 所示。

图 11.16

提示 在本课中使用移动工具拖曳图层时，请在选项栏中取消勾选“自动选择”复选框，这样拖曳起来更容易。

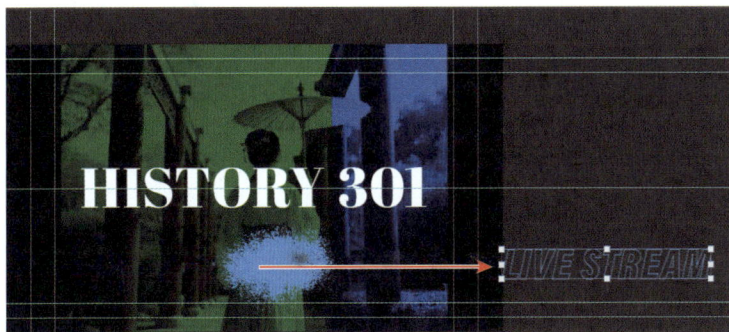

Photoshop 将在当前时间点创建一个关键帧，以记录图层的位置。

⑤ 在时间轴面板中单击"播放"按钮，图层将在 05:00 移到最终位置。

⑥ 在时间轴面板中，单击轨道名 Live Stream 左边的箭头，将其属性折叠起来，然后保存所做的工作。

⑦ 采用同样的方式给两个矩形添加基于位置的动画效果：重复第 1~6 步，给它们添加结束关键帧和开始关键帧，但使用如下设置。

- 对于 Rectangle A，将播放头移到 05:00 处，并单击"位置"属性的秒表图标，给这个图层添加结束关键帧。将播放头移到 00:00 处，然后按住 Shift 键并向右拖曳 Rectangle A 图层，直到它在画布右边缘外面一点点，从而给这个图层添加开始关键帧，如图 11.17 所示。

图 11.17

- 对于 Rectangle B，将播放头移到 05:00 处，并单击"位置"属性的秒表图标，给这个图层添加结束关键帧。将播放头移到 00:00 处，然后按住 Shift 键并向左拖曳 Rectangle B 图层，直到其左边缘与画布左边缘对齐，从而给这个图层添加开始关键帧。

> 💡 **提示** 要移到下一个关键帧，可在时间轴面板中单击相关属性（这里是"位置"）左边指向右方的箭头；要移到上一个关键帧，可单击指向左方的箭头。

⑧ 在时间轴面板中单击"播放"按钮，这两个矩形将分别从左边和右边进入画面，相遇后再到达各自的最终位置。

11.7.2　创建基于大小的动画

在 11End.psd 文件中，给 History 301 图层添加了放大动画效果，这是通过创建基于大小的动画实现的。

① 将播放头移到 05:00 处——所有动画结束的时间点。

② 单击轨道名 History 301 左边的箭头，展开这个轨道的属性。

这里要创建基于大小的动画，但 History 301 图层没有这样的属性。为解决这个问题，一种方案是将这个图层转换为智能对象。

> 💡 **注意** 不同类型的图层（如文字图层、像素图层、形状图层和智能对象）支持的属性可能存在细微的差别。

③ 确保选择了 History 301 轨道，再选择菜单命令"图层">"智能对象">"转换为智能对象"。

④ 展开 History 301 轨道的属性，注意这里出现了"变换"属性。单击这个属性的秒表图标，在 05:00 处创建一个结束关键帧。这个关键帧记录了图层的当前变换值，其中包括缩放值 100%。

⑤ 将播放头移到 00:00 处。

⑥ 选择菜单命令"编辑">"自由变换"，在选项栏的 W 文本框中输入 1%（见图 11.18），然后按 Enter 键两次（一次提交缩放值，另一次提交并退出自由变换模式），结果如图 11.19 所示。

图 11.18

图 11.19

⑦ 在时间轴面板中单击"播放"按钮，注意到 History 301 图层不断增大，直到达到原来的大小。

11.7.3 创建基于不透明度的动画

这里要创建的最后一个动画基于 Paint 图层的不透明度，其关键帧所在的时间点与基于 Live Stream 图层的动画相同。

① 将播放头移到 05:00 处——所有动画停止的时间点。

② 单击轨道名 Paint 左边的箭头，展开这个轨道的属性，然后单击"不透明度"属性的秒表图标，设置结束关键帧。这个关键帧记录了当前的不透明度——100%。

③ 将播放头移到 04:00 处，并在图层面板中将"不透明度"设置为 0%，这将创建一个关键帧，它记录了不透明度 0%，如图 11.20 所示。

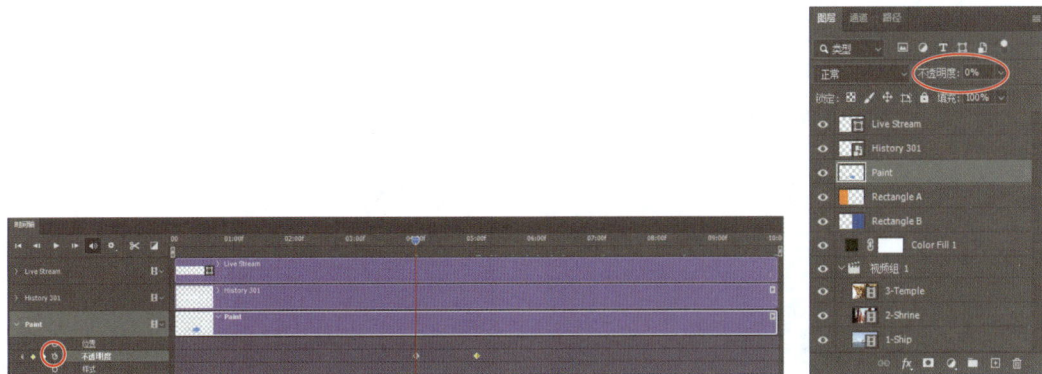

图 11.20

④ 在时间点 04:00 和 05:00 之间拖曳播放头，看看这个动画是什么样的。

这个时间轴中的每个动画图层都在动画结束处添加了一个关键帧，并在动画开始处添加了一个关键帧。在自己的项目中，可在开始关键帧和结束关键帧之间添加其他关键帧，从而创建出更复杂的动画。

使用动感面板快速创建动画

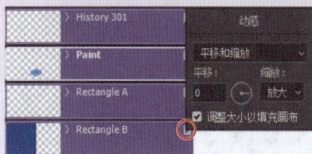

图 11.21

如果只想创建简单的动画（如缩放动画），可能不需要添加关键帧。Photoshop 的动感面板中提供了一些预先制作的动画效果，可单击剪辑右上角的箭头来打开这个面板。这个面板包含 5 种动画效果：平移和缩放、平移、缩放、旋转、旋转和平移。

使用动感面板应用效果时，可使用选项进行自定义，如图 11.21 所示。应用动感面板中的效果时，还将在剪辑中添加关键帧，因此如果要进一步自定义效果，可展开剪辑的属性，并根据需要编辑每个关键帧的值。

11.8　添加过渡效果

下面在第一个和第二个视频剪辑之间添加简短的"交叉渐隐"过渡效果。添加过渡效果很容易，拖放鼠标即可。

① 单击时间轴面板左上角的"选择过渡效果并拖动以应用"按钮（▨），选择"交叉渐隐"，并将"持续时间"设置为 0.25 秒。

② 将"交叉渐隐"过渡效果拖曳到 1-Ship 和 2-Shrine 视频剪辑之间，出现黑色矩形后松开鼠标左键，如图 11.22（a）所示。

Photoshop 将调整视频剪辑的交接处以应用过渡效果，并在第二个剪辑的左下角添加一个白色的过渡效果图标，如图 11.22（b）所示。

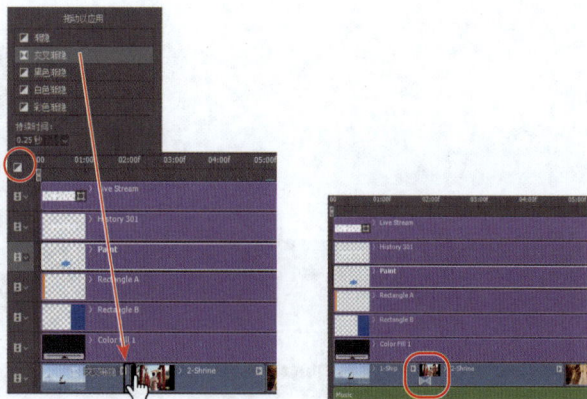

（a）　　　　　　　　　　　（b）

图 11.22

添加过渡效果后，"视频组 1"的持续时间不再是 10 秒，这是因为要添加 0.25 秒的"交叉渐隐"过渡效果，两个视频剪辑必须有 0.25 秒是重叠的，因此后面的视频剪辑必须向前移 0.25 秒。这意味着视频剪辑不再与音乐同步。为解决这个问题，下面给第一个剪辑添加足够多的帧，让整个序列的持续时间恢复 10 秒。

③ 选择 1-Ship 剪辑，并将鼠标指针指向其末尾，等鼠标指针变成出口指示器（✦）后向右拖曳（见图 11.23），等显示的"持续时间"为 02:08 时松开鼠标左键。

图 11.23

为何要在"持续时间"为 02:08 时松开鼠标左键呢？因为 0.25 秒的过渡效果导致整个序列的长度比 10 秒少 8 帧，为补偿这 8 帧，需要将持续时间从 02:00 延长到 02:08。

在这个视频组中，不在第二和第三个剪辑之间添加过渡效果，因为这个交接处被设计成与音频中的快速和弦变化同步。在自己的项目中，可通过拖放在每个剪辑交接处添加过渡效果；还可在第一个剪辑开头添加"黑色渐隐"过渡效果，让画面逐渐从黑色过渡到视频开头，也可在最后一个视频末尾添加"黑色渐隐"过渡效果，让画面逐渐从视频末尾过渡到黑色。

④ 播放整个序列，确保对时间设置是满意的。

⑤ 如果觉得在时间设置或动画效果方面还有改进空间，可执行必要的改进，再保存文档。

11.9　将时间轴渲染为最终的视频文件

现在可以将这个时间轴渲染为单个视频格式的文件，以便其他人播放。渲染视频时，涉及众多复杂的选项，但 Photoshop 针对各种视频使用方式（如在 YouTube 上发布）提供了合适的预设，从而简化了选项设置工作。用户只需选择合适的预设，就可正确地设置大量选项。

① 选择菜单命令"文件">"导出">"渲染视频"，或者单击时间轴面板左下角的"渲染视频"按钮（➔）。

② 将文件命名为 11Final.mp4。

③ 单击"选择文件夹"按钮，切换到 Lesson11 文件夹，然后单击"确定"或"选择文件夹"按钮。

④ 从"预设"下拉列表中选择"YouTube HD 1080p 29.97"。

💡 **提示** 要指定导出的帧范围，可在时间轴面板中拖曳工作区起点标记和终点标记，让它们分别指向要导出的第一帧和最后一帧。然后，在"渲染视频"对话框的"范围"部分选择"工作区域"单选按钮。

⑤ 单击"渲染"按钮，如图 11.24 所示。

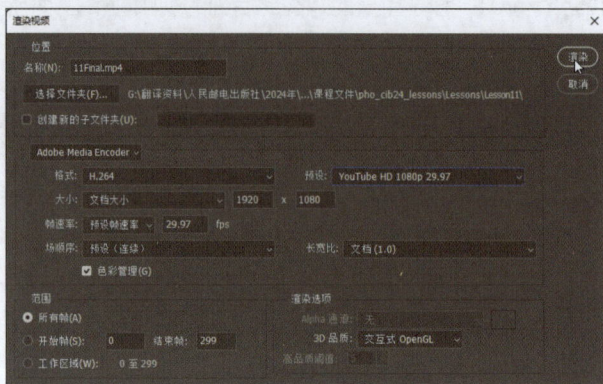

图 11.24

Photoshop 将导出视频，并显示一个进度条。根据系统的情况，视频渲染过程可能需要几分钟才能完成。

⑥ 保存所做的工作。

⑦ 在 Bridge 中找到 Lesson11 文件夹中的 11Final.mp4 文件，并播放这个使用 Photoshop 创建的视频，其中一帧如图 11.25 所示。

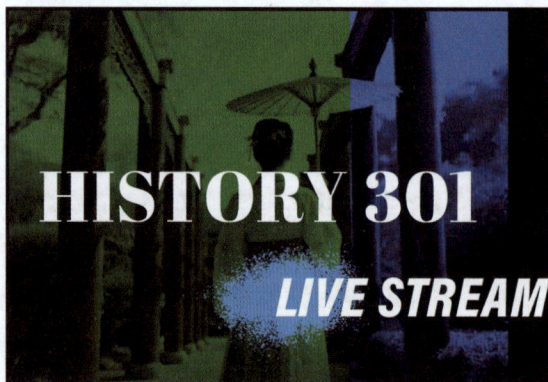

图 11.25

相比导出静态图像，渲染视频对计算机的处理能力要求更高，因此在较新或功能较强大的计算机上渲染视频时需要的时间更少。

帧动画

本课使用了关键帧来创建动画，这是在"视频时间轴"模式下使用时间轴面板完成的。时间轴面板还支持"帧动画"模式，在这种模式下，用户通过创建每一帧来制作动画，就像制作传统动画那样手动绘制每一帧。这种动画制作方式的一种典型用途是制作供网站使用的循环 GIF 动画。

① 打开 Lesson11\Frame Animation 文件夹中的 11Frames_Start.psd 文件，并将其另存为 11Frames_Working.psd。下面使用这个 Photoshop 文件来制作动画，最终效果与 Lesson11\Frame Animation 文件夹中 11Frames_End.psd 和 11Frames_End.gif 文件的效果相同。

② 在时间轴面板中单击"创建视频时间轴"按钮旁边的箭头，并选择"创建帧动画"（见图 11.26），然后单击"创建帧动画"按钮。Photoshop 将把这个文档转换为时间轴，其中只包含一帧，但稍后将添加其他帧。

③ 在图层面板中隐藏 Vinyl 图层，后面将让这个图层在最后一帧显示。

④ 在时间轴面板中单击"复制所选帧"按钮（⊞），添加一个帧副本，如图 11.27 所示。

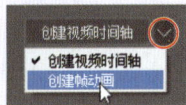

图 11.26

A. 在"视频时间轴"模式和"帧动画"模式之间转换　B. 播放控件
C. 过渡动画帧　D. 复制所选帧　E. 删除所选帧

图 11.27

⑤ 在选择了第二帧的情况下，在画布上使用移动工具向下拖曳 LP Record 图层组，使其大部分内容都被隐藏起来。

⑥ 在时间轴面板菜单中选择"反向帧"，结果如图 11.28 所示。单击各帧，看看它们是什么样的。

⑦ 选择第二帧，并单击"过渡动画帧"按钮。从"过渡方式"下拉列表中选择"上一帧"，在"要添加的帧数"文本框中输入 10。确保选择了"所有图层"单选按钮，然后单击"确定"按钮，如图 11.29 所示。这将创建 10 个新的帧，让 LP Record 图层组的位置逐渐发生变化。

图 11.28

图 11.29

⑧ 在时间轴面板中选择最后一帧，并在图层面板中显示 Vinyl 图层，结果如图 11.30 所示。

图 11.30

⑨ 在时间轴面板中单击"播放"按钮，注意到动画的循环速度太快了。请停止播放。

⑩ 单击最后一帧底部的"选择帧延迟时间"按钮并选择"5.0"（见图11.31），使得这帧播放后暂停几秒。

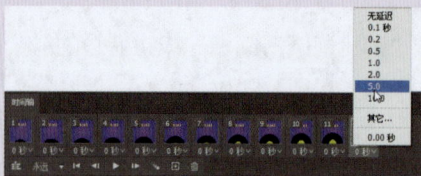

图 11.31

⑪ 选择菜单命令"文件" > "存储副本"，将文件命名为11_Final，切换到Frame Animation文件夹，从"保存类型"下拉列表中选择"GIF(*.GIF)"，并单击"保存"按钮。在"GIF 存储选项"对话框中单击"确定"按钮。

⑫ 使用 Bridge 或 Web 浏览器播放 11_Final.gif 文件。

Photoshop 视频处理小贴士

Photoshop 中还有其他高效地处理、创建视频的方式。

检查帧尺寸。如果视频必须匹配特定类型的屏幕，如标准高清电视屏幕，请在开始编辑或创建动画前选择菜单命令"图像" > "画布大小"或"图像" > "图像大小"，并确定帧的像素尺寸是正确的。在"新建文档"对话框中，"胶片和视频"类别中的预设指定了标准的视频帧尺寸。

调整视频剪辑的尺寸。如果视频剪辑的尺寸太大或太小，可调整其尺寸，方法与调整非视频图层尺寸相同：选择菜单命令"编辑" > "自由变换"，然后使用手柄或选项栏中的选项进行调整。

调整视频剪辑的外观。可在图层面板中像调整非视频图层那样调整视频剪辑的色调和颜色，如使用调整图层或图层样式进行调整。如果要应用效果（如滤镜），可能需要先将视频图层转换为智能对象。在 Photoshop 中，不能创建基于调整图层或效果的动画；要这样做，请使用视频编辑应用程序。

"裁剪"视频。要隐藏视频的某些部分，可在图层面板中对视频图层应用任意形状的蒙版。

创建画中画效果。要在一个视频上叠加另一个视频，可将叠加视频放在一个独立的视频组中，并在图层面板中将其移到另一个视频上方。如果这两个视频的尺寸相同，上方的视频将覆盖下方的视频，因此需要缩小上方的视频或给它添加蒙版，以创建画中画效果。

创建时移视频。在文件资源管理器中，将一系列按顺序编号的图像放在同一个文件夹中。然后在 Photoshop 中选择菜单命令"文件" > "打开"，切换到前述文件夹，选择第一个图像并勾选"图像序列"复选框，再单击"打开"按钮，该文件夹中的所有图像将作为单个视频被导入时间轴面板中。

动画预设。创建常见的动画效果（如平移、缩放、旋转）时，可能无须手动创建关键帧，因为动感面板中包含用于创建这些动画效果的预设。有关这方面的详细信息请参阅本课前面的补充内容"使用动感面板快速创建动画"。

菜单中的其他视频功能。虽然很多视频功能都可在时间轴面板中找到，但在时间轴面板菜单和"图层" > "视频图层"子菜单中可找到其他的视频功能。

11.10　复习题

1. 什么是关键帧？如何使用关键帧来创建动画？
2. 如何在视频剪辑之间添加过渡效果？
3. 如何渲染视频？

11.11　复习题答案

1. 关键帧标识了时间点，能够指定时间点的属性，如位置、大小和样式。要实现随时间发生变化的效果，至少需要两个关键帧，一个表示变化前的状态，另一个表示变化后的状态。要创建开始关键帧，可单击要基于它来制作动画的属性旁边的秒表图标。每当将播放头移到不同的位置并修改属性的值时，Photoshop 都将新增一个关键帧。
2. 要添加过渡效果，可单击时间轴面板左上角的"选择过渡效果并拖动以应用"按钮，然后将过渡效果拖曳到视频剪辑之间。
3. 要渲染视频，可以选择菜单命令"文件">"导出">"渲染视频"或单击时间轴面板左下角的"渲染视频"按钮，然后根据在线服务或播放设备进行视频设置。

使用 Camera Raw

本课概览

- 在 Camera Raw 中打开相机原始图像。
- 在 Camera Raw 中锐化图像。
- 在 Camera Raw 中使用蒙版调整肖像。
- 调整相机原始图像的色调和颜色。
- 同步多个图像的设置。

学习本课大约需要 **1.5** 小时

　　相比 JPEG 文件，相机原始数据文件提供了更大的灵活性，在设置颜色和色调方面尤其如此。使用 Camera Raw 能够充分挖掘这方面的潜力，这款应用程序被集成到了 Photoshop 和 Bridge 中。

12.1　课前准备

本课将通过 Photoshop 或 Bridge 中的 Camera Raw 处理多个数字图像，并使用多种方法来修饰和校正数码照片。下面在 Bridge 中查看处理前和处理后的图像。

❶ 启动 Photoshop 并立刻按 Ctrl + Alt + Shift 组合键（Windows）或 Command + Option + Shift 组合键（macOS）。

❷ 在出现的提示对话框中单击"是"按钮，确认删除 Adobe Photoshop 设置文件。

❸ 选择菜单命令"文件"＞"在 Bridge 中浏览"，启动 Bridge。

❹ 在 Bridge 的收藏夹面板中单击 Lessons 文件夹，然后双击内容面板中的 Lesson12 文件夹，将其打开。

❺ 如果有必要，调整缩览图下方的滑块以便能够清楚地查看缩览图，然后找到 12A_Start.crw 和 12A_End.psd 文件，如图 12.1 所示。

> ♀ **注意** 这里使用的 Camera Raw 是编写本书时的最新版本 —— Camera Raw 16。Adobe 更新 Camera Raw 的频率很高，如果读者使用的是更新的版本，有些步骤可能与书中说的不同。另外，如果使用的是 Camera Raw 12.3，可以发现用户界面也与这里有很大的不同。

原始照片中的图像是一个西班牙风格的教堂，这是一个相机原始数据文件，因此文件扩展名不是 .psd 或 .jpg。这张照片是使用 Canon SLR 相机拍摄的，其文件扩展名为佳能专用的原始数据文件扩展名 .crw。接下来将对这个相机原始图像进行处理，使其更亮、更锐利、更清晰，然后将其存储为 JPEG 文件和 PSD 文件。其中，前者是用于 Web 的，而后者能够在 Photoshop 中做进一步处理。

❻ 比较 12B_Start.nef 和 12B_End.psd 文件的缩览图，如图 12.2 所示。

图 12.1

图 12.2

这张照片是使用尼康相机拍摄的，其文件扩展名为 .nef。接下来将在 Camera Raw 和 Photoshop 中进行颜色校正和图像改进，以获得最终的效果。

12.2　相机原始数据文件

很多数码相机都能够使用相机原始数据格式存储图像。相机原始数据文件包含数码相机图像传感器中未经处理的图片数据，有点像未冲印的胶片。原始传感器数据未被转换为标准的多通道彩色图像文件，得到的图像文件只有一个未经处理的通道，其中包含传感器数据，而这种形式的数据不能作为图像进行查看。有人可能会问，在相机和计算机上，如何在不打开的情况下查看原始数据文件（如本课提供的素材）呢？相机通常会随原始数据文件存储一个内嵌的预览图像，它是相机对原始数据的解读结果。

原始数据处理应用程序（如 Camera Raw）对未处理的原始数据进行解读，生成多个可使用 Photoshop 等图像编辑软件进行编辑的颜色通道（如 RGB 通道）。相机原始数据文件让用户能够以自己的方式对原始图像数据进行解读，因此与相机根据其对数据的解读生成的 JPEG 文件相比，相机原始数据文件提供的编辑空间更大。相比将原始图像转换成标准 RGB 图像，用户可使用 Camera Raw 更深入地调整白平衡、色调范围、对比度、色彩饱和度、杂色和锐化度，也可随时重新处理相机原始数据文件，而不会降低原始图像的质量。

要创建相机原始数据文件，需要设置数码相机，使其使用原始数据格式（而不是 JPEG 格式）存储文件。相机原始数据文件的扩展名为 .nef（尼康）或 .crw（佳能）等。在 Bridge 或 Photoshop 中，可处理来自支持的数码相机（佳能、富士、徕卡、尼康及其他厂商的相机）的原始数据文件，还可将专用的相机原始数据文件以 DNG、JPEG、TIFF 或 PSD 格式导出。

是否在任何情况下都应使用相机原始数据格式而不是 JPEG 格式拍摄照片呢？如果想最大限度地提高编辑灵活性，就需要使用相机原始数据格式拍摄照片。然而，相机原始数据文件占据的存储空间更大，编辑这些文件对软件的处理能力要求更高。如果照片不需要做太多的编辑，可考虑使用 JPEG 格式拍摄。

> ♀ **注意** 通常每款相机使用的原始数据格式都不同，因此，如果有用 3 个不同型号的佳能相机拍摄的 CRW 文件和用 3 个不同型号的尼康相机拍摄的 NEF 文件，很可能意味着 Camera Raw 需要支持 6 种不同的文件格式。如果购买了新相机，可能需要升级 Camera Raw，以支持新相机使用的原始数据格式。

12.3　在 Camera Raw 中处理文件

在 Camera Raw 中调整（如拉直或裁剪）图像时，Photoshop 和 Bridge 将以独立于原始文件的方式存储编辑的内容，这样能够根据需要对图像进行编辑并导出编辑后的图像，同时保留原始文件供以后进行不同的调整。

12.3.1　在 Camera Raw 中打开图像

在 Bridge 和 Photoshop 中都可打开 Camera Raw。在 Camera Raw 中可编辑多个图像，还可将相同的编辑应用于多个文件。如果处理的图像都是在相同的环境中拍摄的，这个功能很有用，因为需要对这些图像做类似的调整。

Camera Raw 提供了大量的控件，让用户能够调整白平衡、曝光、对比度、锐化度、色调曲线等。下面将编辑一个图像，然后将设置应用于其他相似的图像。

❶ 在 Bridge 中切换到 Lessons\Lesson12\Mission 文件夹，其中包含 3 张西班牙风格的教堂的照片。

❷ 按住 Shift 键并单击 Mission01.crw、Mission02.crw 和 Mission03.crw 文件以选择它们，然后选择菜单命令"文件">"在 Camera Raw 中打开"。

❸ 如果出现"欢迎使用 Camera Raw 16.2.1"屏幕，请单击"开始使用"按钮，启动 Camera Raw 16.2.1，如图 12.3 所示。只有在首次启动（或重置 Camera Raw 首选项后首次启动）Camera Raw 16.2.1 时，才会出现"欢迎使用 Camera Raw 16.2.1"屏幕。Camera Raw 首选项与 Photoshop 首选项是分开的。

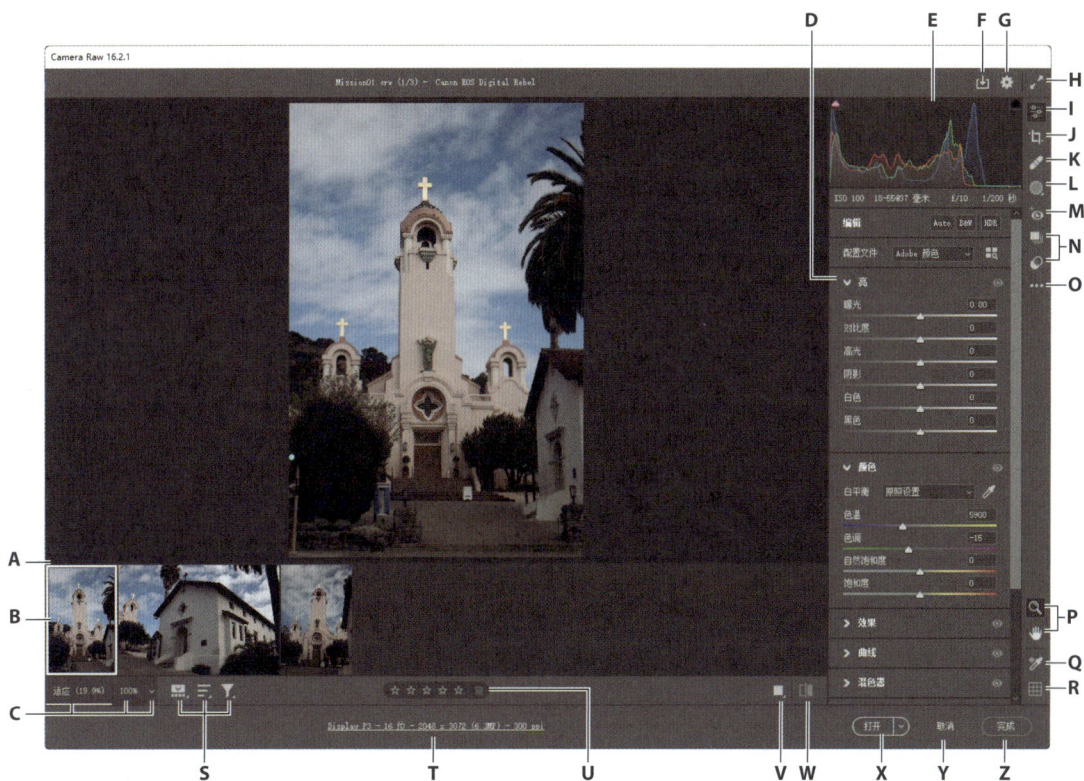

A. 胶片分隔条（拖曳它可调整胶片区域的大小） B. 胶片 C."适应视图"按钮和"选择缩放级别"下拉列表
D. 可折叠的调整面板（这里的面板为编辑模式下的面板，在其他模式下将显示其他选项） E. 直方图
F. 转换并存储选定的图像 G. Camera Raw 首选项设置 H. 切换到全屏模式 I. 编辑（调整）图像
J. 裁剪与旋转 K. 修复 L. 蒙版（局部）调整 M. 消除红眼 N. 快照和预设 O."更多图像设置"按钮
P. 缩放工具和抓手工具 Q. 切换取样器叠加 R. 切换网格覆盖图 S. 胶片按钮、排序按钮、筛选按钮
T. 工作流程选项链接 U. 评级及添加删除标记 V. 单击在不同的视图之间切换（按住鼠标左键可显示下拉列表）
W. 在当前设置和默认设置之间切换 X. 退出、保存所做的修改并在 Photoshop 中打开 Y. 退出且不保存所做的修改
Z. 退出并保存所做的修改

图 12.3

❹ 如果胶片出现在 Camera Raw 窗口左边，在胶片按钮（▓）上按住鼠标左键，从弹出的菜单中选择"水平"，如图 12.4 所示。这样，布局才会与本课显示的一致。如果想让胶片出现在窗口左边，

也可以使用相同的方法设置。

　　Camera Raw 窗口中显示了选定图像的预览效果，而胶片中显示了所有已打开图像的缩览图。右上角的直方图用于显示选定图像的色调范围；窗口底部的工作流程选项链接用于显示选定图像的色彩空间、位深、大小和分辨率，可通过单击该链接来修改这些设置；窗口的右边是一系列的工具，能够用于缩放、平移、裁剪图像，以及对图像进行其他调整。

> **注意** 在 Camera Raw 中打开原始数据格式图像时，其外观可能发生变化，这很正常，因为使用相机创建的预览图像将被替换为根据 Camera Raw 中的当前设置渲染的图像。

　　在默认模式（编辑模式）下，直方图下方是一系列可折叠的面板。可展开各个面板，以精确地编辑选定图像的颜色、色调和细节（如锐化和减少杂色），以及校正镜头扭曲等。此外，还可将设置存储为预设，以便将它们应用于其他图像。

　　使用 Camera Raw 时，为获得最佳效果，通常按从上到下的顺序调整选项，也可以按任何顺序调整选项，且并非一定要调整所有的选项。

　　下面通过编辑第一个图像来展示这些控件的使用方法。

⑤ 为便于编辑图像，最好显示文件名，在胶片按钮上按住鼠标左键，从弹出的菜单中选择"显示文件名"，如图 12.5 所示。

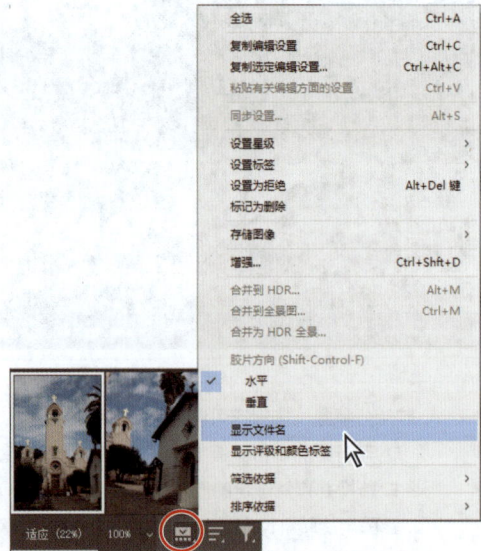

图 12.4　　　　　　　　　　　　　　　　　　图 12.5

> **注意** 如果胶片消失，那是因为单击了胶片按钮，要重新显示胶片，可再次单击胶片按钮。

⑥ 在编辑图像前单击胶片中的每个缩览图以预览所有图像。查看所有图像后，选择 Mission01.crw 图像，如图 12.6 所示。

> **提示** 在胶片中，可按←键或→键切换图像。然而，在选项字段中单击（以编辑其值）后，按←键或→键光标将在表示值的文本中移动。在这种情况下，要切换到其他图像，需要在按←键或→键的同时按住 Ctrl 键（Windows）或 Command 键（macOS）。

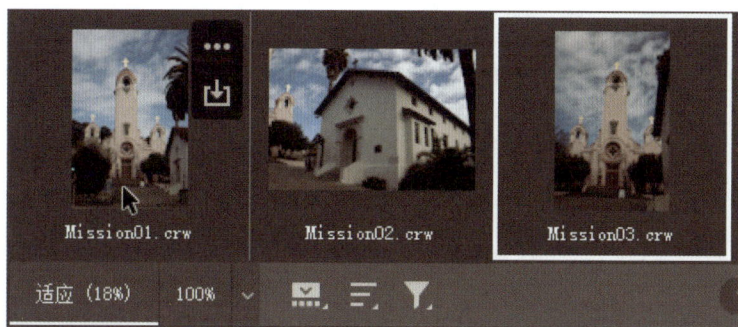

图 12.6

12.3.2 选择 Adobe Raw 配置文件

Adobe Raw 配置文件决定了 Camera Raw 将如何解读相机原始数据；用户进行设置时，Camera Raw 将对根据配置文件渲染的结果做相应的调整。如果当前选定配置文件生成的结果与期望结果差得很远，可尝试选择其他配置文件，看看能否获得更佳的结果。

❶ 如果直方图下面没有显示"配置文件"下拉列表，单击"编辑"按钮（⊗）。"配置文件"下拉列表位于顶部，如果没有看到，可能是因为向下滚动太多了；向上滚动，直到看到"配置文件"下拉列表。

❷ 从"配置文件"下拉列表中选择"Adobe 风景"，如图 12.7 所示。

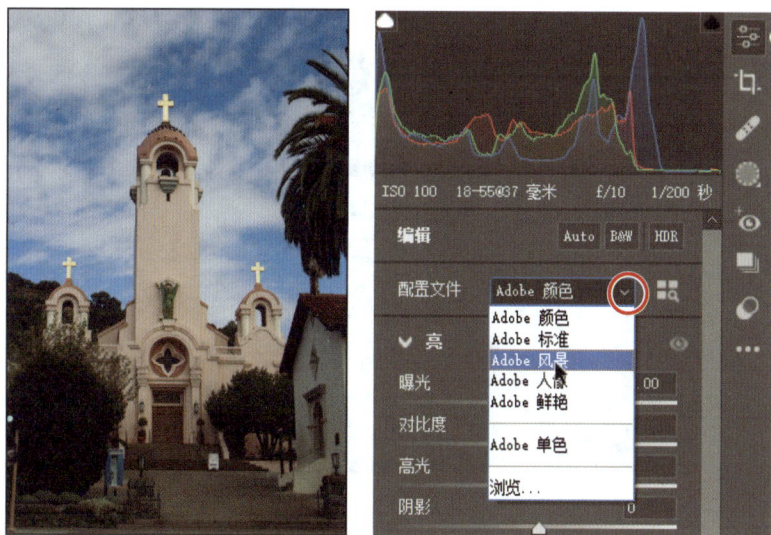

图 12.7

> 💡 **提示** 要让图像更接近于相机生成的图像，可单击"配置文件"下拉列表右边的"浏览配置文件"按钮（▤），然后将看到一系列配置文件类别，可从 Camera Matching 类别中选择一个配置文件。

> 💡 **注意** Camera Raw 中的配置文件与显示器和打印机使用的国际色彩联盟（International Color Consortium，ICC）颜色配置文件不同，它只会影响将相机原始数据文件转换和处理为常规图像的方式。

默认的配置文件为"Adobe 颜色"，它是一个通用的配置文件；"Adobe 风景"可突出自然颜色，如树木和天空的颜色，更适合这个图像；"Adobe 人像"旨在自然地呈现皮肤颜色；"Adobe 鲜艳"会极大地提高颜色对比度；"Adobe 单色"用于实现高品质的黑白转换。

12.3.3 调整白平衡

图像的白平衡反映了拍摄照片时的光照情况。数码相机会在曝光时记录白平衡，在 Camera Raw 中刚打开图像时，显示的就是这种白平衡。

白平衡有两个组成部分。第一个部分是色温，单位为开尔文，它决定图像的"冷暖"程度，即是冷色调还是暖色调。第二个部分是色调，它可补偿洋红色或绿色色偏。

根据相机使用的设置和拍摄环境（如使用的是人工光源还是混合光源），可能需要调整图像的白平衡。如果要修改图像，应先修改白平衡，因为它将影响对图像所做的其他编辑。

默认情况下，"白平衡"为"原照设置"，即应用曝光时相机使用的白平衡设置。如果觉得需要调整，可尝试使用 Camera Raw 提供的其他白平衡预设。

❶ 如果在"配置文件"下拉列表下方没有看到"白平衡"下拉列表，可以展开颜色面板。

❷ 从"白平衡"下拉列表中选择"阴天"，如图 12.8 所示。

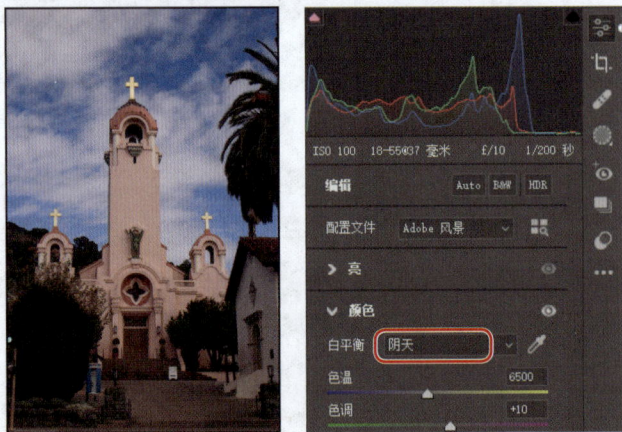

图 12.8

Camera Raw 将相应地调整色温和色调。有时候，使用预设就可以完成白平衡调整，但这里图像依然存在色偏，因此将手动调整白平衡。

❸ 单击"白平衡"下拉列表右边的"白平衡工具"按钮（🖊），如图 12.9（a）所示。

为精确地设置白平衡，在原本为白色或灰色的对象上单击。Camera Raw 将把单击的地方的颜色视为中性白，并相应地调整图像的颜色。

④ 单击图像左上角的一块云彩，图像的色彩平衡将改变，如图 12.9（b）所示。

（a）

（b）

图 12.9

⑤ 单击另一块云彩，图像的色彩平衡随之改变，因为这块云彩的色彩值稍有不同。

要快速、轻松地找到最佳的色彩平衡，可使用白平衡工具单击应为中性色调的区域。云彩的色调并非总是中性的，这取决于照片是在一天中的什么时间拍摄的以及拍摄时的天气。在 Camera Raw 中，在不同的位置单击可修改色彩平衡而不会修改原始图像文件，因此可随便尝试。

⑥ 单击教堂前面指示牌的白色区域，将消除大部分色偏，如图 12.10 所示。

💡 提示　单击中性色调区域（如第 6 步的指示牌）可设置合适的白平衡，从而消除色偏。然后，可以使用"白平衡"等选项来调整图像，如增大"色温"值，让照片看起来像是在日落时分拍摄的或营造更温暖的氛围。

⑦ 为查看修改带来的影响，在窗口底部的"在'原图 / 效果图'视图之间切换"按钮（▣）上按住鼠标左键，然后选择"原图 / 效果图 左 / 右"（如果只是单击而没有按住鼠标左键，将切换到下一个视图），如图 12.11 所示。

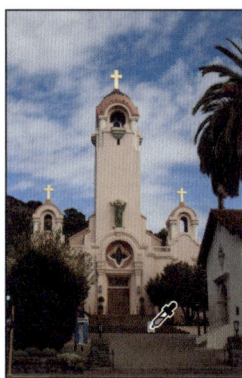

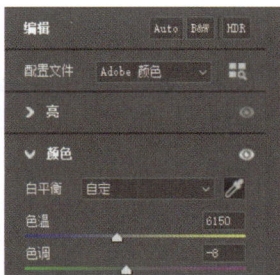

图 12.10

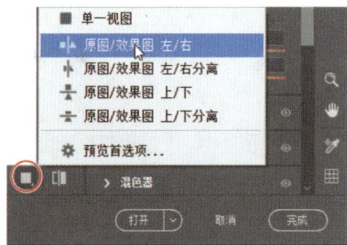

图 12.11

Camera Raw 将在左边显示原图，在右边显示效果图，进而能够比较它们，如图 12.12 所示。

⑧ 如果只想查看效果图，可在"在'原图／效果图'视图之间切换"按钮上按住鼠标左键，然后选择"单一视图"。也可继续同时显示原图和效果图，以便后面继续调整设置时能够看到图像的变化情况。

图 12.12

12.3.4　在 Camera Raw 中做基本的色调调整

亮面板中的滑块影响图像中色调的明暗。除"对比度"滑块外，向右拖曳滑块将提亮受影响的图像区域，而向左拖曳滑块将让这些区域变暗。"曝光"滑块决定整个图像的亮度。"高光"和"阴影"滑块分别控制接近白色和黑色的区域中的细节。"白色"滑块定义白场，即图像中最亮的色调（比它更亮的色调都将变成白色）；而"黑色"滑块用于设置图像中的黑场，即图像中最暗的色调（比它更暗的色调都将变成黑色）。

向右拖曳"对比度"滑块将导致较暗和较亮的色调与中间调相差较大，而向左拖曳将导致它们更接近中间调。要更细致地调整局部对比度，可使用效果面板中的"清晰度"滑块和"纹理"滑块，但最好少使用这些滑块。

在颜色面板中，"饱和度"滑块用于均匀地调整图像中所有颜色的饱和度。"自然饱和度"滑块通常更有用，因为它对不饱和颜色的影响更大；例如，它可让图像更鲜艳，而不会让皮肤色调过度饱和。

下面尝试对选定图像做一些基本调整。

① 在编辑模式下单击面板顶部的 Auto 按钮，如图 12.13 所示。

提示 再次单击 Auto 按钮可从自动设置切换到默认设置。

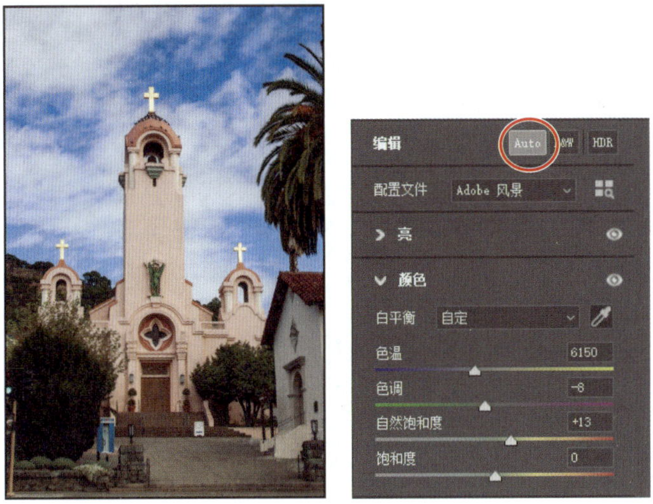

图 12.13

单击 Auto 按钮时，亮面板和颜色面板中的多项设置发生改变，图像得到了极大的改善。单击 Auto 按钮可能生成很有用的图像，因为其校正是基于 Adobe Sensei 高级机器学习技术的（使用众多专业人士调整的图像对其进行了训练）。单击 Auto 按钮是一种快速调整图像的途径，让用户能够进行研究和学习。用户可保留单击 Auto 按钮所产生的一些变化，并对其他设置进行调整。

提示 调整色调时，请注意避免高光修剪和阴影修剪（因过度调整而丢失细节）。要预览修剪情况，一种方式是在拖曳“曝光”“高光”“阴影”“白色”“黑色”滑块时按住 Alt 键（Windows）或 Option 键（macOS）。按住 Alt 键或 Option 键并拖曳“曝光”“高光”“白色”滑块时，显示为黑色的区域意味着未被修剪掉，而显示为其他颜色的区域意味着被修剪掉；按住 Alt 键或 Option 键并拖曳“阴影”或“黑色”滑块时，显示为白色的区域意味着未被修剪掉，而显示为其他颜色的区域意味着被修剪掉。

2 在亮面板中进行如下设置。

- “曝光”为 +0.50。
- “对比度”为 0。
- “高光”为 -20。
- “阴影”为 +70。
- “白色”为 +20。
- “黑色”为 -10。

3 在颜色面板中将“自然饱和度”设置为 +20，在效果面板中将“清晰度”设置为 +20。

这些设置提亮了图像（尤其是阴影区域），让颜色更鲜艳又不过于饱和，如图 12.14 所示。通过增大“阴影”值，让原本较暗的树木区域变亮了。

提示 默认情况下，展开一个面板将折叠其他所有的面板。要像图 12.14 所示的那样同时展开多个面板，可在面板名上单击鼠标右键（Windows）或按住 Control 键并单击（macOS），然后从上下文菜单中选择“多模式”，这让用户能够更充分地利用大型显示器。

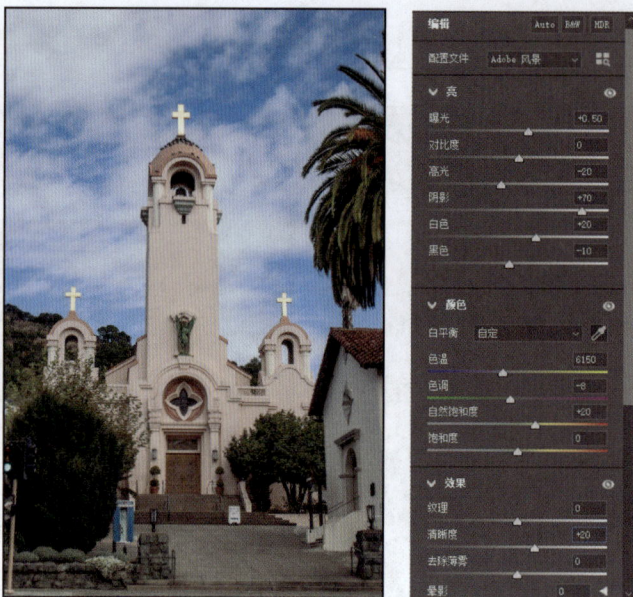

图 12.14

在 Camera Raw 中调整颜色

对于使用相机正确拍摄的原始图像，只需选择合适的配置文件并设置白平衡，再应用"自动"校正即可。需要解决相机原始数据文件存在的更复杂的颜色问题时，请在 Camera Raw 中做重大的颜色修改，这比在 Photoshop 中进行这种修改更合适，因为 Camera Raw 更灵活，并能更好地保留原始图像的品质。Camera Raw 提供了众多的高级颜色处理工具。

- 蒙版调整工具：要将不同的颜色或色调设置应用于图像的特定区域时，可单击"蒙版"按钮。为节省时间，Camera Raw 提供了一些自动生成蒙版的功能，如"选择主体""选择天空""选择背景""选择人物"，有关这方面的更详细信息请参阅本课中的补充内容"Camera Raw 蒙版类型"。

- 曲线面板：与 Photoshop 中的曲线调整图层一样，Camera Raw 中的曲线面板可以用来分别编辑各个颜色通道，从而调整颜色通道的数量。对于高光、中间调和阴影部分存在不同色偏的图像，曲线面板是一种消除色偏的良好工具。

- 混色器面板：混色器面板能够以"色相""饱和度""明亮度"的方式调整特定的颜色。在编辑模式下，单击面板列表顶部的"B&W"按钮后，可使用混色器面板来给转换得到的黑白图像着色，就像在第 2 课使用 Photoshop 给黑白图像着色一样。

- 颜色分级面板：在颜色分级面板中，可使用色轮分别调整中间调、阴影和高光的色相、饱和度和明度。这种工具类似于视频编辑器。虽然可使用它来校正颜色，但传统的颜色分级通常是在校正颜色后执行的步骤，旨在创建表现力丰富的调色板或实现色调分离效果。

- 自定义配置文件：可使用 Photoshop 来创建自定义的颜色查找表（CLUT），再以此为基础生成自定义配置文件，以便在 Camera Raw 配置文件浏览器中通过单击来应用它。

- 校准面板：校准面板用于对相机原始数据文件的基本颜色转换进行调整，它可能影响面板中其余部分的调整范围。就调整这种转换方式而言，使用配置文件是一种更方便的方式，因此现在校准面板主要用于以独具创意的方式修改图像中的颜色关系。
- "点颜色"部分：混色器面板的"点颜色"部分让用户能够精确地控制采集的颜色的色相、饱和度和明度。用户可在一次调整中采集并修改多种颜色。

这些工具都不在本书的讨论范围内，要更深入地了解它们，可进入 Photoshop 并打开发现面板（选择菜单命令"编辑">"搜索"），其中包含交互式教程和帮助文档。

相机原始数据直方图

Camera Raw 窗口右上角的直方图同时显示了当前图像的红色通道、绿色通道和蓝色通道（见图 12.15），调整设置后，它将相应地更新。另外，选择任何工具并在预览图像上移动时，直方图上方将显示鼠标指针所处位置的 RGB 值。单击直方图左上角和右上角的按钮，将启用指示修剪的图像覆盖：红色覆盖表示高光细节被修剪掉，而蓝色覆盖表示阴影细节被修剪掉。

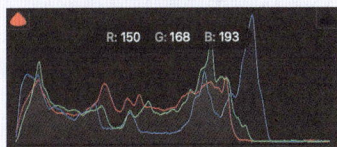

图 12.15

> 💡提示　有阴影或高光细节被修剪掉并不一定意味着对图像校正过度。例如，修剪掉镜面高光（如太阳反光或摄影棚光源在金属表面的反光）是可以接受的，因为镜面高光没有细节可丢失。

12.3.5　应用锐化

虽然 Photoshop 提供了多种锐化方式，但如果图像为原始数据格式，使用 Camera Raw 细节面板中的锐化控件来锐化更合适。为了获得较好的锐化预览效果，必须以 100% 或更大的比例查看图像。

> 💡提示　锐化改善的是图像中最小的细节。在效果面板中，使用"清晰度"滑块可突出相对较大的细节，而使用"纹理"滑块可突出尺寸不适合使用"锐化"滑块和"清晰度"滑块处理的细节；通常最好使用诸如蒙版调整工具等将纹理应用于特定区域，以免杂色太过明显。

❶ 从左下角的"选择缩放级别"下拉列表中选择 100%，然后选择抓手工具移动图像，以查看教堂顶部的十字架，效果如图 12.16（a）所示。

❷ 确保当前处于编辑模式，然后在直方图下方的面板列表中向下滚动，看到细节面板后将该面板展开，如图 12.16（b）所示。

"锐化"决定 Camera Raw 突出细节的程度。一般而言，应先将"锐化"值设置得非常大，以便更容易看清其他锐化选项的效果。在

（a）

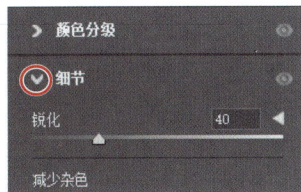

（b）

图 12.16

设置好其他锐化选项后，再调整"锐化"值。

③ 将"锐化"滑块移至 100 处。

④ 单击"锐化"右边的三角形以显示更多的选项，如图 12.17 所示。

图 12.17

很多 Camera Raw 特性都有高级选项，这些选项被隐藏起来以节省空间。右边有三角形就表示还有其他选项，可在需要时设置它们。

⑤ 将"半径"滑块移至 0.9 处。

"半径"决定锐化的范围。对于对焦准确且没有运动模糊的图像，先将"半径"值设置为 1。对于细节清晰的图像，应该减小"半径"值；而对于细节模糊的图像，可增大"半径"值以锐化这些细节。

⑥ 如果"细节"值不是 25，请将其设置为 25。

"细节"用于在锐化边缘和避免出现纹理之间取得平衡。"细节"值较小时，将只锐化边缘，让宽阔的区域更平滑；"细节"值较大时，将导致宽阔区域出现纹理。

⑦ 将"蒙版"滑块移至 61 处。

"蒙版"与"细节"类似，也可将锐化限定在内容边缘处，但其用处更大，因为它并非只作用于细节。"蒙版"值较大时，可增大"锐化"值，而不会导致应该平滑的宽阔区域（如脸或天空）中的杂色和纹理被过度锐化；要通过锐化突出宽阔区域（如织物）的细节时，可减小"蒙版"值。

调整"半径""细节""蒙版"滑块后，便可将"锐化"值减小到更合理的程度。

⑧ 将"锐化"滑块移至 70 处，如图 12.18 所示。

图 12.18

Camera Raw 不会将所做的修改存储到原始图像文件中，因为这些文件是只读的。在 Camera Raw 中所做的编辑保存在 XMP 格式的附属文件中，这个文件存储在原始图像文件所在的文件夹中，其文件名与原始图像文件名相同，但文件扩展名为 .xmp。如果做了蒙版（局部）调整，可能有一个与原始图像文件同名的 .acr 附属文件。将在 Camera Raw 中编辑过的图像移到其他计算机或存储介质中时，务必同时移动相应的 XMP 文件和 ACR 文件。若以开放的 Adobe DNG 原始数据格式导出，Camera Raw 可将所做的编辑与原始图像存储在一个文件中。

12.3.6 同步多个图像的设置

如果 3 个教堂图像都是在相同的时间和光照条件下拍摄的，将第一个教堂图像调整好后，可以自动将相同的设置应用于其他两个教堂图像，为此可使用"同步"对话框。

❶ 在胶片按钮上按住鼠标左键，然后选择"全选"，如图 12.19 所示，以选中胶片中的所有图像。

❷ 再次在胶片按钮上按住鼠标左键，然后选择"同步设置"，如图 12.20 所示。

此时出现"同步"对话框，其中列出了可应用于图像的所有设置。默认情况下，除"裁切和几何""修复""蒙版"复选框外，所有复选框都被勾选。这里可使用默认设置。

图 12.19

图 12.20

❸ 单击"同步"对话框中的"确定"按钮，如图 12.21 所示。

> 💡**注意** Camera Raw 在图像中同步设置时，预览图或缩览图中可能会暂时出现黄色警告三角形。预览图或缩览图更新后，黄色警告三角形将消失。

在选择的所有相机原始图像中同步设置后，缩览图将相应地更新以反映所做的修改。要预览修改后的图像，可单击对应的缩览图。

> 💡**注意** 同步设置图像后，最好对其进行预览，因为有些图像的色调和颜色可能发生细微的变化，需要做进一步的细微调整。

12.3.7 保存对相机原始数据文件的修改

很多应用程序都不能读取原始数据格式的文件，因此通常需要将它们存储为常见的图像文件格式。下面先将调整后的图像存储为低分辨率的 JPEG 图像（可在 Web 上共享）；然后将 Mission01 图像存储为 Photoshop 文件，以便将其作为智能对象在 Photoshop 中打开。将图像作为智能对象在 Photoshop 中打开时，可随时回到 Camera Raw 中做进一步调整。

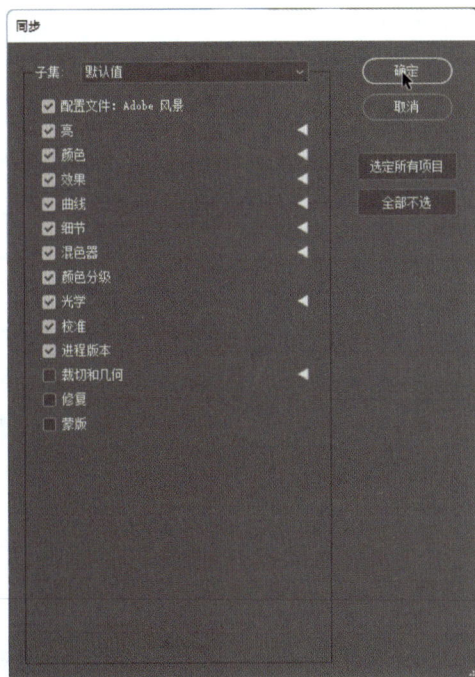

图 12.21

① 在 Camera Raw 窗口中的胶片按钮上按住鼠标左键，然后选择"全选"以选择全部图像。

② 单击 Camera Raw 窗口右上角的"转换并存储图像"按钮（🔽）。

③ 在打开的"存储选项"对话框中做以下设置。

- 从"目标"下拉列表中选择"在相同位置存储"。
- 在"文件命名"部分，保留第一个下拉列表中的"文档名称（首字母大写）"。
- 从"格式"下拉列表中选择 JPEG，并从"品质"下拉列表中选择"高（8-9）"。
- 在"色彩空间"部分，从"色彩空间"下拉列表中选择 sRGB IEC61966-2.1。
- 在"调整图像大小"部分，勾选"调整大小以适合"复选框，再从其右侧的下拉列表中选择"长边"。
- 在"调整大小以适合"复选框下方的文本框中输入 800。这将把图像的长边设置为 800 像素，而不管图像是纵向还是横向的。指定长边的尺寸后，Camera Raw 将根据图像原来的宽高比自动地调整短边的尺寸。
- 将"分辨率"设置为 72 像素／英寸。

> 💡 **提示** 如果图像包含涉及隐私的元数据，可在存储图像的副本时指定只包含哪些元数据。例如，如果图像包含相机信息、人员姓名等关键词、版权说明，以及在 Bridge 中输入的其他元数据，可从"元数据"下拉列表中选择"仅版权"，这样图像副本中将只包含版权信息。

这些设置会将校正后的图像存储为更小的 JPEG 格式的文件，以在 Web 上与他人共享。调整大小后，大多数查看者能直接看到整个图像。这些文件将被命名为 Mission01.jpg、Mission02.jpg 和 Mission03.jpg。

④ 单击"存储"按钮，如图 12.22 所示。

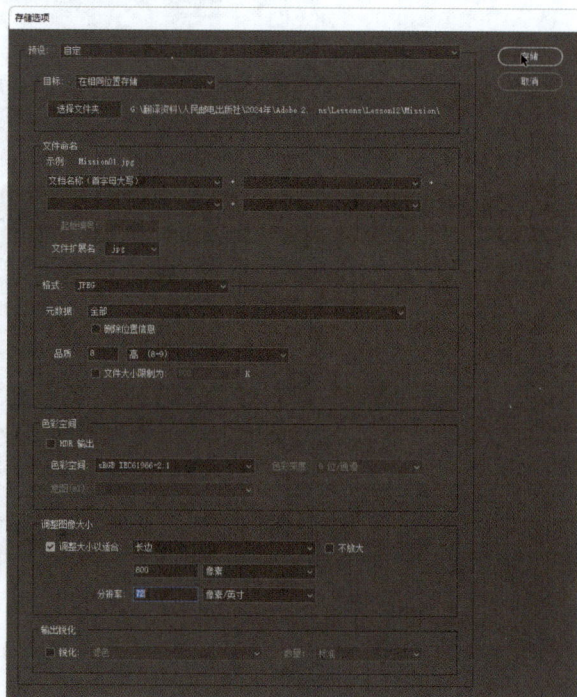

图 12.22

返回 Camera Raw 窗口，该窗口的左下角会显示处理了多少个图像，直到保存好所有图像。CRW 缩览图仍出现在 Camera Raw 窗口中。Mission 文件夹中有这些图像的 JPEG 版本和 CRW 版本，可继续对 CRW 版本进行编辑，也可以之后再编辑。

下面在 Photoshop 中打开 Mission01 图像的一个副本。

⑤ 在 Camera Raw 窗口的胶片区域选择 Mission01.crw，然后单击"打开"按钮右边的下拉按钮并选择"以对象形式打开"，如图 12.23 所示。如果出现有关新功能的提示对话框，将其关闭。

图 12.23

> ♀ **注意** 如果出现一个提示对话框，询问"是否跳过载入可选的和第三方增效工具"，单击"否"按钮（启动 Photoshop 时，如果按住了 Shift 键，将出现这种提示对话框）。

把该图像作为智能对象在 Photoshop 中打开（见图 12.24），而不是将相机原始数据文件转换为 Photoshop 格式，从而在 Photoshop 文档中保留相机原始数据格式。这让用户能够随时使用 Camera Raw 对其进行调整，方法是在图层面板中双击智能对象缩览图，在 Camera Raw 中打开它。

图 12.24

如果第 5 步中单击的是"打开"按钮，图像将转换为 Photoshop 常规图层，无法再使用 Camera Raw 对其进行编辑。

⑥ 在 Photoshop 中选择菜单命令"文件">"存储为"。在打开的"存储为"对话框中将"保存类型"设置为"Photoshop（*.PSD；*.PDD；*.PSDT）"，将"文件名"设置为 Mission_Final，切换到 Lesson12 文件夹，并单击"保存"按钮。如果出现"Photoshop 格式选项"对话框，单击"确定"按钮，然后关闭这个文件。

> ♀ **提示** 要让"打开"按钮变成"打开对象"按钮，可单击 Camera Raw 窗口底部的工作流程选项链接，在出现的"工作流程选项"对话框中勾选"在 Photoshop 中打开为智能对象"复选框，然后单击"确定"按钮。

专业摄影师的工作流程

杰伊·格雷厄姆（Jay Graham）是一位有 25 年从业经验的摄影师。他的职业生涯始于设计和建造定制房屋，当前的客户遍布广告、建筑和旅游等行业。

良好的习惯至关重要

合理的工作流程和良好的工作习惯可以让自己保持对数码摄影的热情，让作品出类拔萃，并避免因未备份而丢失作品。下面简要概述处理数码图像的基本工作流程，这是一位从业 25 年的专业摄影师的经验之谈。格雷厄姆阐述的指导原则涉及如何设置相机、设置基本颜色、校正工作流程、选择文件格式、管理图像和展示图像等。

格雷厄姆使用 Lightroom Classic 来组织数以千计的图像，如图 12.25 所示。

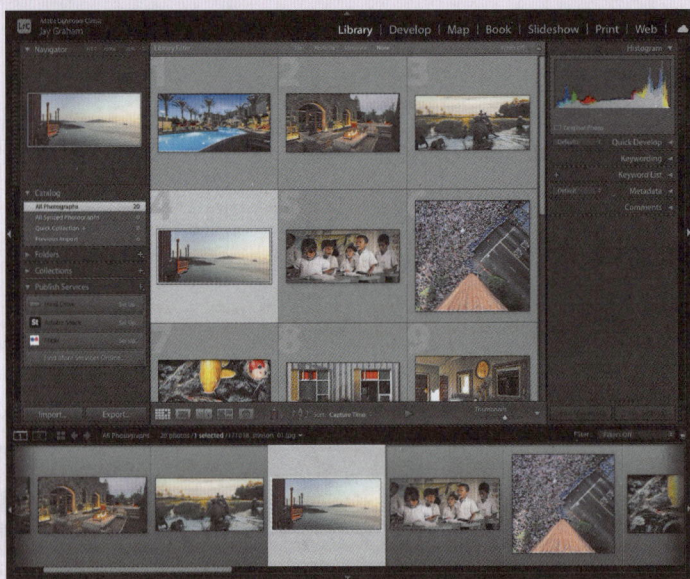

图 12.25

格雷厄姆指出，最常见的问题之一便是丢失文件，因此正确命名文件至关重要。

正确设置相机首选项

如果相机支持相机原始数据格式，最好采用这种格式拍摄，因为这将记录所需的所有图像信息。格雷厄姆指出，对于相机原始图像，可将其白平衡从日光转换为白炽灯，而不会降低其质量。如果出于某些原因必须以 JPEG 格式拍摄，务必使用高分辨率，并将压缩设置为"精细"。

记录所有的数据

拍摄时应记录所有的数据——采用合适的压缩方式和较高的分辨率，以免因设置不当影响拍摄效果。

组织文件

将照片导入 Lightroom Classic 的目录时修改其名称。格雷厄姆指出，如果使用相机指定的默认名称，最终会因相机重置而导致多个文件的名称相同。使用 Lightroom Classic 给要保存的照片重命名、评级，以及添加元数据，并将不打算保存的照片删除。

格雷厄姆习惯根据日期或主题给文件命名。例如，他将 2017 年 10 月 18 日在 Stinson 海滩拍摄的所有照片存储在名为 171018_stinson 的文件夹中；在该文件夹中，文件的编号依次递增（例如，第一个图像名为 171018_stinson_01），确保所有文件的名称各不相同，这样，在硬盘中查找它们将非常容易。为确保文件名适用于非 macOS 平台，应遵循 Windows 操作系统的命名规则：文件名最多包含 32 个字符，只使用数字、字母、下划线和连字符。

将相机原始图像转换为 DNG 格式

最好将相机原始图像转换为 DNG 格式。不同于众多相机的专用相机原始数据格式，这种格式的规范是公开的，因此更容易被软件和设备支持。

保留主图像

将主图像存储为 PSD、TIFF 或 DNG 格式，而不要存储为 JPEG 格式。每次编辑并保存 JPEG 图像时，图像质量都将因重新压缩而降低。

向客户和朋友展示

根据展示作品的方式选择合适的颜色配置文件，并将图像转换到该配置文件，而不要指定配置文件。如果要以电子方式查看图像或将其提供给在线打印服务商打印，sRGB 色彩空间将是最佳的选择；对于将用于传统印刷品（如小册子）中的 RGB 图像，最佳的配置文件是 Adobe 1998 和 Colormatch；对于要使用喷墨打印机打印的图像，最佳的配置文件为 Adobe 1998 和 ProPhoto。对于将以电子方式查看的图像，将分辨率设置为 72 像素 / 英寸；对于要用于打印的图像，将分辨率设置为 180 像素 / 英寸或更高。

备份图像

为保护图像免受破坏，最好将它们自动备份到多种介质中，如外部存储器和云备份服务。格雷厄姆指出，这样，当内置的硬盘出现问题时，图像也不会丢失。

在 Camera Raw 中将文件存储为其他格式

大多数网站、应用程序都不能读取原始数据格式文件，也不能读取与之配套的元数据文件（其中包含图像编辑信息、关键词以及添加的其他信息）。要对原始数据格式文件进行处理，让其他应用程序能够使用它们，一种方式是在 Camera Raw 中单击"打开"按钮，在 Photoshop 中打开图像，进而使用 Photoshop 命令存储或导出它们。

如果无须使用 Photoshop 功能对图像做进一步的编辑，就无须在 Photoshop 中打开它。在 Camera Raw 中，可单击"转换并存储图像"按钮将选定图像转换为 DNG、JPEG、TIFF 或 PSD 格式并存储它们。

- DNG（Adobe 数字负片）格式包含来自数码相机的原始图像数据，以及定义图像数据含义的元数据。DNG 是一种相机原始图像数据的行业标准格式，可帮助摄影师管理各种专用相机原始数据格式，并提供一种兼容的归档格式，但只能在 Camera Raw 中将图像存储为这种格式。
- JPEG（联合图像专家组）格式常用于在 Web 上显示的图像和其他连续调 RGB 图像。JPEG 格式通过有选择地丢弃数据来缩小文件。压缩程度越高，图像质量越低。

- TIFF（标记图像文件格式）是一种灵活的格式，几乎所有的绘画、图像编辑和排版软件都支持这种格式。它可保存 Photoshop 图层。大多数控制图像捕获硬件（如扫描仪）的软件都能生成 TIFF 图像。
- PSD 格式是默认的文件格式。由于 Adobe 产品之间的紧密集成，其他 Adobe 软件（如 Adobe Illustrator、Adobe InDesign 和 Adobe After Effects）能够直接导入 PSD 格式的文件，并保留众多的 Photoshop 特性。
- JPEG XL 和 AVIF（AV1 图像文件格式）可保留额外的色调范围，供 HDR 功能使用。有关这方面的详细信息请参阅接下来的补充内容"Camera Raw 中的 HDR 和全景图功能"。

在 Camera Raw 窗口中单击"打开"按钮，对相机原始数据文件进行转换并在 Photoshop 中打开它后，便可存储其副本，或将其导出为 Photoshop 支持的其他格式，如大型文档格式（PSB）、Photoshop PDF、GIF 或 PNG，以及 Photoshop Raw 格式（这是一种专用的技术文件格式，摄影师和设计人员很少用，不要将其与相机原始数据格式混为一谈）。

有关 Camera Raw 和 Photoshop 中文件格式的详细信息请参阅 Photoshop 帮助文档。

💡 **注意** Camera Raw 窗口中并没有传统的"保存"按钮（"转换并存储图像"按钮所做的实际上是导出选定图像的副本）。当单击"完成"或"打开"按钮时，将保存所做的修改并关闭 Camera Raw。单击"取消"按钮会放弃在 Camera Raw 中所做的所有修改，因此除非你想从头再来，否则千万不要单击"取消"按钮（也不要按 Esc 键，因为它是"取消"按钮的快捷键）。

Camera Raw 中的 HDR 和全景图功能

在 Camera Raw 中选择了多个图像时，可在胶片按钮上按住鼠标左键，然后选择"合并到 HDR"或"合并到全景图"，如图 12.26 所示。HDR（高动态范围）功能要求以较高和较低的曝光度对同一个场景拍摄多张照片，而全景图功能要求有多张可组成更大场景的照片。Photoshop 也提供了 HDR 和全景图功能，但 Camera Raw 版本使用起来更简单，且提供了预览功能，能够在后台进行处理，还可生成 DNG 文件，能够使用 Camera Raw 对这种原始数据格式的文件进行灵活的编辑。

图 12.26

HDR 合并和 HDR 编辑

在 Camera Raw 中，可以用以下两种方式处理 HDR 图像。

HDR 合并。选择多个曝光度不同的图像，并将它们合并成一个图像。这将合并这些图像的动态范围，并映射到标准动态范围（SDR）。

在 Camera Raw 中，"合并到 HDR"命令使用的就是这样的方法。可在任何支持 HDR 的计算机或设备上编辑合并得到的 HDR 图像，再以常用的文件格式（如 JPEG）导出。

HDR 编辑。编辑图像并保留比 SDR 支持的更大的动态范围，尤其是在高光区域中。要查看这些额外的动态范围，必须有支持全范围 HDR 的图形硬件，但这种图形硬件不常见。

在 Camera Raw 中，要启用 HDR 编辑，可单击"编辑"区域顶部的 HDR 按钮。

启用 HDR 编辑后，将显示额外的编辑和导出选项（本课不会介绍），让用户能够查看和导出 HDR 编辑结果。在 Photoshop 中，仅当将图像设置为 32 位 / 通道（选择菜单命令"图像" > "模式" > "32 位 / 通道"）后，才会出现与 HDR 相关的控件和监视功能。

在 Camera Raw 或 Photoshop 中，要保留额外的动态范围，以便在其他软件中进行编辑，可将图像存储为 32 位 / 通道的 PSD 格式或 TIFF。要分享包含额外动态范围的图像，可将其存储为 AVIF 或 JPEG XL 格式。本书编写期间，支持静态图像 HDR 格式的应用程序较少，另外，相比 HDR 显示器支持的动态范围，喷墨打印机支持的动态范围很小，无法重现完整的 HDR 色调范围，因此必须对其进行映射或压缩。

HDR 编辑是一种高级工作流程，不在本书的讨论范围之内，但读者需要知道的是，HDR 合并将多个图像合并为 SDR 图像，而要使用 HDR 编辑功能，必须有支持 HDR 的图形硬件。

12.4　在 Camera Raw 中调整肖像

Camera Raw 的图像编辑功能很强大，可用于完成大部分校正任务，仅当需要做更复杂的修饰或遮盖处理时，才需要使用 Photoshop。如果无须使用 Photoshop 做进一步修改，可在 Camera Raw 中直接存储调整后的图像。接下来将使用各种 Camera Raw 工具来调整一个原始数据格式的新娘肖像。

12.4.1　初步校正

这个原始数据格式图像默认使用的配置文件为"Adobe 颜色"，同时存在细微的色偏。下面解决这两个问题。

❶ 在 Bridge 中切换到 Lesson12 文件夹。选择 12B_Start.nef 文件，然后选择菜单命令"文件" > "在 Camera Raw 中打开"。

❷ 在"编辑"部分，从"配置文件"下拉列表中选择"Adobe 人像"，如图 12.27 所示，以更适合肖像的方式渲染这个图像。

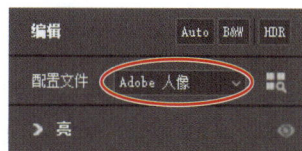

💡 **提示**　可尝试其他配置文件，看看效果是否更好。对这个图像来说，"Adobe 颜色"的效果与"Adobe 人像"类似，其他配置文件可能导致皮肤色调过于鲜艳或对比过于强烈。

图 12.27

③ 在 Camera Raw 的颜色面板中单击"白平衡工具"按钮，再单击婚纱上的白色区域，以消除绿色色偏，如图 12.28 所示。

图 12.28

> 💡提示 相比单击阴影区域，单击被光源直接照射的白色服装区域的效果可能更佳。正对光源的中性色调区域的白平衡与光源的白平衡更接近，而阴影中的中性色调区域的颜色可能因为附近的反射光而发生变化。

④ 单击胶片按钮将胶片隐藏起来。在只打开了一个文件的情况下不需要使用胶片，隐藏胶片可腾出更多屏幕空间用于查看图像。

⑤ 在"编辑"部分单击 Auto 按钮。

自动校正让图像得到了改善：调整了"高光"滑块，呈现出了白色婚纱和头饰中更多的细节。然而调整得太过了，因此下面来修改一些设置。

⑥ 在亮面板中做如下调整，如图 12.29 所示。

· 双击"曝光"滑块，将"曝光"值重置为 0。双击是重置为默认值的快捷方式。

· 将"对比度"设置为 −20。

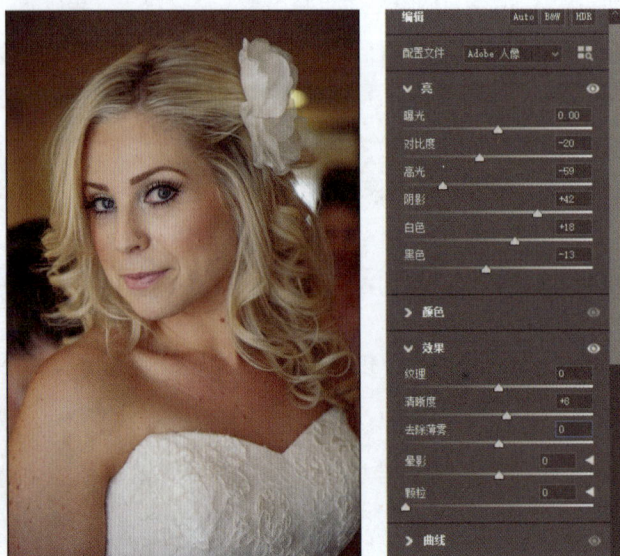

图 12.29

7 将"清晰度"设置为 +8。

💡 提示　对于人像，调整"清晰度"或"纹理"滑块时务必小心。将值设置得太大可能导致皮肤纹理以及雀斑和皱纹等皮肤特征更明显。使用较大的"清晰度"值和"纹理"值时，务必使用后面将介绍的蒙版调整将其影响限制在特定的区域内。

12.4.2　使用内容识别移除工具消除瑕疵

下面重点调整新娘的脸。使用内容识别移除工具来消除瑕疵，让皮肤更光滑。

1 在 Camera Raw 窗口右边的工具栏中单击"修复"按钮（🩹）。直方图下方将显示"修复"部分，而不是"编辑"部分。

2 在"修复"部分选择内容识别移除工具（◆）。

💡 提示　第 2 课使用了 Photoshop 污点修复画笔工具和修补工具，Camera Raw 提供了类似的修复工具，让用户能够对原始图像做类似的调整。

使用内容识别移除工具可删除诸如皮肤瑕疵等内容，并使用周围的内容填充，其功能类似于污点修复画笔工具。

3 将缩放级别设置为 100%。

4 在"修复"部分将"大小"设置为 15，并将"不透明度"设置为 100，如图 12.30 所示。

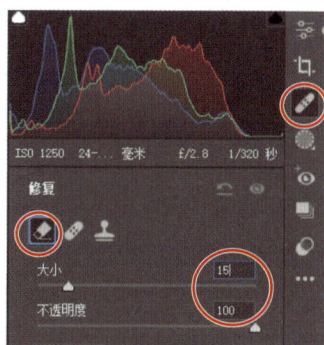

图 12.30

Camera Raw 修复工具

Camera Raw 中有 3 种修复工具，如图 12.31 所示。它们之间的差别与 Photoshop 修复工具之间的差别类似。

- 内容识别移除工具：将画笔覆盖的内容删除，并用周围的内容巧妙地替换它们。只需使用画笔在要删除的内容上绘画，必要时还可从特定的内容源采集用于替换的内容。

　　仿制工具
　　修复工具
　　内容识别移除工具

图 12.31

- 修复工具（🩹）：用从图像另一部分采集的内容替换被画笔覆盖的内容，并通过混合实现修复。
- 仿制工具（🔳）：用从图像另一部分采集的内容替换被画笔覆盖的内容，但不进行混合。

Camera Raw 的仿制工具类似于 Photoshop 的仿制图章工具，用于将内容替换为图形另一部分的内容。

使用修复工具和仿制工具时，可指定采样点；而内容识别移除工具会自动从绘画区域周围采集用于替换的内容。

5 单击脸上的痣，使用周围的内容填充它。

6 拖曳鼠标以覆盖脖子上的深色瑕疵，如图 12.32 所示。就这里而言，拖曳很有用，因为鉴于当前的"大小"值，单击一次可能无法消除整个瑕疵。

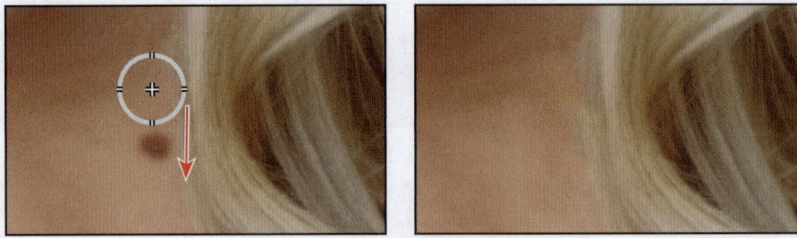

图 12.32

💡提示 如果填充的区域与周围区域不一致，导致内容识别移除工具填充的区域不那么令人满意，可进行相关的编辑操作，即按住 Ctrl 键（Windows）或 Command 键（macOS）并在图像的其他地方拖曳，以指定不同的采样源。

⑦ 在选择了各种修复工具时，如果勾选了"显示叠加"复选框，请取消勾选，这样更容易看清修复效果，如图 12.33（a）所示。

如果勾选了"显示叠加"复选框，将以图标方式显示使用当前工具修复的地方，如图 12.33（b）所示。这让用户能够选择所做的修复，再调整或撤销它。对于使用自定义采样源所做的修复（使用修复工具或仿制工具时这种做法更常见），勾选"显示叠加"复选框将显示采样源，让用户能够通过拖曳调整采样源的位置。

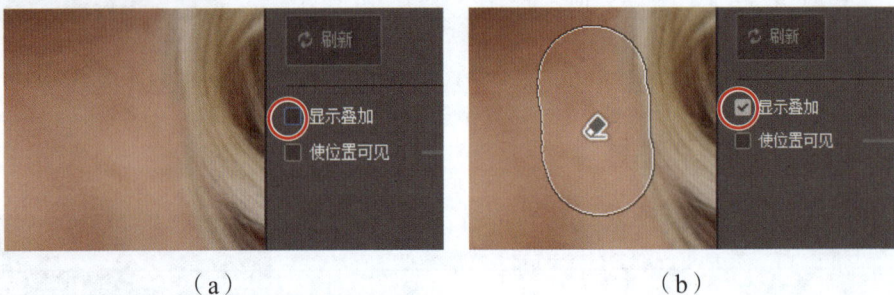

（a）　　　　　　　　　　　　　　（b）

图 12.33

💡提示 可使用快捷键 V 在勾选和取消勾选"显示叠加"复选框之间切换。

图 12.34

⑧ 在眼睛和嘴巴周围的细纹上绘画。还可分别尝试单击、短距离涂绘或长距离涂绘消除新娘脸部、脖子、胳膊和胸部的雀斑和痣。

可以消除醒目或分散注意力的皱纹和瑕疵，但不要过度修饰，以免新娘看起来不像本人。可尝试消除鼻子上的鼻钉，如图 12.34 所示，但在实际工作中，更佳的做法可能是将首饰保留，因为它们可能对拍摄对象来说有特殊意义，或者能呈现其个性。对于美人痣和胎痣，可能也应如此。安全的做法是先向拍摄对象询问，再决定是否要将重要的个人标记或首饰删除。

也可尝试使用修复工具（而不是内容识别移除工具）来消除前述瑕疵。通常使用修复工具可能能够更好地保留既有的纹理。

12.4.3 使用蒙版调整改善脸部

下面使用蒙版调整来提亮眼睛和嘴唇。通过使用蒙版，可将调整限制在特定区域内。在 Camera Raw 中应用蒙版调整的方法与在 Photoshop 中使用白色在调整图层蒙版中绘画类似。

❶ 使用抓手工具移动视图，以便能够看到眼睛。

❷ 单击"蒙版"按钮，再单击"画笔"，如图 12.35（a）所示，将显示蒙版面板，其中包含"新建蒙版"和"新建画笔"选项，因为还未创建蒙版和画笔（一旦开始使用画笔，就将创建它们）。

在直方图的下方，原来的"编辑"部分变成了"画笔"部分，如图 12.35（b）所示。在蒙版面板中选择某种蒙版调整后，将显示该蒙版调整的设置（而不是整个图像的设置）。下面来修改"画笔"设置，以提高画笔覆盖区域（这里是虹膜）的饱和度。

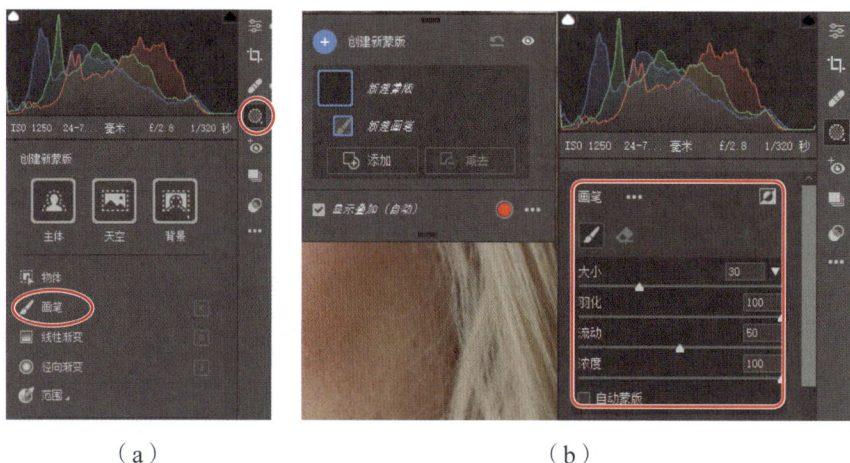

（a）　　　　　　　　　　　　（b）

图 12.35

❸ 在"画笔"部分做如下设置，如图 12.36 所示。

- 将"大小"设置为 2。
- 将"羽化"设置为 100。
- 将"流动"设置为 50。
- 将"浓度"设置为 100。
- 取消勾选"自动蒙版"复选框。

❹ 向下滚动到颜色面板，将"饱和度"设置为 +70，如图 12.37 所示。

图 12.36

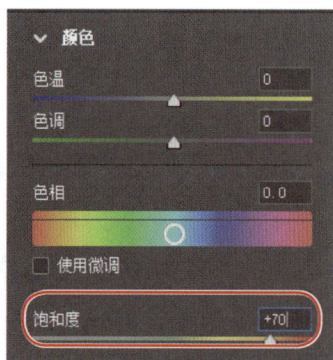

图 12.37

⑤ 在虹膜上拖曳鼠标，以提高其颜色的饱和度，如图 12.38 所示。

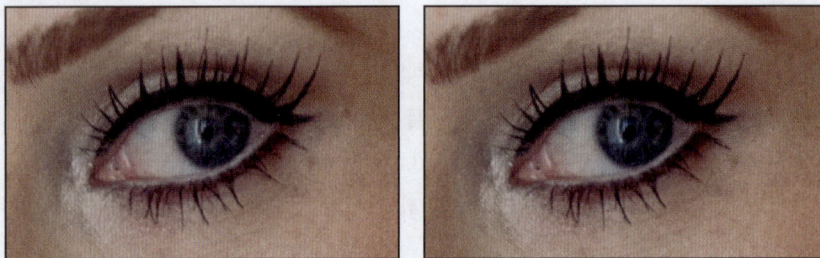

图 12.38

⑥ 如果觉得虹膜的颜色饱和度过高，可确保在蒙版面板中依然选择了"画笔 1"，再减小"饱和度"值，直到饱和度看起来合适。

使用画笔进行绘画后，便创建了蒙版。如果要创建很多蒙版，则需要给蒙版命名，这样以后更容易识别它们。

⑦ 在蒙版面板中双击"蒙版 1"，将其重命名为 Eye Irises，然后单击"确定"按钮，如图 12.39 所示。

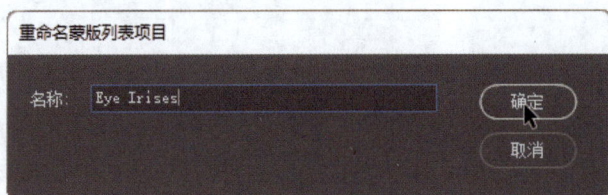

图 12.39

⑧ 在蒙版面板中勾选"显示叠加"复选框。

将出现红色叠加，指出使用画笔在哪些地方进行了绘画。如果发现存在不想对其应用当前调整的区域，只要在蒙版面板中选择相应的画笔蒙版，按住 Alt 键（Windows）或 Option 键（macOS）并使用画笔进行绘画就可将该区域从蒙版中剔除。

> 💡**提示** 当按住 Alt 键或 Option 键，以便在减去模式下使用画笔调整时，画笔设置可能发生变化，因为在减去模式下画笔设置可能不同。

下面再创建一个画笔蒙版，以降低内眼角红色区域的饱和度。

⑨ 在蒙版面板中单击"创建新蒙版"按钮，并选择"画笔"。

⑩ 在颜色面板中将"饱和度"设置为 –50，在内眼角的红色区域绘画，如图 12.40 所示。

图 12.40

⑪ 在蒙版面板中双击"蒙版 1"，将其重命名为 Eye Corners，然后单击"确定"按钮，结果如图 12.41 所示。

下面继续使用画笔来提亮眼睛及其周围区域。

⑫ 在蒙版面板中单击"创建新蒙版"按钮并选择"画笔"。

⑬ 在"画笔"部分向下滚动，找到亮面板，然后将"曝光"设置为 +0.50。

⑭ 在眼睛的白色区域、虹膜以及眼睛上方的眼影上绘画，如图 12.42 所示。

图 12.41

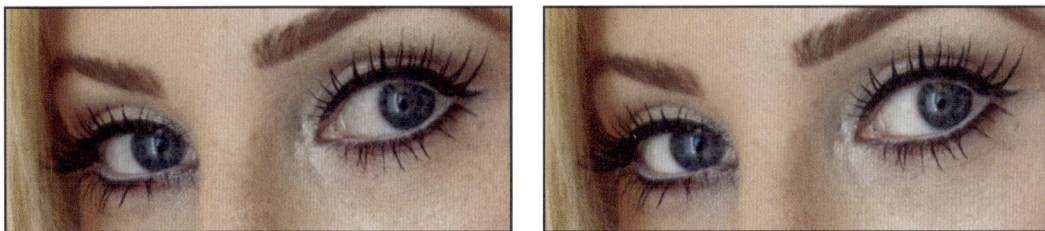

图 12.42

⑮ 在蒙版面板中双击"蒙版 1"，将其重命名为 Eye Brighten，然后单击"确定"按钮。

⑯ 在蒙版面板中单击 Eye Brighten 蒙版的眼睛图标以隐藏它，然后再次单击眼睛图标以显示这个蒙版，如图 12.43 所示。对比应用蒙版前后的效果，判断是否需要做其他调整，如果需要，在选择这个蒙版的前提下做必要的调整。

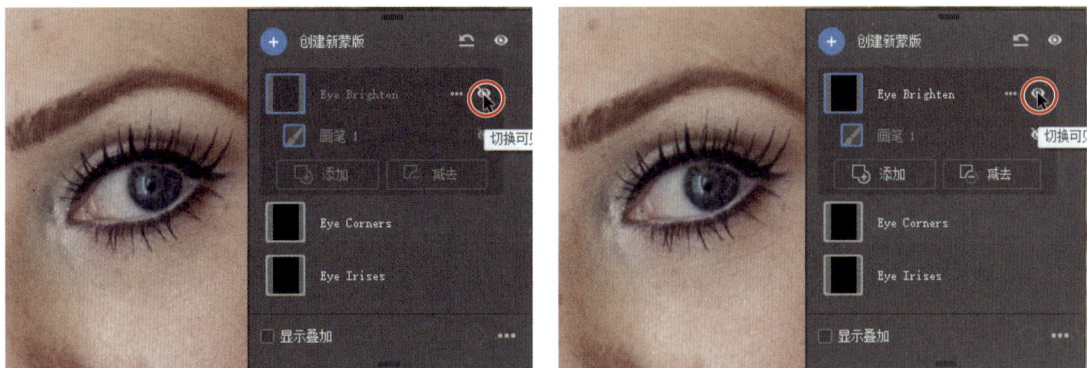

图 12.43

例如，如果感觉有点过曝，确保在蒙版面板中选择了 Eye Brighten 蒙版，然后减小"曝光"值。

可通过试验确定亮面板中的其他设置（如"阴影"和"白色"）带来的影响，进而找到合适的组合；还可针对不同的区域创建不同的画笔蒙版，并使用不同的设置。

将 Camera Raw 用作滤镜

　　本课使用 Camera Raw 来处理相机原始数据文件，然后进行转换并以标准文件格式保存副本，或者将其转换为 Photoshop 文档并在 Photoshop 中打开。

　　Camera Raw 中的有些特性（如"清晰度"和"纹理"）是 Photoshop 没有的，但可在 Photoshop 中将 Camera Raw 作为滤镜应用于选定的 Photoshop 图层来使用它们。例如，在 Photoshop 中处理文档时，如果想对某个图层应用 Camera Raw "纹理"或"清晰度"特性，可在图层面板中选择图层，然后选择菜单命令"滤镜"＞"Camera Raw 滤镜"。这样会在 Camera Raw 中打开这个图层，以便应用"纹理"或"清晰度"特性。当单击"确定"按钮关闭 Camera Raw 时，将根据在 Camera Raw 中所做的修改更新这个 Photoshop 图层。

　　将 Camera Raw 用作滤镜时，有些 Camera Raw 特性（如裁剪工具和"转换并存储图像"按钮）不可用。这通常是因为它们是针对整个文档的，而 Camera Raw 被用作滤镜时，只处理 Photoshop 文档中的特定图层。

> ♀提示　与其他滤镜一样，如果希望以后可随时修改 Camera Raw 滤镜的设置，应先将 Photoshop 图层转换为智能对象（选择菜单命令"滤镜"＞"转换为智能滤镜"），再对该智能对象应用 Camera Raw 滤镜。

12.4.4　让皮肤更光滑

　　在 Camera Raw 中，可使用能够自动识别人物皮肤的蒙版轻松地调整皮肤，而不影响原始图像的其他部分。

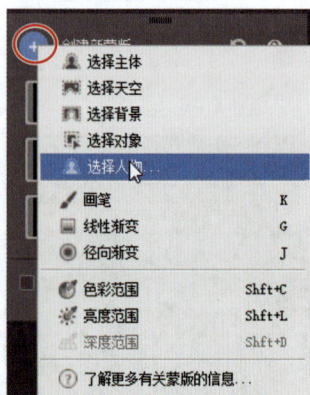

图 12.44

❶ 将缩放级别设置为"符合视图大小"。

❷ 在蒙版面板中单击"创建新蒙版"按钮，并选择"选择人物"，如图 12.44 所示。

　　Camera Raw 将在图像中查找人物，这可能需要一段时间才能完成。查找完毕后，"人物蒙版选项"部分会列出找到的人物。这个图像中只有一个人物（人物 1），因此勾选"人物 1"下面的"整个人物"复选框，同时整个人物的皮肤都被红色覆盖层覆盖了。

> ♀提示　在 Photoshop 中也可选择人物的皮肤。为此，可选择菜单命令"选择"＞"色彩范围"，然后在打开的"色彩范围"对话框中，从"选择"下拉列表中选择"肤色"。

❸ 在"人物蒙版选项"部分，如果没有选择任何选项，就单击圆形的人物缩览图以选择它。

❹ 确保勾选了"面部皮肤"和"身体皮肤"复选框，同时没有勾选其他任何复选框，然后单击"创建"按钮，如图 12.45 所示。

图 12.45

Camera Raw 将自动隔离面部皮肤区域和身体皮肤区域，并为这两个区域创建蒙版，用户无须手动完成任何蒙版创建任务。Camera Raw 将创建一个新蒙版——"蒙版 1"，其中包含针对人物（这里名为"人物 1"）的"身体皮肤"和"面部皮肤"子蒙版。

⑤ 确保选择了"蒙版 1"。

⑥ 接下来需要查看皮肤细节，因此将缩放级别设置为 100%。

⑦ 在"蒙版 1"的选项部分，向下滚动到能够看到效果面板，并将"纹理"设置为 -30。

这时发现皮肤变得更光滑了，如图 12.46 所示，这是因为将"纹理"设置为负数将导致细节不那么明显（如果看不出变化，请在蒙版面板中单击"蒙版 1"的眼睛图标）。同样，如果觉得调整得太多或太少，可在蒙版面板中选择了"蒙版 1"的情况下调整"纹理"值。

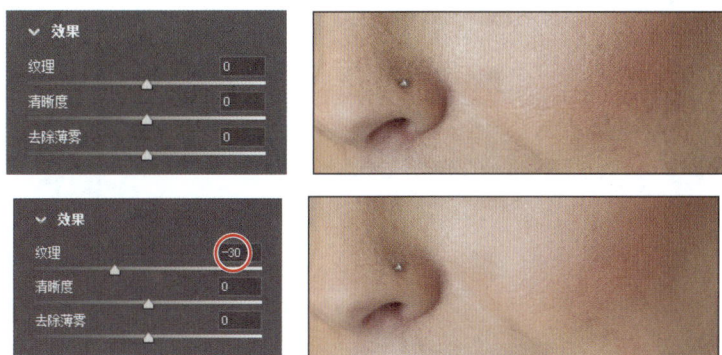

图 12.46

鉴于已经选择了"蒙版 1"，此时可同时对皮肤色调或颜色做其他必要调整。例如，如果需要消除皮肤存在的色偏，可尝试调整颜色面板和曲线面板中的选项（如果要校正整个图像存在的色偏，可在完成第 8 步后单击"编辑"按钮，然后调整"编辑"部分中的选项）。

⑧ 在蒙版面板中双击"蒙版 1"，将其重命名为 Skin，然后单击"确定"按钮，结果如图 12.47 所示。

⑨ 单击"编辑"按钮关闭蒙版面板，并将缩放级别设置为"符合视图大小"，以便能够看到整个图像，结果如图 12.48 所示。

本节通过 Bridge 在 Camera Raw 中打开了一个人像，并对其进行了修饰，但没有在 Photoshop

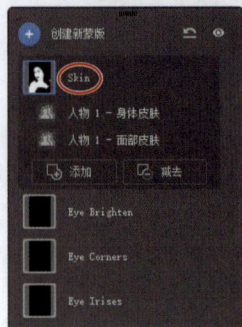

图 12.47 　　　　　　　　　　图 12.48

中打开它。如果要创建调整后的图像副本，以便与别人共享，可像本课前面处理教堂图像时那样单击"转换并存储图像"按钮。如果要进行 Camera Raw 不支持的更复杂的修饰，可单击"打开"按钮，将图像转换为 Photoshop 文档并在 Photoshop 中继续编辑。但在这里，需要保存在 Camera Raw 中所做的所有工作。

⑩ 单击"完成"按钮，保存所做的修改，关闭 Camera Raw 并返回 Bridge。

"更多图像设置"菜单

在 Camera Raw 中，"更多图像设置"菜单并非总是能引起用户的注意，但它提供了强大的功能，其中有些是在 Camera Raw 窗口中看不到的。要打开这个菜单，可单击"更多图像设置"按钮（　），它是 Camera Raw 工具栏中的最后一个按钮，如图 12.49 所示。

下面介绍"更多图像设置"菜单中一些较为有用的命令，有关这些命令的更详细信息请参阅 Camera Raw 在线帮助文档。

"重置为打开时状态"和"复位为默认值"。选择这些命令可以放弃所做的编辑工作，以便能够从头开始。"重置为打开时状态"命令将图像恢复到用户在 Camera Raw 中打开它时的状态；而"复位为默认值"命令用于恢复默认的 Camera Raw 设置（用户可自定义默认的 Camera Raw 设置，详情请参阅后面对"设置原始图像默认设置"命令的介绍）。

管理快照和预设的命令。这些命令与快照面板和预设面板相关，打开快照面板和预设面板的按钮位于"更多图像设置"按钮上方。

复制和粘贴设置的命令。这些命令将所做的编辑应用于胶片中的其他图像，类似于本课前面介绍的"同步设置"命令。

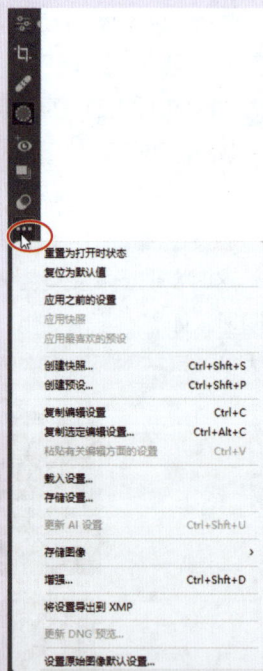

图 12.49

"载入设置"和"存储设置"。正常情况下，Camera Raw 读取所做的编辑，并将其写入一个 XMP 元数据文件中，该文件位于当前相机原始数据文件所在的文件夹中。这些命令让用户能够载入 XMP 文件中的编辑设置以及将所做的编辑存储到位于其他文件夹或使用不同文件名的 XMP 文件中。

"存储图像"。这是一个子菜单，其中的"存储图像"命令的作用与 Camera Raw 窗口右上角的"转换并存储图像"按钮（　）相同，其他两个命令使用存储预设存储图像，因此会跳过"存储选项"对话框。

"增强"。选择这个命令会打开"增强"对话框，其中包含"去杂色""原始数据详细信息""超分辨率"选项，它们分别使用 AI 技术提高图像品质、改善细节和提高图像分辨率，并生成增强的DNG 格式的副本。

> **提示** 如果细节面板中"手动降噪"选项的减少杂色效果不佳，可尝试使用"增强"对话框中的"去杂色"选项；如果在选择菜单命令"图像">"图像大小"打开的"图像大小"对话框中，"重新采样"选项的效果不佳，可尝试使用"增强"对话框中的"超分辨率"选项。

> **注意** 在功能强大的图形硬件（尤其是支持机器学习的图形硬件）上，"增强"对话框中的选项的运行速度较快；但在较旧或功能不那么强大的图形硬件上，这些选项的运行速度较慢（"去杂色"尤其如此，处理一幅图像都可能需要很多分钟）。

"设置原始图像默认设置"。如果要将 Camera Raw 选项的初始值设置为其他值，可使用这个命令来自定义 Camera Raw 默认设置。

这里的很多命令也包含在 Camera Raw 胶片菜单中，还包含在在图像或胶片缩览图上单击鼠标右键（Windows）或按住 Control 键并单击（macOS）时打开的上下文菜单中。

Camera Raw 蒙版类型

通过在 Camera Raw 中使用蒙版调整，可能能够避免再在 Photoshop 中做进一步的调整。除本课前面使用的蒙版类型外，Camera Raw 还提供了其他蒙版类型，如图 12.50 所示。

"选择主体""选择天空""选择背景""选择人物"：Camera Raw 使用机器学习技术来识别特定类型的内容，并为它们创建蒙版，就像 Photoshop "选择"菜单中的"天空"和"主体"命令以及对象选择工具一样。

"选择主体"和"选择人物"："选择主体"能够识别不是人物的对象，并为它们创建蒙版；而"选择人物"只能识别人物，并为他们创建蒙版。

"选择对象"：使用"选择主体"无法选择所需的区域时，可选择"选择对象"，通过拖曳来环绕特定的对象，从而更精确地选择它。

图 12.50

"线性渐变"和"径向渐变"：创建从一端到另一端逐渐变淡的蒙版（"线性渐变"）或从椭圆形中心向外逐渐变淡的蒙版（"径向渐变"）。"线性渐变"可用于均匀地改变图像的颜色或色调，而"径向渐变"可用于突出图像的某部分或创建晕影效果。

"色彩范围""亮度范围""深度范围"：范围型蒙版是由指定的色彩（"色彩范围"）、色调（"亮度范围"）或距离（"深度范围"）定义的。例如，通过指定一个只覆盖图像中阴影色调的"亮度范围"蒙版，可增大这个色调范围内像素的"曝光"值或只减小它们的"杂色"值。另外，还可创建只覆盖皮肤的"色彩范围"蒙版。

仅当相机在图像中内嵌了深度元数据（有些智能手机内置的相机会这样做）时，才能使用"深度范围"蒙版。

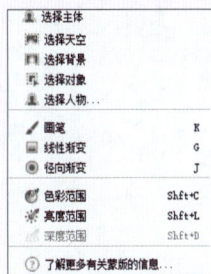

12.5　复习题

1. 编辑相机原始图像与编辑 JPEG 或 Photoshop 文件格式的图像有何不同？
2. DNG 格式有何优点？
3. 在 Camera Raw 中，如何将相同的设置应用于多个图像？
4. 在 Camera Raw 中，如何将调整限制在图像的特定区域内？

12.6　复习题答案

1. 相机原始数据文件包含数码相机图像传感器中未经处理的图片数据，让摄影师能够对图像数据进行解释，而不是由相机自动进行转换和调整。在 Camera Raw 中编辑图像时，它会单独存储所做的编辑，而不修改相机原始图像，这样可在编辑图像后将其导出，同时保留原始图像不变，供以后进行重新解读或做其他调整。
2. DNG 格式包含来自数码相机的原始图像数据，以及定义图像数据含义的元数据。DNG 是一种相机原始图像数据的行业标准格式，可帮助摄影师管理专用的相机原始数据格式，它还提供了一种包含调整设置的兼容归档格式。
3. 在 Camera Raw 中，要将相同的设置应用于多个图像，可在胶片区域中选择这些图像，在胶片按钮上按住鼠标左键，选择"同步设置"，然后选择要应用的设置，再单击"确定"按钮。
4. 在 Camera Raw 中，要将调整限制在图像的特定区域内，可单击"蒙版"按钮，创建一个新蒙版来隔离要调整的区域。

第 13 课

处理用于 Web 的图像

本课概览

- 使用图框工具创建占位符。
- 使用图层组和画板。
- 记录动作以使一系列步骤自动化。
- 使用"导出为"命令保存整个版面和各个素材。

- 创建用于网站的按钮并对其应用样式。
- 优化用于 Web 的素材。
- 播放动作以影响多个图像。
- 使用多个画板提供适用于多种屏幕尺寸的设计方案。

学习本课大约需要 **1** 小时

使用画板能够在单个 Photoshop 文档中创建多个设计方案，如以一致的方式设计网站的移动版和桌面版。设计好多个方案后，可使用"导出为"命令轻松地将图层、图层组和画板保存为独立的图像文件，进而将其交给 Web 开发人员或审阅人员。

13.1　课前准备

本课将为一个西班牙美术馆主页创建按钮，再为每个按钮创建合适的图形文件。下面将使用图层组来组织按钮，再创建动作，以便对用作第二组按钮的图像进行处理。

下面查看最终的 Web 设计效果。

❶ 启动 Photoshop 并立刻按 Ctrl + Alt + Shift 组合键（Windows）或 Command + Option + Shift 组合键（macOS）。

❷ 在出现的提示对话框中单击"是"按钮，确认删除 Adobe Photoshop 设置文件。

❸ 选择菜单命令"文件">"在 Bridge 中浏览"，打开 Bridge。

❹ 在 Bridge 中单击收藏夹面板中的 Lessons 文件夹，然后双击内容面板中的 Lesson13 文件夹。

❺ 在 Bridge 中查看 13End.psd 文件。

这个网页的下半部分有 8 个按钮，它们排成两行。先使用图像手动制作第一行按钮，再使用动作来制作第二行按钮。

❻ 双击 13Start.psd 文件的缩览图，在 Photoshop 中打开它，如图 13.1 所示。如果出现"缺失匹配文件"对话框，单击"确定"按钮将其关闭；如果出现有关新功能的提示对话框，也将其关闭。

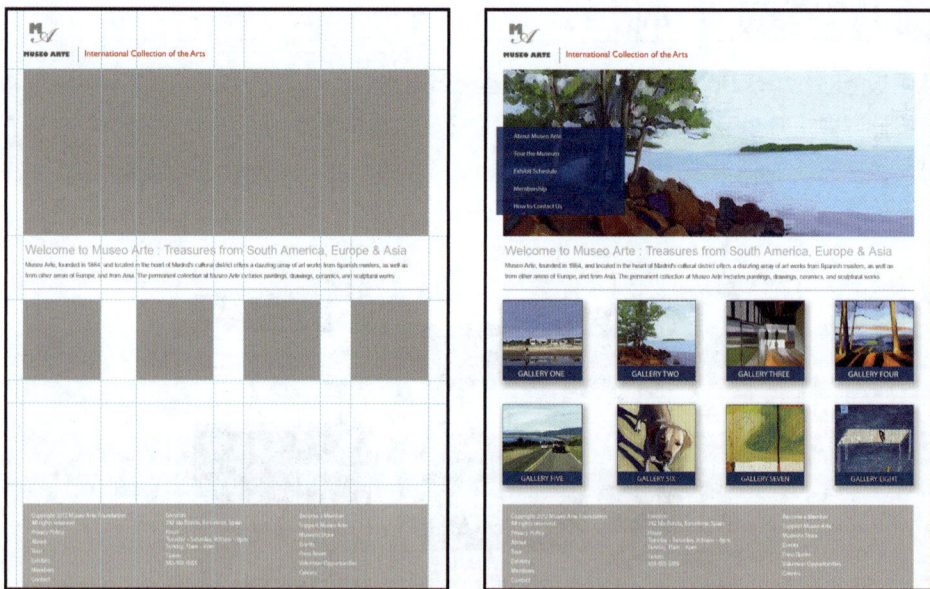

图 13.1

❼ 选择菜单命令"文件">"存储为"，将文件另存为 13Working.psd。在"Photoshop 格式选项"对话框中单击"确定"按钮。

13.2　使用图框工具创建占位符

在创建印刷、Web 或移动设备项目时，通常在设计版面时还没有确定最终要使用的图像。在这种情况下，可先添加临时图形，以后再用最终图像替换它们，但这样需要管理更多的文件。一种简化设计过程的方式是，在早期设计阶段创建被称为"图框"的占位图形，确定最终使用的图像后，可轻松地将它们添加到图框中。在 Adobe InDesign 等排版程序中，使用图框进行设计的做法很常见。

要创建图框，可使用图框工具（⊠）。图框可包含导入的图像、智能对象或像素图层。创建的图框将出现在图层面板中，因为图框犹如带矢量蒙版的图层组。

13Working.psd 文件包含几个灰色方框，用于放置本课将创建的图框。用户在自己设计项目时，可直接使用图框工具来添加图框。

❶ 选择菜单命令"编辑">"首选项">"单位与标尺"（Windows）或"Photoshop">"设置">"单位与标尺"（macOS）。在打开的对话框的"单位"部分，确保从"标尺"下拉列表中选择了"像素"，然后单击"确定"按钮，如图 13.2 所示。

> 💡 提示　在 macOS 12 或更早的版本中，"设置"子菜单名为"首选项"。

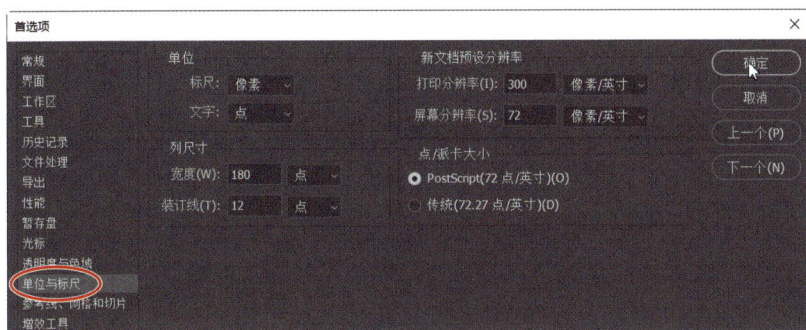

图 13.2

> 💡 提示　一种快速修改度量单位的方式是，右击（Windows）或按住 Control 键并单击（macOS）标尺，然后在打开的上下文菜单中选择所需的单位。

由于这个文件将作为网页，因此需要以像素为单位。

❷ 选择菜单命令"窗口">"信息"，打开信息面板。

移动鼠标指针或建立选区时，信息面板将动态地显示信息。具体显示哪些信息取决于选择的工具。可以使用信息面板来确定标尺参考线的位置（基于 y 坐标），以及选定区域的大小（基于宽度和高度）。

> 💡 提示　要定制信息面板显示颜色值和坐标值的方式，可分别单击其中的吸管图标和十字线图标，并选择所需的显示方式。

❸ 如果看不到标尺，选择菜单命令"视图">"标尺"。

> 💡 提示　显示或隐藏标尺的快捷键为 Ctrl+R（Windows）或 Command+R（macOS）。

13.2.1　添加图框

添加图框很容易，因为可像创建图形（如矩形或圆形）那样创建它们。

❶ 在工具面板中选择图框工具，如图 13.3（a）所示。

❷ 通过拖曳创建一个矩形图框，它覆盖了文档顶部的大型灰色矩形，如图 13.3（b）所示。

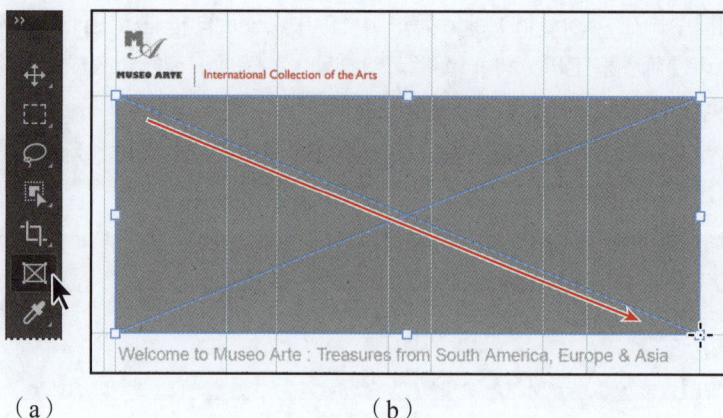

（a）　　　　　　　　　　　　　　（b）

图 13.3

💡 提示　要创建椭圆形或圆形图框，可单击选项栏中的"使用鼠标创建新的椭圆画框"按钮。

这个图框显示为一个内部有 X 的矩形，其中的 X 表明它不仅是矢量图形，还是图框。作为占位符，可随时将图像添加到其中。

💡 提示　要创建其他形状（如星形）的图框，可先使用钢笔工具或形状工具绘制所需的形状，再在图层面板中选择该形状图层，并选择菜单命令"图层"＞"新建"＞"转换为图框"。

13.2.2　将图像添加到图框中

确定要放置到文档中的图像后，就可将它们添加到已创建好的图框中。

① 在图层面板中确保选择了"图框 1"图层。

② 选择菜单命令"文件"＞"置入链接的智能对象"。

③ 切换到 Lesson13\Art 文件夹，选择 NorthShore.jpg 文件，并单击"置入"按钮。

这个图像将出现在选定的图框内，并自动调整大小以适合图框，如图 13.4 所示。

图 13.4

此外，也可从 Bridge 或桌面将图像拖曳到 Photoshop 文档窗口内的图框中，该操作将嵌入图像——将图像的副本置入 Photoshop 文档。要链接图像（这样将把图像的最新版载入 Photoshop 文档），可在拖曳图像到 Photoshop 文档窗口中时按住 Alt 键（Windows）或 Option 键（macOS）。

13.2.3 使用属性面板调整图框的属性

在图层面板中选择了图框时，可在属性面板中查看和编辑其属性。可利用这一点在创建图框后对其进行修改。

❶ 使用图框工具在 4 个灰色方框和文档底部之间绘制一个矩形图框，如图 13.5 所示。其大小和位置无关紧要，因为接下来将修改它。

❷ 在选择了这个图框的情况下，在属性面板（如果这个面板没有打开，选择菜单命令"窗口">"属性"打开它）中做以下设置，如图 13.6（a）所示。

- W（宽度）：180 像素。
- H（高度）：180 像素。
- X：40 像素。
- Y：648 像素。

设置完成后，该图框的大小和位置应该与第一个灰色方框匹配，如图 13.6（b）所示。

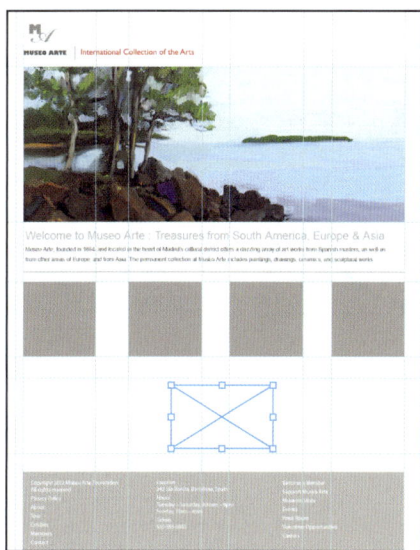

图 13.5

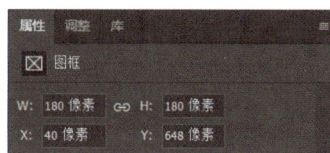

（a）

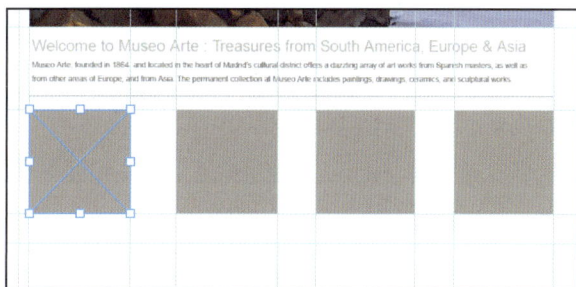

（b）

图 13.6

💡提示　与在选项栏中一样，在属性面板中可右击（Windows）或按住 Control 键并单击（macOS）字段来修改度量单位；此外，还可在值后面输入单位（如输入"4 in"）来覆盖默认度量单位。

13.2.4 复制图框

文档中部的其他 3 个灰色方框的大小与这个图框相同，因此这里不用手动绘制剩余的图框，直接复制即可。复制图框的方法与复制图层类似，因为图框会出现在图层面板中。

❶ 在图层面板中将"图框 1"图层拖曳到"创建新图层"按钮上，图层面板中将出现复制得到的图层，名为"图框 1 拷贝"，如图 13.7 所示。

❷ 在选择了"图框 1 拷贝"图层的情况下，在属性面板中将 X 设置为 300 像素，让复制得到的图框与第二个灰色方框对齐。

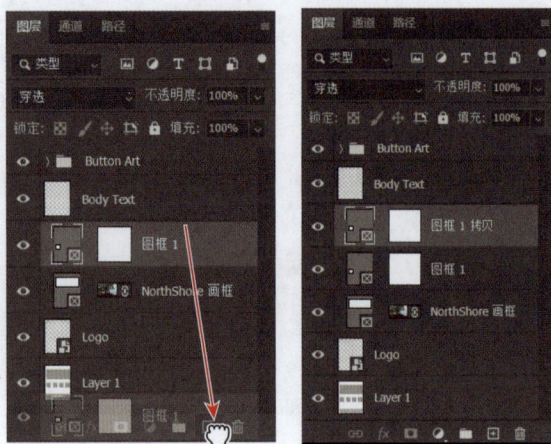

图 13.7

❸ 重复第 1~2 步两次，再复制两个图框，并在属性面板中将它们的 X 值分别设置为 550 像素和 800 像素。

这样就创建了 4 个排列成行的图框，如图 13.8 所示。

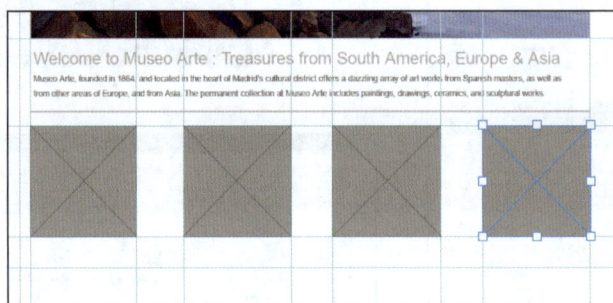

图 13.8

13.2.5　在多个图框中添加图像

确定最终要使用的图像后，可快速将它们添加到各个图框中。一种便捷的方式是使用属性面板。

❶ 确保选择了第一个图框（图框 1），如图 13.9（a）所示。

❷ 在属性面板中，从"插入图像"下拉列表中选择"从本地磁盘置入 - 链接式"，如图 13.9（b）所示。

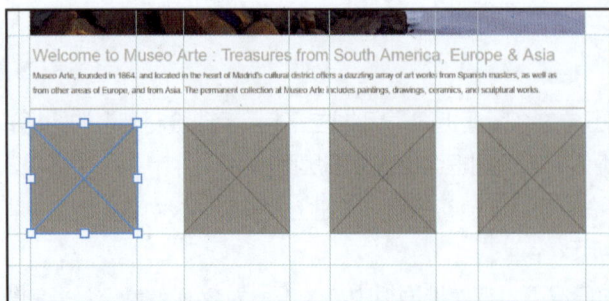

（a）

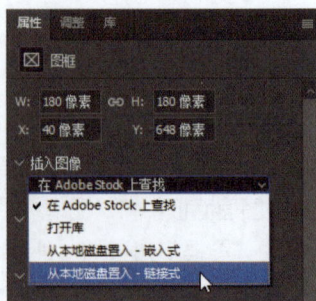

（b）

图 13.9

③ 切换到 Lesson13\Art 文件夹，选择 Beach.jpg 文件，单击"置入"按钮。

Beach.jpg 文件会自动缩放以适合图框，该图层的名称将变成"Beach 画框"，属性面板中会显示该文件的路径，如图 13.10 所示。

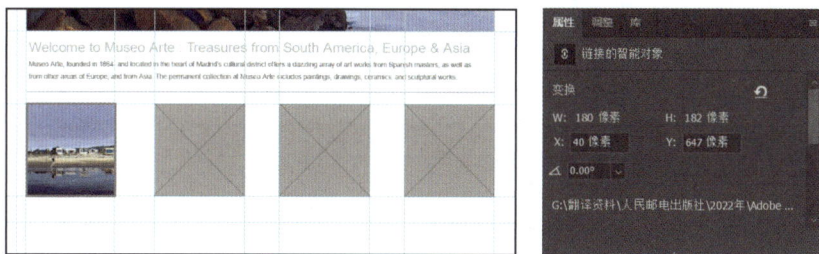

图 13.10

④ 对其他 3 个图框进行第 2~3 步操作，分别置入 NorthShore.jpg、DeYoung.jpg 和 MaineOne.jpg 文件，效果如图 13.11 所示。另外，要在图框中置入链接的图像，也可按住 Alt 键（Windows）或 Option 键（macOS），将图像从桌面或 Bridge 拖放到图框中。

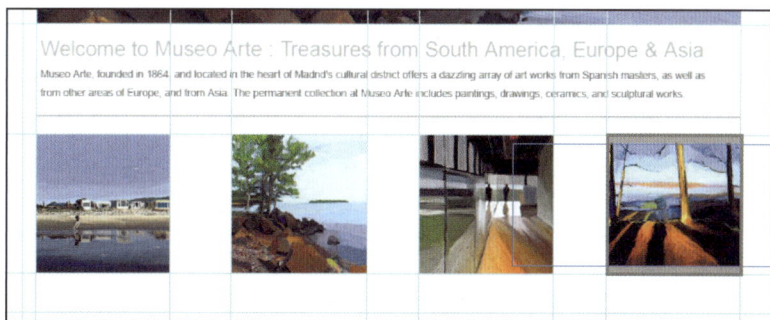

图 13.11

⑤ 在图层面板中单击"MaineOne 画框"图层的缩览图（右边带链接图标的缩览图），选择图框的内容（单击左边的缩览图将选择图框）。

⑥ 选择菜单命令"编辑">"自由变换"，并根据需要拖曳图像或手柄，以调整图像的大小或图像在图框内的位置。调整好后按 Enter 键，效果如图 13.12 所示。

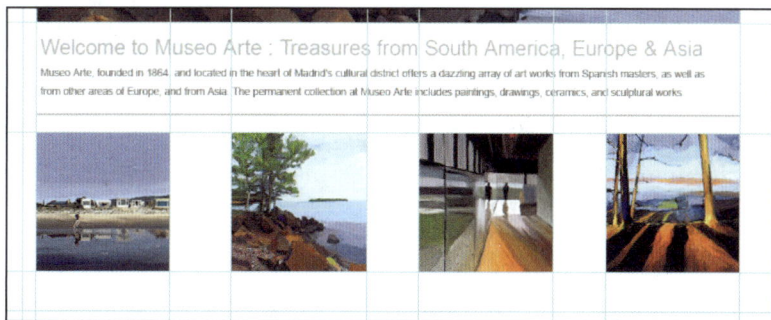

图 13.12

💡提示 如果只想选择图框，可使用移动工具单击图框边缘。这种方法在图框附近没有其他对象或参考线影响选择时最有效。

　　将图像添加到图框中后，最好检查所有的图框，确保图像的位置和大小都正确。另外，可随意调整其他图框中的图像。

13.3　使用图层组创建按钮图形

　　使用图层组能够组织和处理复杂图像中的图层，在一系列图层协同工作时尤其如此。接下来将使用图层组来组织每个按钮的图层，方便以后将其作为网站素材导出。

　　前面创建的 4 个图框是按钮的雏形，下面给每个图框添加标签，指出它们表示的画廊，再添加"投影"和"描边"效果。

13.3.1　创建第一个按钮的标签

❶ 如果还没有打开信息面板，选择菜单命令"窗口">"信息"打开它。

❷ 选择移动工具，将鼠标指针指向水平标尺，按住鼠标左键并向下拖曳出一条水平参考线，直到信息面板中显示的 Y 值为 795，如图 13.13 所示。

图 13.13

　　下面根据这条参考线在图像底部绘制一个用于放置标签的条带。

❸ 放大第一个方形图像——男人在沙滩上跑步的图像，然后在图层面板中选择"Beach 画框"图层，如图 13.14 所示。

　　下面使用这个图像来创建第一个按钮。

❹ 在工具面板中选择矩形工具，通过拖曳创建一个矩形，它横跨图像底部并与参考线和图像边缘对齐，这个矩形的宽度和高度应分别为 180 像素和 33 像素，效果如图 13.15（b）所示。按 Enter 键提交这个新矩形。在图层面板中它的名称为"矩形 1"，将其重命名为 Band，如图 13.15（c）所示。

❺ 在选择了 Band 图层的情况下单击选项栏中的填充色板，再单击"拾色器"按钮，如图 13.15（a）所示，并将十六进制颜色值设置为 194879。单击"确定"按钮关闭"拾色器"对话框，然后按

Enter 键关闭填充面板。

⑥ 单击描边色板，然后单击"无颜色"按钮（▱）并按 Enter 键。

图 13.14

（a）　　　　　　　　　（b）　　　　　　　　　（c）

图 13.15

这个新图形位于图像底部，呈现为深蓝色条带。下面在其中添加文字。

⑦ 选择横排文字工具，并在选项栏中做以下设置，如图 13.16（a）所示。

* 将"字体系列"设置为 Myriad Pro。
* 将"字体样式"设置为 Regular。
* 将"字体大小"设置为 18 点。
* 将"防锯齿"设置为"浑厚"。
* 将"对齐方式"设置为"居中对齐文本"。
* 将"颜色"设置为白色。

⑧ 在深蓝色条带中央单击，如图 13.16(b)所示，并输入 GALLERY ONE，如图 13.16(c)所示。如果有必要，使用移动工具调整这个文字图层的位置。

💡 提示　调整这个文字图层的位置时，如果出现一条垂直的洋红色智能参考线（它出现在"Beach 画框"图层和 Band 图层的中央），意味着这个文字图层将与这两个图层居中对齐。

（a）

（b）　　　　　　　　　　（c）

图 13.16

⑨　在图层面板中选择 GALLERY ONE 和 Band 图层，如图 13.17（a）所示，然后选择菜单命令"图层">"图层编组"。Photoshop 将创建一个名为"组 1"的图层组。

💡 提示　在图层面板中选择了多个图层时，还可通过以下两种方式来创建图层组：单击图层面板底部的"创建新组"按钮，按快捷键 Ctrl +G（Windows）或 Command + G（macOS）。

⑩　双击"组 1"图层组，并将其重命名为 Gallery 1，再展开它。可以看到刚才选择的图层缩进了，如图 13.17（b）所示，这表明它们属于这个图层组。

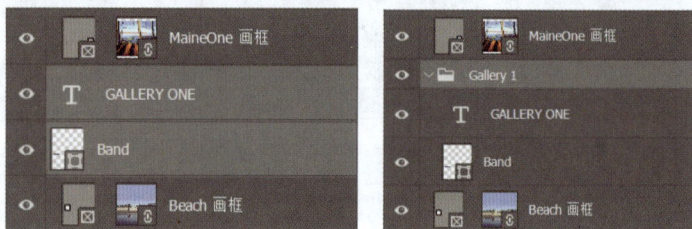

（a）　　　　　　　　　　（b）

图 13.17

⑪　向上拖曳 Gallery 1 图层组，将其放在所有画框图层的上面，如图 13.18 所示。

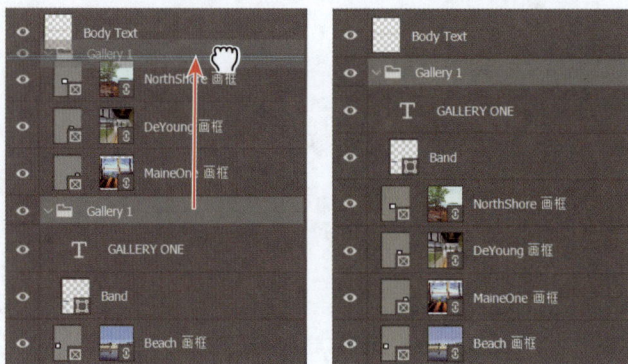

图 13.18

> 💡 **注意** 在图层面板中，移动选定的图层组将移动其中的所有图层，即便在图层面板中这些图层看起来没有被选中。

⑫ 选择菜单命令"文件">"存储"，保存文件。

至此，第一个按钮的标签创建完成。

13.3.2 复制按钮标签

可重复上一小节的步骤给其他按钮创建标签，但有一种更快的方法：复制刚才创建的图层组并根据需要进行编辑。

❶ 在图层面板中确保选择了 Gallery 1 图层组。

❷ 选择移动工具，并确保在选项栏中取消勾选了"自动选择"复选框，如图 13.19 所示。

图 13.19

❸ 按住 Alt 键（Windows）或 Option 键（macOS），并将 GALLERY ONE 标签向右拖曳到与第二个图框及其参考线对齐后松开鼠标左键，效果如图 13.20 所示。

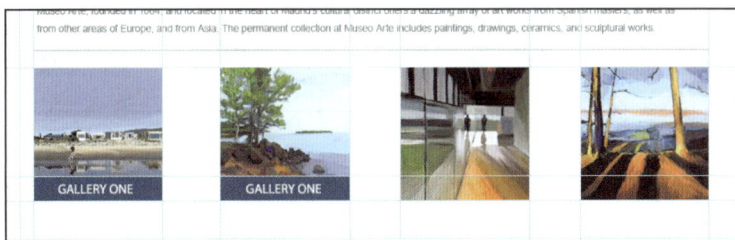

图 13.20

使用移动工具拖曳时按住 Alt 键或 Option 键将创建图层组的副本。松开鼠标左键后，创建的副本（"Gallery 1 拷贝"图层组）将出现在图层面板中并被选中。

❹ 重复第 3 步，即按住 Alt 键或 Option 键将第二个按钮标签拖曳到第三个图框中，再将第三个按钮标签复制到第四个图框中，完成这行按钮标签的创建。

下面来编辑这 3 个副本中的文本，使其与相应的图像匹配。

❺ 使用横排文字工具选择第二个按钮标签中的 ONE，并将其改为 TWO，效果如图 13.21 所示。

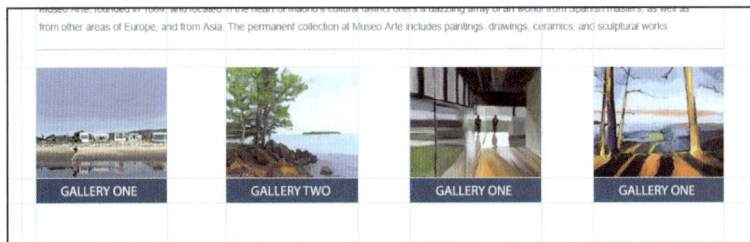

图 13.21

❻ 对第三个和第四个按钮标签进行第 5 步操作，将文本分别改为 GALLERY THREE 和 GALLERY FOUR。

⑦ 编辑完 GALLERY FOUR 文本后，选择移动工具提交这次文本编辑，效果如图 13.22 所示。

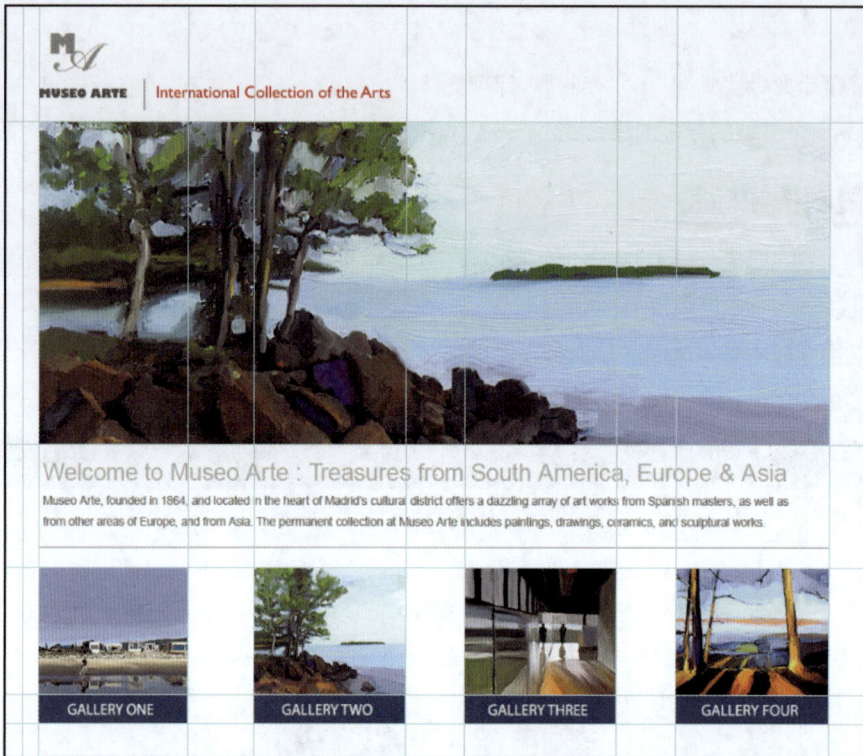

图 13.22

⑧ 在图层面板中修改各个图层组的名称，使其与图层内容一致。

- 双击图层组名称"Gallery 1 拷贝"，并将其改为 Gallery 2。
- 双击图层组名称"Gallery 1 拷贝 2"，并将其改为 Gallery 3。
- 双击图层组名称"Gallery 1 拷贝 3"，并将其改为 Gallery 4。

💡 提示　增加图层面板的高度，以便同时看到多个展开的图层组，上述操作将更容易完成。

下面将各个按钮图像移到相应的图层组中。

⑨ 在图层面板中执行以下操作。

- 将"Beach 画框"图层拖曳到 Gallery 1 图层组中，并放在 GALLERY ONE 和 Band 图层的下面，如图 13.23 所示。
- 将上面那个"NorthShore 画框"图层拖曳到 Gallery 2 图层组中，并放在 GALLERY TWO 和 Band 图层的下面。
- 将"DeYoung 画框"图层拖曳到 Gallery 3 图层组中，并放在 GALLERY THREE 和 Band 图层的下面。
- 将"MaineOne 画框"图层拖曳到 Gallery 4 图层组中，并放在 GALLERY FOUR 和 Band 图层的下面。

⑩ 单击各个图层组图标旁边的下拉按钮，将这些图层组折叠起来，让图层面板更整洁，如图 13.24 所示。

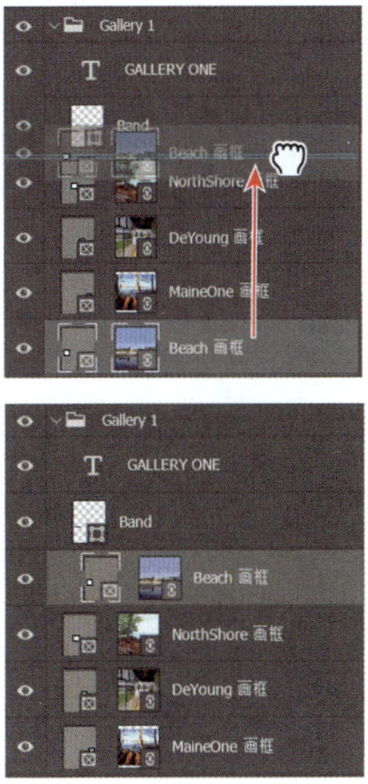

图 13.23 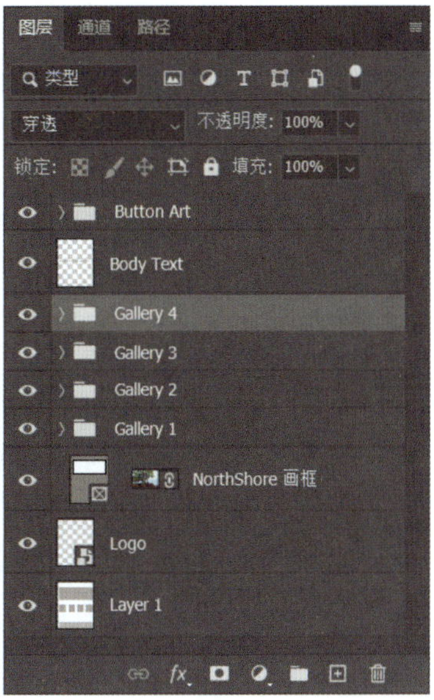　　　　　　　　　　　　　　　图 13.24

下面来添加投影和描边效果，以改善按钮的外观。

⓫ 在图层面板中选择 Gallery 1 图层组，然后单击图层面板底部的"添加图层样式"按钮，并选择"投影"。

💡提示　将图层样式应用于图层组时，图层样式将应用于其中的所有图层。

⓬ 在"图层样式"对话框中，在"结构"部分做以下设置（见图 13.25）。
- 将"不透明度"设置为 27%。
- 将"距离"设置为 9 像素。
- 将"扩展"设置为 19%。
- 将"大小"设置为 18 像素。

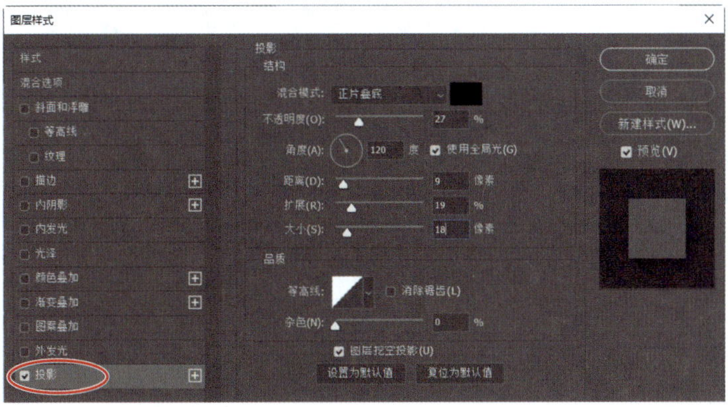

图 13.25

⓭ 选择"图层样式"对话框左边的"描边"，确保它被启用，并做以下设置。
- 将"大小"设置为 1 像素。
- 将"位置"设置为"内部"。

- 单击"颜色"右边的色板打开"拾色器"对话框，再单击深蓝色条带采集其颜色，单击"确定"按钮。

💡 **注意** 请务必单击"描边"字样。如果只勾选对应的复选框，Photoshop 将使用默认设置应用该图层样式，而不显示其选项。

⑭ 单击"确定"按钮应用这两种图层样式，如图 13.26 所示。

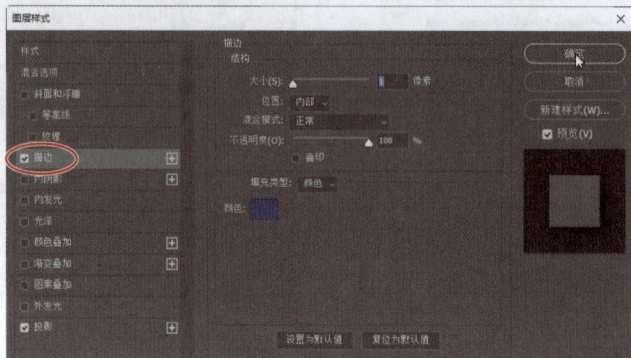

图 13.26

"投影"和"描边"效果会应用在该按钮的图层组上，如图 13.27（a）所示，还会出现在图层面板中，如图 13.27（b）所示。

⑮ 在图层面板中，将鼠标指针指向 Gallery 1 图层组旁边的 fx 符号，然后按住 Alt 键（Windows）或 Option 键（macOS），将这个图标拖曳到 Gallery 2 图层组上，如图 13.27（c）所示。这是一种快速将图层效果复制到另一个图层或图层组的方式。

💡 **提示** 另一种复制图层或图层组效果的方式是按住 Alt 键或 Option 键并拖曳"效果"字样，这与拖曳 fx 符号等效。

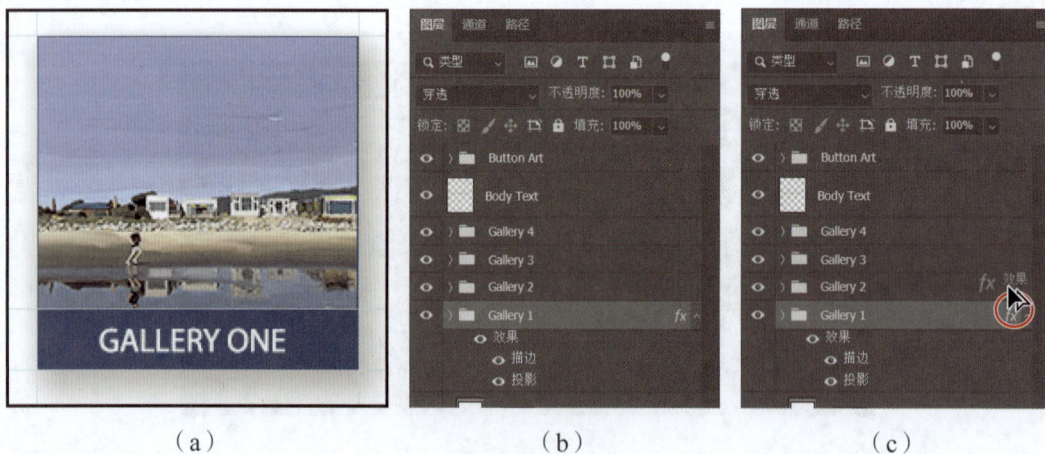

（a）　　　　　　　　　　（b）　　　　　　　　　　（c）

图 13.27

⑯ 重复第 15 步，将图层效果复制到 Gallery 3 和 Gallery 4 图层组。

⑰ 在图层面板中展开 Button Art 图层组，单击 Navigation 图层的眼睛图标使该图层可见，再将

Button Art 图层组折叠起来。

Navigation 图层中包含美术馆网站各部分导航的控件，如图 13.28 所示。

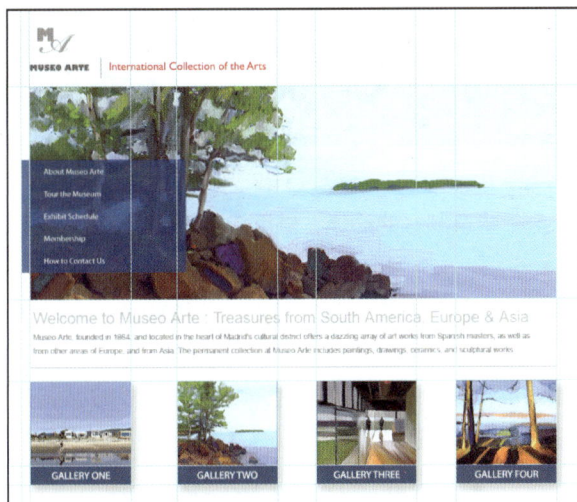

图 13.28

⑱ 保存并关闭这个文件。

13.4 自动化多步任务

动作是一个或多个命令，用户可记录并播放它，从而将它应用于一个或一批文件。本节将创建一个动作，以便对一组图像进行处理，从而在设计的网页中将它们用作显示其他画廊的按钮。

> 💡 提示　动作易于使用，但应用范围有限。要自动化 Photoshop 并获得更大的控制权，可编写脚本。Photoshop 能够运行使用 VBScript（Windows）、AppleScript（macOS）或 JavaScript（Windows 和 macOS）编写的脚本。

13.4.1 记录动作

接下来记录一个动作，它可以调整图像的大小、修改画布的尺寸并添加图层样式，让其他按钮与前面创建的按钮匹配。使用动作面板可记录、播放、编辑和删除动作，还可存储和加载动作文件。

Buttons 文件夹中包含 4 个图像，它们将用于在网页中创建其他按钮。这些图像很大，因此需要调整其大小，使其与既有按钮匹配。这里将对 Gallery5.jpg 文件进行修改并记录动作，再播放这个动作并自动对这个文件夹中的其他图像做同样的修改。

❶ 选择菜单命令"文件">"打开"，切换到 Lesson13\Buttons 文件夹。双击 Gallery5.jpg 文件，在 Photoshop 中打开它。

❷ 选择菜单命令"窗口">"动作"，打开动作面板，将"默认动作"动作组折叠起来。下面将创建并使用动作组。

❸ 单击动作面板底部的"创建新组"按钮，在打开的"新建组"对话框中将动作组命名为 Buttons，然后单击"确定"按钮，如图 13.29 所示。

图 13.29

"默认动作"动作组包含一些录制好的动作，供用户使用和研究。创建动作时，用户可使用动作组来组织它们。

④ 单击动作面板底部的"创建新动作"按钮（■），将动作命名为 Resizing and Styling Images，然后单击"开始记录"按钮。

给动作命名时，名称最好能体现动作的功能，这样以后可轻松地找到它们。

在动作面板底部，"开始记录"按钮（■）变成了红色，代表正在记录，如图 13.30 所示。

图 13.30

在记录的过程中保持耐心，务必准确完成下面的过程。动作不会记录执行步骤花费的时间，而只记录执行的步骤，且播放时将加速执行这些步骤。

下面来调整图像的大小并进行锐化。

⑤ 选择菜单命令"图像">"图像大小"，并做以下设置。

· 确保勾选了"重新采样"复选框。

· 从"宽度"的单位下拉列表中选择"像素"，再在"宽度"文本框中输入 180。

· 确保"高度"也为 180 像素。"宽度"和"高度"左边的链接图标呈按下状态代表宽高比不变。

⑥ 单击"确定"按钮，如图 13.31 所示。

图 13.31

⑦ 选择菜单命令"滤镜">"锐化">"智能锐化"，并做以下设置，然后单击"确定"按钮（见图 13.32）。

· 将"数量"设置为 100%。

· 将"半径"设置为 1.0 像素。

图 13.32

另外，还需要对这个图像做些其他的修改，但这些修改在背景图层被锁定的情况下是无法进行的。下面将背景图层转换为常规图层。

❽ 双击图层面板中的背景图层，在打开的"新建图层"对话框中将图层命名为 Button，并单击"确定"按钮，如图 13.33 所示。

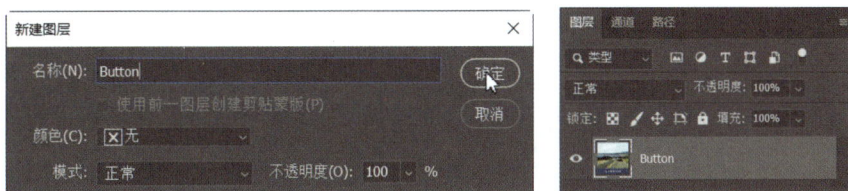

图 13.33

重命名背景图层可把它转换为常规图层。新图层将替换背景图层，换言之，Photoshop 并没有在图像中添加图层。

> 💡 提示 如果只想将背景图层转换为常规图层，而不对其进行重命名，只需在图层面板中单击背景图层的锁定图标。

将背景图层转换为常规图层后，就可修改画布大小并添加图层样式了。

❾ 选择菜单命令"图像">"画布大小"，并执行以下操作（见图 13.34）。

· 确保单位设置成了"像素"。
· 将"宽度"和"高度"都设置为 220 像素。
· 单击"定位"部分中央的方块，确保画布均匀地向四周扩大。
· 单击"确定"按钮。

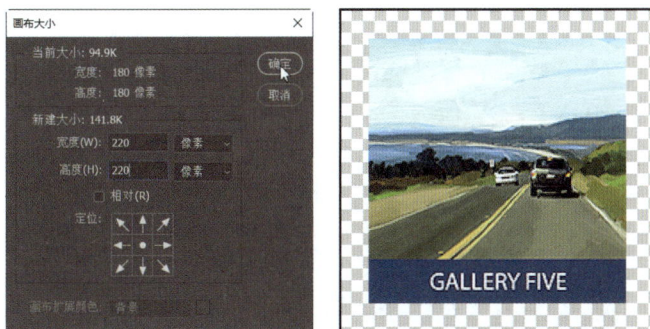

图 13.34

提示 需要增大或减小文档的区域时，使用“画布大小”命令；要重新采样、修改物理尺寸或修改文档的分辨率时，使用“图像大小”命令。

⑩ 选择菜单命令“图层”>“图层样式”>“投影”。

提示 在记录期间不要执行多余的操作，因为动作面板会记录所有在 Photoshop 中进行的图像编辑操作。如果记录了多余的步骤，必须在记录完毕后对其进行编辑。动作面板不会记录视图的变化，如滚动和缩放。

⑪ 在“图层样式”对话框中做以下设置（见图 13.35）。

- 将“不透明度”设置为 27%。
- 将“角度”设置为 120 度。
- 将“距离”设置为 9 像素。
- 将“扩展”设置为 19%。
- 将“大小”设置为 18 像素。

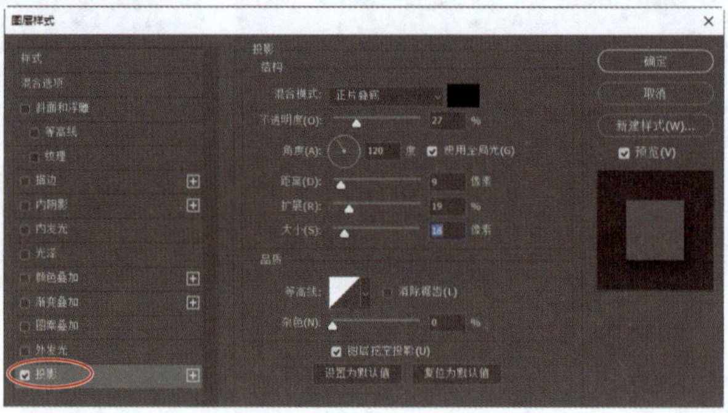

图 13.35

⑫ 在打开了“图层样式”对话框的情况下单击左边的“描边”字样，并做以下设置。

- 将“大小”设置为 1 像素。
- 将“位置”设置为“内部”。
- 单击“颜色”旁边的色板打开“拾色器”对话框，再单击深蓝色条带采集其颜色，并单击“确定”按钮。

⑬ 单击“确定”按钮应用这两种图层样式，如图 13.36 所示。

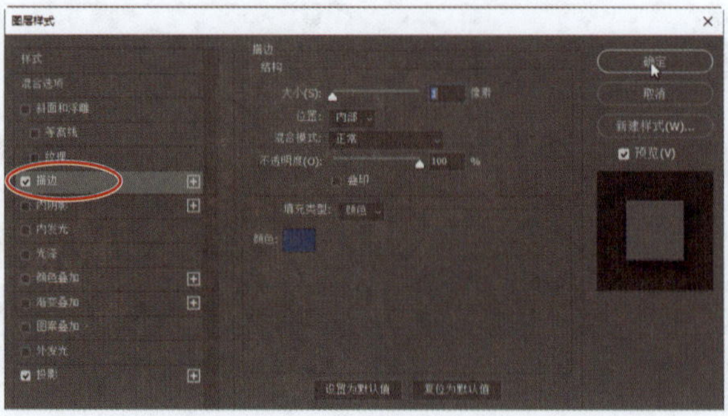

图 13.36

⑭ 选择菜单命令"文件">"存储为"，将"保存类型"设置为"Photoshop（*.PSD；*.PDD；*.PSDT）"，并单击"保存"按钮。如果出现"Photoshop 格式选项"对话框，单击"确定"按钮。

⑮ 关闭文件，切换到"主页"屏幕。在"主页"屏幕中单击 Photoshop 图标（见图 13.37），以便能够再次看到动作面板。

⑯ 单击动作面板底部的"停止播放 / 记录"按钮，如图 13.38 所示。

图 13.37

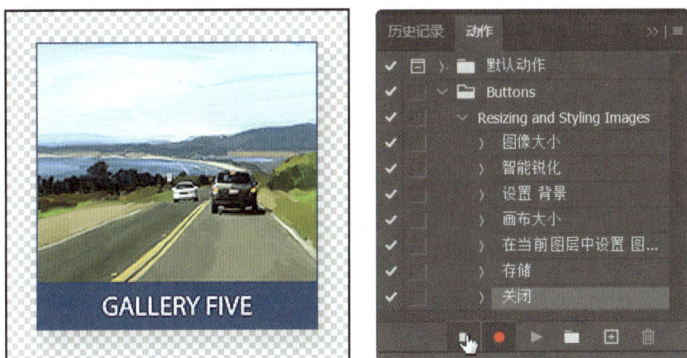

图 13.38

可以看到，在动作面板中，刚才记录的动作（Resizing and Styling Images）被存储到了 Buttons 动作组中。单击下拉按钮展开各个步骤，可查看记录的每个步骤，以及所做的设置。

💡 提示　查看动作时，可通过拖曳调整步骤的顺序；双击编辑步骤，还可删除步骤。

13.4.2　对一批文件应用动作

应用动作对文件进行常见的处理可节省时间。可以同时对多个文件应用动作以进一步提高工作效率。下面对其他 3 个图像应用刚才记录的动作。

❶ 选择菜单命令"文件">"打开"，切换到 Lesson13\Buttons 文件夹，按住 Ctrl 键（Windows）或 Command 键（macOS），选择 Gallery6.jpg、Gallery7.jpg 和 Gallery8.jpg 文件，然后单击"打开"按钮。这些文件将在不同的文档窗口中打开。

❷ 选择菜单命令"文件">"自动">"批处理"。

❸ 在打开的"批处理"对话框中执行以下操作（见图 13.39）。

· 确保从"组"下拉列表中选择了 Buttons，并从"动作"下拉列表中选择了刚才记录的 Resizing and Styling Images 动作。

· 从"源"下拉列表中选择"打开的文件"。

· 确保在"目标"下拉列表中选择了"无"。

· 单击"确定"按钮。

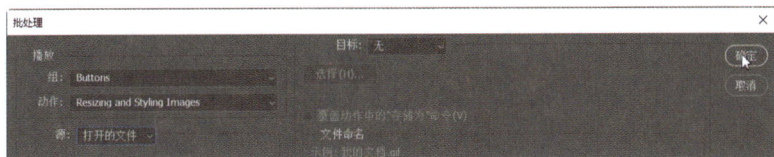

图 13.39

Photoshop 将播放这个动作，并对所有打开的文件执行其中的步骤。另外，还可将动作应用于整个文件夹，而无须打开其中的图像。

由于记录动作时保存并关闭了文件，因此 Photoshop 会将每个图像都以 PSD 格式保存到原来的文件夹中再关闭它。关闭最后一个文件后，Photoshop 将切换到"主页"屏幕。

13.4.3　在 Photoshop 中置入文件

其他 4 个按钮图像已准备就绪，可以置入 Photoshop 文档中。注意，这些按钮图像都有带画廊名的深蓝色条带，因此无须执行添加这些内容的步骤。

❶ 如果"主页"屏幕中的"最近使用项"列表中包含 13Working.psd 文件，单击以打开它。如果没有，选择菜单命令"文件">"打开"来打开它。

❷ 在图层面板中选择 Gallery 4 图层组。这样可确保置入的文件不会添加到任何图层组中，因为新图层将添加到选定的图层（图层组）上面。

❸ 选择菜单命令"文件">"置入嵌入对象"。

接下来将这些文件作为嵌入的智能对象置入。由于它们是嵌入的，因此整个文件都将复制到 Photoshop 文档中。

❹ 在"置入嵌入对象"对话框中切换到 Lesson13\Buttons 文件夹，并双击 Gallery5.psd 文件。Photoshop 将把 Gallery5.psd 文件置入 13Working.psd 文件的中央。下面调整它的位置。

❺ 将这个图像拖曳到 GALLERY ONE 按钮下方，并借助参考线使其与上方的图像对齐。将图像移动到合适的位置后，按 Enter 键提交修改，如图 13.40 所示。

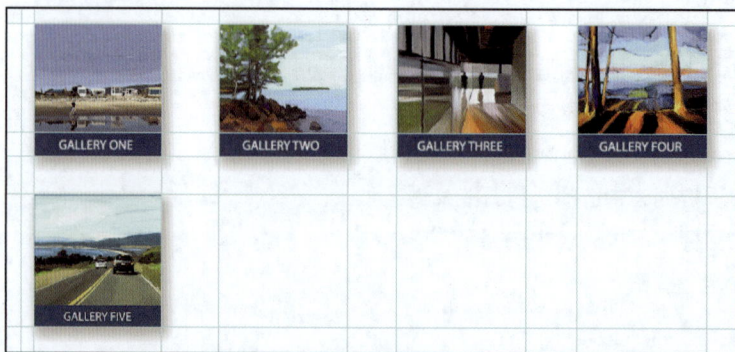

图 13.40

⑥ 重复第 3~5 步，置入 Gallery6.psd、Gallery7.psd 和 Gallery8.psd 文件，将它们分别放在 GALLERY TWO、GALLERY THREE 和 GALLERY FOUR 按钮的下方，并分别与这些按钮对齐，如图 13.41 所示。

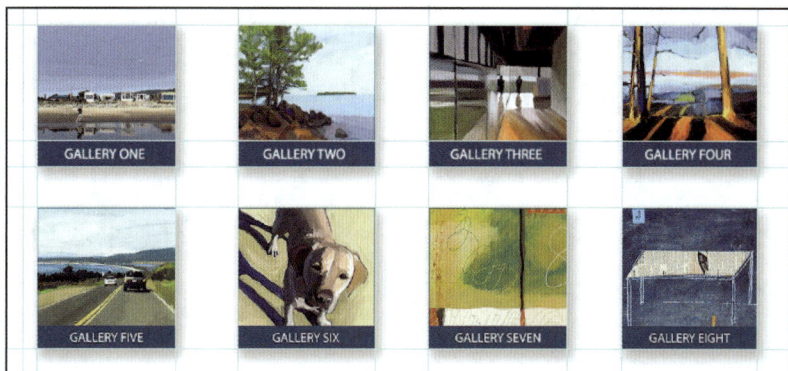

图 13.41

⑦ 至此，这个网页就制作好了。保存所做的工作，关闭文件。

13.5　使用画板进行设计

设计 Web 或移动设备用户界面时，可能需要将按钮或其他内容存储为独立的图像文件。在 Photoshop 中，可使用"导出为"命令将整个文档或各个图层导出为适用于 Web 或移动设备的格式，包括 PNG、JPEG 或 GIF。除同时将多个图层导出为不同的文件外，使用"导出为"命令还能够同时导出多个不同尺寸的文件，例如生成一组分别用于高分辨率和低分辨率显示器的图像。

> 💡 提示　如果要将图层自动导出为 Web 或移动设备用户界面，可以使用 Adobe 生成器。在"首选项"对话框的"增效工具"选项卡中启用 Adobe 生成器后，Photoshop 将在用户工作时将图层导出为图像素材。图层命名约定决定了导出的素材的各个方面。

在一个设计中可能需要实现不同的想法，也可能需要为不同尺寸的显示器提供不同的设计。使用画板将更容易实现这样的目标。画板类似于单个 Photoshop 文档中的多个画布，可使用"导出为"命令将整个画板导出。

使用"导出为"命令时，可通过选择画板或图层面板中的图层来控制要导出哪些内容。

> 💡 提示　注意，旧版本的 Photoshop 包含"存储为 Web 所用格式"命令，读者可能学习过如何使用它。Photoshop 依然在"文件">"导出"子菜单中提供了这个命令，名为"存储为 Web 所用格式（旧版）"，但使用这个命令无法导出多个图层、画板等，而使用"导出为"命令则可以。

13.5.1　复制画板

下面使用画板来调整美术馆网站的设计，以便将其用于不同尺寸的屏幕，然后同时导出这两个设计。

① 在 Photoshop 的"主页"屏幕中单击"打开"按钮，如图 13.42 所示。切换到 Lesson13 文件夹，并打开 13Museo.psd 文件。

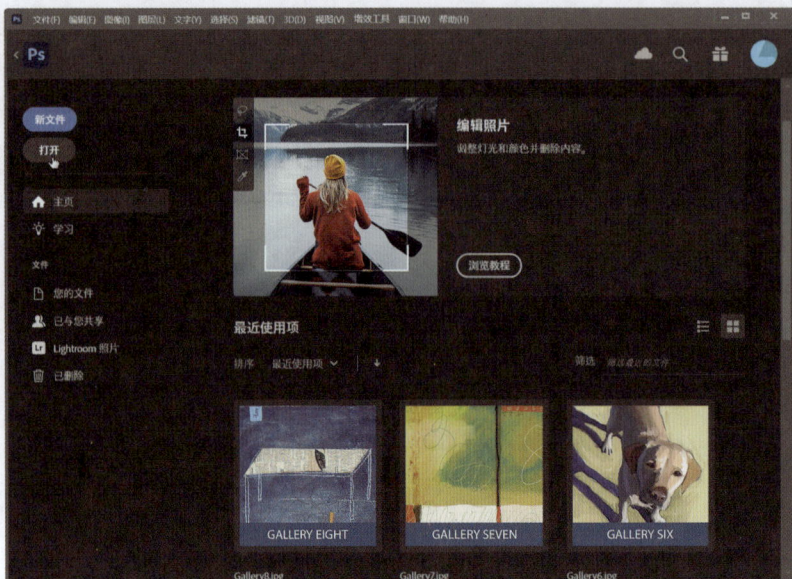

图 13.42

② 选择菜单命令"文件">"存储为",将文件另存为 13Museo_Working.psd。在"Photoshop 格式选项"对话框中单击"确定"按钮。

接下来采用响应式 Web 设计并修改这个网页,使其能够在各种尺寸的显示器(从台式机到智能手机)上正确地显示。

③ 选择菜单命令"选择">"所有图层",选择所有未被锁定的图层,如图 13.43 所示。

> 💡 **注意** 选择菜单命令"选择">"所有图层"并不会选择 Background 图层,因为这个图层默认被锁定。但执行第 4 步后,这个图层将被转换为"图层 0"。

④ 选择菜单命令"图层">"新建">"来自图层的画板",将画板命名为 Desktop,并单击"确定"按钮。在文档窗口中,画板名将出现在新建的画板上方,而画板也将出现在图层面板中,如图 13.44 所示。

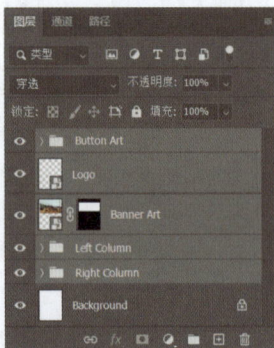

图 13.43

图 13.44

⑤ 在工具面板中,确保选择了与移动工具位于同一组的画板工具( ),按住 Alt 键(Windows)或 Option 键(macOS)并单击画板右边的"添加画板"按钮(见图 13.45),以复制 Desktop 画板及其内容。

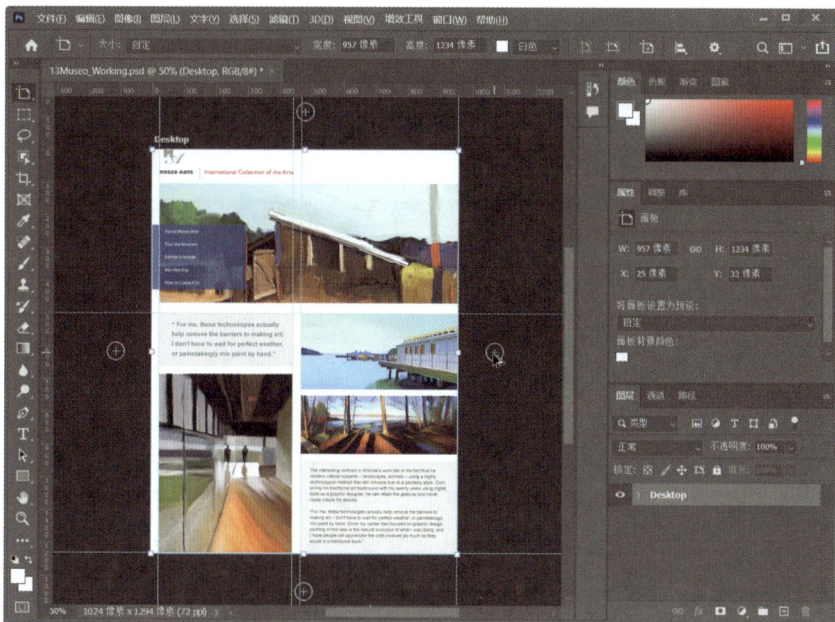

图 13.45

⑥ 在图层面板中双击复制的画板的名称"Desktop 拷贝",并将其重命名为 iPhone,如图 13.46
所示。

⑦ 在属性面板中,从"将画板设置为预设"下拉列表中选择
"iPhone 8/7/6",这种画板预设应用 iPhone 8、iPhone 7 和 iPhone
6 的像素尺寸(宽度为 750 像素、高度为 1334 像素)。现在可以设
计 Desktop 画板使用的元素为基础开发用于 iPhone 的设计。另外,
确保不同设计的一致性也更容易,因为台式机设计和移动设备设计
位于同一个文档中。

图 13.46

⑧ 保存所做的工作。

💡提示　在选择了画板工具的情况下,也可从选项栏中的"大小"下拉列表中选择预设。如果没有画板
预设与目标设备(如新推出的设备)的屏幕尺寸一致,可在选项栏或属性面板中指定所需的宽度和高度。

13.5.2　使用画板创建不同的设计

至此,有两个分别用于台式机和智能手机屏幕的画板。接下来调整
用于台式机的元素,使其适合智能手机屏幕的宽度和高度。

❶ 在图层面板中展开 iPhone 画板。单击其中的第一个图层,再按
住 Shift 键并单击最后一个图层,以选择这个画板中的所有图层,同时
不选择画板本身,如图 13.47 所示。

❷ 选择菜单命令"编辑">"自由变换"。

❸ 在选项栏中做以下设置(见图 13.48)。

· 勾选"切换参考点"复选框,使得定界框中的参考点可见,以
便修改参考点。

图 13.47

- 在参考点定位器的左上角单击，现在缩放、旋转和其他变换将基于定界框的左上角（而不是中心），直到提交变换。
- 单击"保持宽高比"按钮（⬚），使得缩放时选定图层的宽高比保持不变。
- 将宽度设置为 726 像素（输入"726px"）。

图 13.48

可通过拖曳将参考点放到定界框里面和外面的任何位置。

④ 按 Enter 键将新设置应用于所有选定的图层（按一次 Enter 键让选项栏中的值生效，再次按 Enter 键才会提交变换）。

这些设置会将选定图层的宽度缩小为 726 像素（并保持左上角的位置不变），以适合画板。

⑤ 将鼠标指针指向定界框内部，按住 Shift 键并向下拖曳选定的图层，直到能在画板顶部看到 MUSEO ARTE 图标，如图 13.49 所示。

图 13.49

⑥ 按 Enter 键退出自由变换模式，选择菜单命令"选择">"取消选择图层"。

⑦ 在图层面板中选择 Logo 图层，选择菜单命令"编辑">"自由变换"。

⑧ 拖曳定界框右下角的手柄，直到这个图标的宽度为 672 像素，与其他元素的宽度匹配（见图 13.50），然后按 Enter 键。

放大这个图标，使其在智能手机屏幕上更清晰。

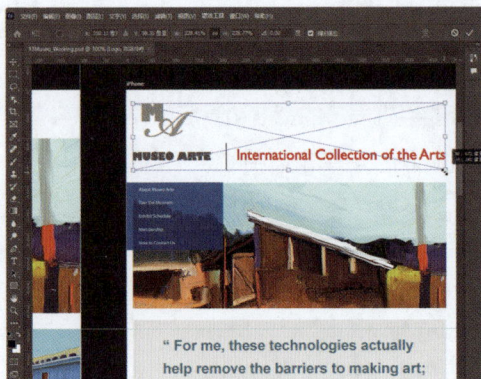

图 13.50

⑨ 在图层面板中选择 Banner Art 图层和 Left Column、Right Column 图层组，如图 13.51（a）所示。

⑩ 选择移动工具，按住 Shift 键并向下拖曳选定的图层，直到它们的上边缘与蓝色按钮区域的上边缘对齐，如图 13.51（b）所示。

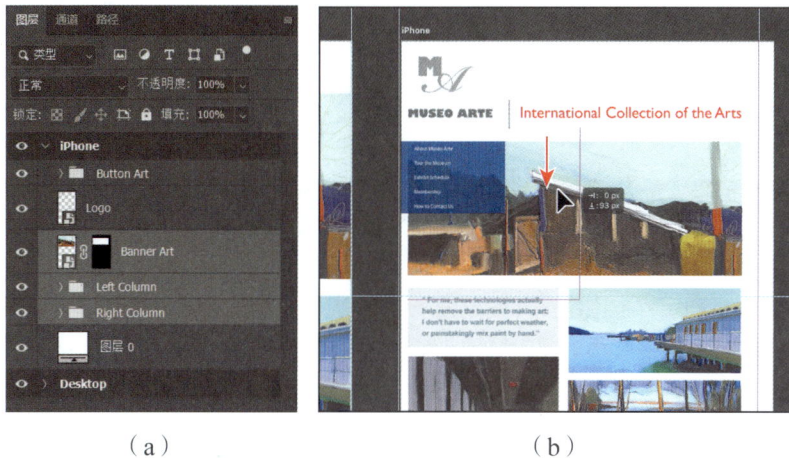

（a） （b）

图 13.51

> 💡提示　也可使用方向键微调选定图层的位置，这样可以更轻松地将它们与蓝色按钮区域的上边缘准确对齐。

下面调整两栏版面，让每栏版面都与画板等宽，但在此之前需要增加画板的高度。

⑪ 在图层面板中选择 iPhone 画板，使用画板工具拖曳这个画板底部的手柄，直到其高度为 2800像素，如图 13.52 所示。

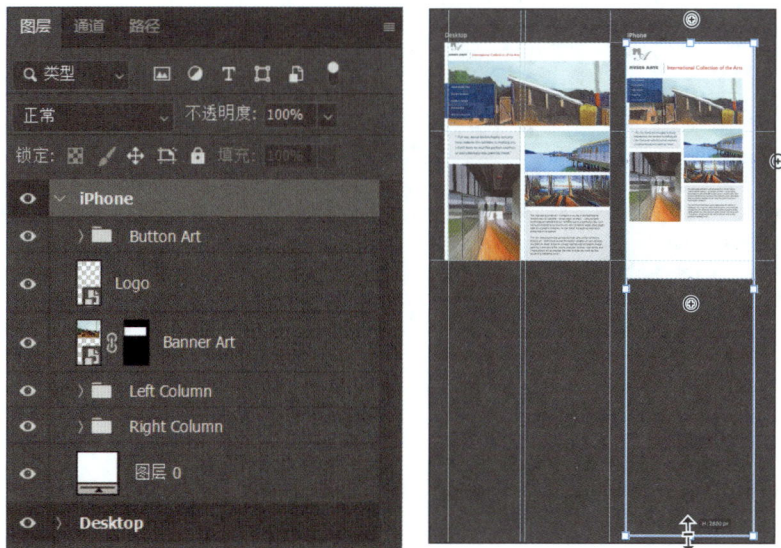

图 13.52

> 💡提示　在选择了画板的情况下，也可在属性面板中输入高度值来调整画板的高度。

⑫ 在图层面板中选择 Right Column 图层组，然后选择菜单命令"编辑">"自由变换"。

⑬ 在选项栏中做以下设置（见图 13.53）。

- 勾选"切换参考点"复选框，然后在参考点定位器的右上角单击。
- 单击"保持宽高比"按钮，并将宽度设置为 672 像素（输入"672px"）。
- 按 Enter 键应用新的宽度设置。

图 13.53

⑭ 将鼠标指针指向定界框内部，然后按住 Shift 键并向下拖曳选定的图层，直到鼠标指针旁边的值指出沿垂直方向移动了 1200 像素（选项栏中的 Y 值为 1680 像素），如图 13.54 所示。按 Enter 键提交并结束变换。

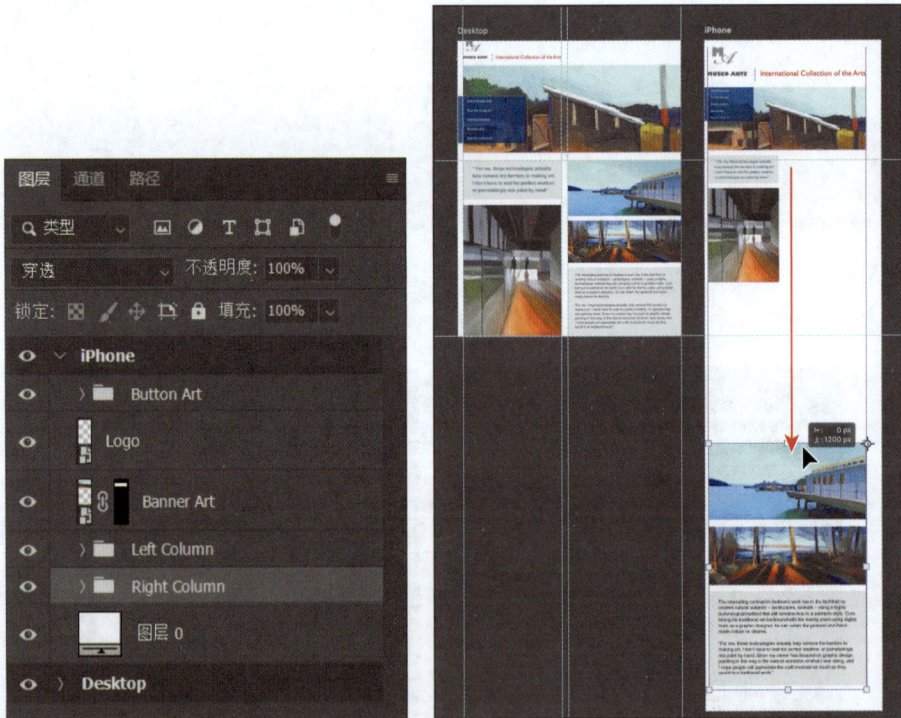

图 13.54

⑮ 在图层面板中选择 Left Column 图层组，然后选择菜单命令"编辑">"自由变换"。

⑯ 在选项栏中做以下设置 [见图 13.55（a）]。

- 勾选" 切换参考点"复选框，然后在参考点定位器的左上角单击。
- 单击"保持宽高比"按钮，并将宽度设置为 672 像素（输入"672px"）。
- 按 Enter 键应用新的宽度设置。
- 按 Enter 键提交并结束变换，效果如图 13.55（b）所示。

（a）

（b）

图 13.55

另外，用户可根据喜好调整图层和图层组的位置，以及它们之间的垂直距离。

> **提示** 选择了移动工具后，可按方向键来微调选定图层或图层组的位置；进行自由变换时，要微调选定图层或图层组的位置，可在包含数字的字段中单击，再按↑键或↓键。

⑰ 选择菜单命令"视图">"按屏幕大小缩放"，以便能够同时看到两个画板（见图 13.56），然后保存所做的工作。

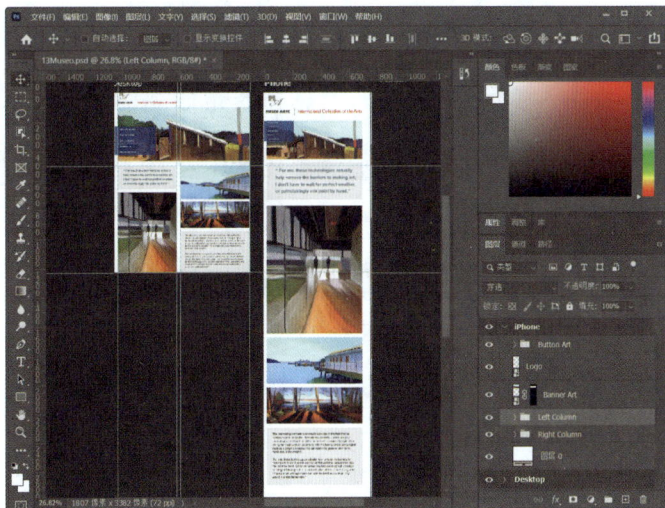

图 13.56

至此，将适合台式机的多栏布局调整成了适合智能手机的单栏布局，这两个布局位于同一个
Photoshop 文档的两个画板中。

13.5.3 使用"导出为"命令导出画板

需要让客户审查设计时，可使用"导出为"命令将任意画板、图层或图层组导出到独立的文件中。
下面导出 Desktop 和 iPhone 画板，再将每个画板的图层导出到独立的文件夹中。

❶ 选择菜单命令"文件"＞"导出"＞"导出为"。使用这个命令可导出整个画板。打开的"导出
为"对话框的左边有一个列表，其中包含所有的画板。

用户可预览导出后的尺寸和文件大小，这些值取决于"导出为"对话框右边的设置。

💡注意　在"导出为"对话框中，无法预览多个"缩放全部"选项的结果，而只能预览缩放比例为 1×
的结果。

❷ 在左边的列表中单击 iPhone 画板以选择它，然后进行设置（见图 13.57）。
- 在"缩放全部"部分，确保将"大小"设置成了 1x，并将"后缀"设置为空。
- 在"文件设置"部分，从"格式"下拉列表中选择 JPG，并将"品质"设置为 6。
- 在"色彩空间"部分，勾选"转换为 sRGB"复选框。

💡提示　如果不确定使用什么样的格式、缩放比例和品质，可单击"导出为"对话框顶部的"双联"标签，
显示两个视图。选择其中一个视图并修改设置，再选择另一个视图并修改设置，这样就可对它们的品质
进行比较，同时可在每个预览图下面看到生成的文件大小。

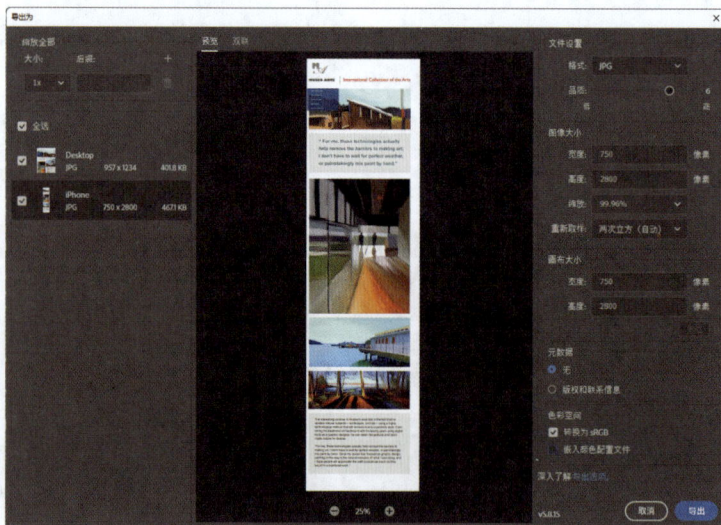

图 13.57

❸ 在左边的列表中单击 Desktop 画板以选择它，然后进行与第 2 步一样的设置。

💡提示　如果执行"导出为"命令时经常使用相同的设置，可选择菜单命令"文件"＞"导出"＞"导出
首选项"，指定常用的设置。这样就可使用这些设置进行导出，方法是选择菜单命令"文件"＞"导出"＞"快
速导出为"或从图层面板菜单中选择"快速导出为"。

④ 勾选"全选"复选框（见图 13.58），然后单击"导出"按钮。切换到 Lesson13 文件夹，双击 Assets 文件夹，并单击"选择文件夹"或"存储"按钮。

图 13.58

⑤ 在文件资源管理器或 Bridge 中打开 Lesson13\Assets 文件夹，将发现其中包含表示画板的 Desktop.jpg 和 iPhone.jpg 文件。这些文件是根据画板名命名的，可将这些文件发送给客户进行审核或交给 Web 开发小组。

⑥ 返回 Photoshop。

13.5.4 使用"图层"菜单中的"导出为"命令将图层导出为素材

审核人员批准设计方案后，可使用"导出为"命令将画板中的每个图层（如图像或按钮）导出为素材，供使用代码实现设计的 Web 或软件开发人员使用。

① 在图层面板中按住 Shift 键并单击，选择 Desktop 画板中的所有图层。

② 选择菜单命令"图层">"导出为"（不要选择菜单命令"文件">"导出">"导出为"）。

> 💡 提示　选择菜单命令"文件">"导出">"导出为"将导出整个画板。要导出特定的图层，可在图层面板中选中它们，再从图层面板菜单中选择"导出为"。只更新了设计方案的一部分时，导出选定图层很有用。

注意"导出为"对话框中列出了各个图层，因为将分别导出它们，如图 13.59 所示。

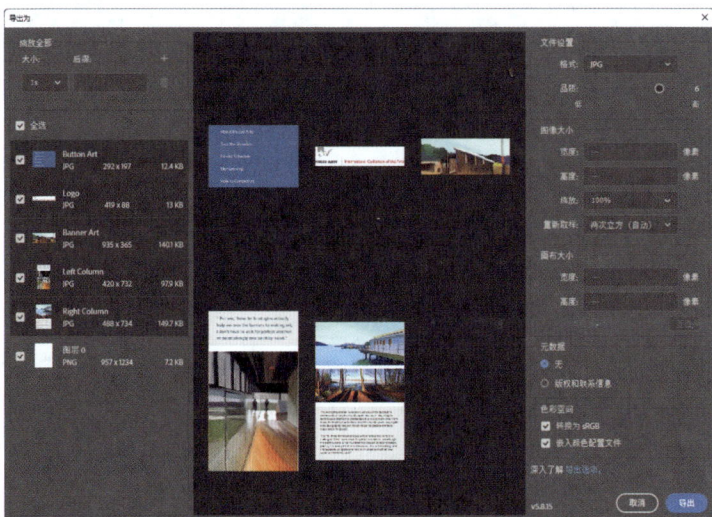

图 13.59

③ 单击 Button Art 图层以选择它，然后按住 Shift 键并单击 Right Column 图层以选择前 5 个图层。这样，当按下面的步骤调整设置时，将影响选定的所有图层。

④ 在"导出为"对话框中，指定 13.5.3 小节中第 2 步使用的设置。

⑤ 取消勾选"图层 0"复选框，这样就不会导出它。这个图层是纯白色的背景，使用网页代码来实现更简单。

⑥ 单击"导出"按钮，切换到 Lesson13\Assets_Desktop 文件夹，然后单击"选择文件夹"或"存储"按钮。

Desktop 画板使用的所有素材都将被导出到同一个文件夹中。

⑦ 对 iPhone 画板进行第 1~5 步操作。

⑧ 单击"导出"按钮，切换到 Lesson13\Assets_iPhone 文件夹，然后单击"选择文件夹"或"存储"按钮。

⑨ 在 Photoshop 中选择菜单命令"文件">"在 Bridge 中浏览"，打开 Bridge。

⑩ 切换到 Lesson13\Assets_Desktop 文件夹，打开预览面板并查看每个文件，如图 13.60 所示。

如果需要，也可查看导出到 Assets_iPhone 文件夹中的素材。

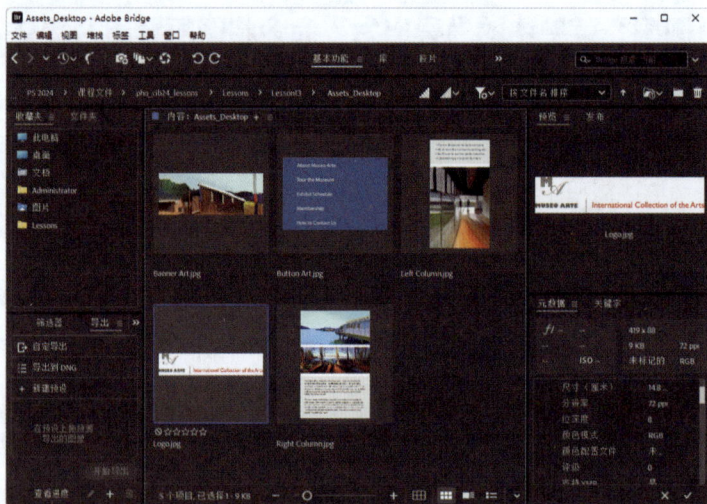

图 13.60

💡 提示　如果开发人员要求提供多种尺寸的素材（用于 Retina/HiDPI 屏幕），可在"导出为"对话框的"缩放全部"部分单击"添加"按钮，以添加其他尺寸，如 2× 或 3×。这样可同时导出多种尺寸的素材，务必为每种尺寸指定文件后缀名。

此时每个图层都被导出到独立的文件中。之前快速生成了两组不同的文件，它们可分别用于两种不同的屏幕尺寸。

- 使用基于文件的"导出为"命令（选择菜单命令"文件">"导出">"导出为"），生成了表示 Desktop 和 iPhone 画板的 JPG 图像。
- 使用基于图层的"导出为"命令（从图层面板菜单或"图层"菜单中选择"导出为"），创建了表示画板中各个图层的素材。

⑪ 在 Photoshop 中保存所做的修改，关闭文档。

13.6　复习题

1. 图层组是什么？

2. 动作是什么？如何创建动作？

3. 在 Photoshop 中，如何从画板、图层和图层组创建素材？

13.7　复习题答案

1. 图层组是在图层面板中被组织在一起的一系列图层，使用它能够更轻松地处理复杂图像中的图层，尤其是需要同时移动或缩放一系列的图层时。

2. 动作是一个或多个命令，记录动作，可将其应用于一个或多个文件。要创建动作，可在动作面板中单击"创建新动作"按钮，给动作命名，并单击"开始记录"按钮，再执行要在动作中包含的步骤。执行完毕后，单击动作面板底部的"停止播放/记录"按钮。

3. 在 Photoshop 中，要从画板、图层和图层组创建素材，可使用"导出为"命令。要将整个画板导出为图像，可选择菜单命令"文件">"导出">"导出为"；要从选定的图层或图层组创建素材，可从图层面板菜单或"图层"菜单中选择"导出为"。

生成和打印一致的颜色

本课概览

- 准备用于打印的图像。
- 为显示、编辑和打印的图像定义 RGB 色彩空间和 CMYK 色彩空间。
- 将图像保存为 Photoshop PDF 文件。

- 输出前仔细检查图像。
- 校对用于打印的图像。
- 准备要使用彩色打印机打印的图像。

学习本课大约需要 1 小时

要生成一致的颜色，需要定义编辑和显示 RGB 图像的色彩空间，以及编辑、显示和打印 CMYK 图像的色彩空间。这有助于确保屏幕上显示的颜色和打印的颜色一致。

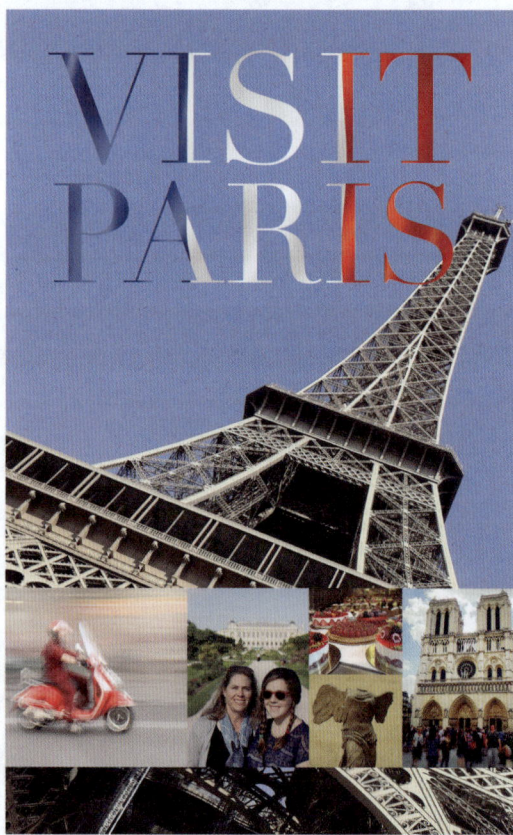

14.1 准备用于打印的文件

如果打算将图像打印出来（无论是使用自己的打印机打印，还是发送给印刷服务提供商进行打印），就必须完成下面的任务，这样才能获得最佳的结果（其中有些任务将在本课后面详细地介绍）。

> **注意** 完成本课的练习，要求计算机连接支持 PostScript 的打印机。如果没有连接，也能够完成该练习的大部分，但不能完成全部。对照片级图像的打印来说，PostScript 可有可无，它更常用于印前工作流程（准备使用印刷机印刷的作业）。

- 确定最终打印条件将给准备图像的方式带来什么样的影响，这项任务最好在准备图像前完成。如果要将文件发送给印刷服务提供商进行打印，最好咨询印刷服务提供商需要什么格式的文件。在有些情况下，印刷服务提供商要求提供按特定 PDF 标准或预设存储的文件。
- 确保图像分辨率合适。对专业打印而言，300 像素 / 英寸是最基本的要求。最佳分辨率取决于很多因素，如印刷机的加网方法和纸张质量等。要确定图像的最佳打印分辨率，请咨询制作团队、印刷服务提供商或查看打印机用户手册。
- 执行缩放测试。通过放大图像来检查和校正锐度、颜色、杂色，以及其他可能影响打印出来的图像质量的因素。
- 如果要将版面打印到纸张边缘，务必给文档指定出血设置（让图稿延伸到纸张外面）。出血可确保即便裁切位置在裁切标志外面，纸张边缘也不会有未打印的空白。因此可能需要将画布各边都向外扩大（通常是 0.25 英寸）。将文件发送给印刷服务提供商进行打印时，印刷服务提供商会提供建议，指出对其设备来说多大的出血量是最合适的。在使用提供了"无边（borderless）"选项的桌面打印机进行打印时，打印机驱动程序通常会将文档放大到比选择的纸张大小稍大，以创建出血区域。
- 保留图像的原始色彩空间，如 Adobe RGB（参见本课后面的"色彩管理简介"一节），除非印刷服务提供商要求进行转换。如果确实需要转换，请转换图像的副本，而不要转换原件。当前，在很多印前工作流程中，整个编辑过程都保留了原始色彩空间，以最大限度地保留颜色方面的灵活性；等到最终输出时，才将图像和文档转换为 CMYK 颜色模式。
- 对 Photoshop 文档进行拼合前，务必咨询制作团队。在有些工作流程中，需要保留 Photoshop 图层（不拼合），让其他软件（如 InDesign）能够控制从 Photoshop 文档中导入的图层的可见性。
- 对图像进行软校对，以模拟将如何打印颜色。

14.2 课前准备

下面对一张旅游海报进行处理，以便使用 CMYK 印刷机进行印刷。这个 Photoshop 文件较大，因为它包含多个图层、分辨率为 300 像素 / 英寸且尺寸为 11 英寸 ×17 英寸。

启动 Photoshop 并恢复默认首选项设置。

❶ 启动 Photoshop 并立刻按 Ctrl + Alt + Shift 组合键（Windows）或 Command + Option + Shift 组合键（macOS）。

② 在打开的对话框中单击"是"按钮，确认删除 Adobe Photoshop 设置文件。

③ 选择菜单命令"文件">"打开"，切换到 Lesson14 文件夹，并双击 14Start.psd 文件将其打开，如图 14.1 所示。如果出现有关新功能的提示对话框，将其关闭。

④ 选择菜单命令"文件">"存储为"，切换到 Lesson14 文件夹，将文件另存为 14Working.psd。如果出现"Photoshop 格式选项"对话框，单击"确定"按钮。

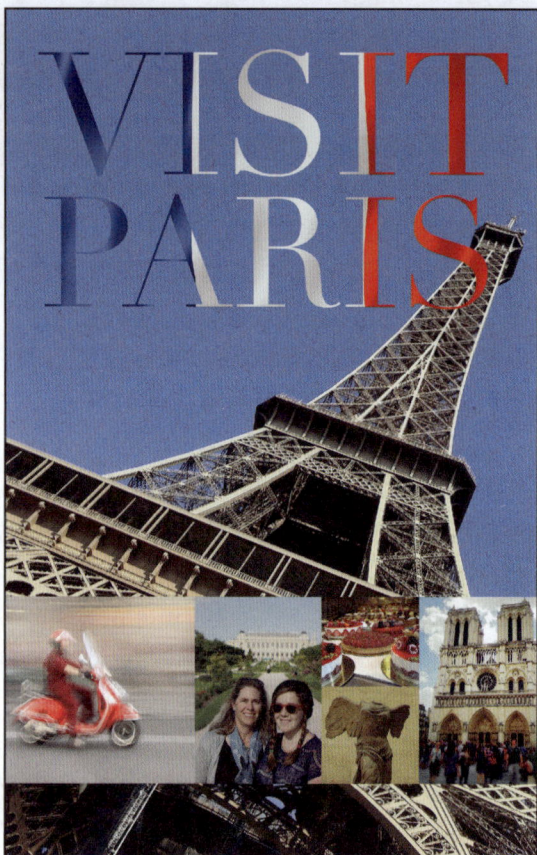

图 14.1

14.3   执行缩放测试

大型印刷作业的费用非常高，因此发送图像以进行最终输出前，一定要花点时间确定各方面对输出设备来说都是合适的，且没有任何潜在的问题。先来检查图像的分辨率。

> 💡 注意　如果要修改印刷尺寸，别忘了对照片来说分辨率是与印刷尺寸相关联的：相同的像素数分布在或大或小的区域内。如果以 50% 的尺寸印刷这个文档（其分辨率为 300 像素 / 英寸，尺寸为 11 英寸 × 17 英寸），即印刷出来的高度为 8.5 英寸，分辨率将为 600 像素 / 英寸；如果以 200% 的尺寸印刷，分辨率将为 150 像素 / 英寸。

① 选择菜单命令"图像">"图像大小"。

② 在打开的对话框中确认高度和宽度是所需的最终输出尺寸，且分辨率是合适的。

这个图像宽度为 11 英寸、高度为 17 英寸，这正是最终的海报尺寸，其分辨率为 300 像素 / 英寸。就使用印刷机进行印刷而言，尺寸和分辨率都合适。

❸ 单击"确定"按钮，如图 14.2 所示，关闭对话框。

图 14.2

接下来仔细查看图像，并修复发现的问题。查看用于打印的图像时，务必将图像放大，以详细查看细节。

❹ 选择工具面板中的缩放工具，将海报底部三分之一处的照片放大。

> 💡提示 如果键盘上有 Page Up 键、Page Down 键、Home 键 和 End 键，可使用它们来查看放大的 Photoshop 文档的不同部分。Page Up 键和 Page Down 键分别用于向上或向下移动文档，而 Home 键 和 End 键分别用于移到文档的左上角和右下角。按住 Ctrl 键（Windows）或 Command 键（macOS），按 Page Up 键或 Page Down 键可沿水平方向移动文档，而同时按住 Shift 键可缩短每次移动的距离。

这些旅游照片很普通且有点模糊，如图 14.3（a）所示。

❺ 在图层面板中选择 Tourists 图层，如图 14.3（b）所示；在调整面板中向下滚动到"单一调整"类别并单击其中的"曲线"，如图 14.3（c）所示。

此时 Tourists 图层上面出现了一个曲线调整图层。

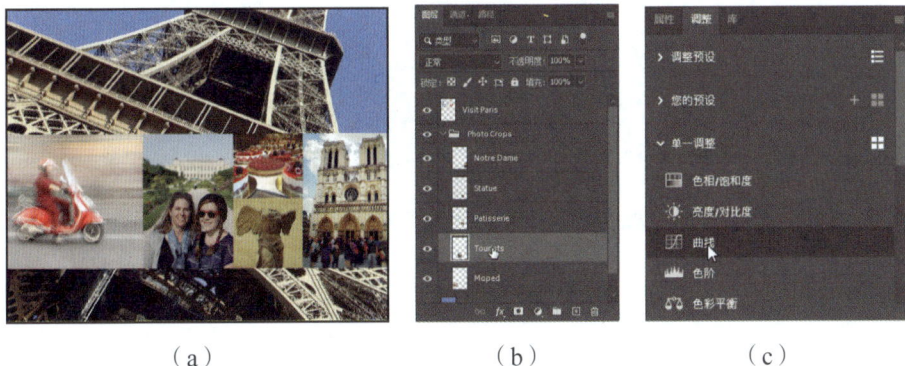

（a）　　　　　　　　（b）　　　　　　　　（c）

图 14.3

❻ 单击属性面板底部的"剪切到图层"按钮（■），如图 14.4（a）所示，创建一个剪贴蒙版。在图层列表中，使用小箭头缩进了曲线调整图层，如图 14.4（b）所示。

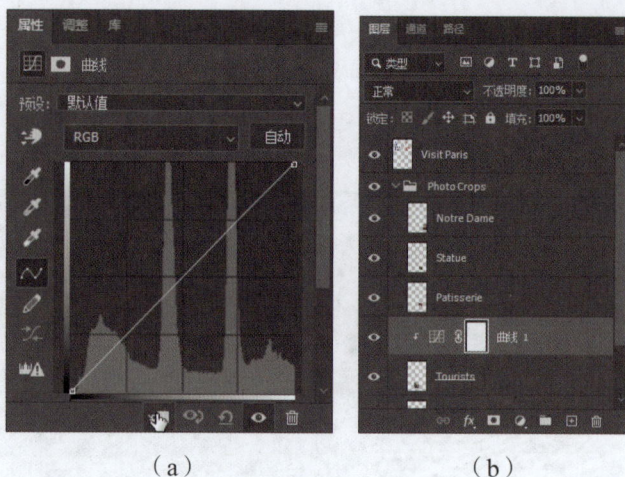

（a）　　　　　　　　　　　（b）

图 14.4

剪贴蒙版可确保调整图层只影响它下面的一个图层；如果不添加剪贴蒙版，调整图层将影响它下面的所有图层。

⑦ 在属性面板中选择白场工具，然后在后面的人的白衬衫上单击，将其指定为图像中最亮的中性色调区域（为确保单击位置的精确性，可放大图像）。由于这里的白衬衫比实际的要暗，因此通过单击将其指定为白场参考点时，Photoshop 将提亮它及图像的其他部分，从而平衡图像的颜色，如图 14.5 所示。

💡提示　最好使用白场工具单击图像中包含细节的最亮的中性色调区域，而不要单击镜面高光区域。

图 14.5

💡提示　使用白场工具单击后，红色通道、绿色通道和蓝色通道的曲线会发生变化，将单击位置的颜色定义为中性色，从而设置图像的色彩平衡。这就是必须单击中性色调区域的原因。

这张照片看起来更美观了，但另一张照片中的雕塑依旧普通且对比度不高，如图 14.6（a）所示。下面使用色阶调整图层来修复这个问题。

⑧ 在图层面板中选择 Statue 图层，如图 14.6（b）所示；在调整面板中向下滚动到"单一调整"类别并单击其中的"色阶"，如图 14.6（c）所示。

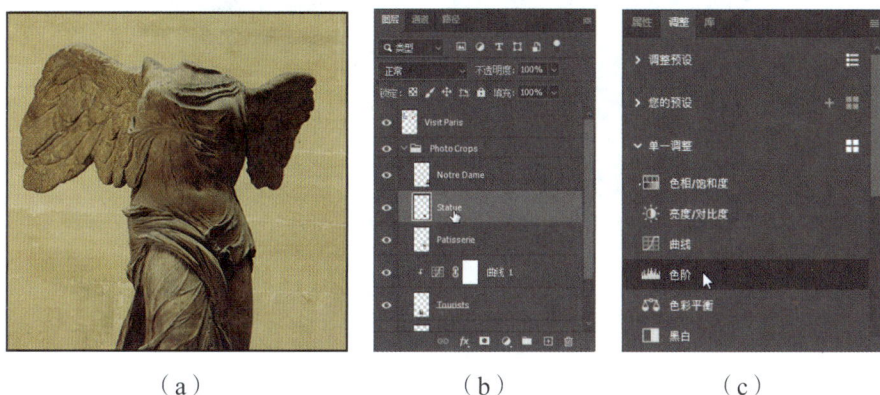

（a）　　　　　　　　（b）　　　　　　　　（c）

图 14.6

⑨ 单击属性面板底部的"剪切到图层"按钮，如图 14.7（a）所示，创建一个剪贴蒙版，让这个调整图层只影响 Statue 图层。

⑩ 在属性面板中单击"计算更准确的直方图"按钮（▟▲）刷新直方图，此时图层面板如图 14.7（b）所示。

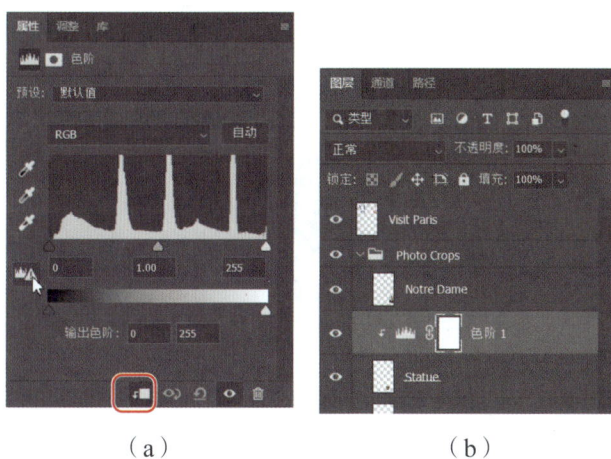

（a）　　　　　　　　　　　　（b）

图 14.7

"计算更准确的直方图"按钮中有一个叹号，这表明直方图是根据缓存的图像数据生成的。Photoshop 根据缓存的数据显示直方图，虽然这样速度更快，但不那么准确。根据直方图提供的信息进行编辑前最好刷新直方图，确保它是准确的。

⑪ 移动输入色阶滑块改善这个图像，这里将它们的值分别设置为 31、1.6 和 235，如图 14.8（a）所示。要提高对比度，可将黑场输入滑块（左边的滑块）和白场输入滑块（右边的滑块）向中间移动，但务必确保高光细节和阴影细节依然可见，即不被裁剪掉，效果如图 14.8（b）所示。

♀注意 在第 11 步中，以手动方式调整了色阶，而没有使用吸管来调整。这个图像未包含真正中心的高光、中间调和阴影，如果使用吸管来调整色阶，结果将看起来不太合适。对这个图像来说，调整时应保留一点点暖色色偏。

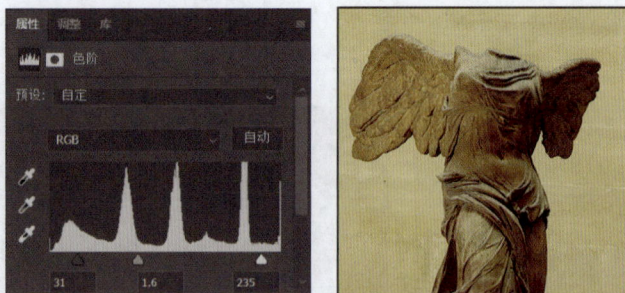

（a）　　　　　　　　　（b）

图 14.8

⑫ 将文件保存。完成上述调整后，整个海报变得更好看了。

14.4　色彩管理简介

RGB 颜色模式和 CMYK 颜色模式显示颜色的方式不同，它们重现的色域（颜色范围）也不同。RGB 颜色模式使用透射光（如背光数字显示器）来生成颜色，而 CMYK 颜色模式利用反射光和吸收光（使用油墨）来生成颜色；这些因素决定了这两种颜色模式可重现的色域。一般而言，RGB 可重现的颜色比 CMYK 多（例如，CMYK 色域不够大，无法重现饱和度极高的蓝色和霓虹绿），但每种颜色模式都能重现另一种颜色模式无法重现的颜色。图 14.9 所示为 RGB 颜色模式和 CMYK 颜色模式，以及它们的色域。

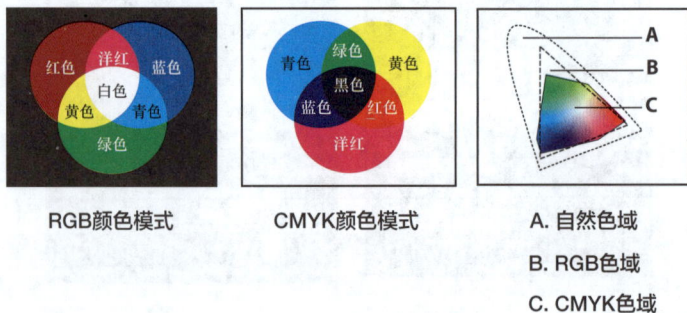

RGB颜色模式　　　　CMYK颜色模式　　　　A. 自然色域

B. RGB色域

C. CMYK色域

图 14.9

然而，并非所有的 RGB 色域和 CMYK 色域都是一样的。显示器和打印机的型号不同，它们显示的色域也稍有不同。例如，一种品牌的显示器可能比另一种品牌的显示器生成的蓝色更亮。设备能够重现的色域决定了其色彩空间。

💡提示　有些色彩空间表示的是设备，如显示器或打印机；有些色彩空间（如 Adobe RGB）用于确保用户能够灵活地编辑要打印出来或在屏幕上显示的图像。

Photoshop 中的颜色管理系统使用遵循 ICC 的颜色配置文件。颜色配置文件可确保颜色从一种色彩空间转换到另一种色彩空间时保持不变。ICC 颜色配置文件描述了设备的色彩空间，如印刷机的 CMYK 色彩空间。在 Photoshop 中，用户可将配置文件嵌入图像文件中，确保 Photoshop 和其他软件以一致的方式解读图像颜色。

校准及创建配置文件

校准指的是调整设备使其符合标准，如确保显示器收到中性灰色值时显示的是中性灰色。配置文件可指出设备是否符合标准，如果不符合，还将指出它与标准差多少，让颜色管理系统能够校正误差，进而准确地显示颜色。

为充分利用颜色管理系统，需要校准显示器并创建配置文件，以便能够使用它在屏幕上评估颜色。用户可使用校准或配置文件创建软件来驱动颜色配置文件创建设备，这种软件使用设备来测量屏幕生成的颜色，并通过创建自定义的 ICC 显示配置文件来校正误差。在进行了颜色管理的软件（如 Photoshop 和其他 Adobe 图形软件）中，系统将使用这个显示配置文件来准确地显示颜色。

> ♀ **注意** 显示器出厂时可能已经校准过了，但不确定校准的准确性和基于的标准。例如，如果印刷服务提供商推荐使用常用的 D65 白点印前标准，用户如何知道其显示器是否符合这个标准呢？为确保显示器符合这个标准，可使用 D65 校准显示器并创建配置文件。

RGB 颜色模式

大部分可见光谱都可以通过混合不同比例和强度的红色光、绿色光、蓝色光（即 RGB）来表示。使用这 3 种颜色的光可混合出青色、洋红色、黄色和白色。

由于混合这 3 种颜色可生成白色，因此它们被称为加色。加色用于光照、视频和显示器。例如，液晶显示器通过红色、绿色和蓝色 3 种颜色的滤光器发射光线来生成颜色。

CMYK 颜色模式

CMYK 颜色模式的基础是打印在基质表面（如纸张）上的油墨对光线的吸收量。白色光照射在半透明的油墨上时，部分光谱被吸收，部分光谱被反射到人眼中。

从理论上说，纯的青色（C）、洋红色（M）和黄色（Y）颜料混合在一起将吸收所有颜色的光，结果为黑色。因此，这些颜色被称为减色。由于所有印刷油墨都有杂质，因此这 3 种油墨混合在一起实际上得到的是土棕色，必须再混合黑色（K）油墨才能得到纯黑色。该颜色模式使用 K 而不是 B 表示黑色，旨在避免同蓝色混淆。由于四色印刷使用的是这几种颜色的油墨，因此这几种颜色被称为印刷色。

14.5 指定默认的颜色管理设置

默认情况下，Photoshop 的色域设置更适合基于 RGB 颜色模式的工作流程。然而，如果要处理用于印刷的图像（如本课的文档），可能需要修改设置，使其适合在纸上印刷而不是在显示器上显示。

准备不同用途的图像时，可根据需要修改"颜色设置"对话框中的设置。如果文档有颜色配置文件，Photoshop 将使用该配置文件，而不是"颜色设置"对话框中指定的配置文件。

下面来指定默认的颜色管理设置。

① 选择菜单命令"编辑">"颜色设置"，打开"颜色设置"对话框。

② 将鼠标指针指向对话框的不同部分（不用单击），包括某部分的名称（如"工作空间"）、下拉列表名称及选项，Photoshop 将在"颜色设置"对话框底部的"说明"部分显示相关的信息。

> ♀提示 虽然"颜色设置"对话框看起来很复杂，但唯一需要做的是从"设置"下拉列表中选择与工作流程最匹配的预设。选择预设后，系统将替用户修改相关选项。如果文件需要发送给印刷服务提供商进行打印，他们可能推荐你使用最适合其设备的设置。

③ 从"设置"下拉列表中选择"北美印前 2"预设，"工作空间"和"色彩管理方案"部分的选项设置将相应变化。

通常不使用"北美印前 2"预设，因此这里不保存所做的修改，否则可能出现意料之外的警告消息。

④ 单击"取消"按钮（见图 14.10），放弃对颜色设置所做的修改。

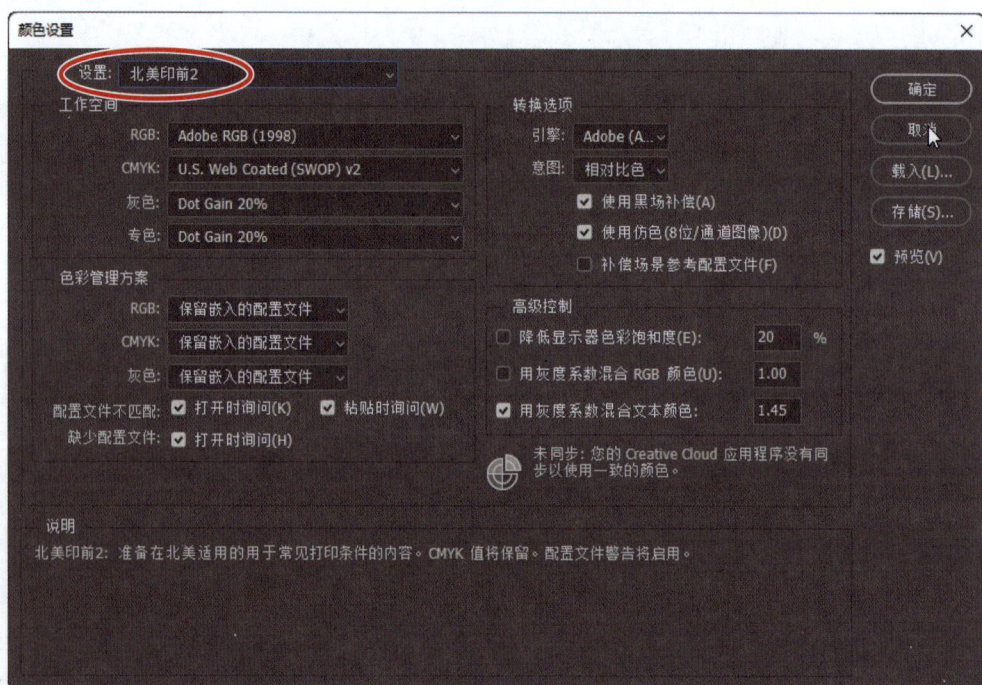

图 14.10

14.6　找出溢色

在使用扫描仪和数码相机生成的图像中，很多颜色都在 CMYK 色域内，但并非全部。例如，LED 灯或鲜艳花朵的颜色可能不在打印机的 CMYK 色域内。打印这些颜色时，细节和饱和度可能存在不足。例如，在 RGB 图像中，有些鲜艳的蓝色在转换为 CMYK 颜色模式后可能变成紫色。

将图像从 RGB 颜色模式转换为 CMYK 颜色模式之前可进行预览，找出哪些 RGB 颜色不在 CMYK 色域内。

❶ 选择菜单命令"视图">"按屏幕大小缩放"。

❷ 选择菜单命令"视图">"色域警告"，Photoshop 会将文档颜色与当前的 CMYK 色彩空间进行比较，并在文档窗口中将不在该 CMYK 色域内的文档颜色显示为中性灰色，如图 14.11（a）所示。

图像的大部分区域（尤其是蓝色区域）都被发出色域警告的中性灰色覆盖。相比大多数 RGB 色域，典型的 CMYK 印刷机可重现的蓝色范围都很小，因此 RGB 图像中的蓝色常常在 CMYK 色域外。对于不在其色域内的蓝色，打印机将打印出最接近蓝色的颜色。

图像中灰色不太显眼，下面将其转换为更显眼的色域警告颜色。

❸ 选择菜单命令"编辑">"首选项">"透明度与色域"（Windows）或"Photoshop">"设置">"透明度与色域"（macOS）。

> **💡注意** 在 macOS 12 或更早的版本中，"设置"子菜单名为"首选项"。

❹ 单击对话框底部"色域警告"部分的颜色色板，并选择一种鲜艳的颜色，如亮绿色，如图 14.11（b）所示，然后单击"确定"按钮。

❺ 单击"确定"按钮关闭"首选项"对话框。

至此，选择的新颜色将代替中性灰色作为色域警告颜色，使得溢色的区域更明显，如图 14.11（c）所示。

如果这是一个真正的印刷任务，可能需要向印刷服务提供商询问，了解其中的蓝色印刷出来是什么样的，进而决定是否需要对其进行修改。

> **💡提示** 如果看到的溢色区域与这里显示的不同，可能是因为在选择菜单命令"视图">"校样设置">"自定"打开的对话框中指定了不同的设置（详情请参阅本课后面的"在显示器上校对图像"一节）。

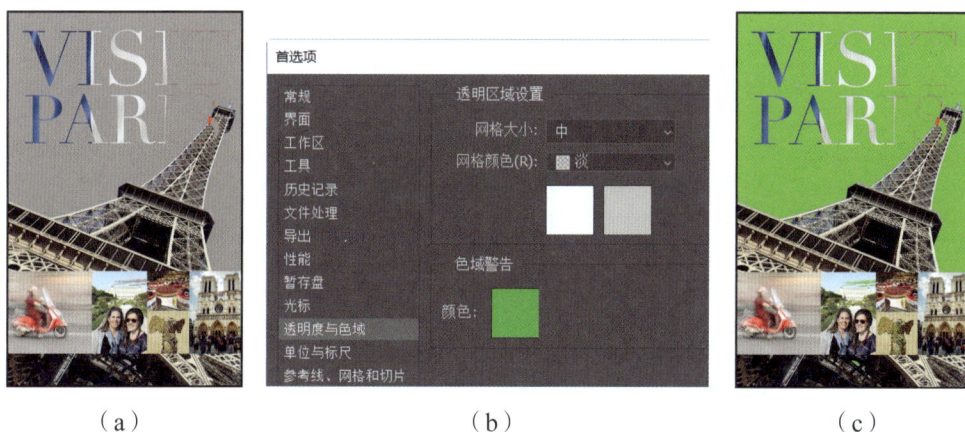

（a）　　　　　　　　　　（b）　　　　　　　　　　（c）

图 14.11

> **💡提示** 如果很想知道某种颜色印刷出来是什么样的，可让印刷服务提供商提供硬校样（测试印刷件）。

❻ 选择菜单命令"视图">"色域警告"，关闭溢色预览。

接下来在屏幕上模拟这个文档的颜色打印出来的样子，确保这些颜色在印刷色域内。

14.7　在显示器上校对图像

选择一种校样配置文件，以便在屏幕上看到图像打印后的效果，从而校对用于打印的图像，即软校样。

屏幕模拟的结果基于校样设置，而校样设置指定了打印条件。Photoshop 提供了各种设置，以帮助校对不同用途的图像，包括使用多种打印机进行输出的图像。接下来创建一种自定义校样设置，可将其保存，以便用于以同样方式输出的其他图像。

① 选择菜单命令"视图">"校样设置">"自定"，打开"自定校样条件"对话框，确保勾选了"预览"复选框，如图 14.12 所示。

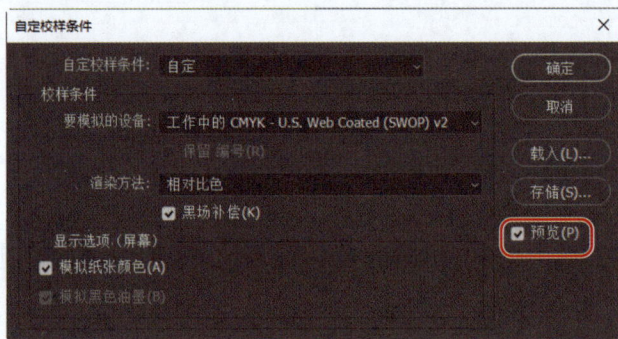

图 14.12

② 在"要模拟的设备"下拉列表中选择一个代表最终输出设备的配置文件，如打印图像的打印机的配置文件。如果不是专用打印机，可使用默认配置文件"工作中的 CMYK-U.S. Web Coated (SWOP)v2"。

③ 如果选择了其他配置文件，确保没有勾选"保留编号"复选框。

"保留编号"复选框用于模拟未转换到输出设备的色彩空间时颜色将如何显示。在选择 CMYK 输出配置文件时，这个复选框可能名为"保留 CMYK 编号"。

> **💡提示**　打印机配置文件不仅指定了输出设备，还指定了特定的油墨和纸张。修改其中的任何设置都可能改变屏幕校样模拟的色域，因此请尽可能选择与最终打印条件接近的配置文件。

④ 从"渲染方法"下拉列表中选择"相对比色"。

"渲染方法"决定了颜色如何从一种色彩空间转换到另一种色彩空间。"相对比色"可保留颜色关系而又不会降低颜色准确性，是印刷使用的标准渲染方法。

⑤ 勾选"模拟黑色油墨"复选框（如果它可用），再取消勾选。勾选"模拟纸张颜色"复选框，这时系统将自动勾选"模拟黑色油墨"复选框。

图像的对比度看起来降低了，如图 14.13 所示。大多数纸张都不是纯白色的，勾选"模拟纸张颜色"复选框后可模拟实际纸张的白色；大多数黑色油墨都不是纯黑色的，勾选"模拟黑色油墨"复选框后可模拟实际油墨的颜色。有关纸张和黑色油墨的信息都是从输出配置文件中获取的（如果有的话）。

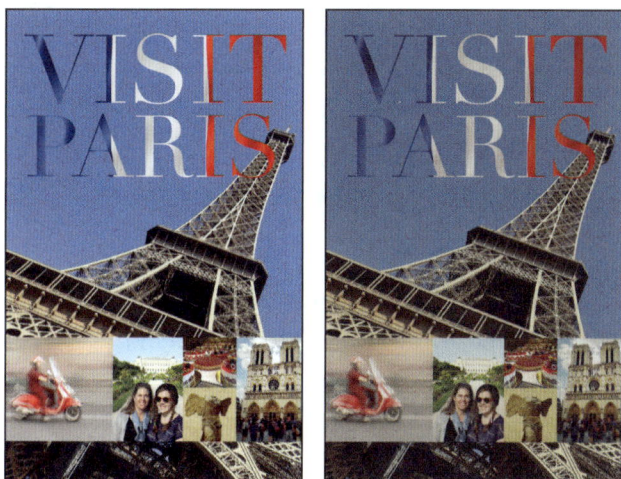

图 14.13

💡 提示 在没有打开"自定校样条件"对话框时，要查看文档在启用或禁用了校样设置时的外观，可选择菜单命令"视图">"校样颜色"。

勾选"显示选项（屏幕）"部分的复选框后，图像的对比度和饱和度可能降低。虽然图像的质量看起来降低了，但这只是通过软校样功能展示的图像实际打印出来后的效果。使用纸张和油墨不可能完全重现显示器的色调和颜色范围，而使用高品质的纸张和油墨可让打印出的图像更接近屏幕上显示的图像。

❻ 在勾选和取消勾选"预览"复选框之间切换，看看图像在屏幕上显示和使用选定的配置文件打印出来的效果有何不同，然后单击"确定"按钮。

💡 提示 要在工作时查看打印颜色模拟结果，可使用快捷键 Ctrl + Y（Windows）或 Command + Y（macOS）在启用和禁用"校样颜色"命令（选择和取消选择菜单命令"视图">"校样颜色"）之间快速切换。

❼ 打开"视图"菜单，看看其中的"校样颜色"命令是否被启用了。如果被启用了，将其禁用。使用这个命令能够启用或禁用在"自定校样条件"对话框中的软校样设置。

14.8　确保颜色在输出色域内

为输出图像所做的下一步准备是，根据在校样中看到的结果对颜色和色调做必要的调整。下面进行一些颜色和色调调整，以校正原始海报存在的溢色。

💡 提示 有些溢色可能不需要调整。对溢色进行检查是绝对有必要的，如果校对时发现溢色是可以接受的且不会丢失细节，就可以不花时间去调整。例如，这个图像中的蓝色天空可以不理会，因为这个区域很平淡，转换为打印机色域后图像不会丢失细节。

为方便对校正前后的图像进行比较，需创建一个副本。

❶ 选择菜单命令"图像">"复制"，在打开的对话框中单击"确定"按钮以复制图像。

❷ 选择菜单命令"窗口">"排列">"双联垂直"，以便编辑时能够对校正前后的图像进行比较。下面调整图像的色相和饱和度，让所有颜色都位于色域内。

❸ 选择 14Working.psd 图像文件，然后在图层面板中选择 Visit Paris 图层。

❹ 选择菜单命令"选择">"色彩范围"。

❺ 在打开的"色彩范围"对话框中，从"选择"下拉列表中选择"溢色"，然后单击"确定"按钮，如图 14.14（a）所示。

> 💡注意　在"色彩范围"对话框中，哪些颜色被视为溢色取决于前面在"颜色设置"对话框的"工作空间"部分的 CMYK 下拉列表中选择的配置文件。请务必根据要使用的打印机或印刷机选择正确的配置文件。

（a）

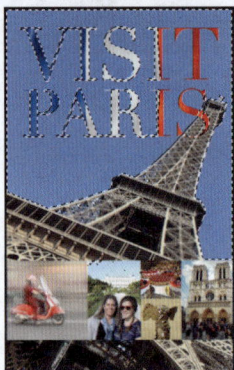
（b）

图 14.14

这时系统将选择溢色区域，如图 14.14（b）所示，所做的修改只会影响这些区域。

❻ 在调整面板中向下滚动到"单一调整"类别，单击其中的"色相/饱和度"[见图 14.15（a）]，创建一个色相/饱和度调整图层（如果调整面板未打开，选择菜单命令"窗口">"调整"打开它）。创建的色相/饱和度调整图层有一个图层蒙版，它基于刚才建立的选区。

❼ 选择菜单命令"视图">"色域警告"以启用色域警告，然后在属性面板中调整色相/饱和度调整图层的设置，将溢色转换为打印机色域内的颜色，让色域警告几乎消失，如图 14.15（c）所示。这里使用的设置如下 [见图 14.15（b）]。

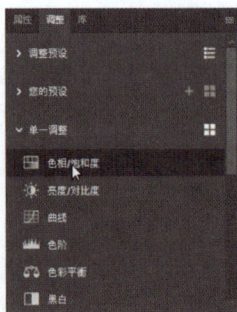
（a）

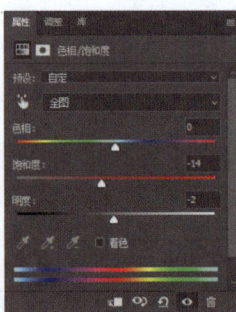
（b）

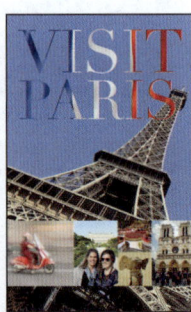
（c）

图 14.15

- 保留默认的"色相"值（0）。
- 向左拖曳"饱和度"滑块以减小其值（这里将其设置为 -14）。降低饱和度是让颜色位于目标色域内的方式之一。
- 向左拖曳"明度"滑块（这里将其设置为 -2）。

❽ 关闭复制的图像文件（14Working 拷贝 .psd），但不保存它。

本节主要通过降低饱和度来调整溢色，使其位于打印色域内。降低饱和度快速易行，且非常简单，但更专业的图像编辑人员会使用更高级的技巧来保留颜色细节，同时尽可能保持颜色饱和度不变。

14.9　将图像转换为 CMYK 颜色模式

如果可以，尽可能在 RGB 颜色模式下工作，因为这样可在较大的 RGB 色域中编辑图像。另外，在不同的颜色模式之间转换颜色值会出现舍入误差，因此转换多次后，可能会有不希望变化的颜色发生变化。

如果印刷工作流程要求最终的文档为 CMYK 颜色模式，可在完成最后的校正后将图像转换为 CMYK 颜色模式。如果以后可能需要将图像输出到喷墨打印机或以数字方式分发，请保留 RGB 颜色模式的原始图像。

> **提示** 如果不确定是否需要或该在什么时候将图像转换为 CMYK 颜色模式，可向负责输出作业的印刷服务提供商咨询，他们会推荐最适合其印前设备的颜色模式。

❶ 单击"通道"标签以显示通道面板，如图 14.16（a）所示。

图像当前处于 RGB 颜色模式，因此通道面板中列出了 3 个通道：红、绿和蓝。RGB 复合通道并非真正的通道，而是这 3 个通道的组合。

通道面板中还有一个名为"色相 / 饱和度 1 蒙版"的通道，这个通道包含当前在图层面板中选择的图层的蒙版信息。

❷ 选择菜单命令"图像">"模式">"CMYK 颜色"。

❸ 在出现的"将扔掉一些调整图层"的警告对话框中单击"合并"按钮。

合并图层有助于保持颜色不变。

接着将出现另一个对话框，指出"您即将转换为使用'U.S. Web Coated (SWOP) v2'配置文件的 CMYK，这可能不是您所期望的。要选择其他配置文件，请使用'编辑'>'转换为配置文件'。"这条消息指出使用的 CMYK 配置文件为 U.S. Web Coated (SWOP) v2，这是 Photoshop 默认使用的 CMYK 配置文件，这个配置文件表示的可能并非要使用的印前规范或校样标准。

在实际工作中，应向印刷服务提供商询问该使用哪个 CMYK 配置文件来进行颜色转换，印刷服务提供商可能提供自定义的 CMYK 配置文件，该配置文件会准确地指出印刷服务提供商设备的色调和颜色范围。将这个 CMYK 配置文件载入系统，放在用于存储 ICC 配置文件的标准位置，以便能够在"颜色设置"对话框中将其作为 CMYK 工作空间，或者在选择菜单命令"编辑">"转换为配置文件"将图像转换为 CMYK 颜色模式时使用它。

❹ 在转换使用的颜色配置文件的对话框中单击"确定"按钮。

现在通道面板中显示了 4 个通道：青色、洋红、黄色和黑色，同时还显示了 CMYK 复合通道（所有 CMYK 通道的合并结果），如图 14.16（b）所示。在转换期间，图层被合并了，因此图层面板中只有一个图层。

❺ 在通道面板中依次单击各个通道（"青色""洋红""黄色""黑色"），看看它们印刷出来是什么样的。然后，单击 CMYK 复合通道，看看将所有通道合并起来的结果是什么样的。

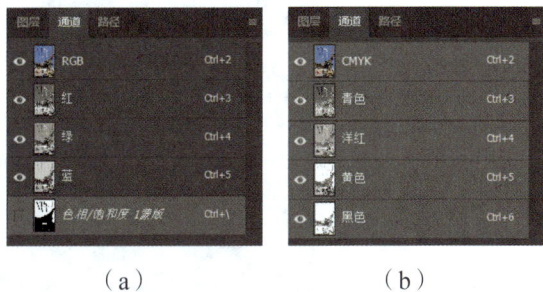

（a）　　　　　　（b）

图 14.16

CMYK 分色

将文档发送给 CMYK 印刷机时，每个 CMYK 通道都将成为一种分色，并发送给相应的印版。纸张穿过印刷机时，每个印版（总共 4 个印版）都将相应的油墨打印到纸张上。这 4 种油墨混合后，便形成了全彩色图像。

在 Photoshop 中，"打印"对话框包含相关的选项，让用户能够打印 CMYK 文档的分色，但对预览印刷作业而言，这通常没有帮助。桌面打印机的分辨率、精度和加网方法（如何使用墨点来生成颜色）都不同于印版机。Photoshop "打印"对话框中的分色选项是供印前设备操作人员使用的。

如果想知道文档中的特定元素将被印刷到哪个印版上，可在通道面板中查看每个 CMYK 通道。

14.10　将图像保存为 Photoshop PDF 文件

以不同的文件格式提交印刷作业时，可能以不同的方式处理文字、字体和透明度等，为解决这种问题，有些印刷服务提供商可能要求以 PDF 格式提交印刷作业。PDF 是一种流行的文件交换格式，因为它能够以一致的方式保留对高品质印刷来说至关重要的属性。

❶ 选择菜单命令"文件">"存储副本"。

❷ 在"存储副本"对话框中切换到 Lesson14 文件夹，从"保存类型"下拉列表中选择"Photoshop PDF（*.PDF；*.PDP）"，将文件命名为 14Print，然后单击"保存"按钮。

❸ 如果出现有关"存储 Adobe PDF"设置的提示对话框，单击"确定"按钮。

❹ 在"存储 Adobe PDF"对话框中，从"Adobe PDF 预设"下拉列表中选择"[PDF/X-4:2008]"，如图 14.17 所示。如何确定该选择哪种预设呢？可向印刷服务提供商询问哪种预设与其印刷工作流程最匹配。

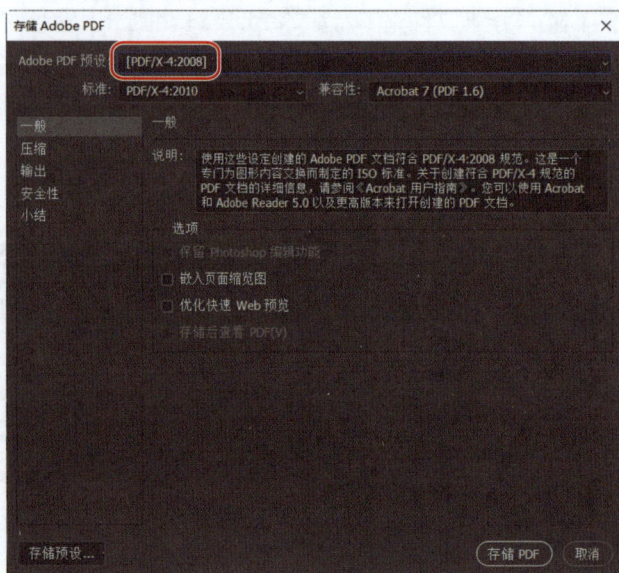

图 14.17

"存储 Adobe PDF" 对话框的左侧有 5 个选项（如 "一般" "压缩" 等），选项卡中包含大量的 PDF 选项。只要知道该选择哪种 Adobe PDF 预设，就不用为设置这些选项而操心，因为选择预设后系统就会自动设置这些选项。

⑤ 单击 "存储 PDF" 按钮，Photoshop 将把文档的 PDF 版本存储到 Lesson14 文件夹中。

可在桌面或 Bridge 中打开 Lesson14 文件夹，然后双击 14Print.pdf 文件，在默认 PDF 应用程序中打开它（如果系统安装了 Acrobat，很可能在这个应用程序中打开它）。

14.11 使用桌面彩色打印机打印

很多彩色打印机都能够以较高质量打印照片和其他图像文件，但它们重现颜色的方式不同于印刷机。在 Photoshop 中，使用桌面彩色打印机打印时，执行下面的操作可获得最佳结果。

* 确保安装了最新的打印机驱动程序。
* 根据用途选择合适的纸张，例如，打印照片时使用涂层纸，打印图形作品时使用高品质亚光纸，打印数字绘画作品时使用纹理纸。打印照片和图形作品时，如果使用普通纸或价格低廉的办公用纸，可能无法以想要的品质重现颜色和细节。
* 不要因为使用桌面彩色打印机而将 RGB 颜色模式转换为 CMYK 颜色模式，大多数桌面打印机都能够接收 RGB 颜色数据，驱动程序将根据打印机使用的墨盒对 RGB 颜色数据进行转换。例如，为重现更大色域而使用 8 种油墨的专业级喷墨打印将 RGB 颜色数据转换为 8 种油墨颜色，而不是 4 种 CMYK 油墨颜色。

注意 为完成这个练习，读者的计算机最好连接了打印机，并安装了打印机驱动程序。如果不满足上述条件，也可从 "打印机" 下拉列表中选择 "Adobe PDF"。

① 选择菜单命令 "文件" > "打印"。

提示 如果希望能够同时看到更多的打印设置，可拖曳 "Photoshop 打印设置" 对话框的边或角，以增大这个对话框。

② 在 "打印机设置" 部分，从 "打印机" 下拉列表中选择一个打印机。

③ 单击 "打印设置" 按钮，根据打印的要求设置合适的纸张大小和其他选项，然后单击 "保存" 按钮返回 "Photoshop 打印设置" 对话框。

这里无法更详细地介绍使用 "打印设置" 按钮可指定的打印设置，因为设置和布局随使用的操作系统（Windows、macOS 等）和打印机而异。打印机驱动程序会根据打印机品牌和型号添加不同的选项；通常最重要的设置包括纸张 / 介质类型、纸张大小和色彩管理，有关这方面的详细信息请参阅与操作系统和打印机相关的帮助文档。

④ 如果使用的是通用彩色打印机，从 "色彩管理" 部分的 "颜色处理" 下拉列表中选择 "打印机管理颜色"。如果使用的是专业级照片或美术打印机，从 "颜色处理" 下拉列表中选择 "Photoshop

管理颜色"；根据使用的打印机、油墨和纸张，从 Printer Profile（打印机配置文件）下拉列表中选择合适的颜色配置文件，并在打印机驱动程序设置中禁用色彩管理。

> 💡 **注意** 从"颜色处理"下拉列表中选择"Photoshop 管理颜色"后，通常要在打印机驱动程序设置中禁用色彩管理，以避免双重色彩管理。换言之，要么让 Photoshop 控制打印颜色，要么让打印机控制打印颜色，而不要让两者同时控制打印颜色。

⑤ 查看左边的预览图，确定对指定的纸张大小来说打印尺寸和位置是否正确。如果不正确，就修改"位置和大小"部分的选项，或者单击"打印设置"按钮以修改纸张大小。

⑥ 如果要打印图像区域外面的标记（如裁剪标记或打印说明），可在"打印标记"和"函数"部分设置它们。

为确保图像区域外面有可供打印标记的空间，纸张必须比图像大。

⑦ 如果要将这个图像打印出来，就单击"打印"按钮；如果现在不想打印，但想保存所做的设置供以后打印时使用，就单击"完成"按钮，如图 14.18 所示。

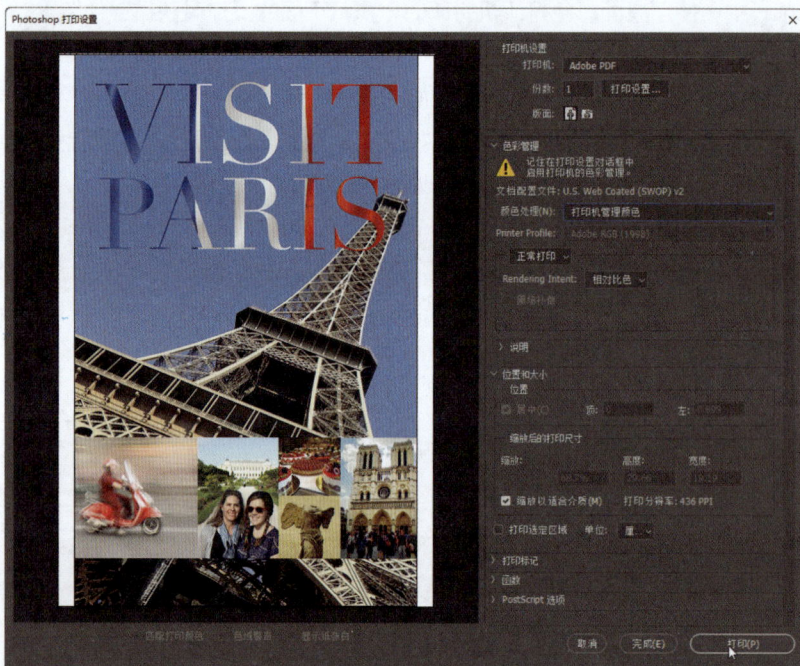

图 14.18

> 💡 **提示** 在没有勾选"缩放以适合介质"复选框的情况下可指定打印尺寸和位置，而左侧的打印预览图将据此做相应的调整。

> 💡 **注意** 这里没有介绍"PostScript 选项"部分，因为它通常供印刷服务提供商使用，与普通桌面打印机没关系。

至此，读者学习了大量有关如何为打印图像做准备的知识。

14.12　复习题

1. 要重现一致的颜色，应执行哪些步骤？
2. 什么是色域？
3. 什么是颜色配置文件？
4. 什么是分色？
5. 由于哪两个原因，打印（印刷）前通常无须将 RGB 图像转换为 CMYK 颜色模式？

14.13　复习题答案

1. 要重现一致的颜色，应先校准显示器并创建配置文件，再使用"颜色设置"对话框指定默认使用的色彩空间。例如，可指定在线图像使用哪种 RGB 色彩空间或打印图像使用哪种 CMYK 色彩空间。最后可以校对图像，检查是否有溢色，并在必要时调整颜色。
2. 色域是颜色模式或设备能够重现的颜色范围。RGB 颜色模式和 CMYK 颜色模式的色域不同。每种颜色模式下，不同的打印机、打印标准和显示器设备可重现的色域也可能不同。
3. 颜色配置文件描述了设备的色彩空间，如打印机的 CMYK 色彩空间。Photoshop 等软件能够读取图像中表示不同应用程序、平台和设备的颜色配置文件，从而确保颜色一致。
4. 分色是文档中使用的每种油墨对应的印版，例如，在印刷机上使用印刷色（青色、洋红色、黄色和黑色）印刷时，需要 4 种分色。
5. 对于印刷作业，当前很多工作流程都会在印刷服务提供商的设备中将 RGB 颜色模式转换为 CMYK 颜色模式；对于桌面彩色打印机，将 RGB 颜色模式转换为 CMYK 颜色模式的工作由打印机驱动程序完成，因为很多桌面打印机使用的油墨（墨粉）颜色都与印刷机使用的油墨颜色不完全相同。

探索神经网络滤镜

本课概览

- 了解神经网络滤镜与 Photoshop 中其他滤镜有何不同。
- 将单个神经网络滤镜应用于图像。

- 探索 Neural Filters 工作区。
- 将多个神经网络滤镜应用于图层或文档。

学习本课大约需要 **0.5** 小时

神经网络滤镜是使用机器学习训练的高级滤镜，使用它可实现使用传统滤镜无法实现的效果。

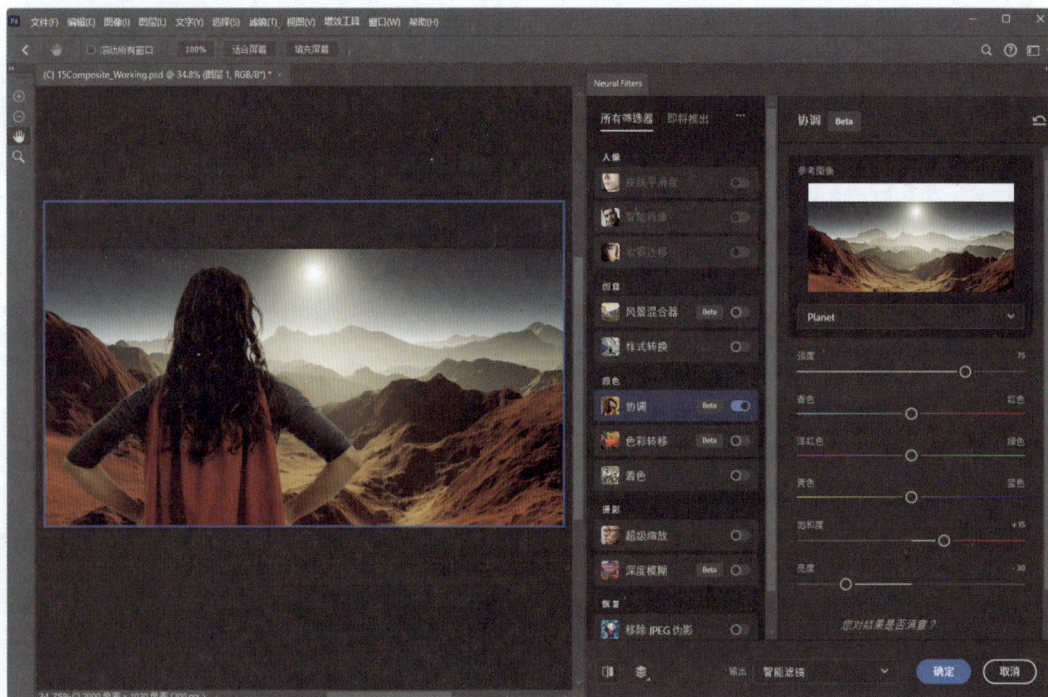

15.1　理解神经网络滤镜

本书前面使用过的 Photoshop 滤镜（如智能锐化、分层云彩、液化等）都是传统滤镜，其效果是使用算法生成的。算法就是程序，其中的代码决定了效果是什么样的。

在较新的神经网络滤镜中，效果是以不同的方式生成的，这些方式结合了传统的算法、机器学习技术和其他高级技术。机器学习意味着可使用不同的效果对神经网络滤镜进行训练，从而获得更佳的效果。

相比其他 Photoshop 效果，神经网络滤镜存在以下不同之处。

- 神经网络滤镜是使用机器学习技术训练得到的。
- 在使用有些神经网络滤镜前需要先下载。这样做的原因之一是节省空间，因为有些神经网络滤镜及其机器学习模型体量庞大。要下载某个神经网络滤镜，只需在 Neural Filters 工作区中单击相应的按钮。
- 使用有些神经网络滤镜时会显示一条消息，指出它们在云端（Creative Cloud 服务器上）处理图像数据。这是因为这些神经网络滤镜需要的处理能力是台式机无法提供的，或者其机器学习模型大到了无法下载的程度。

对于有些神经网络滤镜，无须联网就能使用它们，但在联网的情况下可使用的选项更多。

> ♀ **注意**　只要计算机满足 Photoshop 的系统需求，就可使用神经网络滤镜。如果有强大的 CPU、图形硬件，以及更快的网络，性能会更佳。

15.2　课前准备

神经网络滤镜提供了极大的探索空间，下面查看本课要处理的文件和最终文件。

① 启动 Photoshop 并立刻按 Ctrl + Alt + Shift 组合键（Windows）或 Command + Option + Shift 组合键（macOS）。

② 在出现的提示对话框中单击"是"按钮，确认删除 Adobe Photoshop 设置文件。

③ 选择菜单命令"文件">"在 Bridge 中浏览"，启动 Bridge。

④ 在收藏夹面板中单击 Lessons 文件夹，然后双击内容面板中的 Lesson15 文件夹。

⑤ 分别对 15Restore.psd 和 15Restore_End.psd、15Colorize.psd 和 15Colorize_End.psd、15Composite.psd 和 15Composite_End.psd 文件进行比较。本课将使用神经网络滤镜来创建这些最终文件，只需执行几个步骤就能完成。

15.3　探索 Neural Filters 工作区

① 在 Bridge 中双击 15Restore.psd 文件，在 Photoshop 中打开它。如果出现"嵌入的配置文件不匹配"对话框，单击"确定"按钮。

② 将这个文件重命名为 15Restore_Working.psd，并存储到 Lesson15 文件夹中。

③ 选择菜单命令"滤镜">"Neural Filters"。

> 💡 **注意** 如果 Neural Filters 命令不可用，检查当前选择的图层是否可见。

在 Neural Filters 工作区中，图像出现在左边较大的预览区域中，而右边是 Neural Filters 面板，如图 15.1 所示。

- 当前选定滤镜的选项出现在滤镜列表右边。
- 要使用滤镜必须先启用它。滤镜开关被移到右边且是彩色时，说明滤镜被启用了。可同时启用多个滤镜。
- 如果当前选定滤镜在图像中检测到了人脸，将在相应的下拉列表中列出它们。在文档窗口中，蓝色矩形用于标识当前选定的人脸，而灰色矩形用于标识检测到的其他人脸。要选择人脸，可在文档窗口中使灰色矩形变为蓝色，也可在相应的下拉列表选择。
- 要将应用当前滤镜的效果与原始图像进行比较，可单击工作区底部的"显示原图"按钮（ ▥ ）显示原始图像；再次单击这个按钮可显示应用滤镜的效果。
- 文档有多个图层时，"图层预览"按钮（ ▤ ）控制看到的是一个图层还是整个文档。
- 使用工具面板中的前两个工具能够通过绘画来创建蒙版，这种蒙版类似于在第 6 课和第 8 课编辑的图层蒙版，可避免将滤镜效果应用于某些区域。

A. 添加到选区工具及从选区中减去工具　B. 抓手工具　C. 缩放工具　D. 检测到的人脸　E. 滤镜列表　F. 滤镜开关
G. "使用图形处理器（GPU）"按钮　H. 用于选择检测到的主体（如人脸）的下拉列表　I. 将滤镜选项重置为默认设置
J. 选定的神经网络滤镜的选项　K. "显示原图"按钮　L. "图层预览"按钮　M. 输出选项

图 15.1

15.4　修复旧照片

为更深入地学习神经网络滤镜，下面介绍如何使用它们修复旧照片。

❶ 在滤镜列表中向下滚动到"恢复"类别，然后单击"照片恢复"滤镜旁边的滤镜开关以启用它，如图 15.2 所示。如果工作区右边显示的不是相关选项，而是"下载"按钮（这意味着这个滤镜还未安装），请单击"下载"按钮。下载完毕后，这个滤镜将自动安装，让用户能够使用它。

图 15.2

💡**注意** 本书出版后，Adobe 可能更新神经网络滤镜，你看到的类别和滤镜列表会随使用的 Photoshop 版本而异。另外，如果 Adobe 更新了神经网络滤镜的训练方式，你看到的效果可能与这里显示的不同。

② 为比较效果和原图，单击工作区底部的"显示原图"按钮，如图 15.3 所示。单击一次将隐藏更改并显示原图，再次单击将显示更改后的效果。如果看不出有什么不同，请将图像放大到 100% 或更大的缩放比例。

图 15.3

③ 如果有需要，调整"照片恢复"滤镜的前两个选项，再按照第 2 步操作对原图和效果进行比较。这里保留了"照片增强"的默认值（50）。

将"增强脸部"值减小到 15，以保留更多的胶片纹理。

④ 向上滚动或缩小视图，以便能够看到图像顶部，这部分存在划痕和撕裂痕迹。

💡**注意** 有些神经网络滤镜带 Beta 标签，这意味着用户可以使用这些滤镜，但等最终版发布后，使用这些滤镜得到的效果或提供的选项可能不同。

⑤ 将"减少划痕"值调整为 20 左右。图像下方可能出现一个进度条，这表明处理需要一段时间才能完成。处理完毕后，划痕消除了，可单击"显示原图"按钮来验证这一点，如图 15.4 所示。

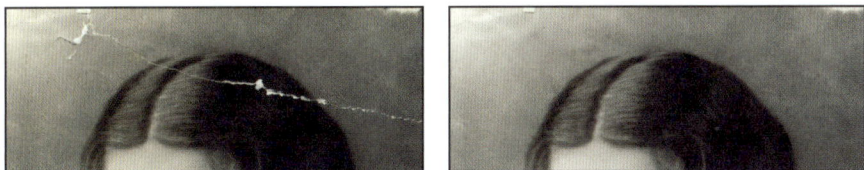

图 15.4

对于特定的神经网络滤镜，增大其选项的值时，可能给图像的某些部分带来负面影响。通常最好保留照片中细微的污点和皱褶，然后使用第 2 课介绍的修饰方法快速清除它们。

⑥ 使用"照片修复"神经网络滤镜极大地改善了这张照片。从"输出"下拉列表中选择"智能滤镜"，然后单击"确定"按钮退出 Neural Filters 工作区。保存所做的修改，并关闭文档。

15.5　着色及添加深度模糊效果

可使用神经网络滤镜给黑白图像着色，还可添加深度模糊效果。

① 在 Bridge 中双击 15Colorize.psd 文件，在 Photoshop 中打开它。如果出现"嵌入的配置文件不匹配"对话框，单击"确定"按钮。

② 将这个文件另存为 15Colorize_Working.psd。

③ 选择菜单命令"滤镜">"Neural Filters"。

④ 在打开的工作区的滤镜列表中向下滚动到"颜色"类别，然后单击"着色"滤镜旁边的滤镜开关以启用它。确保勾选了"自动调整图像颜色"复选框，如图 15.5 所示。

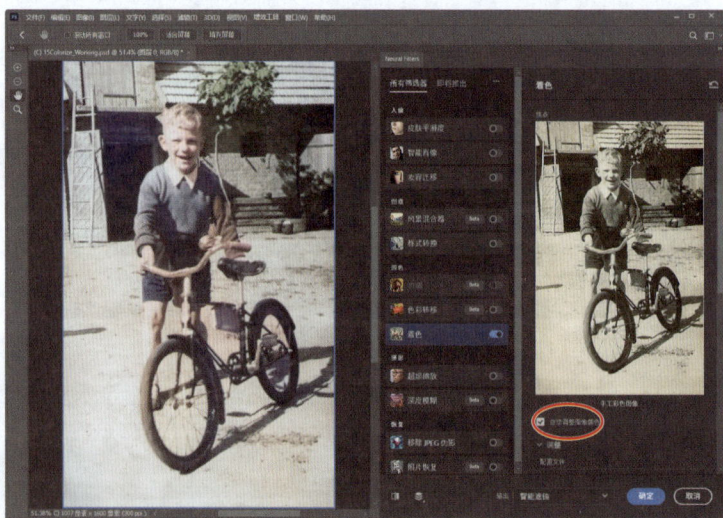

图 15.5

如果还没有下载"着色"滤镜，工作区右边显示的不是这个滤镜的相关选项，而是"下载"按钮，请单击"下载"按钮下载它。

使用"着色"滤镜可对其识别的区域（如树叶以及男孩的皮肤和衣服）应用特定的颜色。如果对"着色"滤镜选择的颜色不满意（例如，如果衬衫并非单色的），可对特定区域应用自定义颜色。

要获得不同的着色效果，可展开"调整"部分，并从"配置文件"下拉列表中选择一个配置文件。如果效果太强烈，可减小"轮廓强度"值，并使用其他调整选项做必要的修改。

⑤ 在右边的预览图像中，在要修改的区域单击以添加新的颜色焦点，再单击图像下方的色板打开"拾色器"对话框，并在其中指定颜色。对要修改颜色的其他区域进行同样的操作，如图 15.6 所示。

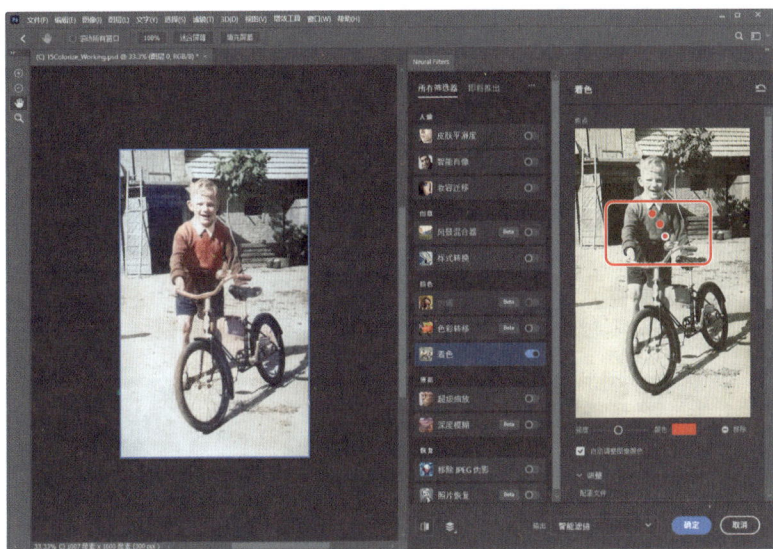

图 15.6

提示 对"着色"滤镜的效果满意后，可结合使用 Photoshop 手动修饰图像。例如，在关闭 Neural Filters 工作区后添加一个新图层；将其混合模式设置为"颜色"，并在这个图层中绘画，给它下面的图像着色。

⑥ 在滤镜列表中单击"摄影"类别中"深度模糊"滤镜的滤镜开关以启用它（如果有需要，下载这个滤镜）。

⑦ 调整这个滤镜的选项，直到对效果满意。取消勾选"焦点主体"复选框，避免滤镜将树木的一部分也视为主体；同时将第二个"焦距"设置为 40，让自行车的更多部分是清晰的，如图 15.7 所示。

图 15.7

⑧ 至此，这个图像就调整完成了。从"输出"下拉列表中选择"智能滤镜"，单击"确定"按钮退出 Neural Filters 工作区。保存所做的修改，并关闭文档。

神经网络滤镜的输出选项

"输出"下拉列表中可能提供多个将滤镜效果应用于文档的选项，如图 15.8 所示。根据当前选择的滤镜及其选项，"输出"下拉列表中包含的选项也可能与图 15.8 显示的不同。在这个下拉列表中选择的选项将影响后续编辑的灵活程度。

图 15.8

- 当前图层：将效果应用于选定图层，这将永久性地修改原始图层。要恢复到原来的状态，唯一的途径是在保存并关闭文档前撤销这种操作，因此不推荐使用此选项。
- 新图层：将效果应用于选定图层的副本，而选定图层保持不变。
- 新遮罩图层：将效果应用于选定图层的副本，其中被修改的区域将透过蒙版显示出来。这有助于确保不修改的区域与原始图层一样。
- 智能滤镜：将选定图层转换为智能对象，并将神经网络滤镜的效果应用于该智能对象。以后可以在图层面板中双击应用于图层的神经网络滤镜，以修改其设置。
- 新文档：将应用滤镜的效果存储在新文档的一个图层中。

如何选择取决于更在乎灵活性还是更在乎文件大小。新增图层或将选定图层转换为智能对象时，在编辑方面有更大的灵活性，但通常生成的文件也更大。

使用滤镜做了多项编辑（如以不同的方式修改了多张人脸）时，所有的修改都将包含在输出结果中。例如，如果应用了"智能肖像"滤镜和"样式转换"滤镜，对应效果都将应用于单个图层或作为单个智能对象。

▍15.6　合成更真实的图像

合成多个图像时，这些图像的色调和颜色可能不一致。有些神经网络滤镜可用于解决这种问题。

① 在 Bridge 中双击 15Composite.psd 文件，在 Photoshop 中打开它。如果出现"嵌入的配置文件不匹配"对话框，单击"确定"按钮。

② 将这个文件另存为 15Composite_Working.psd，在出现的"Photoshop 格式选项"对话框中单击"确定"按钮。这个图像将作为一个视频的缩览图，但需要根据艺术总监的要求调整其中的颜色和主体。

③ 在图层面板中确保选择了 Planet 图层，选择菜单命令"滤镜">"Neural Filters"。

④ 在打开的工作区的滤镜列表中向下滚动到"创意"类别，然后单击"风景混合器"滤镜旁边的滤镜开关以启用它（如果有必要，下载这个滤镜）。使用"风景混合器"滤镜可将一个风景图像的外观应用于另一个风景图像。根据混合的风景图像，甚至可将夏天场景改成冬天场景或用绿色植被填充沙漠图像。

⑤ 在"风景混合器"滤镜的选项部分单击各个预设，看看它们将如何改变风景的特性。

⑥ 单击第四个预设（这个项目中要使用的预设），如图 15.9 所示。

图 15.9

> 💡 提示　如果要用自己的图像来指定"风景混合器"滤镜应用的样式，可单击"自定义"标签，然后单击"选择图像"下拉列表右边的按钮，打开计算机中的一个图像。另外，使用"风景混合器"滤镜的选项，可设置"白昼""夜晚"和时节等属性。例如，通过增大"冬季"值，可在图像中添加冰雪。

⑦ 从"输出"下拉列表中选择"智能滤镜"，然后单击"确定"按钮提交修改，如图 15.10 所示。

图 15.10

⑧ 在图层面板中单击 Heroine 图层左边的可见性栏，让这个图层可见。这个图层的色调和颜色与风景不太相称，下面来解决这个问题。

⑨ 在选择了 Heroine 图层的情况下选择菜单命令"滤镜">"Neural Filters"，然后在打开的工作区的滤镜列表的"颜色"类别中单击"协调"滤镜旁边的滤镜开关以启用这个滤镜（如果有必要，请下载这个滤镜）。使用"协调"滤镜可让文档中一个图层的颜色和色调与另一个图层匹配。

⑩ 在"参考图像"部分，从"选择图层"下拉列表中选择 Planet 图层。

Heroine 图层的颜色和色调变得与 Planet 图层的颜色和色调更匹配，但还有改进的空间，如图 15.11 所示。

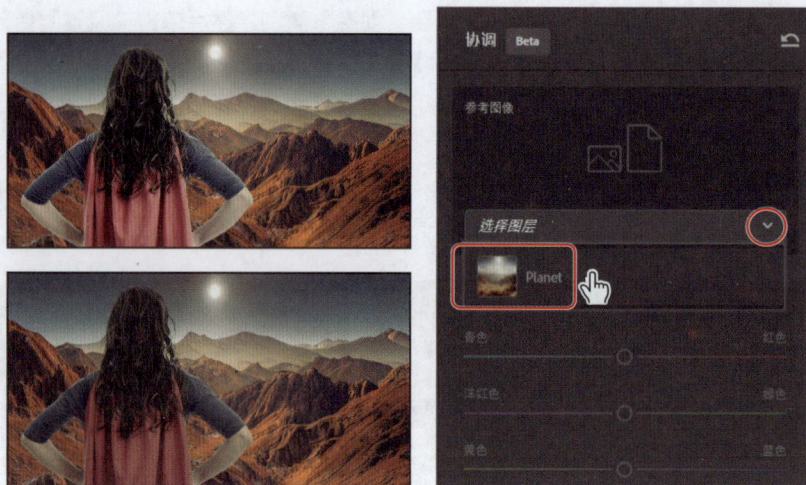

图 15.11

⑪ 在"协调"滤镜的选项部分拖曳"青色 / 红色"滑块，使其离左、右端点的距离之比大约为 1：1。将"饱和度"滑块拖曳到大约 +15 处，将"亮度"滑块拖曳到大约 -30 处，如图 15.12 所示。根据需要做其他调整，让合成图像更真实。别忘了，可使用"显示原图"按钮来比较调整前后的效果。

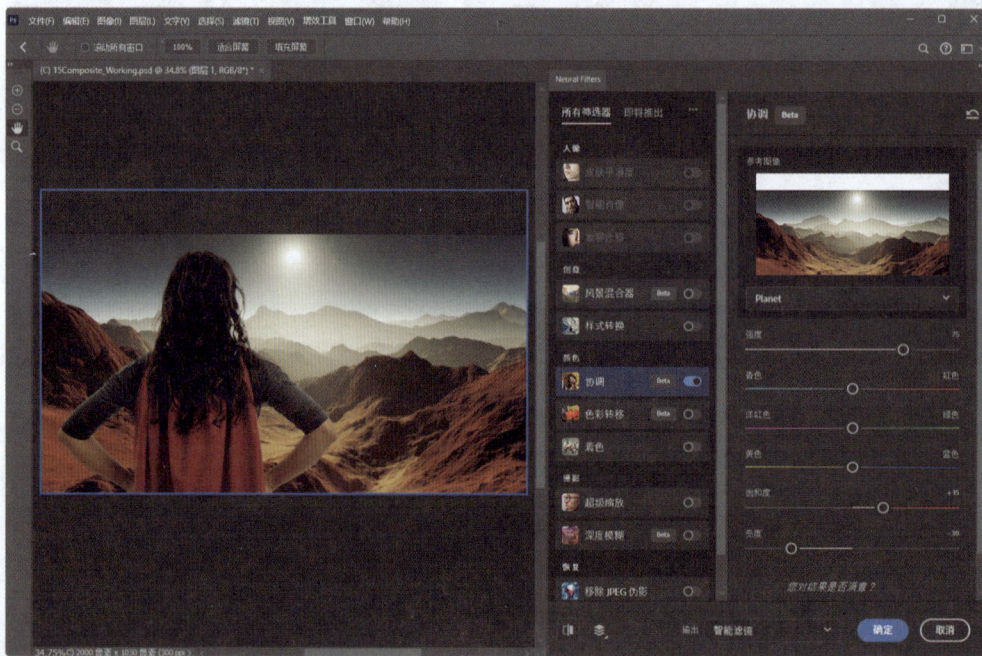

图 15.12

💡 提示 为了让合成图像更真实，可采取的最佳措施是确保原始图像在各方面都尽可能一致，这不仅包括颜色和色调，还包括其他视觉细节，如光照效果（包括光源、角度和阴影）、镜头焦距以及相机离地面的距离等。

⑫ 从"输出"下拉列表中选择"智能滤镜"，然后单击"确定"按钮提交所做的修改。

⑬ 在图层面板中单击 Guardian 文字图层左边的可见性栏，让这个图层可见，如图 15.13 所示。

图 15.13

至此，所需的视频缩览图就制作好了。通过使用神经网络滤镜，只执行了几个步骤就改变了两个图像的外观，使其氛围和外观与要求的一致，如图 15.14 所示。

💡 提示 使用神经网络滤镜的效果并非总是完美的，可将效果放在一个独立的蒙版图层中，使其与原始图层混合，以获得更令人满意的效果。同时，与传统的劳动密集型方法相比，这种方法需要执行的步骤少得多。

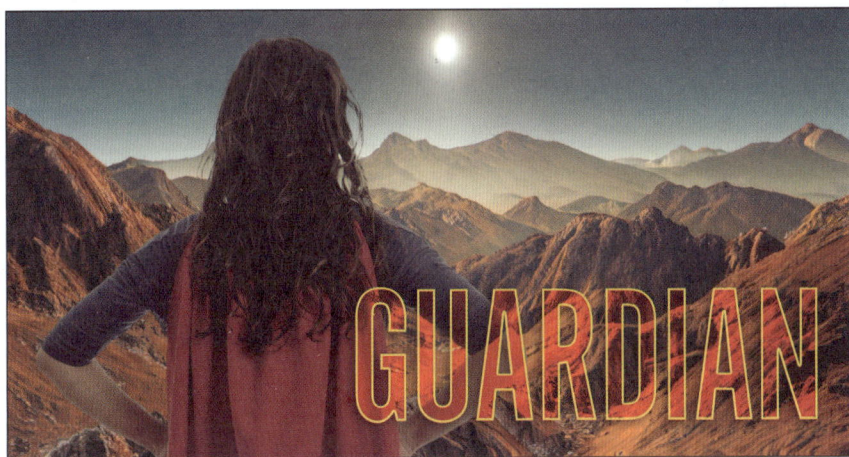

图 15.14

⑭ 保存所做的工作，并关闭文档。

本课介绍了使用神经网络滤镜的基础知识。本课的每个示例都只需执行几个步骤就能获得所需的效果。例如，相比第 2 课介绍的修复旧照片的步骤，使用神经网络滤镜时需要做的工作更少。

读者可以使用自己的图像探索神经网络滤镜提供的各种可能性。

查找想要的滤镜或效果

在 Photoshop 中，滤镜和效果分布在工作区和菜单的多个地方，同时有些滤镜很相似，因此要找到合适的可能很难。下面是一个快速指南，指出了可在 Photoshop 的哪些地方查找滤镜和效果。

通用滤镜位于"滤镜"菜单及其子菜单中。注意，并非每个滤镜都能在"滤镜"菜单及其子菜单中找到，如果找不到，还可在下面两个滤镜库中查找。

滤镜库（选择菜单命令"滤镜">"滤镜库"）中提供了大量传统（算法型）滤镜，如"扩散亮光"滤镜和"马赛克拼贴"滤镜。它们主要用于生成创意效果。

Neural Filters（选择菜单命令"滤镜">"Neural Filters"）中提供了由机器学习训练的滤镜，它们生成的效果优于传统滤镜或者是传统滤镜无法实现的。

为探索所有的选项，务必将这几个存在滤镜的地方牢记在心。例如，如果要改善肤色，可使用"表面模糊"滤镜或使用"皮肤平滑度"滤镜，将得到的效果进行比较，从中选择对当前图像来说更佳的滤镜。

在应用投影、发光，以及本书介绍过的其他效果时，使用图层样式是一种非破坏性的简易方法。要找到这些效果，可单击图层面板底部的"添加图层样式"按钮或选择菜单命令"图层">"图层样式"。

即便是破坏性滤镜（永久性地修改像素），也可以非破坏性的方式应用它们（以后能够编辑或撤销），条件是目标图层是智能对象。方法是先选择要以非破坏性的方式应用滤镜的图层，然后选择菜单命令"滤镜">"转换为智能滤镜"。

要将多个滤镜应用于同一个图层，可依次应用各个滤镜；对于滤镜库或工作区（如 Neural Filters 和"模糊画廊"），可在退出对话框或工作区前应用其中的多个滤镜。

神经网络滤镜画廊

除在本课前面尝试使用过的神经网络滤镜外，Photoshop 还提供了其他神经网络滤镜，其中有些可用于恢复和校正图像，有些可提供有趣的创意。Adobe 可能更新或修改神经网络滤镜，因此准确的神经网络滤镜清单可能取决于安装的 Photoshop 版本。

使用"智能肖像"滤镜能够调整肖像的细节，如脸部表情、脸部姿态（如眼睛看向的方向）等。应用该滤镜前后的效果如图 15.15 所示。在这个示例中，滤镜让头部稍微向前倾了。

图 15.15

使用"皮肤平滑度"滤镜可消除肖像中的瑕疵和其他皮肤不平滑的问题，同时保留皮肤的整体特征，并让脸部特征（如眼睛）依然是清晰的。应用该滤镜前后的效果如图 15.16 所示。

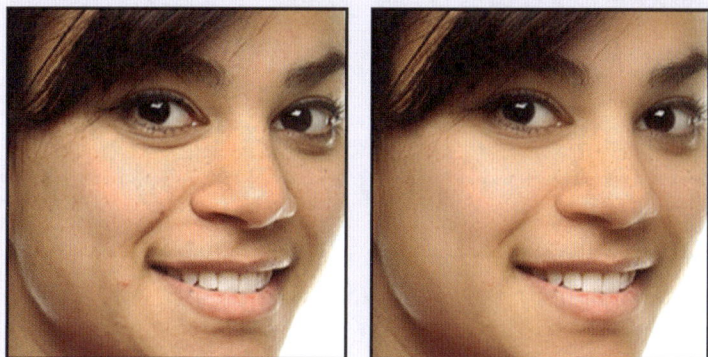

图 15.16

使用"超级缩放"滤镜可将照片的某部分放大。例如，可选择群像中的某个人像，对其进行放大、降噪和锐化，以用作证件照，如图 15.17 所示；又如，一个人的脸位于用手机拍摄的照片中间且太小时，可使用此滤镜放大他的脸。不同于其他的缩放方法，"超级缩放"滤镜提供了由机器学习支持的细节加强、降噪和移除 JPEG 伪影等功能。"超级缩放"滤镜适用于肖像，但也可尝试使用它来处理其他类型的主体。

图 15.17

使用较低的品质对 JPEG 图像进行压缩时，可能带来严重的副作用，而利用"移除 JPEG 伪影"滤镜可缓解这种副作用。JPEG 伪影通常指的是原本平滑的区域变成了条带或方块。虽然使用品质高的图像版本总是更佳的选择，但在只有低品质 JPEG 图像的情况下，利用"移除 JPEG 伪影"滤镜可能很有必要。移除伪影前后的效果如图 15.18 所示。

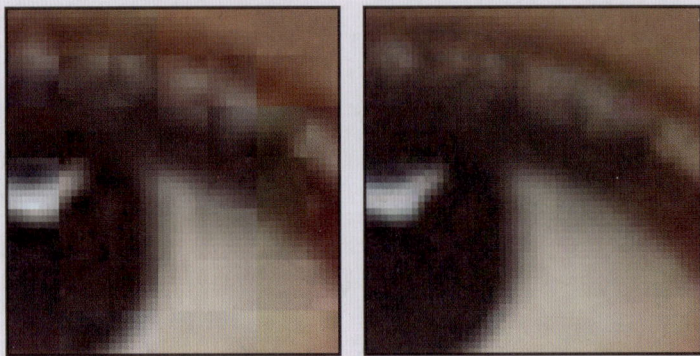

图 15.18

　　使用"样式转换"滤镜能够将一个图像的艺术样式应用于另一个图像。可从一系列"艺术家风格"预设中选择一种，如图 15.19 所示，然后使用滤镜选项进一步调整外观。还可应用自定义样式，为此可单击"自定义"标签，从计算机中选择一个图像。

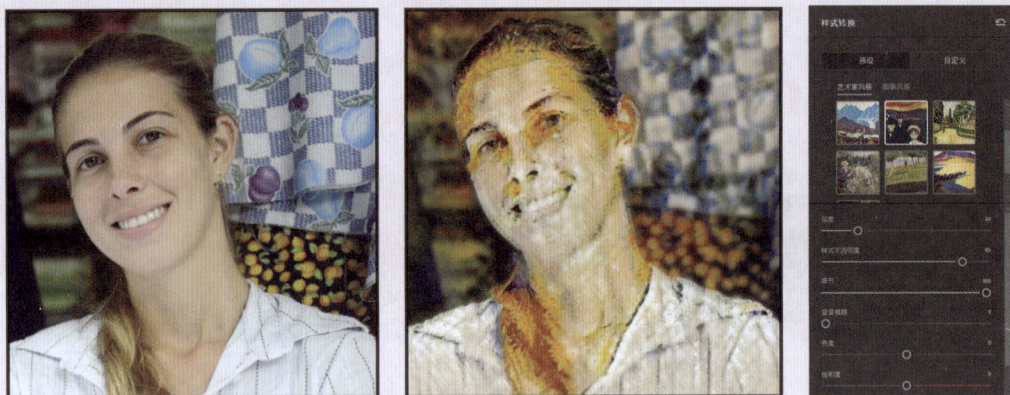

图 15.19

利用数据和图像来改进 Photoshop

　　在改进基于机器学习的特性时，软件开发公司采用的一种重要方式是使用良好和糟糕的结果示例来对它们进行训练。使用机器学习的公司都需要以某种方式对其软件使用的模型进行训练，较理想的方式是使用能体现软件用户喜好的示例。然而，很多软件开发公司都没有包含实际用户文件的超大型数据集，这些公司将用户的文件存储在云端，且通常没有得到用户的许可就使用他们的文件来训练软件。

　　为方便改进 Photoshop，Adobe 在 Photoshop 的"首选项"对话框中添加了"产品改进"选项卡。添加该选项卡的目的是请求允许使用图像和数据来帮助改进 Photoshop 特性，这并不仅限于机器学习。在"产品改进"选项卡中，"是，我愿意参与"复选框默认未被勾选；如果想参与产品改进，可勾选这个复选框（见图 15.20）。这个复选框被勾选时，Adobe 研究人员可收集用户的使用数据、在 Photoshop 中编辑的云文档及其他图像。

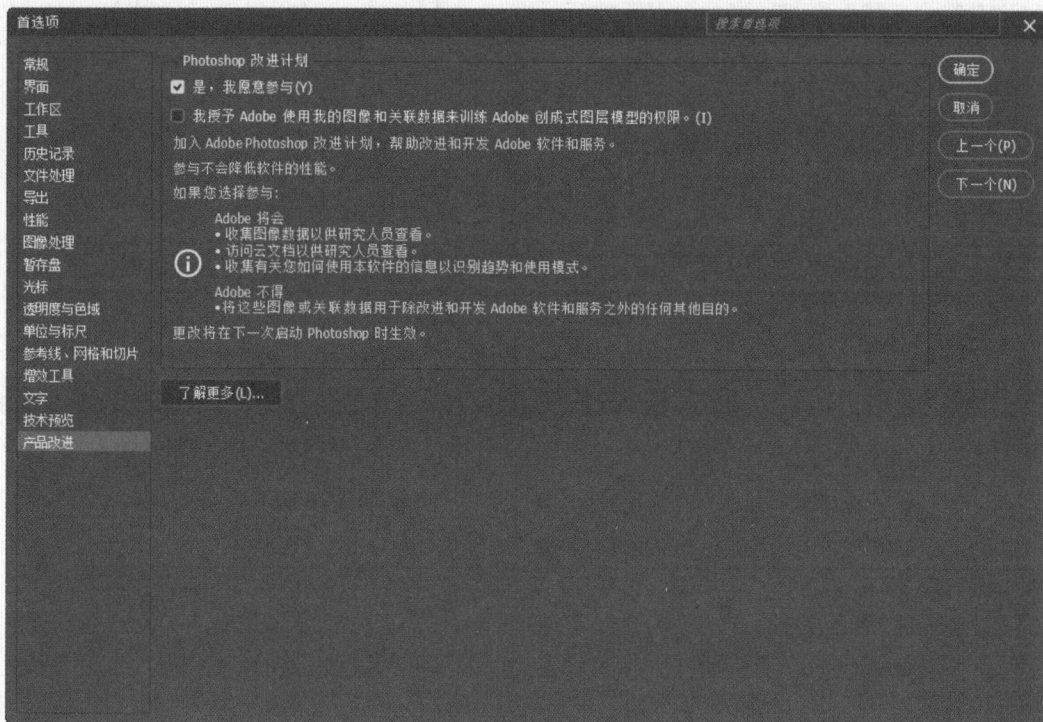

图 15.20

是否参与 Photoshop 改进计划在一定程度上由用户个人决定。对于执行的图像编辑，如果用户觉得自己的使用数据可能有助于改进 Photoshop，便可以参与这个计划。

如果用户为处理机密文档的公司或组织工作，需要保护客户的隐私或专用数据，或者受保密协议的法律约束，应认识到参与 Photoshop 改进计划可能带来的后果并谨慎决定是否参与。

15.7　复习题

1. 神经网络滤镜有何特点?
2. 网络连接对使用神经网络滤镜有何影响?
3. 在 Neural Filters 工作区中，通常从"输出"下拉列表中选择除"当前图层"外的其他选项，这是为什么呢?
4. 在修复旧照片的数字化图像方面，神经网络滤镜可提供什么样的帮助?
5. 在合成多个图像方面，神经网络滤镜可提供什么样的帮助?

15.8　复习题答案

1. 神经网络滤镜是使用机器学习训练的，能够生成使用传统的算法型滤镜无法得到的效果。
2. 如果连接到了网络，就可下载神经网络滤镜，以及使用在云端处理图像数据的神经网络滤镜。如果选择了参与 Photoshop 改进计划，图像和使用数据会被发送给 Adobe，供研究人员使用。
3. "输出"下拉列表中的"当前图层"选项用于将神经网络滤镜的效果应用于选定图层，从而永久性地修改它（破坏性编辑）。其他选项用于将神经网络滤镜的效果应用于另一个图层或将其作为智能滤镜，这能够维持图层的原始状态，确保随时都可以从头再来（非破坏性编辑）。
4. 在改善旧照片的数字化图像的品质方面，"照片恢复"滤镜（可能还有"超级缩放"滤镜）可提供帮助;"着色"滤镜可用于给黑白照片着色;对于使用低品质压缩的 JPEG 图像,"移除 JPEG 伪影"滤镜可用于改善品质;使用"深度模糊"滤镜可让观察者专注于照片中的主体。
5. 使用诸如"风景混合器""协调""色彩转移"等神经网络滤镜可让各个图层的外观更一致，这有助于让合成图像更真实。